苦情社会の騒音トラブル学

解決のための処方箋、騒音対策から煩音対応まで

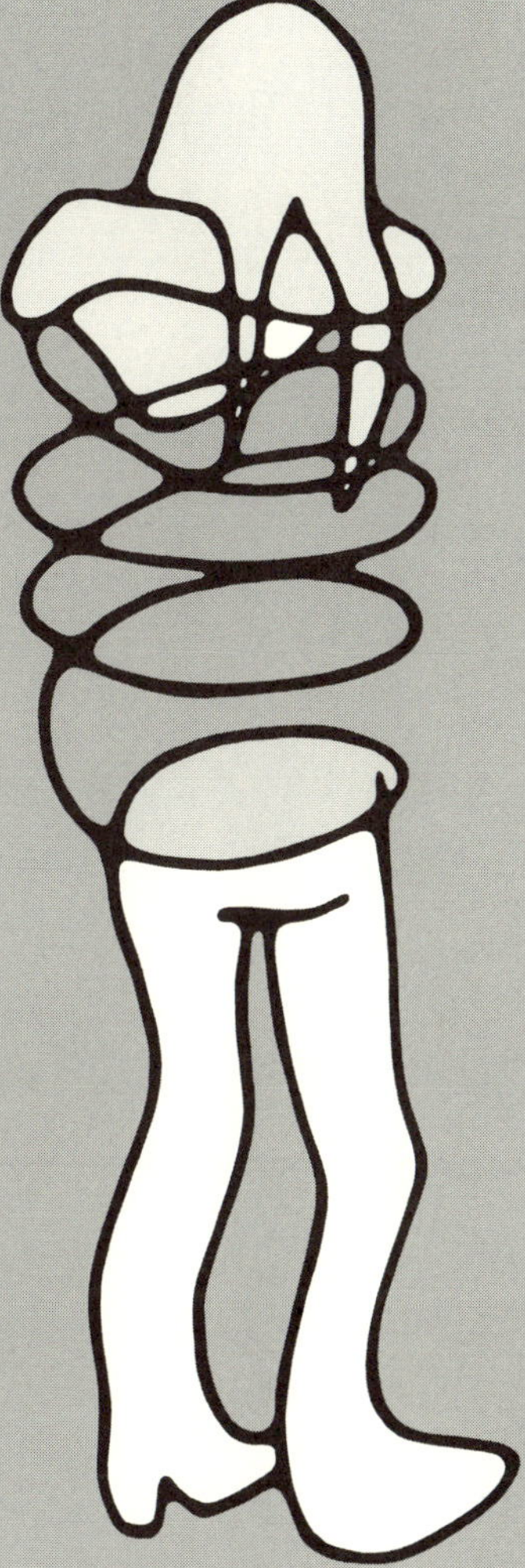

橋本典久

Hashimoto Norihisa

新曜社

まえがき

なぜ人は、ほんの些細な騒音でも気になるのでしょうか。なぜ人は、聞きたくもない騒音が流れてくると、逆にそれを一生懸命聞いてしまうのでしょうか。うるさい地下鉄の車内でも平気で眠れるのに、隣の犬の鳴き声で目が覚めてしまうのはなぜでしょうか。自分の下手なカラオケはうるさくないのに、なぜ他人のカラオケはあんなにうるさいのでしょうか。音に配慮したマンションを買ったはずなのに、なぜ上階からこんなにうるさく音が響くのでしょうか。昔は気にならなかった幼稚園の子供の声が、なぜ最近はうるさく感じるのでしょうか。なぜ、たかが騒音で傷害事件や殺人事件までが起きるのでしょうか。

これまでの騒音研究は、これらの疑問に答える努力を全くしてきませんでした。飛行機の音は何デシベル、工場の騒音は何ヘルツといった工学的な研究は精力的に進められてきましたが、騒音研究の最終目標である「騒音によるトラブルをなくす」という観点からの総合的な研究は全く行われてきませんでした。その結果、巷に騒音トラブルや騒音事件が頻発する現在の状況を迎えているといっても過言ではありません。

騒音問題というのは半心半技だと思っています。半信半疑の誤字ではありません。心は心理、技は技術を表します。すなわち、騒音問題は心の問題が半分、技術的な問題が半分ということです。これまではこの半分しか扱ってこなかった訳ですから、問題の解決が図られなかったのは理の当然といえます。

音とは圧力の波が空気中を伝わる単なる物理現象ですが、騒音は、物理的な問題だけでは済まされない極めて繊細で多面的な要素を内包しています。それゆえ騒音は実に厄介な存在です。人間が賢明で自制的な動物なら騒音など苦もなく制御できそうですが、実際には騒音の陥穽にまんまと嵌まり、様々なトラブルの当事者に仕立て上げられるのです。そのトラブルは胸を焼くように辛く苦しく、その先に生活の破壊と人生の喪失が待っていることもあります。トラブルは、自制心のない粗暴な人だけの問題と考えないでください。筆者の所に相談を寄せてこられる方は、相手への敵意という点を除けば、みんな理性的で理知的です。日々の暮らしの中で身の回りに騒音が横溢する現代社会、誰もがトラブルの当事者になる危険性を孕んでいるのです。

もう一つ厄介な事柄があります。それは、騒音に対する日本人の感性が明らかに変質してきていることです。端的な例が、学校や幼稚園、公園などの子どもの声に対する反応です。今までは地域の音として容認されてきたものが苦情対象に変化し、一部では訴訟にまで発展しているのです。それだけではありません。夏の蝉の鳴き声や田んぼの蛙の声まで、「うるさいから何とかしろ」と市役所に苦情の電話が掛かる世の中です。最近の騒音問題は、半心半技どころか、九心一技と言ってもよいかもしれません。これはもはや騒音問題と呼べるものではなく、そこで事の本質をより明確にするために筆者は「煩音《はんおん》」という言葉を使ってきました。このような区別をしないと、トラブルへの対応を間違ってしまうからです。

私たちの生活の中で最も身近な問題である騒音については、騒音を出している人と聞かされている人の心の問題が深く関係します。それを置き去りにしては、根本的な解決はないといってもよいと思います。本書は、その心と技術の両面から騒音を捉え直そうという試みの本です。技術はもちろん大事であり、この知識が不足していたために大きな不利益を蒙った人が沢山います。大変な労力と時間と費用をかけて行った騒音の測定結果が、基本的な条件を満足していないために裁判で全く採用されないという事も出てきています。このような事をなくすためには、多少専門的でも技術に関して基本的なことを理解しておく必要があります。しかし、トラブルを解決するためには、それ以上に心の問題の基本的なことを理解しておくことが必要です。技術だけに頼っていては、騒音トラブルは解決しないのです。

これまで日本全国から寄せられる数多くの騒音トラブルの相談にのってきましたが、何れの場合も状況は深刻で悲惨なものです。しかし、その様態自体は様々です。これら個々の悲痛な叫び声に応えられるよう、本書では、騒音トラブルを解決するために理解しておかなければならないあらゆることを網羅しました。いわば騒音トラブルの総合解説書です。騒音トラブルに対処するための技術的問題、騒音トラブルが発生、増加する社会環境の問題、そして騒音問題を騒音トラブルに変える人間心理の問題などです。これら全てが複雑に絡み合った対人症候群が騒音トラブルです。本書を処方箋として、これらのトラブル解決にあたっていただければ十分に効用があると思っていますが、それだけではなく、本書が、騒音トラブルを通して人間や社会を見つめ直すための一つの機会になれば、これは筆者にとって幸甚の至りだと思っています。

目次

装釘＝臼井新太郎
装画＝立花　満

第1章　騒音トラブル学概論

私たちの社会は騒音に満ち満ちている。太古の昔には、自然がもたらす穏やかな音の世界、すなわち、木の葉のざわめきや打ち寄せる波の音の中で生きてきた人間が、文明の進化とともに自ら騒音を作り出し、産業革命を経て噴き上がる泉の如くに横溢する騒音環境の中に身を置くこととなった。時代とともに騒音環境はさらに悪化の一途を辿り、現代では騒音が人の心や生活、人間関係、ひいては社会の在り様までを変える力を持つに至っている。今や騒音は、人々の悪意を代表する忌むべき存在としてさまざまな悪疫を社会にもたらしている。

騒音が単なる物理的な現象から変身して、紛争の種として人と人を呪縛的につなぐようになった現在、騒音の研究は新たな転換点を迎えている。すなわち、騒音を対象として人間の本質を探る学問であり、それはトラブル研究に他ならない。騒音トラブルの研究から私たちの社会の抱える問題、克服すべき課題がつぶさに見えてくるのである。

1　騒音トラブル学とは

世の中にはさまざまな騒音がある。大きくは自衛隊・米軍などの基地騒音や空港での航空機騒音、新幹線や自動車道などの交通騒音、さらには工場の操業や建設工事に伴う騒音などであり、これらを総称すれば公害騒音である。公害とは、「環境の保全上の支障のうち、事業活動その他の人の活動に伴って生ずる相当範囲にわたる大気の汚染、水質の汚濁、土壌の汚染、騒音、振動、地盤の沈下及び悪臭によって、人の健康又は生活環境に係る被害が生ずることをいう」（環境基本法第2条3）であり、これを縮約すれば「人の事業活動に伴って生じる相当範囲にわたる被害を引き起こす音」が公害騒音ということになる。

昭和40年代からの高度経済成長時代には、騒音と言えば暗黙のうちに公害騒音を指していた。しかし、現代では公害騒音以外の些細な音が、さまざまな被害を生じさせる事態が発生している。公害の定義に合わせて表現すれば「人の生活に伴って生じる身近な範囲の被害を引き起こす音の問題」である。これは一般的に近隣騒音と呼ばれているが、その言葉が使われ始めたのは昭和50年頃からであり、まだわずか30数年の歴史である。

公害騒音と近隣騒音の用語の使い分けを要求される理由は、その被害の様相の違いによる。公害騒音ではまさに人の健康や生活環境が直接的に破壊されるという身体的、生理的な危険性を伴い、時には１００dBを超す騒音により聴覚障害や睡眠障害などさまざまな健康被害をもたらす。近隣騒音の場合にはそこまでの加害力はなく、むしろ心理的なストレスが中心となる。では、近隣騒音は公害騒音に比べて問題は小さいかと言えば、決してそうではない。ある意味では、公害騒音よりも社会的影響力は大きいと言える。そのひとつの証左が、近隣騒音による殺傷事件の多発である。隣近所からの些細な音に苛立って事件を引き起こす事例が頻発するようになったのである。隣近所からの騒音はお互い様という昔の感性がなくなってしまい、他人の騒音に過敏に反応するようになった現代社会においては、公害騒音より近隣騒音の方がはるかに身体的危険性は高いと言える。筆者の調べによれば、公害騒音では、殺人事件はおろか傷害事件さえ起こったことはない。

さらには、近隣騒音の問題でも質の変化が見られるようになってきている。それは、今まで問題にされなかった公園で遊ぶ子どもの声や学校の部活の音、ひどい場合には蝉の鳴き声や虫の音などにも苦情が寄せられるようになった

表1・1　騒音問題の分類表

騒音問題	近隣騒音トラブル	苦情
		訴訟
		事件
	公害騒音紛争	苦情
		訴訟

ことである。以前と同じ状況、同じ音量にもかかわらず苦情が目立ち始めたのは、姿かたちは音の問題であっても、実態は心理的な問題、あるいは人間関係の問題に性格が変わってきたためであり、これを以前と同じように騒音問題として扱うことはできない。そこで、筆者はこれを煩音《はんおん》問題と呼び、騒音問題のアプローチとは違った新たな対応を考えなくてはならないと主張している（詳細は第3章参照）。

以上のような状況を踏まえて、近隣騒音を主な対象として発生する騒音苦情、騒音訴訟、騒音事件の総称を「騒音トラブル」と呼び、それに関わる諸問題を分析・評価し、トラブルの防止、低減を図るための学問分野を「騒音トラブル学」と定義した。

公害騒音問題でも苦情や訴訟は発生するが、近隣騒音のそれとは質的な相違や対策の方向の違いがある。そこで、本書では表1・1に示すように、公害騒音に関しては「騒音紛争」、近隣騒音に関しては「騒音トラブル」との用語の使い分けを行っている。その方が、各々の問題の本質をより的確に表現できるものと考えている。

図1・1は、騒音問題の総合的な関連要因を示した図である。騒音問題には音以外にもさまざまな要因があり、それらが図に示すように輻輳的に連関している。音響性能や居住性能に直接関連する建築の分野や、法規制や各種制度などの社会文化的な側面、そして特に重要なのが人間心理や人間関係の問題である。これらのすべての要因が騒音問題に関わってくるが、近隣騒音トラブルと公害騒音紛争の2つに分類した場合、近隣騒音トラブルに関しては人間の問題が、公害騒音紛争に関しては騒音自体の問題がより大きく影響してくる。近隣騒音トラブルの場合には、たとえ騒音が原因の争いであっても、そこには必ず当事者両方の人間関係や心理的要素が絡み合っている。一方、公害騒音紛争の場合には、

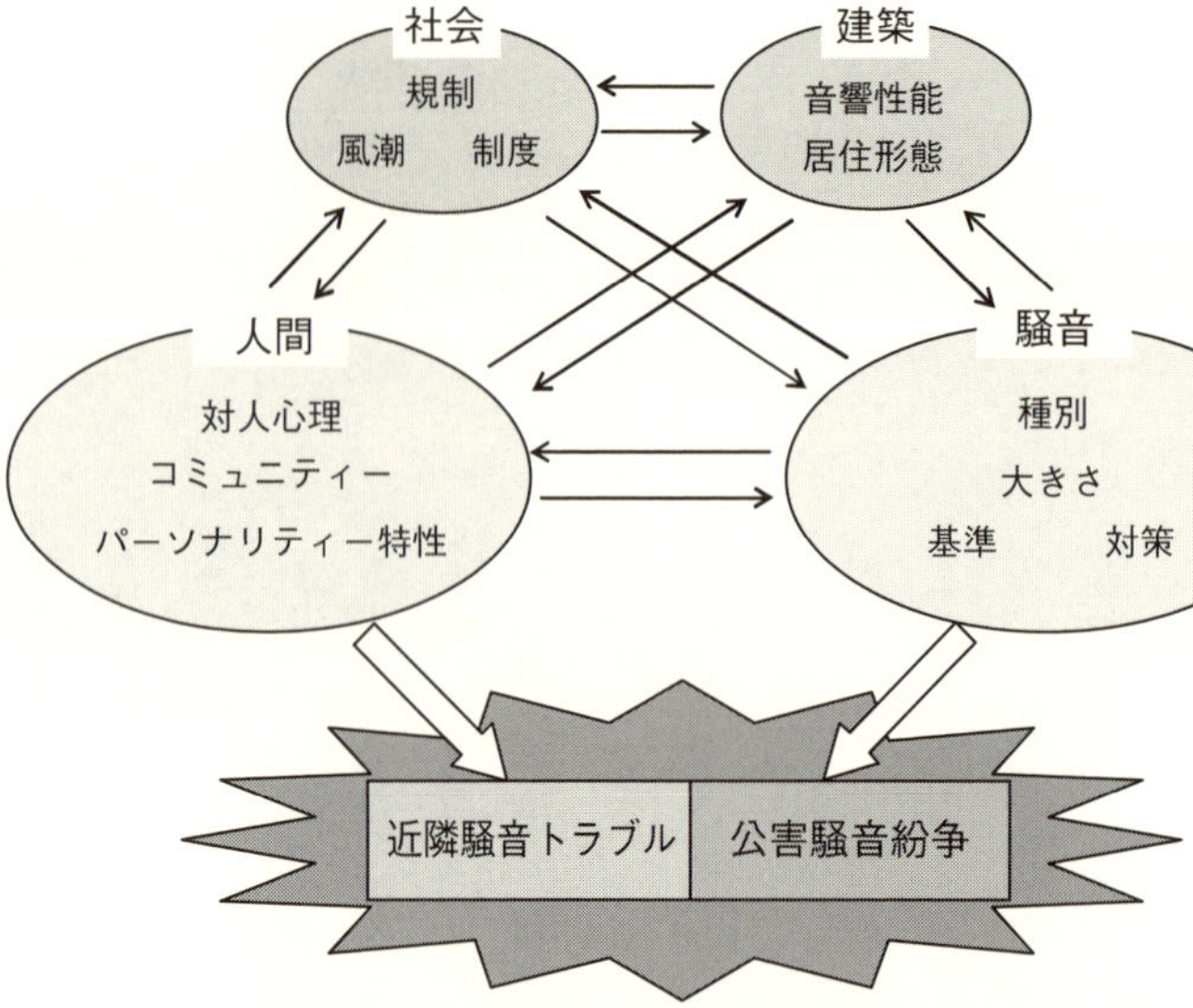

図１・１　騒音問題の関連要因による概念図

騒音被害を受ける住民と音源となっている騒音との関係であり、人間的な要素より物理的要素の方が大きい。仮に、工場からの騒音問題が発生した場合、これは一般には公害騒音紛争となるが、音源側が仮に隣家である場合には、騒音の問題が解決したとしてもその過程に何らかの不平が残れば、新たな諍いの芽が吹き出してくる。公害騒音紛争のように騒音がなくなれば問題は解決というわけにはいかないのである。したがって、このような問題は公害騒音紛争ではなく近隣騒音トラブルの範疇に入る。要は、人間の要素が大きいものを騒音トラブル、騒音の要素が大きい場合を騒音紛争と呼び、これによって状況および対策は大きく変わるのである。

筆者を含めた騒音の研究者たちは、これまで騒音環境に関わる工学の研究を精力的に進めてきた。その成果として騒音に関する物理的な問題や住環境に関わる建築性能の問題、あるいは公害に関わる社会環境の問題などについて、関連分野で飛躍的な技術の発展を見た。しかし、騒音研究の本来の目的である騒音によるトラブルを撲滅するという課題に関しては、技術の進展に相反してトラブルが急増するという皮肉な結果を迎えている。これは、これまでの騒音研究が工学的あるいは技術的対応に偏っていたための必然的帰結であり、トラブルをなくすためには人間や社会の問題を扱うことが不可欠である。しかし、これまではその種の研究はほとんどなされてこなかった。たとえば、心理学的な研究に関しては音響心理と称されている分野はあるが、これは聴覚生理学的な研究が主であり、騒音に起因した人間心理を対象としたものではない。

公害騒音問題が主流の時代にはそれでも良かったが、近隣騒音が大きな社会問題にまでなっている今日では、人の心理的な面や社会的な要因を抜きにして騒音トラブルは語れず、騒音トラブルの心理学、騒音トラブルの社会学という研究は不可欠である。

本書の「騒音トラブル学」では、音響工学、心理学、社会学に加え、歴史学、解決学を追加した5つの分野から構成されている。騒音トラブルを工学的に分析・対処するための音響工学、トラブルの発生から激化、そして解消までの心理メカニズムを扱った心理学、および騒音トラブル増加の社会的要因分析と解決のための社会的施策を考える社会学、この3分野を中心とし、さらに騒音トラブルの足跡を辿る歴史学、解決の提言を行うための解決学を追加したものであり、騒音トラブル学をこれらの総体的な学問分野として、その解説を試みる。

2　騒音トラブル学から見たピアノ殺人事件

騒音が人々の生活に毒手のように入り込み、いつか刺々しい鎧のように人の心を包み込んでしまう時代がくるであろうことを、日本人がおぼろげに感じ始めるきっかけとなった事件がある。昭和49年（1974年）の夏に発生した「ピアノ殺人事件」[1、2]である。神奈川県平塚市の県営住宅団地で、4階に住む無職の男性（当時46歳）が階下のピアノの音がうるさいと、33歳の母親と8歳、4歳の2人の娘の計3人を包丁で刺し殺した事件である。被害者の部屋には

夕刊 読売新聞

団地で母子3人殺し

ピアノ騒音ノイローゼ?

階上の男が乱入

"仕返ししてやる"と

逃走犯人に大捜査

けさもピアノが鳴っていた

"イライラ隣人"急増

団地の母子三人刺殺 平塚

「ピアノがやかましい」

練習中? 階上の男が襲う

犯人バイクで逃走

写真1・1　事件を報じる当時の新聞

（左：朝日新聞、1974年8月28日（水）夕刊、9面[4]、上：読売新聞、1974年8月28日（水）夕刊、11面[5]）

真新しいアップライトピアノが黒光りしており、その隣の部屋の襖には「迷惑かけるんだから、スミマセンの一言位言え、気分の問題だ、……」との、犯人が残した鉛筆の走り書きがあった。

犯人は、犯行後バイクで逃走を続けたが、3日後に自ら警察に出頭し逮捕された。事件翌年の横浜地方裁判所・小田原支部で行われた第1審で死刑判決[3]、その2年後の東京高裁での第2審では、裁判途中で被告自らが控訴を取り下げて死刑判決が確定した。

この事件は「ピアノ殺人事件」としてマスコミに大きく取り上げられ、その残虐さが社会を震撼させて大きな話題となった。騒音にそこまでの力があっ

犯行、一週間前に準備
ピアノ殺人 大浜が自供

写真1・2　「ピアノ殺人」の名称が新聞に登場[6]
（朝日新聞、1974年8月31日（土）夕刊、9面）

たのかと世間が驚愕したのである。「騒音は時として、人を狂気に追いやる」、当時の人々はこれを受け入れ、これなら、誰でも同じような状況に追い込まれることがあるかもしれないと考えた。まさに、騒音事件の幕明けを告げる事件となったのである。

本書ではまず、総合学としての騒音トラブルの本質を確認するひとつの材料として、最初にこのピアノ殺人事件について取り上げ、各分野からの考察を行い、事件の本質を明らかにしてみよう。

2・1　歴史学的考察

戦後復興の足取りが確かなものとなりつつあった昭和30年（1955年）、時の建設大臣・田中角栄の肝いりで日本住宅公団が設立された。それまでの集合住宅は同潤会アパートに代表されるように、比較的高所得者向けに西洋のアパートメントを提供するものであり、たとえば同潤会大塚女子アパートでは、エレベーターはもちろん、屋上には日光室や音楽室、地下にはシャワー室や浴室が設置され、当時としては最新の設備を備えた高級住宅であった。このような高級住宅とはいかないまでも西洋式の住宅を一般市民にも供給し、日本的居住生活の一大転換を図ろうと思考されたのが団地という建築形体であり、目標は京都大学の西山夘三が提唱した「食寝分離」であった。

日本のそれまでの住居では、食事のときは畳の間にちゃぶ台を置いて食事をし、寝るときにはちゃぶ台を片付け布団を敷いて寝るという生活であった。これを食事はダイニングのテーブルでとるようにしたものが食寝分離であり、そのための住居として標準設計と呼ばれる2DKの住宅（第5章、図5・2参照）が建設されたのである。この住宅の供給は、高度経済成長の時期と相俟って急速に進み、全国各地にニュータウンや団地が造成されることとなった。

騒音トラブルに対して重要なことは、この団地が鉄筋コンクリートで作られた建物であるということである。団地以前の日本の共同住宅は、長屋然とした大変に華奢で粗末な作りの建物がほとんどであり、遮音性などという概念自体が存在しないような代物ばかりであった。そこに登場したのが鉄筋コンクリートでできた団地であり、犯人である大沢（仮名）も、遮音性豊かな住居での静かな暮らしを夢見て入居してきた。しかし、現実には、鉄筋コンクリートといえども必ずしも遮音性が担保された建物ではなかったのである。

もう一方の事件の主役であるピアノも、この時期に登場してくる。高度成長時代の合い言葉は3Cであり、クーラー、カラーテレビ、カーの3種がもてはやされたが、同時にピアノも庶民の暮らしの中に入ってきた。昭和55年（1980年）頃には、ピアノの年間生産台数が40万台近くになったと言われており、現在の12～13万台から見れば、事件当時は空前のピアノブームの感を呈していたのである。

狭い団地の一室ではあるが、アップライトのピアノを購入して娘にピアノを習わせることは、「もはや戦後ではない」と喧伝された豊かで文化的な生活への変化を実感させるものであった。また、団地自体も憧れの存在であった。なにせ、団地の入居は抽選制であり、その倍率は10～30倍にものぼったのであるから、団地に住めることは幸運の象徴でもあったのである。

これまで共に日本の生活にはなかった2つの物、すなわち「鉄筋コンクリートの団地」と「ピアノ」という当時の豊かさを象徴する2つの物が、戦後復興から高度成長時代へ向かう時代背景の中で遭遇したとき、皮肉にも極めて悲惨な事件が勃発することになったのである。

2・2　音響学的考察

音響学的側面からこの問題を捉えてみよう。ただし、ここで出てくる技術用語の意味等については個々には説明しないので、不明な点は後の第2章の音響工学の内容を参照していただきたい。

鉄筋コンクリート造の団地で問題となるのは固体音である。代表的なものは、子どもの飛び跳ねや走り回りにより下の階に騒音が発生する床衝撃音である。その他、給排水設備の騒音や扉の開閉音、洗濯機や乾燥機の運転音、掃除機を引きずる音など、集合住宅で問題となる騒音のほとんどが固体音である。もちろん、ピアノの音も典型的な固体音問題である。

通常、ピアノを弾いたときの音は壁や床を透過して隣の部屋に伝わると考えがちであるが、実は、ピアノの弦の振動がピアノの足を通して建物の床に伝わり、その振動が壁や床を伝搬し、伝搬先で振動から音が放射されるというのが実際の現象である。すなわち、ピアノの音のほとんどは固体音であり、鉄筋コンクリートというのは、この固体音を大変に伝えやすい材料なのである。

ピアノ殺人事件の現場となった団地の3階で発生したピアノの固体音は、建物の躯体を通して四方八方に伝わってゆく。最も大きな音になるのはピアノのある部屋の直下の室であるが、固体音の場合には、それ以外の室にもかなりの大きさで伝わってゆく。

事件後に、犯人の大沢の室内でピアノの騒音を実際に測定したところ40～45dBであったという。これは大音量と言えるほどではないが、寝ていても覚醒する音のレベルと言われており、何の問題もないという程度の音ではない。これが朝早くや深夜に聞こえれば、現在では当然トラブルの種となりかねない音である。そして、この事件の場合に特に問題となるのが暗騒音の問題である。

犯人の大沢は団地の最上階の4階に居住していた。4階の高さになると、外で遊ぶ子どもたちの声や車が行き交うときの騒音も、1階や2階と比べてはるかに小さくなる。また、鉄筋コンクリートの壁は木造の住宅と比べて遮音性は大変優れているため、鉄筋コンクリートの団地の4階という場所は、空気音に関してはかなり静かな環境であると言える。ところが、このような静かな環境の中にも固体音としてのピアノの音は響いてくる。一般に、同じ音の大きさであっても、暗騒音が大きな場合にはあまりうるさく感じない。ホテルの客室などでは、廊下などの騒音が気にならないように空調騒音の大きさをわざと大きめに設定しているところもある。逆に、暗騒音の小さい静かな環境では、音は一層うるさく感じられることになる。音の検知されやすさとうるささの関係を研究した論文[7]でも、音が小さい場合には騒音レベル自体よりも暗騒音とのSN比の方がうるささとの相関が高いという結果が示されている。この暗騒音との関係が、ピアノ殺人事件の場合にも成立していたと考えられる。

団地の4階という静寂な環境に響いてくるピアノの音は、実際には40～45dBという音の大きさ以上にうるさく感じられたかもしれない。また、犯人の大沢は自分の発する音にかなり神経質になっており、できるだけ音を立てないように生活していたとのことであるから、室内での騒音もほとんどなかったのかもしれない。他の音が遮断される中で唯一固体音として伝わってくるピアノ音に、自然と注意が注がれることになったのは当然の帰結と言えるであろう。

仮に、犯人の大沢が入居した部屋が団地の1階か2階であったらどうであろう。想像の域を出ない話ではあるが、ピアノの音はやはりうるさかったかもしれないが、他の雑音に紛れて事件を引き起こすまでの執着を見せないで済んでいたことも考えられる。実際にも、被害者の直下階に住んでいた主婦は、ピアノ音が気にならなかったと話している。

音響学的に考えれば、鉄筋コンクリート造の団地を舞台として、「空気音に対する団地4階の遮音性」と「ピアノ音という固体音」が相俟って、騒音事件を引き起こす音響環境が形成されたと言えるであろう。

2・3　心理学的考察

団地にはもうひとつ大きな要素がある。それは、団地が大変に閉鎖的な空間であり、特に4階ともなれば、1戸建てとは異なる独特の隔絶感があることだ。居住空間が地面から大きく離れているという空間的な「隔絶感」と、鉄筋コンクリートで囲まれた空間としての「閉塞感」、これも事件を引き起こすひとつの要素になったと考えられる。それに加えて、事件発生の大きな要因となった心理的な「孤立感」が覆いかぶさってくることになる。閉鎖的な環境、心理的な孤立感は、人に対する攻撃性のポテンシャルを高める作用がある。

ピアノ殺人事件の場合にも、物理的および心理的な閉塞感が事件発生に深く関与していたと考えられる。裁判の弁護士尋問の中で、大沢は「生活が八方塞がりで、死んでしまおうかなと思った」と述べている。失業保険も切れ、事件のあった8月中旬には、働かない亭主に愛想をつかして妻も家を出て行ってしまっている。そんな状況の中、団地の4階で人との接触を極力避けてひっそりと暮らしていたのである。大沢は、窓を閉め切り、部屋にマットを敷きこみ、テレビは壁から離して、イヤフォンをつけて見ていたという。それは、他人に騒音で迷惑をかけないように配慮していたため、あるいは、人に非難のきっかけを与えないよう用心していたとも言われるが、むしろ、他とのつながりを遮断したいという心理の表れではなかったのだろうか。大沢は、閉塞感と孤立感の中に自分自身を追い込むことによって、自己の存在を確認していた面があったのかもしれない。そして、このような絶望的な状況の中で自己のアイデンティティを保持する唯一の方法は、自分自身を被害者の位置に据えることしかないのである。そして、そこに侵入してきたのがピアノの音であった。

閉塞感と孤立感の中で芽生えてきた最も大きな事件の要因は、その裁判の中で明らかとなった。すでに述べたように、裁判については第2審で死刑が確定したが、実は、この東京高裁の控訴審の中で精神鑑定が行われ、その結果、犯人の大沢はパラノイアと診断されている。日本語では、妄想病、偏執病と訳されている精神障害であり、これは、妄想に囚われていること以外は特に異常が認められないという特徴を持っている。また、妄想についても、決して支離滅裂なものではなく、それなりに筋の通った内容となっているということである。一口で言えば、普通の人となかなか区別がつかないということであり、パラノイド（パラノイアの患者）の典型があのヒトラーであるとも言われている。大沢の場合でも、裁判となったために精神鑑定が行われたが、そうでなければ、パラノイアとは誰も気づかず、単なる音にうるさい「変人」で終わっていたことだろう。

妄想は唯一の刺激であったピアノ騒音を引き綱として、階下の家族に向かって行った。騒音は階下の亭主が嫌がらせでやっているという強い「被害感」を持ち、ついには、亭主が自分を狙っているという妄想に発展し、相手の攻撃に備えて護身用のナイフを持ち歩き、部屋には手製の槍を備えていたという。裁判ではこの障害が酌量される前に、本人の控訴取り下げという形で裁判は終了してしまったが、この隠された障害が、重大な事件を引き起こす大きな原因になっていたことは間違いないであろう。

隔絶した空間の中で閉塞感と孤立感に苛まれながら生きる大沢の耳に、否応なしにやってくるピアノの音。自分の境遇に対する絶望感を辛うじて被害者意識でまかなううち、いつしかそれがピアノの音に対する激しい憎しみへと変わり、それが閉塞した環境の中で妄想へと成長し、残忍極まりない凄惨な事件へとつながってしまった。事件を引き起こした直接の原因は妄想であったが、その背後には「閉塞感」、「孤立感」、および「被害者意識」という心理的な要素が大きく関わっていることは間違いないであろう。

2・4　社会学的考察

ピアノ殺人事件が単なる殺人事件ではなく、なぜ社会を震撼させるエポックメイキングな事件となりえたのであろうか。騒音トラブルが事件につながった例は、ピアノ殺人事件以前にも何件かあった。たとえばピアノ殺人事件の1年前、1階の鉄工所の騒音と振動がうるさいからと文句を言いにいった2階の住人が、もみ合いになって首を刺されて死亡した事件である。これも騒音事件には違いないが、被害者は苦情を言いに行った当人であり、何より事件の発生が突発的であり、最初から殺害の意図があったわけではなかった。

ピアノ殺人事件の場合には、事前に包丁を購入し、周到に殺害の機会を狙っていたという確信犯である。しかも、母娘3人を殺害するという凶行である。騒音がこのような残忍な事件の原因になるということは、当時の人々にとって信じがたいことであった。音が聞こえるのはお互い様で当たり前、そんな時代だったのである。

事件の以前に、大沢の妻がそれとなく、主人がピアノの音を気にしていると被害者の主婦に告げたことがあったというが、相手はほとんど注意を払わなかった。よりうるさいはずの被害者の階下の主婦からはほとんど気にならないと言われており、被害者の家族としては、ピアノの騒音がそんなに問題だとは全く考えていなかったのであろう。当時の社会は、まだ他人の騒音に対して大変おおらかで寛容な時代であったが、しかし確実に変化の兆しは現れていた。

そのひとつが、事件の4年前の昭和45年（1970年）に作られた「騒音被害者の会」[8,9]である。主催者の長男がクーリングタワーの騒音を苦に自殺したことを契機として、近隣騒音による被害を追放することをスローガンに作られた団体である。ピアノ殺人事件でも、犯人に死刑が言い渡されると、「ピアノ殺人事件の犯人が死刑判決を受けた。この判決は騒音被害による苦しみをみじんも考慮していない。この判決が日本の騒音天国を象徴している。騒音による苦しみは、時としてその人を異常心理にさせる。」と、騒音被害の深刻さを訴えた。近隣間の騒音トラブルや苦情も目立ち始め、人々の意識はすでに曲がり角に近づいており、お互い様では済まない時代が訪れることを社会は薄々感じていた。後は、その変化を明確に確認できる実証的な出来事を待つだけだったのである。そして、それがピアノ殺人事件だったのである。

事件の後、警察から大沢とのトラブルの有無を聞かれた被害者の亭主が「大沢からピアノの音がうるさいと文句を言われたことがある」と喋ったので、マスコミはピアノ殺人事件としてこれを大々的に取り上げる結果となった。この事件の本質は、パラノイド気質のある犯人による特異な犯罪という色彩が強かったが、これをマスコミがピアノ殺人事件という、いかにもうまいネーミングで、この事件に見事に社会問題の要素を織り込んだ。時は戦後30年、各地で団地が続々と建設され、都市化の波が押し寄せていた。日本人の近隣意識の中にも変化が芽生えていた時期であり、ピアノ殺人はそれを具現化して見せた、まさに時機を得た事件だったのである。

世の中の人が、ピアノ殺人事件をなるほどと認めたときから、騒音事件が市民権を得た。騒音で人が殺されることもあるんだ、騒音で人が殺されても仕方ないんだ（若干語弊があるが）、と納得することが騒音事件の発生を容認し、それ以後、騒音事件が多発してくることになる。もちろん、これらがピアノ殺人事件だけに誘発されたわけではなく、都市化の進展や人間関係の希薄化など社会環境の変化の影響があるのは間違いない。しかし、もし仮にピアノ殺人事件が起こっていなかったら、騒音トラブルの現況、あるいは人間関係に関する現在の状況も大きく変わっていたのではないかと思える。この事件は、日本人に突然変異的な近隣意識の変化をもたらしたのであり、その意味でピアノ殺人事件の社会的な意味は大変に大きいと言える。

2・5　総括

ピアノ殺人事件を材料として、歴史学、音響工学、心理学、そして社会学の面から考察を加えた。これまで挙げた事件発生の要因を振り返れば、歴史学的には、団地の出現とピアノの流行の同時性、音響学的に見れば、団地の4階という空間的位置と鉄筋コンクリートを伝わる固体音の問題、心理学的には、物理的および心理的な閉塞感と孤立感に併せ、自己正当化のための被害者意識への転置、そして社会学的には、事件の発生が時代の変化に奇しくも呼応した社会状況、などが挙げられる。これだけの要因が重なり合ったとき、ピアノ殺人事件は発生したのである。現在までピアノ殺人事件が再発していないのもこの理由による。

発生したひとつの事件をとってみても、単なる騒音の問題として簡単に片付けられるものではなく、人間や社会に関わるさまざまな要素が絡み合っていることが分かる。これらの分析なくして、騒音トラブルの解決は望むべくもないと言えるであろう。

3　騒音トラブルの概況

近隣騒音の現況を確認してみよう。ある調査によれば、騒音に関心があるという人は全体の70％、そのうち、非常に関心があると答えた人は14％であった。大変に高い数値であると言えるが、この回答のほとんどは近隣騒音を想定したものであろう。公害騒音については、自分たちが被害に晒されている場合以外は、ほとんど興味を示さないのが通常である。また、マンションに関する調査では、半数を超える管理組合が、音に関するトラブルを抱えていると回答している。

昭和50年（1975年）以後、近隣騒音が大きな社会問題となり始めたのに併せ、いろいろな社会調査が行われている。最も大規模なものは内閣総理大臣官房による世論調査であり、「近隣騒音公害、自動車公害に関する世論調査（昭和58年調査）[10]」があり、他に環境庁の環境モニター・アンケート（昭和54年、昭和59年、平成4年）[11]や、東京弁護士会が実施した行政に対するアンケート[12]（昭和59年）、国立環境研究所などの研究機関のアンケート[13]（平成6年）などがある。その他、大阪大学の難波研究室による一般を対象とした近隣騒音アンケート[14]や筆者の研究室で行った日本全国の市役所騒音担当者に対する近隣騒音トラブルに関するアンケート調査[15]（詳細は第4章参照）などもある。しかし、最近はこれほど近隣騒音問題が広範化、深刻化しているにもかかわらず、昭和58年（1983年）以来、近隣騒音に関する世論調査は行われておらず、実態把握の点からは不十分な感が否めない。

アンケートは主体の選び方によって、数値がかなり変わってくるため注意が必要であるが、通常は世論調査結果が最も一般的なものと言えるであろう。昭和58年の世論調査によれば、近隣騒音によって被害や迷惑を受けたことがあるという人は34%、全体の約3分の1にのぼった。また、環境庁の環境モニター・アンケートでは、3回の調査とも6割前後の人が近隣騒音で迷惑を受けたことがあると答えている。これらの結果から、わが国では約3分の1以上の人が、近隣騒音の被害を経験していると見てよいであろう。

外国ではどうであろうか。イギリスで2002年に5000人以上の住民を対象とした騒音公害意識調査を行ったところ、81%の住民が周りに近隣騒音があると答えた。また、その騒音をうるさく思っている、煩わされている、あるいは多少生活が乱されていると答えた人は全体の37%に当たり、これは日本の34%とほぼ同じくらいである。さらに、近隣騒音により悪影響を受けていると答えた人はほぼ4人に1人の26%であり、この数値は10年前の21%から5%増えているとのことである。公害騒音など近隣騒音以外の他の音に関しては、この数値はほとんど変わっていないということから、イギリスでも近隣騒音が重要な問題となってきていることが分かる。

オランダでの4000人にのぼる全国調査結果（1998年）でもほぼ同様であり、近隣騒音があると答えた人は75%である。また、約3分の1の世帯が近隣騒音による影響を受けていると答え、13%がかなりうるさいと感じているという結果になっている。これらは、イギリスの結果とほぼ同様である。

ドイツ（2003年）では、イギリスやオランダより近隣騒音の指摘はやや少なく、その分、交通騒音に対する苦情が他の2国より大きくなっているが、全体的な傾向はこれも同様である。少し古くなるが、1977年のアメリカでの調査でも、近隣からの騒音に悩まされたことがありますかとの問いに、53%の住民があると答えている。3分の1よりかなり多いが、これには質問の仕方や調査の方法の違いなども反映されている可能性もある。

これらの結果を見れば、先進諸国での騒音の状況はほぼどこも同じであり、最近は近隣騒音のウエイトがかなり大きくなってきていることが分かる。これまで騒音といえば、交通騒音が最も大規模で深刻な問題であり、各国とも行政が中心となりいろいろな対策を進めてきた。これらの対策が進み、交通騒音はわずかずつではあるが低減の方向に動いている。しかし、近隣騒音は逆に増加の傾向を示し、各国で深刻な問題となりつつある。多分、数十年すれば、電気自動車など自動車エンジンの変化により交通騒音は劇的に改善され、騒音といえば近隣騒音を指すような時代も来るであろう。

近隣騒音は日常生活に基づくものであるため、行政的な対策がとりづらいという特徴があり、建物の遮音性能の向上や市民啓蒙の推進というような対策は考えられても、それだけでは実効的な面から見ると限界がある。各国ほぼ共通して、住民の約3分の1が近隣騒音に悩まされているという事実と、この騒音が殺人事件や傷害事件に直接つながる性質のものであるということを考えると、これは世界が知恵を絞って取り組まなければならない大きな課題であると言っても決して過言ではない。

交通騒音などの公害に比べれば、近隣騒音自体は、確かに身近でささやかな騒音ではあるが、その影響は決してささやかではない。近隣騒音を個人的な問題と捉えるのではなく、ひとつの大きな社会問題であると考えなければならない。まして、公害騒音のように工学的な技術的対応や規制基準による社会的対処といったもので済むというものではなく、心理学や社会学など、人間に直接関係する分野も強く関連してくる。それゆえ、騒音トラブルの分析、評価、および対策に関わる内容をひとつの学問的分野、すなわち騒音トラブル学として位置づけ、総合的に取り組む必要があると考えている。本書がその先達役を果たせることを期待している。

第2章　騒音トラブルの音響工学

騒音問題の状況を的確に判断し、それを解決につなげるためには、音に関する基本的な知識が不可欠であることは言うまでもない。しかし、建築技術者の間でも音の問題は難しいというのが一般的な評価であり、まして技術者でない普通の人が音の技術的な問題を取り扱うのは容易でないと思うかもしれない。それはそうであるが、知識不足のために問題の解決の道を見誤ったり、選択すべき方針を間違ったりして、必要のない不利益を蒙っている事例は世の中に大変多いのである。それゆえ、一般の人でもある程度の基礎知識は必要であり、工学は嫌いという人も我慢してこの章を読んでいただきたい。

本書は、通常の音響工学の教科書とは異なり、騒音トラブルに関連すると思われる音響工学の基礎的内容に限定して説明を行っている。音と聴覚の概論、騒音の測定と評価法、建築と音響性能などを中心として、我々を取り巻く音環境の概要について紹介しているが、音に関する初心者でも十分に理解ができ、かつ騒音トラブルへの対処にも役立つよう配慮している。また随時、実際のトラブル事例や対策技術なども盛り込んでいるので、これらも役立つものと思う。工学では数式はつき物であるが、ここでは最小限必要不可欠のものだけに留めてあるので、安心して読んでいただきたい。

1　音の基礎物理と聴覚

1・1　音波と音の聞こえ方

音の波、すなわち音波は図2・1のような物理量で定義される。音波は、空気が疎密状態を繰り返しながら圧力波として伝播してゆく物理現象である。その圧力変化の振動方向は波の伝播方向と同じであるため縦波と呼ばれるが、これは図で表現しづらいため、便宜的に図2・1のような横波として表示される。

図2・1に示されるように、音波の強さ（音圧）は、波形の振幅で表され、波の繰り返しの1回分の長さを周期、この周期が1秒間に繰り返される回数を周波数または振動数（英語で frequency、単位はHzである）と呼ぶ。1秒間に1000回繰り返されれば1000Hzの音となり、周波数で音の高低が決定される。さらに波の特徴を決める要素として波の形、すなわち波形があり、図2・1は正弦波（サイン波）と呼ばれる最も基本的な波であり、凹凸のないスムーズな形をしている。

この音波の強さ、周波数、波形を音波の3要素と呼び、音波の持つ物理的な性質を規定するものとなる。この音波が人間の耳へ到達し、その波動が人間の聴覚で認知されたとき始めて音波は音となる。音波は大変シンプルな現象であるが、聴覚で認知される音はかなり複雑であり、古来、音響心理学あるいは音響生理学として多くのたゆまざる研究が行われてきており、現在では聴覚のメカニズムはほぼ明らかとなっている。その複雑な音の性質を、音波と対比させて音の3要素として簡単に表したものが図2・2であり、音の大きさ、高さ、音色で表される。音の大きさは音波の強さに依存し、音の高さは周波数に、音色は波形によって決定されるが、図に示すように、各々それだけで決定されるのではなく、たとえば音の大きさは音波の周波数によっても変化する。一般的な音波は、多くの周波数の波を含んでいるので音の大きさも複雑に変化するが、大まかに言えば、低周波数の音（低音）ほど感覚的には小さく聞こえる。しかし正確には、この感覚も音の大きさによって変化する。その様子を表したものが、図２・３に示した等ラウドネス曲線（ラウドネス loudness とは音の大きさのこと）というものであり、同じ大きさに聞こえる音圧を周波数毎にグラフ化したものである。音が小さいときほど低音が小さく聞こえることになり、音が大きくなるにしたがってその差は小さくなる。このグラフの曲線の一番下の線が、人間が耳で聞いて感知できる最も小さい音であり、これを「閾値」と言う。図は、１KHzの閾値を基準（０dB）として表したものである。

　このような音波の刺激を音に変換する複雑なメカニズムが聴覚であるが、これは良く知られるように外耳道の奥の鼓膜という変換器を使って行われる。しかし、重要なのはその先の蝸牛《かぎゅう》という器官であり（図２・４参照）、聴覚のメカニズムを簡単

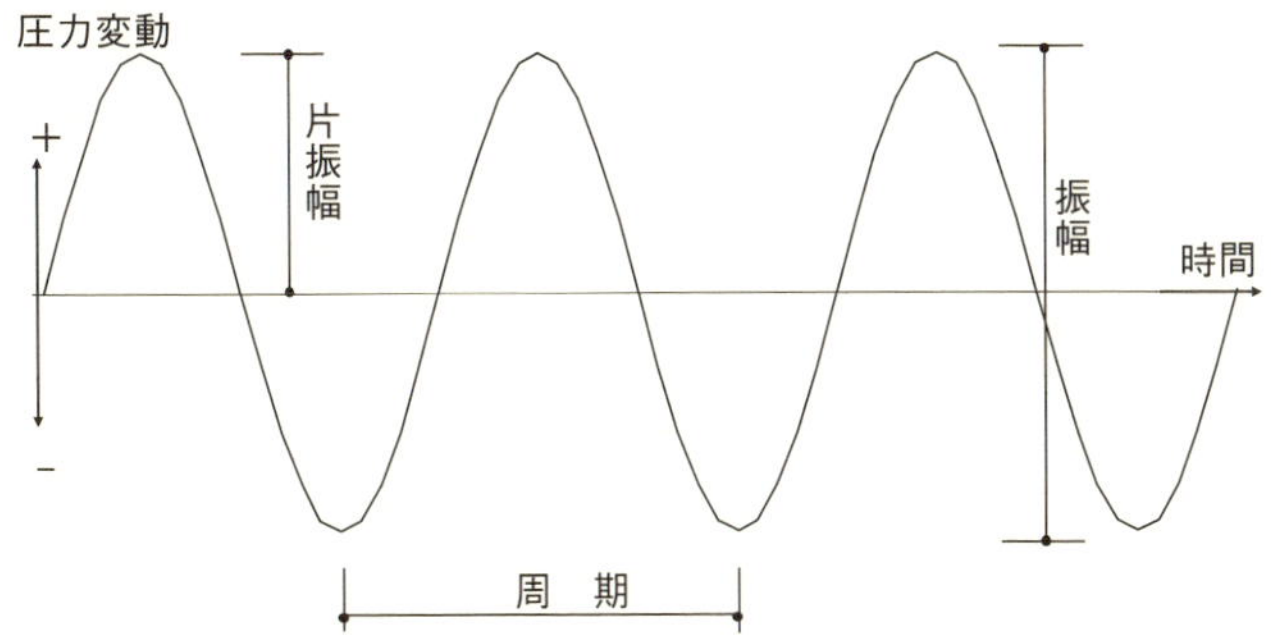

図２・１　音波の波形（正弦波）と物理量

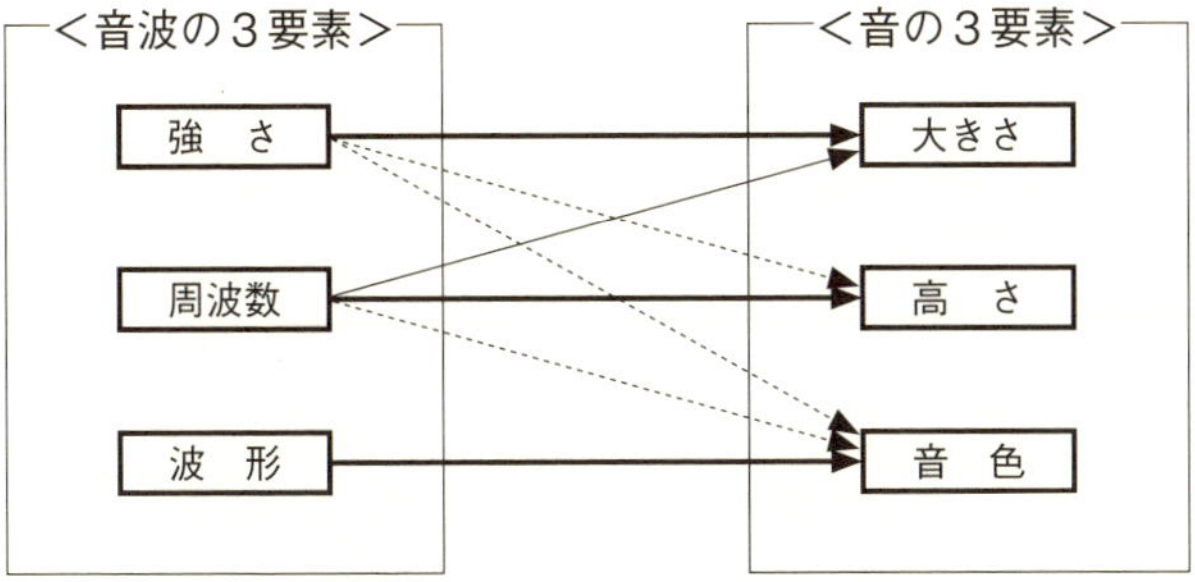

図２・２　音波の３要素と音の３要素の関係

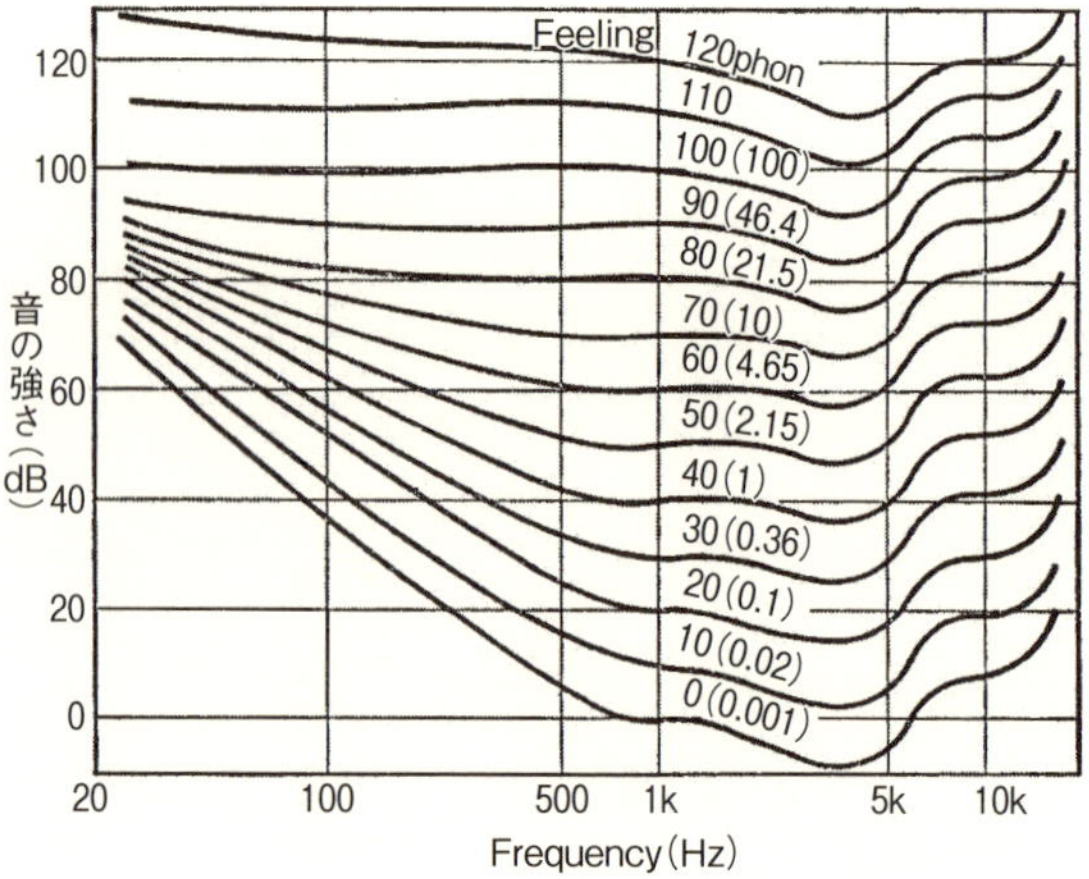

図２・３　フレッチャー・マンソンの等ラウドネス曲線[1]

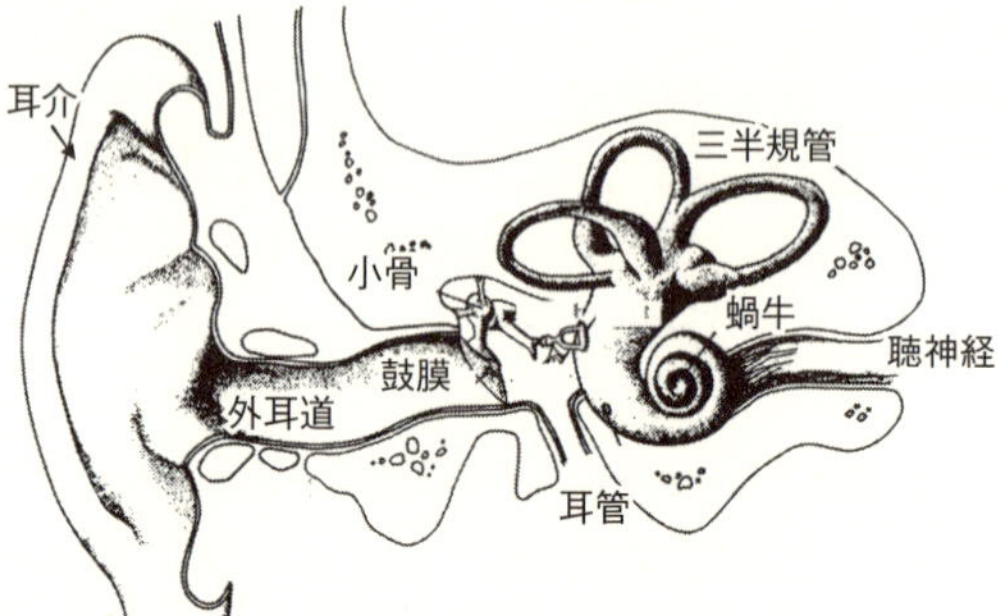

図２・４　耳の構造[2]

に説明すると以下のようになる。

蝸牛の中はリンパ液で満たされており、その底に基底膜というものがある。この基底膜には無数の有毛細胞が付いており、その細胞の上にはゼラチン質の蓋膜がのっている。音波の振動が鼓膜から小骨を通して蝸牛に伝えられると、その振動により基底膜が応答して変形し、有毛細胞は蓋膜で抑えられ頂部が変位する。この変位により有毛細胞が興奮し、それが聴神経のニューロンにより電気信号として脳に送られる。当然、有毛細胞が大きく変位すれば大きな音と認識され、変位が小さければ小さな音と聞こえることになる。少し難しくなるが正確に記述するなら、[3] 有毛細胞につながっている1次聴神経のインパルス発火と呼ばれる電位上昇の頻度により音の強さを感じるということになるが、簡単には上記のとおりで十分であろう。

では、音の高さはどのように認知されるのかと言えば、それは基底膜の変位する位置（実際には変位は基底膜を進行波として伝わり、その進行の中で変位の大きくなる位置）によって決まる。鼓膜側の手前に近い部分に変位のピークがある場合には高い音として認知され、奥側の場合には低い音と認知される。このように、基底膜は一種の周波数分析器の働きも持っており、実に精緻なメカニズムである。

年齢がいって高齢化すると、有毛細胞が損傷したり徐々に抜け落ちて聴力が低下する。特に、高い音を認知する基底膜の手前側の有毛細胞は常に音による変位を受け続けるため、この部分から有毛細胞の損傷が激しくなり、2000Hz～4000Hzの高音の音が聞き取りにくい老人性の聴力損失（老人性難聴、あるいは加齢性難聴）が現れてくる。

高齢化による聴力損失は一般的に男性の方が女性より激しく、70歳の男性では20歳代の人より4㎑で40dBも小さく聞こえることになる。ところが、人に注意を与える音、いわゆるサイン音と言われるものは、ドアのチャイムや炊飯器の炊き上がりの音などを始めとして、ほとんどの場合に高音域の音が使われている。これは、高音域の音の方が低音域の音より一般に気づきやすいためであるが、高齢者にはこれが逆転してしまうわけである。ドアチャイムや炊飯器の音などの場合には実害がさほど大きくはないが、非常時や災害時の警告音などが聞こえづらくなると大きな被害につながる可能性もあり、十分な配慮が必要である。

人間が耳で聞いたときの音の大きさを表す指標がラウドネスという値であるが、騒音に関する評価は音の大きさだけで決まるのではなく、その他の要素も関係してくる。そのため、ラウドネス以外にノイジネス（noisiness）とアノイアンス（annoyance）という指標が用意されている。ノイジネスというのは聴感的な要素による騒音の不快感を表し、日本語では「やかましさ」が使われる。アノイアンスは非聴感的な要素、すなわち騒音の意味だとか場所だとか相手だとか、その他諸々も含めた音の不快感を表し、日本語では「うるささ」で表される。しかし、一般的な日本語の用語として、「やかましさ」と「うるささ」がどう違うのか分かりづらく、そのため、ノイジネスを「喧騒感」、アノイアンスを「邪魔感」と定義している例もある。こちらの方が少しは分かりやすい。音は主観的な要素が大きいため、同じラウドネスの音でもノイジネスとアノイアンスが大きく異なる場合もあり、このような分類も必要となる。

1・2　両耳効果

人間には目が2つ、鼻が1つ、口が1つ、そして耳が2つある。人間の体は実にできていて、目と耳が2つあるのには合理的な理由がある。目の場合は、2つの目で見ることにより物体までの距離を測ることができるが、耳の場合にも同様に多くの効果があり、これを総称して両耳効果と呼ぶ。音を聞き、その大きさを判断するだけなら1つの耳でも十分だが、2つの耳で聞くことにより大変に豊かな感覚と情報を得ることができるのである。

一番大きな両耳効果は音の方向を検知できることである。左の方向からやってくる音は、左の耳に早く届き、その後に右の耳に入射することになる。また、左の耳と右の耳に入る音の大きさは、頭部による遮蔽効果により差を生じる。これらのほんのわずかな音の到達時間差と音圧の差により、音がどの方向から来ているかを検知することができるのである。この方向知覚の精度は大変に高く、音の種類や音の長さによっても異なるが、顔の正面側の水平面での方向弁別限は1〜4度ぐらいであり、正面での仰角に関しても5〜10度ぐらいと言われている。音源までの距離に関する知覚は方向知覚よりはかなり貧弱であると言われており、人の声による実験などでは、実際の音源距離よりは近く感じる傾向が強いことが示されている。[4、5]

両耳効果は、方向や距離の定位に関することだけでなく、空間音響の受聴にも大きく関わっている。コンサートホールなどでは音が豊かな拡がりとなって聞こえてくるが、このような臨場感溢れる感覚（拡がり感と呼ばれることもある）も、両耳があって初めて成立するものである。

1・3　脳機能と聴覚

聴覚は内耳の生理学的機能だけで決まるものではなく、脳の特殊な機能によって聴覚が補完される場合もある。その代表的な例が「カクテルパーティ効果」というものである。すなわち、カクテルパーティのような多数の話し手がいる騒々しい環境の中でも、聞きたいと思う話し手の声に着目して選択的に音声を聴き取ることができるという聴覚能力のことである。これは、着目したい音響パターンのみを認識して、他のパターンを無視できる脳のパターン認識のひとつと捉えられているが、脳の中の視床という部分での感覚フィルター機能に基づくものと考えられている。

この脳の感覚フィルター機能は、騒音のうるささにも関係しているのではないかという指摘がある。人間には、常に五感からの刺激が脳に集まってくる。さまざまな感覚刺激は信号として視床という所に集められ、そこから神経系の最高中枢である大脳皮質に送られる。聴覚からも、さまざまな音の刺激が間断なく脳へ伝えられているが、我々は、それらすべての音を常に意識しているわけではない。ほとんどが意識せずに篩い落とされているのである。これは、あまり意味のない信号が過剰に大脳皮質へ行かないように、刺激の集まる視床という脳の部位でフィルターにかけられているのだという。自分に必要な感覚刺激だけが選択的に聴取されているのである。

分かりやすい例で説明すると、あることに夢中になって取り組んでいると回りの音はほとんど聞こえておらず、ふと我に返ると初めて周りの音が耳に入ってくるということがよくある。これは誰でも経験することだと思うが、これも感覚フィルターの働きであると言われている。

このような機能は通常の生活において大変重要である。少し街を歩くだけでもさまざまな騒音が耳に入ってくる。道路を車が行き交う音、街頭スピーカーからの宣伝音、通り過ぎる人たちの話し声、店から流れる音楽、人ごみの中の足音、傘に当たる雨音、仮にこれらすべての騒音が、人の話を傾注して聞くときと同じ状態で、常時、頭の中に

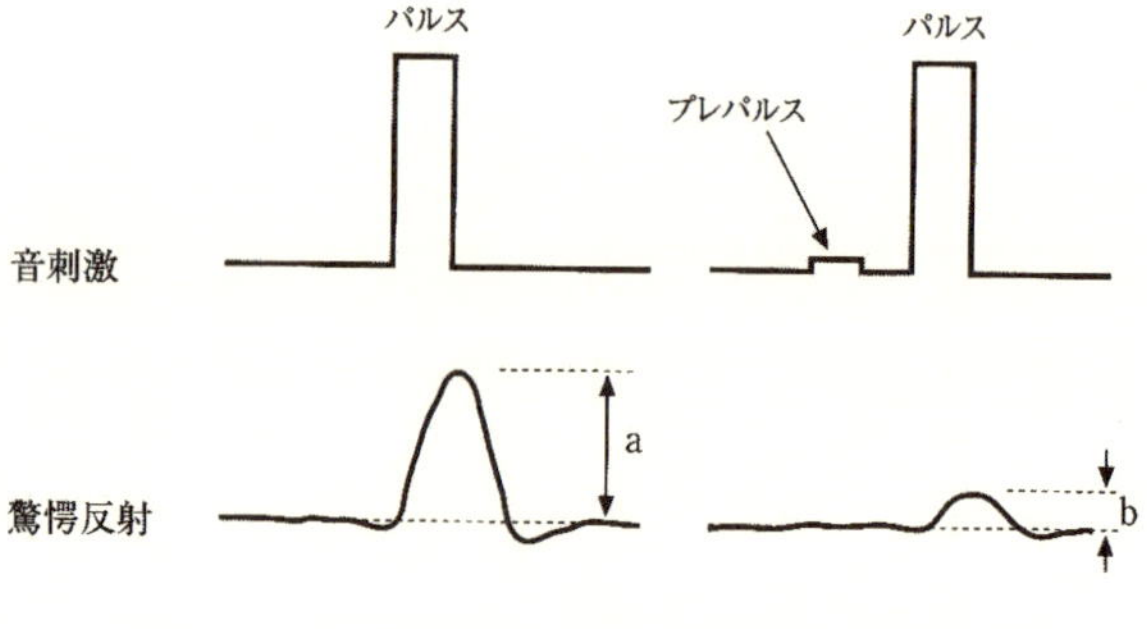

PPI=(a−b)/a×100(%)

図2・5　PPI(プレパルス抑制)の測定方法[6]

入ってきたら、これはたまったものではない。残響過多の空間のように、頭の中で入り交ざった音が鳴り響く感覚に陥るであろう。人は、さまざまな音を聞き流したり、注意して聞いたりの切り替えがほとんど無意識にできるために普通に生活が営めているとも言える。

感覚フィルター機能に障害が起きてフィルター効果が低下すれば、一体どうなるであろう。これまで篩いにかけられ聞き流していた騒音が、気になって仕方がないという状態になるのではないか。あるいは逆に、ある特定の音に対して選択的聴取が過度に働けば、その音が過剰な刺激となり、やはりうるさく感じてしょうがないということになるのであろう。このように生理的機能が音のうるささに関係してくる場合も考えられる。

感覚フィルター機能が正常に機能しているかどうかは、PPI(prepulse inhibition、プレパルス抑制)[7]という生理学的な検査で比較的簡単に評価できるという。PPIは、ヘッドフォンで音を聞いて検査する。人でも動物でも大きな音の刺激(パルス)を与えると驚愕反射が起こるが、その音の直前に小さな音の刺激(プレパルス)を与えると、驚愕反射が抑制される(図2・5)。これを目の横の筋肉の筋電図で測定し、プレパルスでどれだけ驚愕反応が抑えられたかをパーセントで表示する。この数値が大きいほど、すなわち抑制が大きいほど、感覚フィルター機能がしっかりしているということになる。[7]

逆に、人は変わった音がすれば自動的にその音に注意を向けたり、睡眠中に音を聞いて覚醒したりもする。これには脳の外側毛帯核という聴神経の部分が関係している[3]ということまでは分かっているということだが、そのメカニズムの詳細は未だ明確ではない。また、音声などに対する脳の処理機構は、一般音に対する脳の識別機能とは別の機能であると考えられている。これらからも音のうるささの問題がいかに複雑であるかが想像される。聴覚から来た音の刺激を脳はさまざまなメカニズムで取捨選択する。その意味で、聴覚というのは大変に心理的な影響を受けやすい感覚であるということだけは言えるであろう。

1・4 デシベルと騒音レベル

音の大きさはデシベル（decibel）で表され、単位記号としてはdBと書く。デシベルとは、デシ（deci）とベル（Bell）の合成語であり、前者は、デシ・リットルなどと使われるように1／10という意味であり、ラテン語のdecimusからきている。後者は、電話を発明したことで有名なアレキサンダー・グラハム・ベル（Alexander Graham Bell）の名から取った音の大きさを表す単位であり、そのためにdBのBは大文字になっている。しかし、英語のdecibelでは、なぜかlは1つであり、その理由は分からない。

ベルという単位は、音の大きさを対数で表示したものである。心理学で習うように、ウエーバー・フェヒナーの法則（Weber-Fechner's law）により、「感覚の強さは刺激量の対数に比例する」。そこで、刺激量である音波の強さを聴覚による音の大きさと対応させるため、音波の強さの対数をとって表示したものがベルという単位である。しかし、このままでは単位として粗すぎるため、そのスケールを拡大し、目盛りを1／10にしたものを最小単位として設定したのがデシベルである。

デシベル化された量をレベルと呼び、デシベルで表された音圧が音圧レベル、音源の出力エネルギーはパワーレベルとなる。音圧レベルでは、人間の耳で聞こえる最も小さい音が0 dBとなるように設定されている。また、音のエネルギーが2倍になると、デシベルでは3 dBアップすることになり、10倍では10 dBアップする。このように、音圧レベル（dB）を用いることにより、音波の強さを感覚量に対応するものとして扱うことができることになる。

音の大きさには、もうひとつの感覚が関係する。それは、すでに示した図2・3の音の高さ（周波数）による感覚の違いである。人間の耳は、同じ音圧でも低い周波数の音ほど小さく聞こえる。騒音の大きさを評価するためには、図に示した等ラウドネス曲線の特性を考慮する必要があるが、これをすべて取り入れることはできないため、代表として図2・6の特性を用いている。図の相対レベルで表されているように、低音域ほど音が小さくなるように設定されている。この特性をA特性と呼び、騒音の大きさを評価するときに用いている。以前は、A特性の他にB特性、C特性というものもあったが、今は実質的に、このA特性と、特性のないFLATの2種類と考えておけばよい。

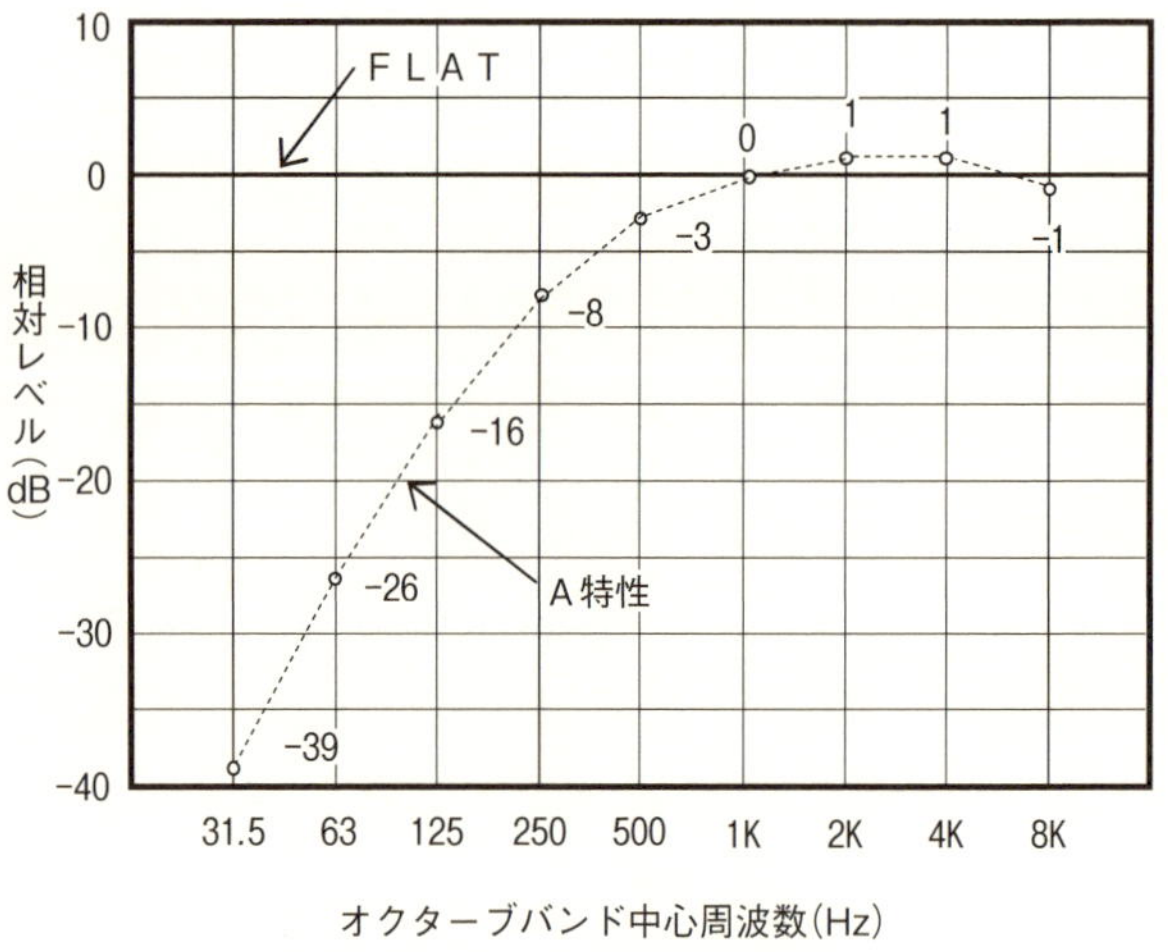

図2・6　A特性の聴感補正

音はさまざまな高さの音の成分を持っているため、それらに図2・6のA特性の聴感補正を行ったものが騒音レベル（単位は同じdB）である（図の横軸のオクターブバンド中心周波数については後述する）。先に示した音圧レベルは特性がFLATの場合であり、音の大きさの表示にはこの2つのレベル、すなわち音圧レベルと騒音レベルがある。人間の耳で聞いたときの音の大きさはもちろん騒音レベルである。この騒音レベルを測定する装置が騒音計であり、写真2・1がその概観である。現在の騒音計には多くの機能がついているが、基本的には次の2つの切り替え機能が重要である。ひとつは、音圧レベルと騒音レベルの切り替え機能である。一般的に騒音の大きさを測定するときには騒音レベルを用いるが、一般の人ではこれらの違いが分からず、音圧レベルで騒音を測定している事例が多く見られる。音圧レベルで測定すると、騒音レベルより10数dB大きくなる場合もあり、両者は全く異なる値となる。後から音圧レベルから騒音レベルに換算できる場合もあるが、その場合でも正確さに問題が残るのは言うまでもない。実際の裁判でも、床衝撃音訴訟を起こした原告が自宅での騒音を1年以上にわたって測定し、その記録を証拠として提出した事例があったが、この場合も間違ってC特性（FLATとほぼ同じ）で騒音を測定していた。これについては裁判所が選任した専門委員によりA特性への換算が可能とした意見により、換算後の騒音が証拠として認められているが、危うく1年以上の努力が水の泡になるところであった。

もうひとつの切り替え機能は、動特性の切り替えである。動特性とは、以前のメーター方式の場合の針の動きの速さのことであるが、今は、これがデジタルで表示されている。動特性には、FASTとSLOWの2種があり、FASTは人間の耳で聞いたときの状態と同じに設定されている。仮に、音の大きさが急激に変動する場合、人間の耳はその音波の変動にそのまま追随できるわけではなく、ある程度均された変動として捉えることになる。その特性を再現しているのがFASTである。SLOWはそれよりもはるかに緩やかに変化するように設定されており、変動の平均的な値を読み取る場合などに用いられる。したがって、騒音の測定をする場合には当然FASTで行わなければならない。

これらの2つの切り替えを間違わなければ、騒音の測定は誰でも簡単にできる。また、騒音計は自分で購入しなくても、リースなどで簡単に借りられるため、短期の測定などではそちらを利用した方が経済的である。

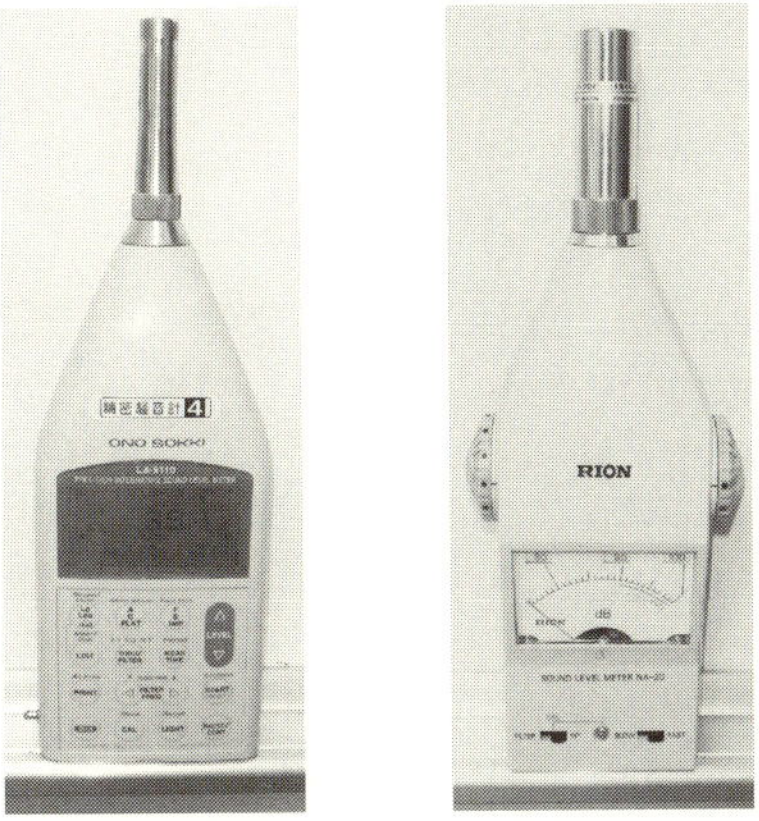

(a) デジタル式　(b) メーター式（旧型）

写真２・１　騒音計の概観

（上部がマイクロフォン、下が騒音計本体）

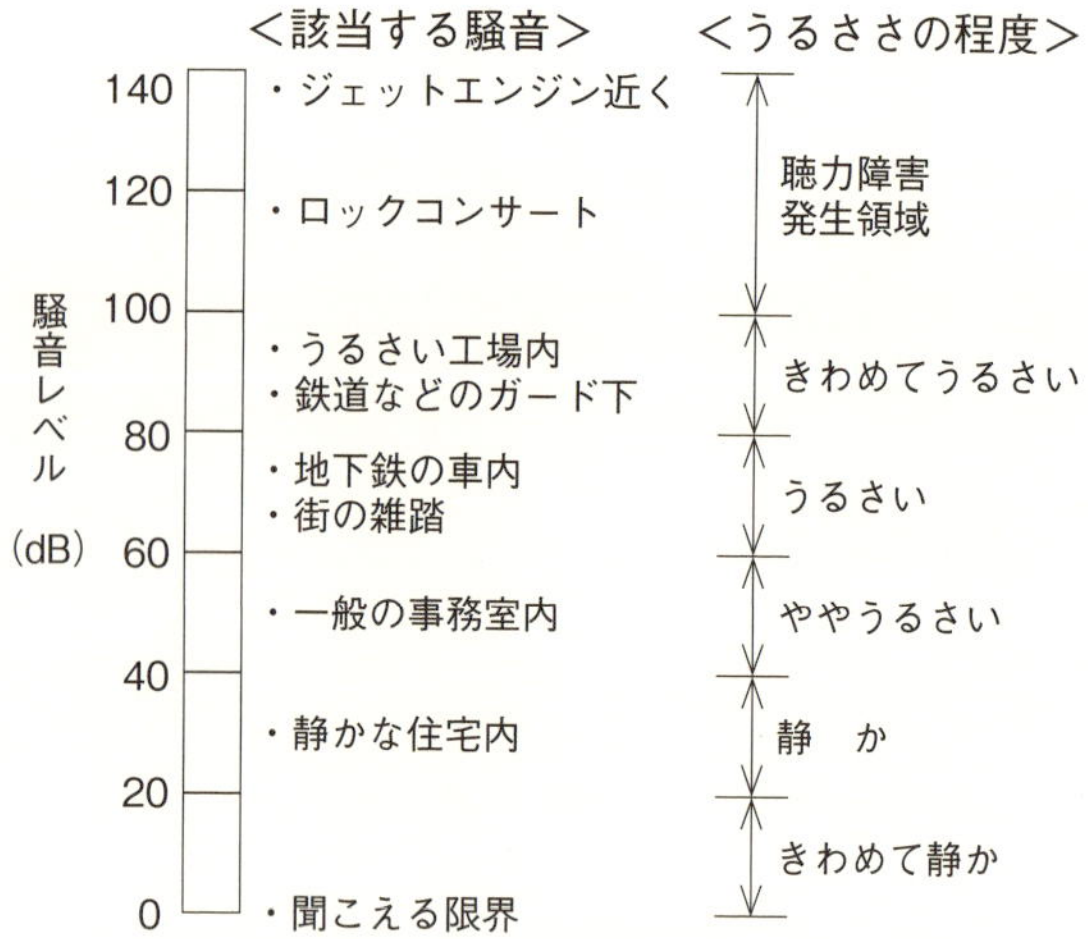

図２・７　騒音レベルの実際とうるささの関係

図２・７は騒音レベルと実際の騒音の大きさの対比を示したものである。まず、「静か」というのは騒音レベルで何dB以下のときかといえば、「それは個人差や音の種類による」というのが正解である。しかし、それでは話にならないので、一般的に言われている値（一般の人の値ではない）を示すと、30dB以下ぐらいであろう。40dBは、睡眠中の人が覚醒する場合もあると言われているので、決して静かとは言えないが、うるさいと言えるレベルでもない。50dBになると、音の種類にもよるが少しうるさく感じるぐらいであり、ざわざわしたオフィスの室内程度となる。60dBではかなりうるさく、街の雑踏の騒音程度となる。このように、少しうるさいとか、かなりうるさいというような曖昧な表現をしているが、この曖昧さが騒音の持つ特質と理解してほしい。騒音レベルが70dB、80dB以上になるといろいろな面でうるささの影響が出てくることになり、90dBになるとガード下の騒音レベル程度となり、これ以上の騒音レベルでは聴力障害などの生理的影響も出てくることになる。１２０dB以上になると鼓膜に重大な障害が生じる恐れもあり、ロックコンサートのスピーカー前にいた人の鼓膜が破れたとの話もあるが、真偽のほどは確かではない。

騒音レベルと音の大きさの関係は以上のとおりであるが、最初に書いたとおり、音の大きさは測れても、音のうるささは測れない。それはあくまで主観の問題であり、これを音の大きさだけで評価しようとするとトラブルの原因となる。この点はくれぐれも注意が必要である。

もうひとつ注意をしておこう。耳で聞いた音の大きさは、約10dBの増加で倍の大きさに聞こえると言われている。

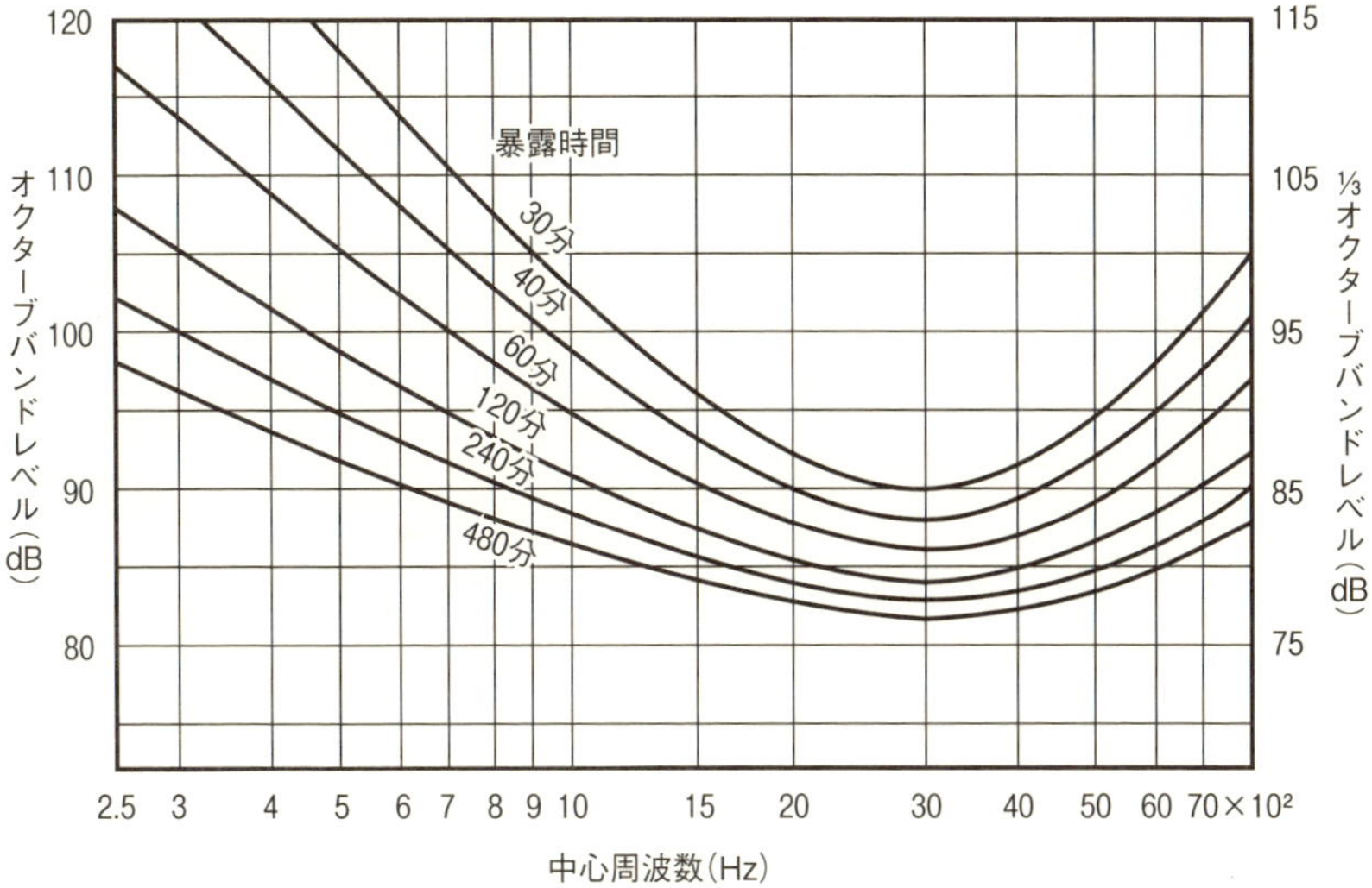

図2・8　騒音の許容基準（日本産業衛生学会勧告）[1]

建材の遮音性や車の室内騒音のコマーシャルなどで、よく「音のエネルギーを30％低減するのに成功した」などと宣伝しているのを見かけるが、これをデシベルで評価するとわずか1・5dBの低減にすぎない。10dBの低減で聴感上半分であるから、これらの値は耳で聞いてもほとんど差が分からないことを意味している。表現の仕方で聞く方の印象も大きく変わるが、このようなdBのマジックに消費者も惑わされないよう注意が必要である。

1・5　騒音による聴力損失

音が聞こえにくくなることを難聴と言うが、難聴の原因には老人性難聴と騒音性難聴の2つが挙げられる。すでに示したように、前者は加齢により生理的な機能の低下をきたすものであるが、後者は騒音の大きな音圧によって聴力が低下する障害である。

騒音による聴力の損失には、一時的難聴（TTS：Temporary Threshold Sift）と永久難聴（PTS：Permanent Threshold Sift）の区別がある。一時的難聴とは、大きな騒音に曝されたことにより一時的に聴力が低下することで、音がなくなれば、しばらくして元の聴力に完全に戻る。一方、永久難聴とは、騒音の影響が継続的に作用することにより聴力が低下することであり、この場合には騒音がなくなっても聴力が回復することはない。永久難聴は、大きな騒音が発生する工場などで長期間作業を続けた場合などに問題となるため、労働衛生上、図2・8に示すような許容基準を設けている。図の使い方は、騒音のオクターブバンドの音圧レベルをプロットし、そのグラフが図の許容時間の曲線を越えない最も近い曲線を騒音暴露の許容時間とするものである。当然、音圧レベルが大きくなるほど許容時間は短くなる。一般的な目安としては、1日8時間騒音に暴露される場合を考え、日本ではその騒音レベルが90 dB以下であることを許容基準としている。しかし、この基準は国によって差があり、85 dBを基準値としている国も多い。

2　騒音の測定・分析と表示

2・1　騒音の計量証明

騒音紛争に巻き込まれ、それを訴訟などで解決しようとする場合、問題となっている騒音の大きさがどの程度かを示すために騒音を測定する必要が出てくる。騒音を測定してこれだけの値であると示すことを騒音の計量証明と言い、これは誰でもできるわけではない。これができるのは、計量法により環境計量士（騒音）［注：環境計量士の資格分野には、騒音と濃度の2種がある］という国家資格を持った人、その環境計量士が計量管理者として登録している事業所（計量証明登録事業所）だけと定められている。有料、無料を問わずに、第三者に対し無資格で計量証明を行った場合には、計量法違反として罰金が科せられる。ただし、自分でどれだけの騒音レベルかを測定しても、もちろん何の罰則もない。工場などで自分の工場の騒音レベルを測定して環境管理に用いることなどは、計量証明ではないので何の問題もない。あくまで第三者に示すことが問題となる。

裁判などでは、計量証明登録事業者が測定した騒音レベルの値は、そのまま正式なデータとして認められる。では、個人で測定した騒音データは全く意味がないのかといえばそうでもない。裁判所が騒音の専門委員にチェックを依頼し、十分に妥当なデータであることが認められれば、証拠採用されることになる。日常的で長期にわたる測定などでは、計量証明事業者に測定依頼することは事実上不可能であるため、自分で測定するより仕方がない。そのような場合にも、できる限り正確な測定が要求されるので、その基本的な事項を説明しておこう。

2・2　時間率騒音レベルと等価騒音レベル

騒音計での測定は、A特性、FASTで行うことはすでに述べた。このとき、騒音がほとんど変化せず一定のレベルを示している場合には、その値をそのまま読み取ればよい。しかし、一般的には騒音の値は時間的に変動している場合が多い。このような場合には、時間的に平均した値を算出することになる。以前の規格では、時間率騒音レベルと言われるものを算出していたが、今は、騒音のエネルギーを測定時間内で平均した等価騒音レベル（L_{eq}）というものを用いるのが一般的である。

まず、時間率騒音レベルとは、たとえば5秒間隔に１００個の騒音データを取ったものを、騒音レベルの小さいものから累積してゆき、それが一定の割合（%）になったときの値を採用するものである。時間率騒音レベルを算出するためには騒音レベルの時間的な変動を記録する必要があるが、これにはレベルレコーダー（写真２・２（a））という機械を用いる。ロール式の記録用紙上にペンで騒音の変動を記録してゆく装置だが、音自体が記録されるわけではないので、その騒音が何であるかなどを記録用紙にメモ書きすることが必要である。騒音計の値を直接、目で読み取ることも可能であるが、裁判の証拠能力としてはレベルレコーダーの記録紙がある方がよい。

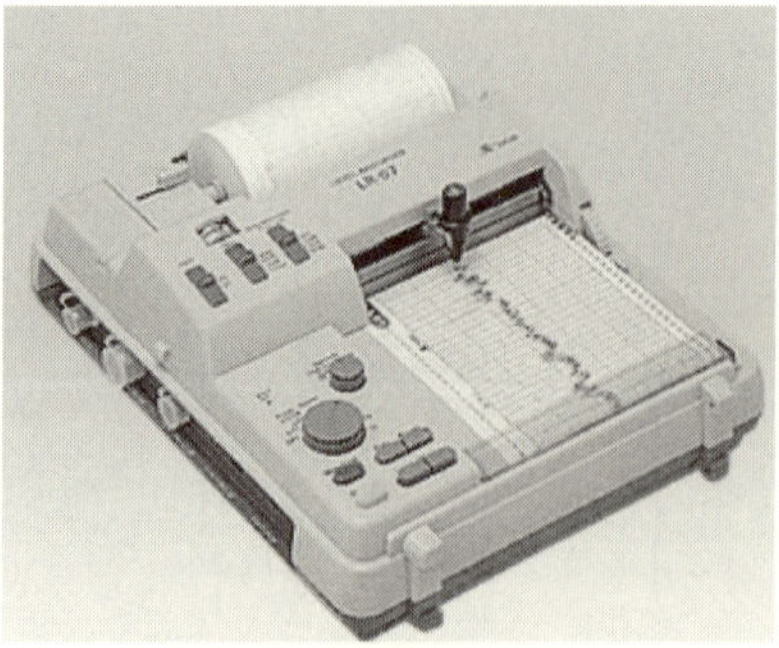

(a)　レベルレコーダー
（RION社ホームページより）

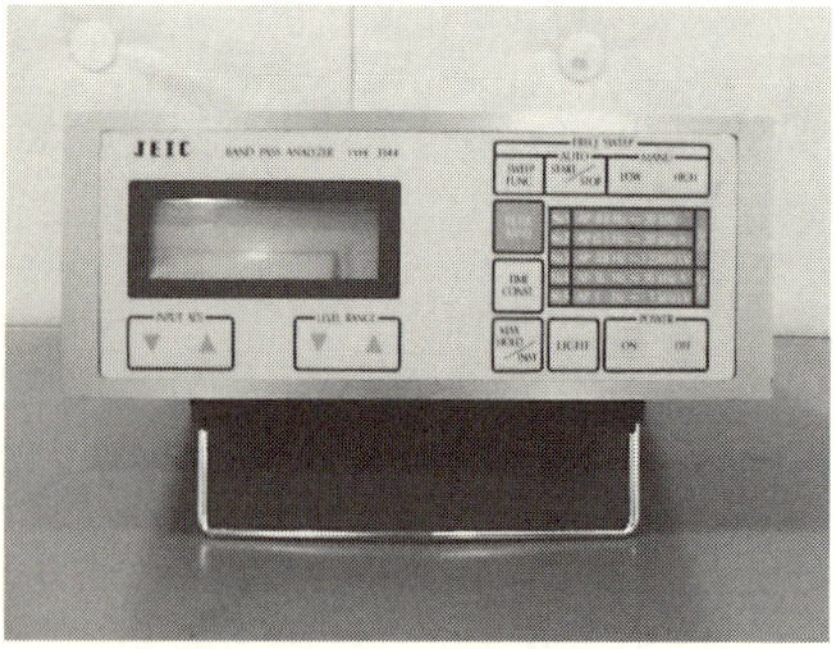

(b)　オクターブバンド周波数分析器

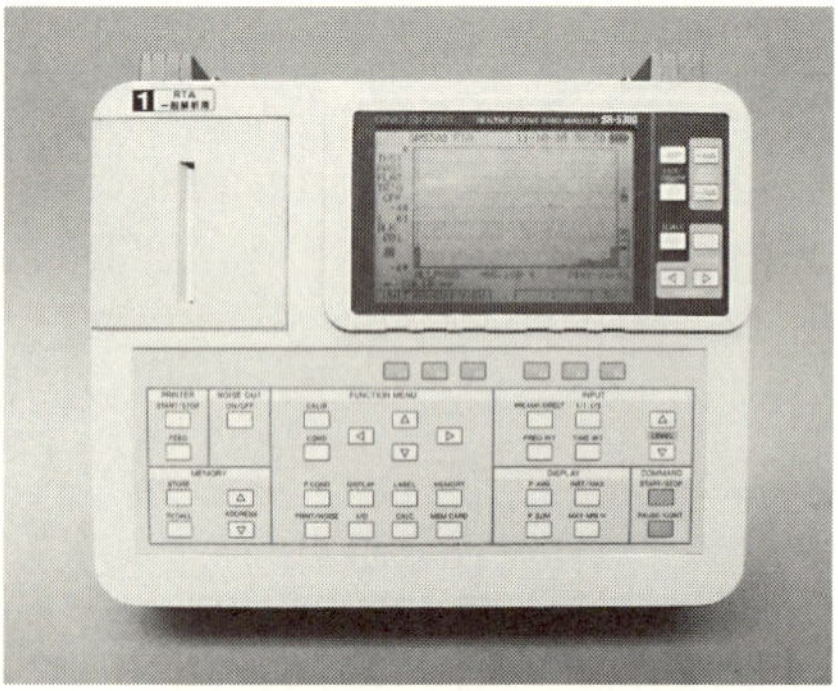

(c)　リアルタイム・アナライザー

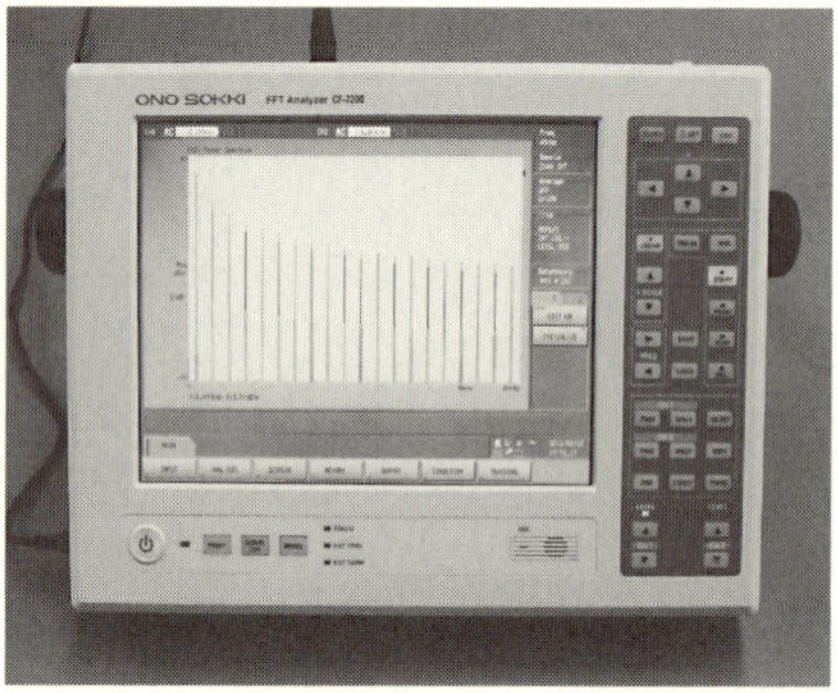

(d)　ＦＦＴ・アナライザー

写真２・２　騒音の分析に用いられる機器類

測定した値から累積度数の曲線図を作成し、その図から騒音レベルの中央値となる50％の値L_{50}、全体の変動の90％の幅の上端値をL_5、下端値をL_{95}とし、各種法令の規定によりL_{50}やL_5の値を用いて評価する。現在では、この時間率騒音レベルの中央値（L_{50}）を廃止し、その代わりに等価騒音レベルを用いることが多くなっている。

等価騒音レベルは、騒音のエネルギーを一定時間で平均して算出したものであるが、この演算は騒音計が自動でやってくれるため、L_{eq}の表示に切り替えて測定すれば等価騒音レベルの値がたちどころに得られる。その意味では、上記の時間率騒音レベルよりは大変簡易に測定が実施できるようになった。ただし、旧式の騒音計で、このような平均化の機能のついていないものでは測定ができないことや、時間率騒音レベルの中央値（L_{50}）と等価騒音レベルでは若干の差を生じるので、相互の単純な換算ができないことなどのデメリットもある。

第4章で騒音に関する規制基準について詳述しているが、まだ、時間率騒音レベルと等価騒音レベルが混在している部分がある。環境基準の基準値や騒音規制法の自動車騒音の許容限度は、もともと時間率騒音レベルの中央値、すなわちL_{50}が使われていたため、これらについては等価騒音レベルへの移行が済んでいる。しかし、騒音規制法の特定工場や特定建設作業の規制値は、もともと時間率騒音レベルの90パーセントレンジの上端値L_5で規制されていたため、等価騒音レベルで表すことができずに、「当分の間」という条件つきでL_5を用いることとしている。

2・3　暗騒音の補正

実際の騒音測定では、暗騒音の補正にも注意が必要である。暗騒音とは、測定対象としている音以外の音を言う。測定対象音をS（subject）、暗騒音をN（noise）とし、それらのレベル差をSN比と呼ぶ。同じエネルギーの音が2つあると3dBアップすることはすでに述べたとおりであるが、このため暗騒音があると、対象の音の測定値が実際より最大で3dB大きく評価されることになり、測定値からこの影響分を引いておかなければならない。これが暗騒音の補正である。引き算の式は、次のとおりである。

$$\overline{L}=10\log\left(10^{\frac{L_S}{10}}-10^{\frac{L_N}{10}}\right)$$

式の中の$\overline{L}$が補正後の値であり、L_Sは暗騒音を含んだ対象音の騒音レベル（dB）、L_Nは暗騒音だけのときの騒音レベル（dB）の値である。では、暗騒音だけの値はどのようにして算出するかといえば、対象とする音をいったん止めて測定すればよい。一般に、暗騒音を止めることはできないが、対象音は止めることができる場合が多い。どちらも止めることができない場合には、正確な補正はできないことになる。なお、上記の式で実際に計算してみると分かるが、ＳＮ比が10dB以上になると、暗騒音の影響はほとんどなくなるので補正の必要はない。

裁判などでは、提出された測定結果に対する反論として、この暗騒音の影響を指摘する作戦もよく見られる。したがって、騒音測定を行う場合は必ず暗騒音の測定を忘れないよう留意が必要である。第４章の騒音訴訟の中で示しているカラオケ騒音の裁判事例においても、騒音がカラオケボックスからのものか、暗騒音である道路などの環境騒音の影響が大きいかが裁判の争点になった。

２・４　騒音の周波数分析、スペクトル分析

詳細な騒音測定では、単に騒音レベルの値だけではなく、その騒音がどのような周波数の成分を持っているかを分析することが必要となる。これを周波数分析と言い、一般的には周波数を１オクターブ毎の幅（バンド）で区切って、その幅の中に含まれる騒音の大きさをまとめてひとつの図として表示する。１オクターブバンドとは、ある基準の音から２倍の高さの音までの幅のことである。表２・１に示すように、オクターブバンドの区切りの周波数を遮断周波数、オクターブバンドの代表値を中心周波数（バンドの対数軸での中心となる）と呼び、これらの値はＪＩＳによって決められている。分析した結果は、図２・９のように中心周波数毎のオクターブバンドレベルの図として示される。図の横軸は、対数軸で表示されているため、各中心周波数の間隔は等間隔になっている。このような周波数分析は、騒音計に取り付けるタイプの周波数分析器や、専用の周波数分析器（写真２・２（ｂ））、分析を実時間で行えるリアルタイム・アナライザー（写真２・２（ｃ））などを用いて比較的簡易に行える。

１オクターブバンドより細かな周波数分析として、１／３オクターブ分析というものもある。オクターブを３等分したバンドについて分析したものであるが、一般的にはオクターブバンドの分析で十分な場合が多い。参考として表

2・1に1／3オクターブバンドの中心周波数を、図2・9に分析結果の表示例を併せて示した。

バンドレベルの値は、音圧レベルについて表示される場合もあり、騒音レベルについて表示される場合もある。どちらの値であるかは、図2・9の縦軸のように明確に示しておく必要がある。これらの周波数分析の結果は、図2・9のように音源などの特性を表示するためにも用いられるが、後述するように、壁の遮音性能や床衝撃音性能の遮音等級を求めるときにも用いられる。騒音紛争を取り扱う場合に、これらの遮音等級の知識は特に重要であり、その意味合いをしっかりと理解しておく必要がある。

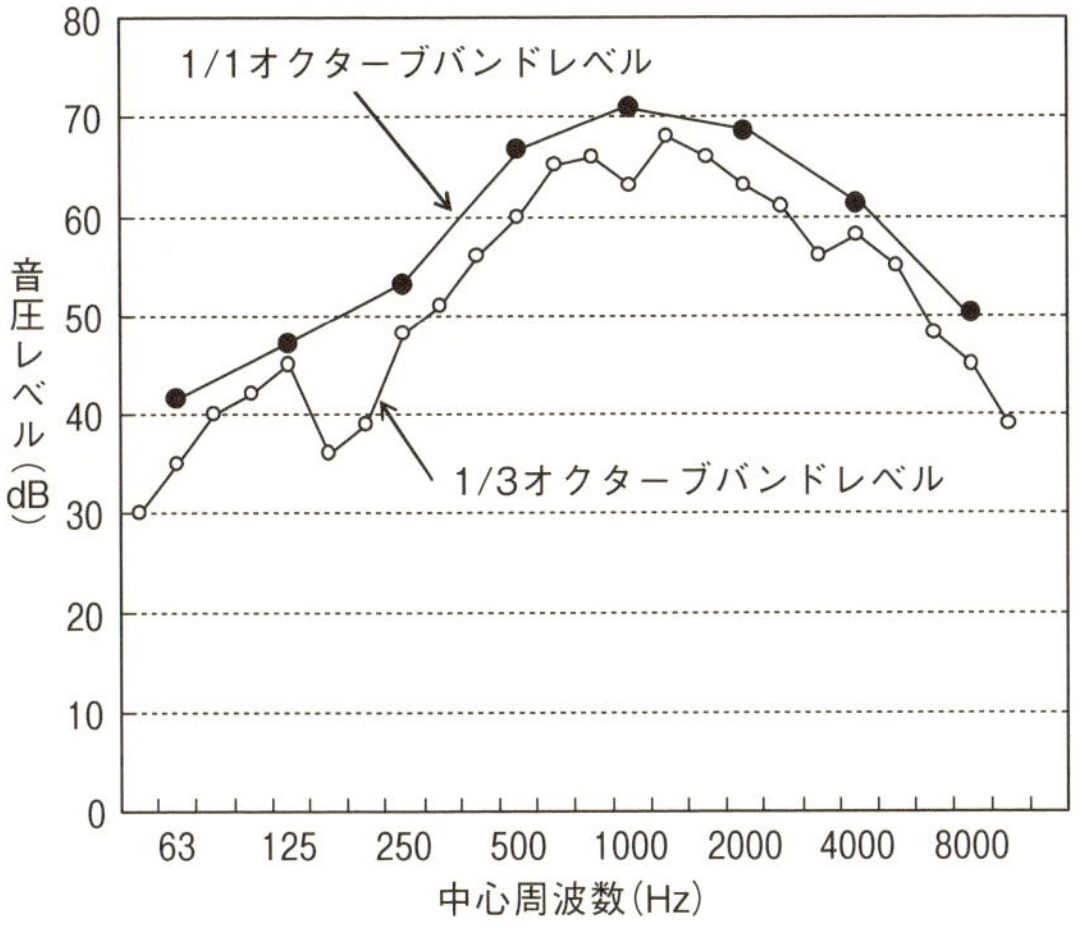

図2・9　周波数分析結果の表示例

表2・1　オクターブバンドの周波数区分

1/1オクターブバンド		1/3オクターブバンド
遮断周波数（Hz）	中心周波数（Hz）	中心周波数（Hz）
22.4		
	31.5	25 31.5 40
45		
	63	50 63 80
90		
	125	100 125 160
180		
	250	200 250 315
355		
	500	400 500 630
710		
	1000	800 1000 1250
1400		
	2000	1600 2000 2500
2800		
	4000	3150 4000 5000
5600		
	8000	6300 8000 10000
11200		

音の周波数分析には、もうひとつ、スペクトル分析という方法がある。オクターブバンドの周波数分析は、遮断周波数で決定される周波数幅のフィルターを通して音の成分を抽出するが、スペクトル分析は、音の波形をデジタルでサンプリングしたものを変換してスペクトルを求める。この方法をＦＦＴ（高速フーリエ変換：fast Fourier transform）と呼ぶが、一般的には、この分析方法を搭載したＦＦＴアナライザー（写真２・２（ｄ））というものを用いて分析を行う（図２・30、犬の鳴き声のスペクトル分析結果など参照）。ＦＦＴで得られるスペクトルは、あくまで飛び飛びの間隔のスペクトル成分であるが、その間隔を細かくしてやれば極めて詳細な音の周波数情報が得られることになる。

２・５　ＮＣ値

周波数分析された騒音のデータを使って、さまざまな周波数特性を持つ騒音を単一の指標で表すことが行われるが、この代表的な値がＮＣ値である。図２・10のように設定されたグラフに、測定した周波数毎の音圧レベルをプロットし、下側から最も接近する曲線の値をＮＣ値とする。図２・10の例では、ＮＣ－55となる。このようなＮＣ値は、表２・２に示すように室内の騒音を性能規定する場合の指標として用いられる。たとえば、コンサートホールの客席での騒音（主に空調騒音が対象となる）はＮＣ－15以下が求められるし、テレビスタジオではＮＣ－25以下を目標とするというように使われている。

騒音レベルとＮＣ値との関係は、概略値であるが、ＮＣ値に５を足したものが騒音レベルになると考えておけばよい。たとえば、コンサートホールでのＮＣ－15以下というのは騒音レベルに直すと20dB程度以下となり、極めて静かな性能が要求されていることが分かる。同様に、病院や図書館、あるいは住宅の寝室などある程度の静かさが要求される空間では、ＮＣ－30（騒音レベルで35dB程度）以下が室内騒音の目安となると考えておけばよいであろう。

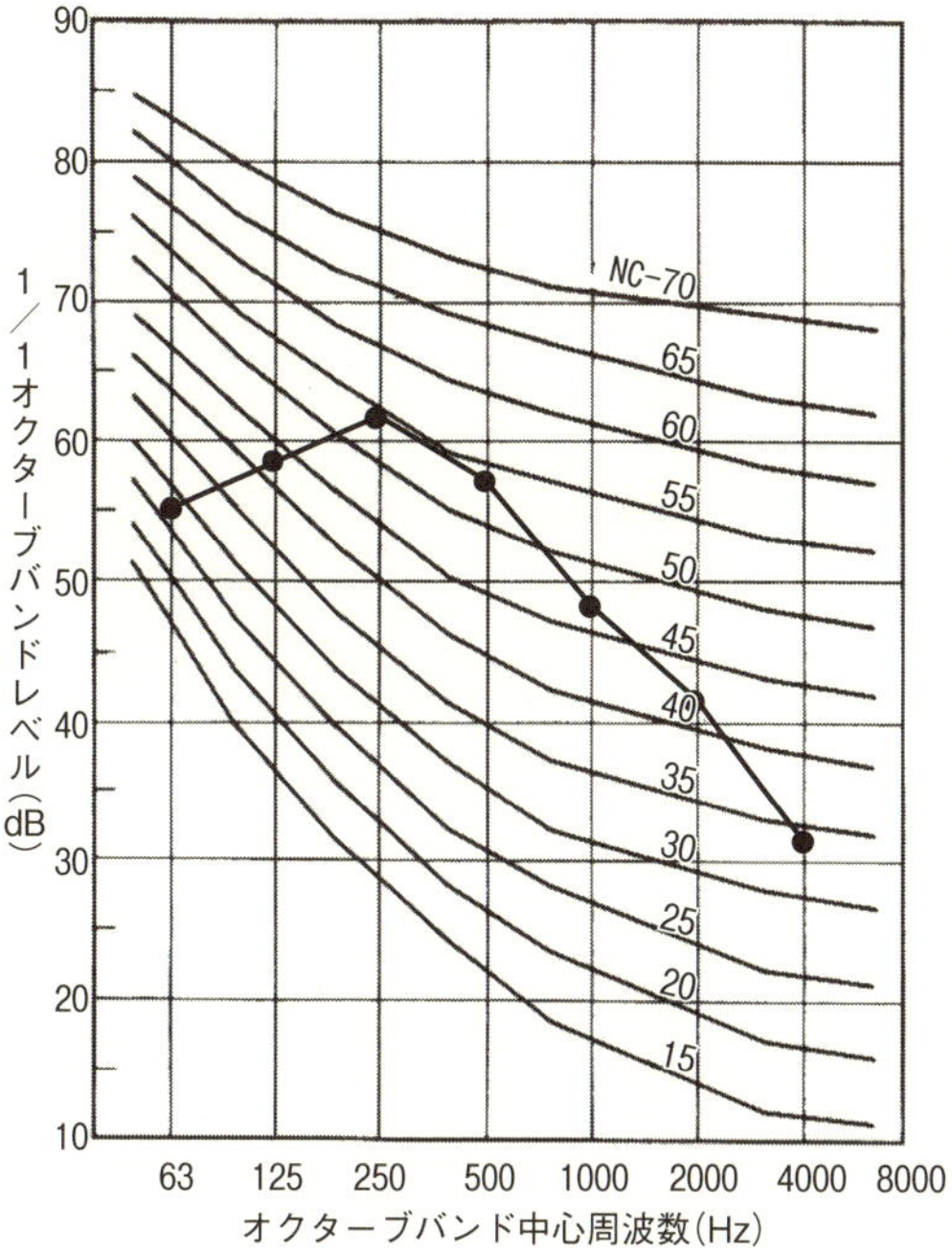

図2・10　NC曲線とNC値の決定法

（図のデーターでは、下から最も接近する曲線を採用するためNC－55となる）

表2・2　各室でのNC値の推奨値

室の種類	NC値
放送スタジオ	NC15以下
コンサートホール	NC15以下
劇場	NC20～25
音楽室	NC25
教室	NC25
テレビスタジオ	NC25
ホテル・アパート	NC25～30
映画館	NC30
病院	NC30
図書館	NC30

2・6　騒音の伝搬

騒音は音源から離れれば当然音が小さくなる。これを距離減衰と呼ぶが、点音源の場合には、音源からの距離が2倍になる毎に騒音レベルが6dB小さくなる。数値例で示すと、音源から20m地点で80dBの騒音レベルであったとすると、40m地点では80マイナス6＝74dB、80m地点ではさらに6dB小さくなり、68dBとなる。

以上は、騒音源が相対的に点音源と見なせるときの場合であるが、道路交通騒音などの場合には、線状に細く延びた音源と見なされる。このような線音源の場合には、点音源に比べて減衰量が半分になり、距離が2倍になる毎に3

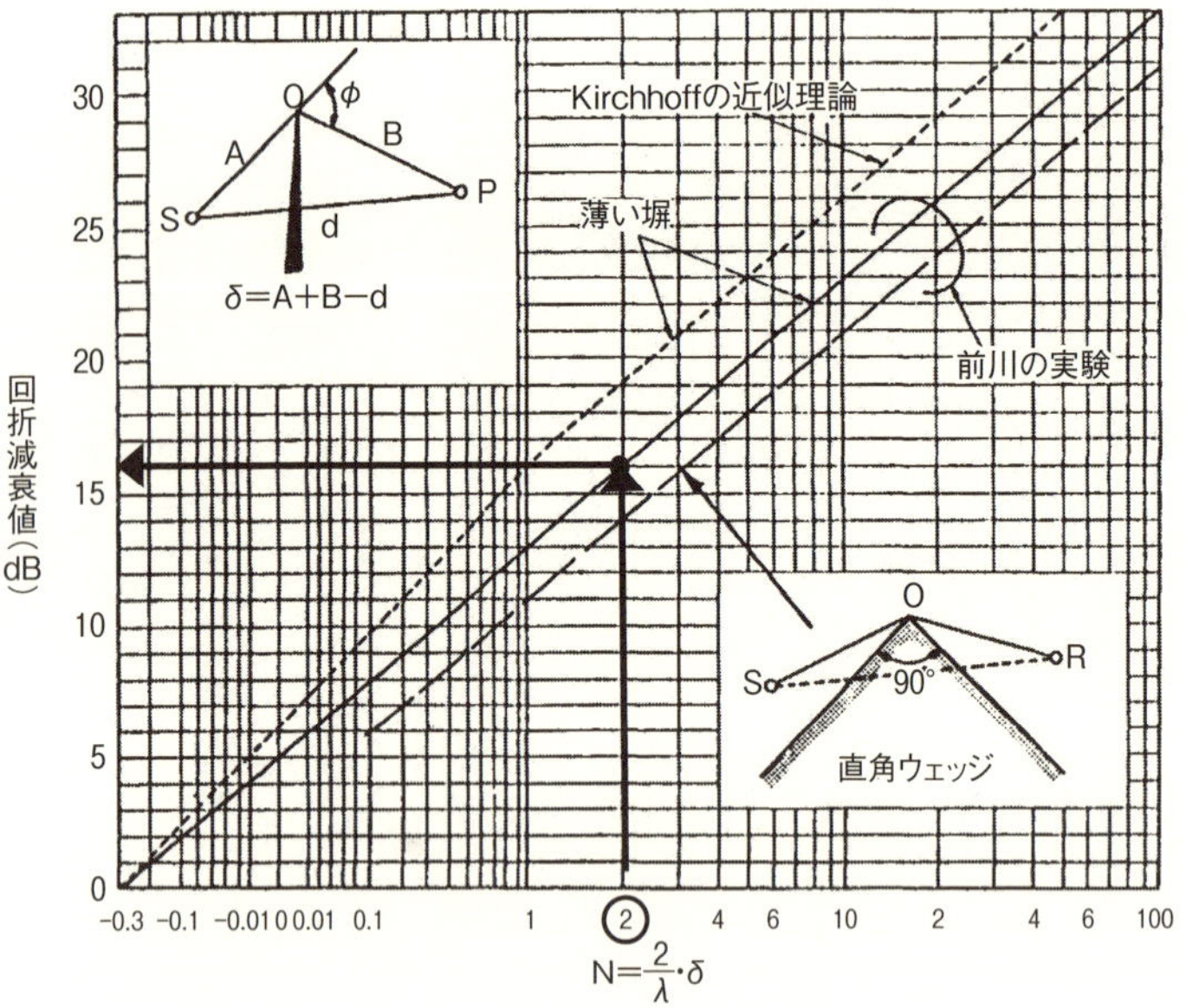

図2・11　塀の遮音効果の算定方法[1]

dB小さくなる。点音源とのこれらの違いにより、線音源の場合には距離が離れても騒音レベルはあまり小さくならず、遠くの列車の音などが距離のわりに大きく聞こえたりする感覚の理由ともなっている。

騒音対策のひとつとして、防音塀を設けることがよく行われるが、この塀による遮音効果も簡単に計算でき、図2・11に示した図表を用いる。計算の仕方は次のとおりである。塀があることにより、直線で結んだ距離よりもどれくらい音の伝播距離が伸びるか（行路差δ）をまず計算する（図中にあるδ＝A＋B－d）。この行路差を音の半波長（λ/2）で割ってNの値を求め、これより図を用いて塀による回折減衰量を求める。なお、音の波長は、音速340m/秒を周波数で割れば求められる。図の例はN＝2の場合であり、真ん中の直線を使って回折減衰量が16dBというふうに算定される。回折減衰量とは、塀を設置したことにより、無い場合より何dB小さくなるかという値である。この減衰量は音の波長により変化し、波長の長い音（低周波数の音）では回り込みが大きくなるため減衰量が小さくなり、逆に音の波長が短い場合（高周波数の場合）には、回り込みは少なく減衰量は大きくなる。光は波長の極めて短い波であるため、はっきりとした影ができるのと同じ原理である。

塀の遮蔽効果（回折減衰量）は、塀の設置で音の行路差がどれだけ長くなるかによって決まるため、同じ高さの塀なら音源に近いほど遮蔽効果は大きくなる。また、厚みのある塀では、厚みの薄い塀より遮蔽効果は大きくなる。最近では、塀の上端に特殊な吸音体を取り付けて遮蔽効果を増加させたものもあり、道路の遮音塀などに利用されている。

3 壁の遮音性能

騒音トラブルは人の生活に伴って発生する。人のいない所の騒音は、それがいかに大音量であっても何の影響もない。その意味で、人の生活の基盤となる建築は、騒音トラブルに関して特に重要な要因となる。騒音に関わる建築の性能項目としては、大きく分けて壁の遮音性能と床衝撃音性能の問題が挙げられる。まず、遮音性能の問題から説明してゆこう。

3・1 透過損失と質量則

壁などに音が入射して反対側に音が透過する場合に、その音のエネルギーが何dB小さくなったかを表すのが透過損失である。たとえば、壁への入射音が80dBで、透過した音が50dBであった場合には、壁の透過損失は30dBということになる。すなわち、この透過損失とは材料の遮音性能を表し、透過損失が大きければ遮音性能が高いということになる。

この遮音性能を決定する大原則が質量則というものである。数式は省略するが、要点は、質量（重量）が2倍、すなわち厚みが2倍になると、透過損失は6dBだけ大きくなることである。この法則で透過損失を計算すれば、厚みが4倍で12dB、8倍で18dB大きくなるが、仮にコンクリートの厚み15㎝の壁が透過損失40dBであったとすると、厚み4倍の60㎝の壁でも52dB、厚み8倍の１２０㎝の壁でも58dBの透過損失しかないことになる。実際にもこのような値になり、単一板の材料では、厚みをいくら増しても遮音性能は大きくは増加しないことになる。

遮音性能を効率よく増加させるためには、単一の構造ではなく、多重の構造にする方がよい。

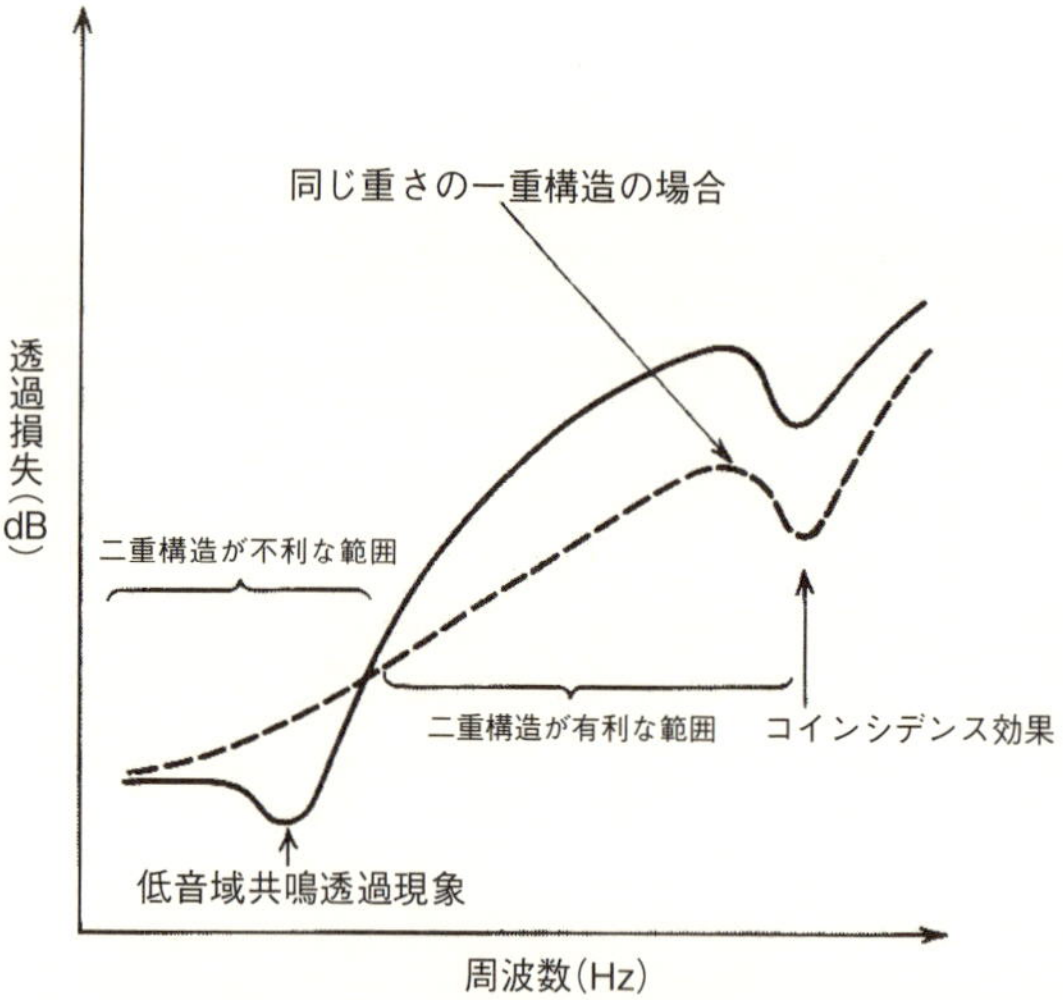

図２・12　２重構造の遮音特性 [8]

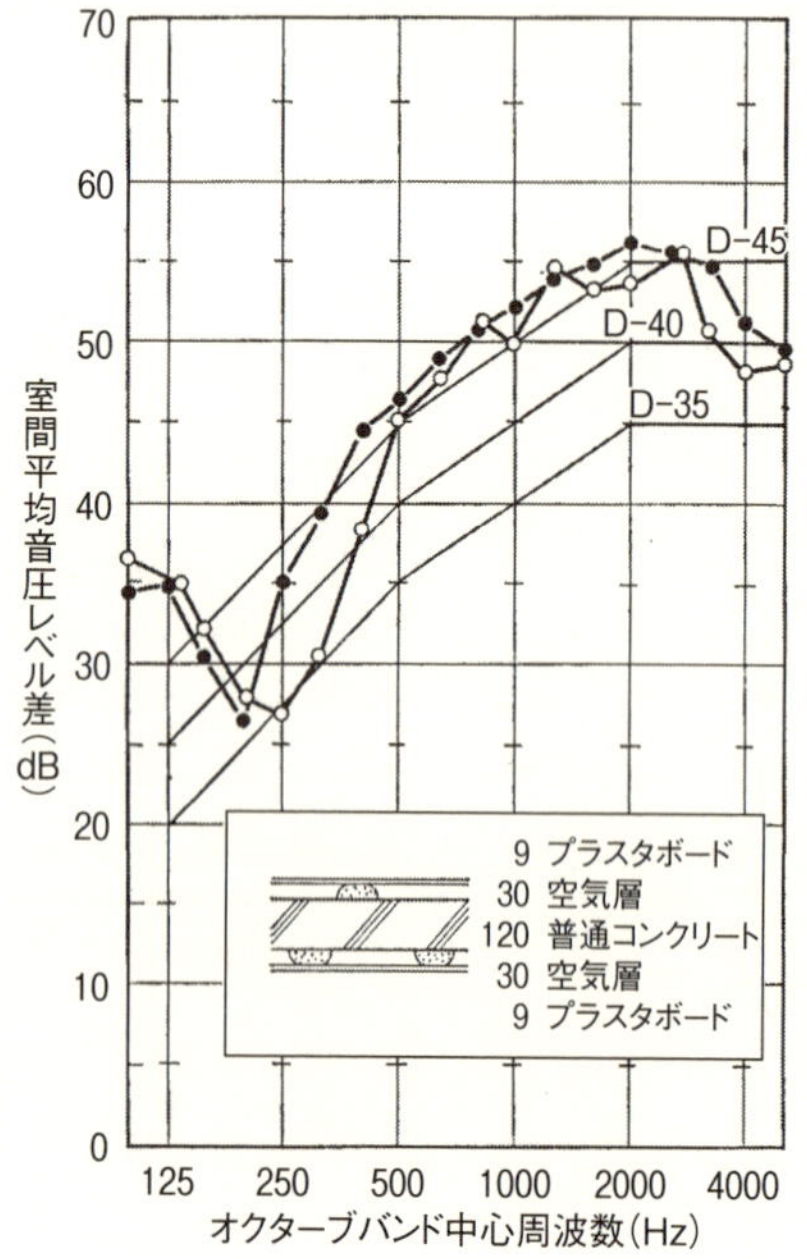

図２・13　ＧＬ工法による遮音性能の低下 [9]

図2・12は2重構造の遮音特性であるが、2重構造と同じ質量の単一構造の場合より、中高音域で大きな遮音性能を得ることができる。しかし、注意を要するのは、125～250Hz前後の低音域では、逆に単一構造の場合より遮音性能が低下することである。この周波数領域は、人の音声の帯域であるため、時に大きな遮音欠陥につながることもあり、十分に注意が必要である。このような低音域の遮音性の低下現象は、正式には低音域共鳴透過現象と呼ばれるが、技術者の間では太鼓の両側の膜の共鳴と同じ現象であるため、「タイコ現象」とも呼ばれている。一般的に、ボード状の材料で間に空気層がある場合にはこのタイコ現象が現れる。そして、これの現象が最も典型的に、かつ大きな性能低下として現れる工法が、図2・13に示すGL工法と呼ばれるものである。

GL工法とは、コンクリート壁の仕上げ工法として用いられるもので、GLボンドと呼ばれる接着剤を団子状に下地のコンクリート壁に張り付け、その上から仕上げの石膏ボードを押し付けて貼る工法である。単価が安く施工性も良いため、以前はさまざまな場所で使われた。しかし、この工法がタイコ現象で低音域の遮音性能が大幅に低下することが分かってからは、遮音性能が要求される部位には使われなくなっている。だが、時にはそれを知らない建築技術者などが平気で使ってしまう事例も見られることから、コンクリート壁などの遮音性能が異常に悪いと感じる場合などには、GL工法の使用のチェックをしてみることも必要である。この工法は、遮音性能が要求されない壁（たとえば外壁側の部分など）には自由に使えることになるが、固体音も伝えやすくなるため、意外なところでの遮音性能の低下などにつながる場合もあり、やはり注意は必要である。

図2・13では、高音域でも遮音性能の落ち込みが見られるが、これは音の波長と板の曲げ波の波長が一致する周波数で発生するコインシデンス効果によるものであり、通常は実害はほとんどない。

3・2　室間の遮音性能と遮音等級

アパートなどで壁の遮音性能が不足すれば、プライバシーが確保できないだけでなく、さまざまなトラブルの原因ともなる。したがって、建築物は一定以上の遮音性能を保有していることが要求され、これは法律によっても規定されている。昔の日本の住宅は、棟割長屋に代表されるように壁の遮音性能がほとんど期待できない建物であったが、昭和45年（1970年）の建築基準法の改正によって、界壁の遮音規定が導入された。すなわち、建築基準法第30条（長屋又は共同住宅の各戸の界壁）、および同施行例第22条の3（長屋又は共同住宅の界壁の遮音構造）に界壁の遮音性能が規定されており、そこには125Hzで25dB、500Hzで40dB、2000Hzで50dB以上の遮音性能を確保しなければならないと決められている。この性能を満たさなければ、その建物は建築基準法違反の不法建物となる。なお、界壁とは世帯と世帯を隔てる壁のことであり、ホテルの客室と客室の壁などの間仕切壁とは区別される。社員寮の部屋間の壁や、学生下宿の壁も間仕切壁であり、これらは界壁ではないので建築基準法の遮音規定の対象とはならない。

建築基準法では、上述のように複数の周波数で遮音性能を規定しているが、このような表示の方法では直感的に遮音性能を把握しづらい。そこで、遮音性能を単一の数値で表す方法が考えられ、これを遮音等級と呼ぶ。図2・14が遮音等級を決定するための遮音等級曲線であり、この図に測定した遮音性能の値をプロットし遮音等級を決定する。その方法は、等級曲線から見て最も性能の低い周波数での遮音曲線の値（D等級）を採用して遮音等級とする。各等級は5dBピッチになっているため、等級曲線から2dB下までは上の等級を、3dB以上下回った場合は下の等級を採用することとなっている。他の周波数の性能がいくら良くても、一番悪いひとつの周波数だけで全体の性能が決定されてしまうことに、この方法が決定された当時は賛否が分かれたが、現在は大きな問題もなく運用されている。なお、上述した建築基準法の遮音規定は、遮音等級で表すとD－40ということになる。

この遮音等級に関する留意点は、縦軸の値が透過損失ではなく音圧レベル差となっていることである。正確には室間平均音圧レベル差であり、これは単に壁だけの遮音性能ではなく、その他の部分からの廻り込みの音もすべて含めて評価されるということであり、実質の遮音性能を表す。たとえば、集合住宅の界壁の遮音性能がいくら優れていても、ベランダ側の窓からの音の廻り込みが大きければ、D等級はそれで決まってしまうのである。マンションのカタログで、壁厚が250㎜などと謳っている例も見られるが、室間の遮音性能は壁だけで決まるものではないということには留意が必要である。

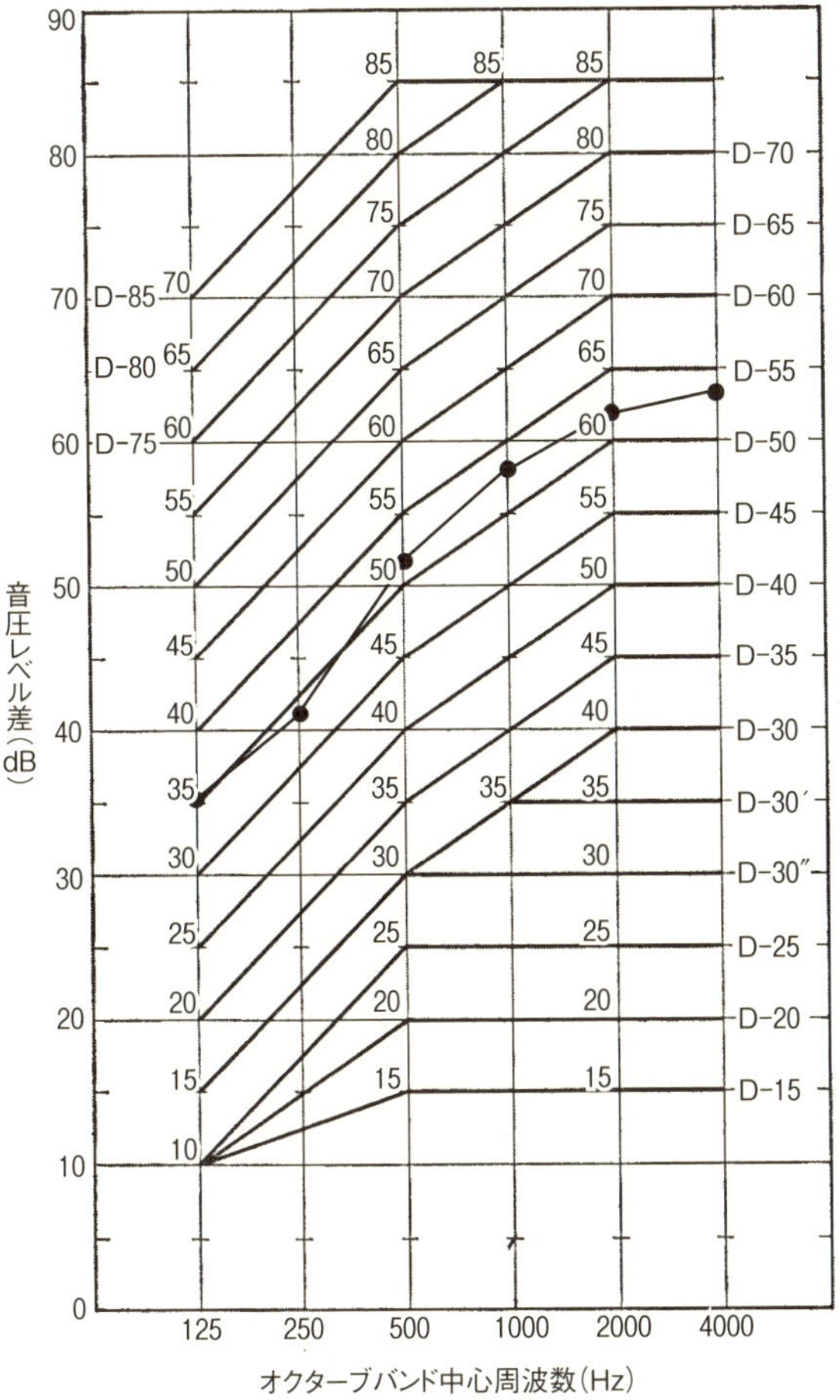

図2・14　遮音等級曲線と等級の決定方法

（図のデーターの等級は、一番性能の悪い250Hzで決定されD－50となる。D－50の等級曲線を若干下回っているが、その値が2dBであるため、上の等級曲線が適用される）

3・3　窓の遮音性能

外部騒音の遮音に関して、窓の遮音性能の果たす役割は大変に大きい。RC造（鉄筋コンクリート）の壁に窓が付いている場合には、RC壁の性能に関係なく、ほとんど窓の性能だけで全体の性能が決まってしまう。したがって、遮音設計や遮音対策を考える場合に窓の性能評価は大変重要であり、防音対策を重視する場合には、壁には窓などの開口部を設けないというのが最も確実な対策方法となる。

窓の遮音性能を決定する要因には大きく分けて2つあり、ひとつはサッシの気密性、もうひとつはガラスの厚みである。サッシの気密性を高めれば（エアタイト・サッシなど）、高周波数領域での性能が改善されるが、低周波数域では改善の効果はほとんど期待できない。一方、ガラスの厚みを厚くすると、低周波数領域では質量側に則って遮音性能が向上する。しかし、サッシの隙間があれば、高周波数域では遮音性能はあまり改善されず、低音域のみの改善となる。このように、サッシとガラスには各々遮音性能での持ち分があるため、対策を行いたい騒音の特性に合わせて対策部位や対策内容を考える必要がある。高音域の音の対策では気密性を高めること、低音域の対策ではガラス厚を厚くすると効果的である。

2重サッシの場合には、気密性も高まりガラスも2重になるため低周波数域でも高周波数域でも遮音性能の改善が期待でき、有用な方法となる。また、中空層の四周部分を吸音性にすると2重サッシの遮音性能が良くなり、2枚のガラスを平行ではなく傾きを持たせるとコインシデンス現象が抑えられ遮音性能がアップする。引き違いの窓では難しいが、嵌め殺しの窓などでは有効な方法となる。

サッシの場合にも遮音等級があるが、通常の鉄筋コンクリート壁の遮音性能などとは特性が異なるために、D等級とは別のTS等級というものを用いる。普通のアルミサッシではTS-20前後の等級、気密サッシを用いた2重サッシになるとTS－40近くの性能となる。

3・4　各種建物の適用等級

遮音等級（D等級）を指標として、種々の建物における遮音性能の評価基準を建築学会が提示している。表2・3がその等級であり、特級から3級まで分かれており、それぞれの等級の意味合いは表2・4となっている。

上述した建築基準法の遮音規定値D－40というのは、集合住宅では3級、すなわち表2・4の評価では最低限の性能ということになる。実際にも、D－40程度の遮音性能では、隣の家のテレビやステレオの音が聞こえてくる状態であり、決して満足な性能とは言えない。

この3級という性能を鉄筋コンクリートの壁厚で示すと、だいたい120㎜ということになる。わが国に団地というものが大量供給され始めた昭和30年代から昭和40年代にかけての建物は、おおむねこの程度の壁厚であった。建設当時は音に対する要求水準がそれほど高くなかったために特に問題にはならなかったが、現在は、遮音に対する意識は大変に高くなっているため、このような現存する集合住宅では騒音トラブルが起こりやすい。

その後、壁厚は徐々に厚くなり、現在の新築の集合住宅では壁厚が200㎜程度というのが標準となっている。この厚みだと、おおむね表2・3の1級（好ましい性能

表2・3　集合住宅での遮音等級と適用等級[9]

建築物	適用等級			
	特級	1級	2級	3級
集合住宅	D－55	D－50	D－45	D－40
ホテル	D－50	D－45	D－40	D－35
病院	D－50	D－45	D－40	D－35
学校	D－45	D－40	D－35	D－30

表2・4　適用等級の意味[9]

等級	建築学会　適用等級の意味
特級	性能が特に優れている
1級	好ましい性能水準である
2級	一般的な性能水準である
3級	やや劣るが、やむを得ない場合に許容される性能水準である

水準）が確保される。

このように、壁の遮音性能に関しては、新築の鉄筋コンクリート造の建物では、比較的トラブルが起こりにくい程度までには性能が改善している。しかし、既存の木造や鉄骨造などのアパートでは性能不足の建物が多数存在しており、依然として騒音トラブル、騒音事件の温床となっている。

4　床衝撃音性能

集合住宅で特に問題となるのが、上階での子どもの飛び跳ねや走り回りで発生する上階からの音、すなわち床衝撃音である。集合住宅での音の苦情内容でも常にトップの位置を占め、特に、最近の集合住宅では、給排水騒音や壁の遮音に関する性能が比較的改善されているため、床衝撃音の苦情がもっとも多い結果となっている。その他、床衝撃音が苦情に直結する理由として、これがその名のとおりに衝撃性の音であることが挙げられる。衝撃性であるため、いつ何時発生するか分からず、突然の音に驚かされるとともに、衝撃性の音は通常の定常的な騒音に比べてよりうるさく感じられるのである。その他、マンションの上下階というのは、いわば顔の見えない近隣関係になりやすく、人間関係のもつれも伴って、床衝撃音は最もトラブルを誘発しやすい問題となっている。以下に、床衝撃音の音響工学的な内容について説明しよう。

4・1　軽量床衝撃音と重量床衝撃音

床衝撃音には、軽量床衝撃音と重量床衝撃音の2つの種類があり、それぞれの特徴は表2・5のとおりである。軽

表2・5　床衝撃音の種別と特徴

種別	対象とする音	試験装置（衝撃源）	性能決定要因
軽量床衝撃音	ハイヒールのコツコツした音などの高い音	タッピングマシーン（ＩＳＯ規格）	床の仕上げの柔らかさ
重量床衝撃音	子供の飛び跳ねなどのドスンという低い音	バングマシーン（ＪＩＳ規格）	床の構造的性能

量も重量も床衝撃音の発生機構についてはは何ら違いがないが、衝撃を与える衝撃源の条件が異なる。軽量床衝撃音の場合には、硬くて軽量な衝撃源、たとえば小さいスチールのハンマーのようなもので叩いたときの衝撃であり、重量床衝撃音は柔らかくて重い衝撃源によるものである。実際の音で言えば、前者の軽量床衝撃音はハイヒールによる歩行音などのコツコツという高い音であり、後者の重量床衝撃音は子どもがドンドン飛び跳ねたときの音である。

このように床衝撃音を2つの種類に分けて評価するのは、対策の方法に大きな違いがあるためである。軽量床衝撃音の場合には、コンクリートなどの床の上に絨毯などの柔らかいものを敷けば、床衝撃音は下の階にほとんど響かなくなる。しかし、重量床衝撃音の場合には、仮に床の仕上げを柔らかくしても全く効果はなく、床全体の構造をがっちりさせないと改善は見込めない。この点はよく誤解されており、子どもの跳び跳ねや走り回りの音に対して、防音マットを敷いたり和室で遊ばせるなどの対策を薦めている例がよく見られるが、このような方法ではほとんど効果が期待できないことはよく認識しておくことが必要である。さもないと、下の階から苦情を言われたので防音マットを敷いたのに、「相変わらず下の奴は文句を言ってくる。なんという奴なんだ」、というようなことにもなりかねない。

もともと、軽量床衝撃音の問題は西洋で発生した。西洋のアパートなどは床構造ががっちり作られているのが一般的であるが、住宅内でも靴を履いたままで生活し、床の表面も比較的硬いため軽量床衝撃音が問題となったのである。一方、わが国では、室内では裸足の生活であるため軽量床衝撃音の影響は小さいが、集合住宅が導入された初期の段階から現在に至るまで、わが国の床構造は薄くて剛性の低いものであったため、重量床衝撃音が大きな問題となったのである。ちなみに、軽量床衝撃源の規格は外国から輸入されたものであるが、重量床衝撃源の規格および試験装置は日本で作られたものである。

4・2　床衝撃音の遮音等級

床衝撃音の場合も、壁の遮音と同様に遮音等級が設定されている。図2・15に示す等級曲線図に床衝撃音の測定結果などをプロットし、該当するL等級を読み取る。読み取り方は壁の遮音性能の場合と同様であるが、床衝撃音の場合にはグラフの上にゆくほど性能が悪くなるため、等級曲線から見て一番大きな値（一番性能の悪い値）で性能が決定される。等級曲線を2dB超えていても、これを緩和するというのは壁の遮音等級の場合と同じである。

このL等級により、表2・6に示すように、建物毎に性能の適用等級が決められており、集合住宅の重量床衝撃音の場合にL−50で1級、L−60で3級となる。適用等級の評価は表2・4と同じである。L等級の表示において、軽量と重量の等級を区別するために、軽量の場合にはL_L−50（またはLL−50）、重量の場合にはL_H−50（またはLH−50）などと使い分けをする場合もある。

鉄筋コンクリート造のマンションでの、床スラブの厚みとL等級の関係をまとめたものが表2・7である。床衝撃音性能の決定要因のうち、最も影響の大きなものが床の厚みであり、その他の要因によりL等級でプラスマイナス1ランク程度のばらつきはあるものの、平均的には表2・7の関係になると考えてよい。現在は、L_H−50（建築学会適用等級の1級）を標準として設計する場合が通常であるため、マンションの床スラブ厚は一般に20cm程度となっている。床のスラブ厚は時代とともにだんだん厚くなってきており、これについては第5章の歴史学で詳述しているのでご参照いただきたい。

建築学会の適用等級（表2・4）によれば、1級というのは「好ましい性能水準である」となっている。壁の遮音の場合には、この適用等級の評価のとおりと言えるが、床衝撃音の場合にはやや疑問がある。それは1級でも実際にはやはり音が小さく聞こえるためである。また、衝撃性の音はうるささで5dB程度のアップにつながるというデータもあるため、聴感的には50dB近くの音に感じることもある。室内では、40dB程度の騒音で寝ている人が覚醒する場合もあるということであるから、この騒音が決して取るに足らない程度のものではないことは分かるであろう。

では一体、建築学会の適用等級が示す「好ましい性能水準」とは、何が好ましいと解釈すればよいのであろうか。床衝撃音の場合には、それは建築物として好ましい水準であると考えた方がよい。建築には、環境性能だけでなく構

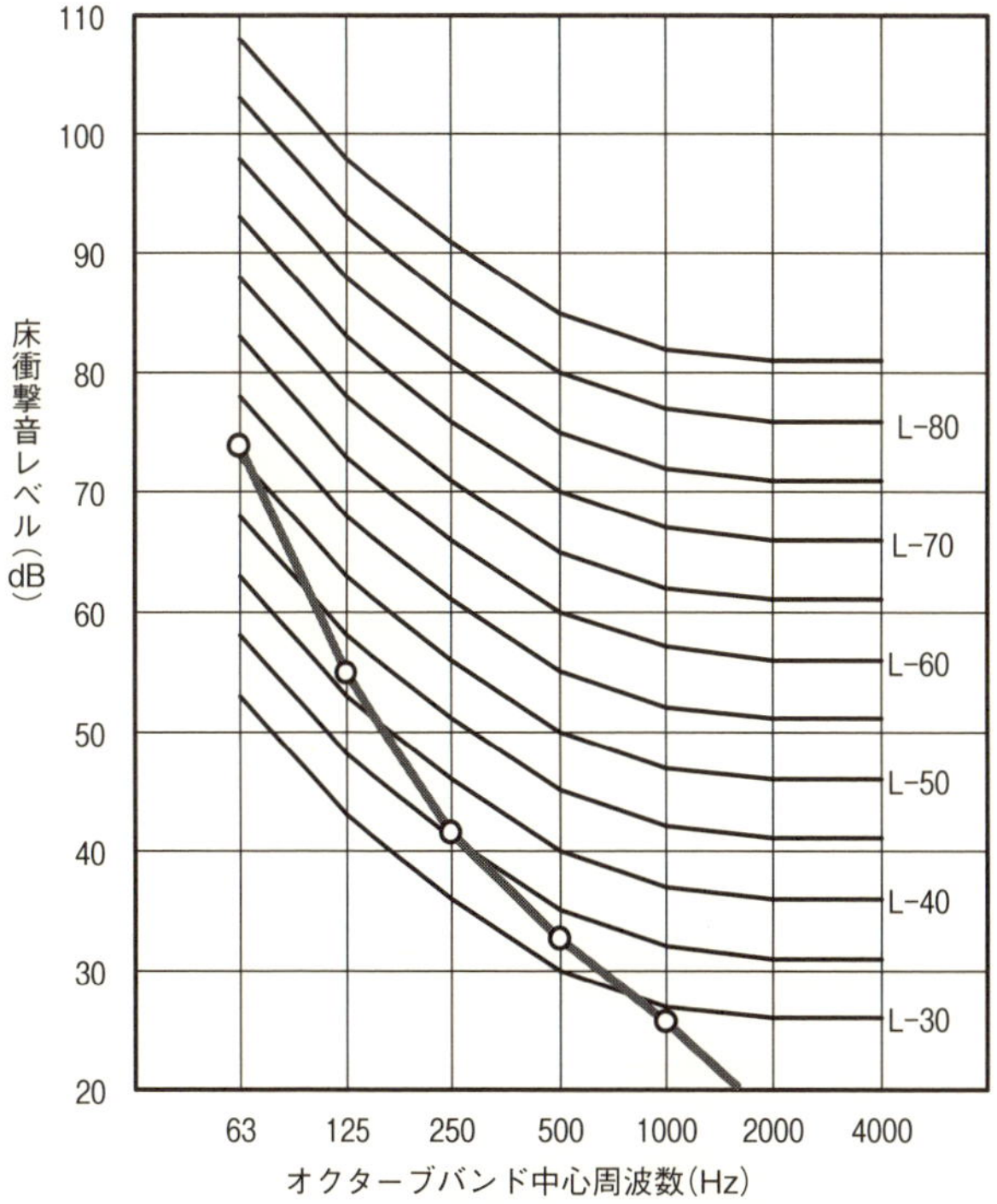

図2・15　L等級曲線とL等級の決定

（図の等級はL－50、63Hzは曲線を越えているが2dB以内なら下の曲線の性能となる）

表2・6　集合住宅でのL等級と建築学会適用等級[9]

建築物	衝撃源	適　用　等　級			
		特級	1級	2級	3級
集合住宅	軽　量	L－40	L－45	L－50, 55	L－60
	重　量	L－45	L－50	L－55	L－60

表2・7　床のスラブ厚と重量床衝撃音性能の関係（RC構造）

床スラブ厚（mm）	L等級
120	L－60
150	L－55
200	L－50
250	L－45

表2・8　騒音苦情から見た重量床衝撃音性能の評価基準（私案）

特級	L−45	通常の生活で苦情が発生する可能性が低い
1級	L−50	生活時間帯や相手の状況などを配慮すれば、苦情が発生せずに生活ができる
2級	L−55	普通に生活していても苦情が発生する可能性がある
3級	L−60	床衝撃音に配慮して生活しても苦情が発生する可能性が高い

造や経済性も関係してくる。床衝撃音を全く聞こえないようにするには、床版の厚みをかなり厚くしなければならないが、床の重量が重くなると構造面や経済面でのマイナス面も大きくなる。これらさまざまな条件を勘案すると、L−50ぐらいの性能が好ましい水準ではないだろうかと言っていると理解すべきである。決して「居住環境として、好ましい水準である」と言っているのではないことに注意が必要である。居住環境としては、上階からの音が全く聞こえないのに越したことはないが、現実には、そのような条件で建物を造るのは難しいということである。

上階からの音が「小さく聞こえる」状態では、音に敏感な人の場合にはトラブルになる可能性がある。敏感でなくとも、深夜や早朝に上記の大きさの床衝撃音が発生すれば、当然問題となる。実際にも、1級と謳われたマンションで苦情を言われて困惑したり、ひどい場合にはノイローゼになったりする事例も見られる。マンションのデベロッパーなどでは、「1級の好ましい水準」としか説明しない業者も多いと聞くので、消費者側がしっかりと注意をしなければならない。線路沿いの住宅を買った人は鉄道騒音に文句を言わないように、現実をしっかり認識することが重要なのである。その意味で、表2・4の建築学会の評価は誤解を生みやすく、床衝撃音に関しては十分ではない。そこで重量床衝撃音（軽量は適用外）に関する筆者なりの評価案を作成した。表2・8がその私案であるが、現実のトラブルや紛争を眺めてみると、建築学会の評価よりこちらの方がより現実的で、消費者の誤解も少ないと思う。

このように集合住宅で紛争になりやすい床衝撃音であるが、法律的には何ら基準や規制はない。すでに述べたように、住戸間の界壁には建築基準法に性能規定があり、これに反した場合は違法建築となる。ところが床に関しては、このような性能規定はないため（音に関する規定

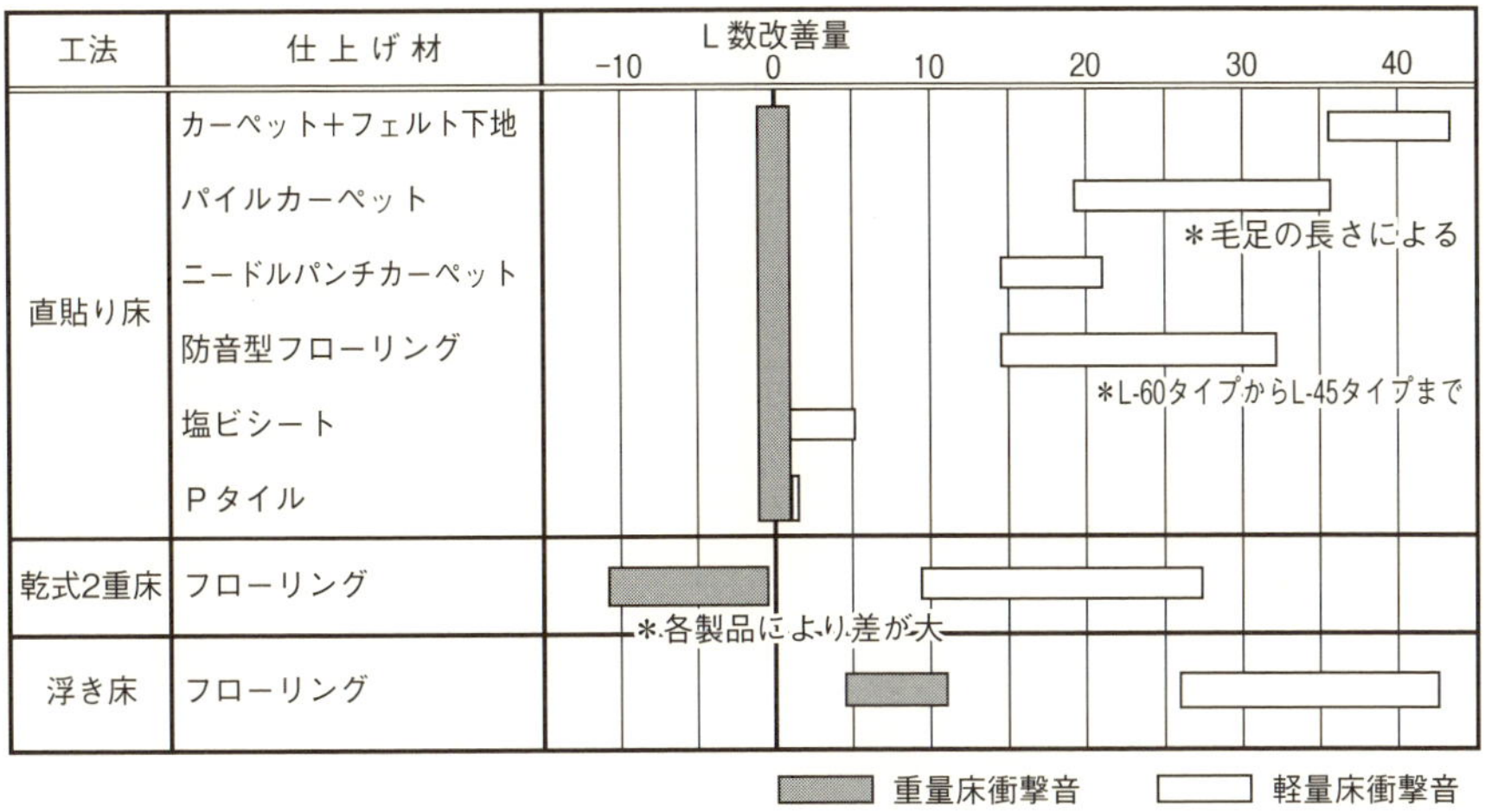

図2・16　主な床仕上げの床衝撃音改善量[9]

であり、もちろん構造的にはある）、極端に言えば、どんな代物の床でも構わないことになり、劣悪な条件のアパートも多く見られる。実際に居住している2階建木造アパート（上下で別々の世帯が暮らしている）での床衝撃音をいくつか実測してみたが、性能はL－75前後となり、床衝撃音に関してはやはり大変に劣悪な住居であった。まさに騒音トラブルの温床である。しかし、仮に性能規定を導入する場合でも、性能値をどこに設定するかは極めて難しく、また、現存するアパートなどの多くが既存不適格となることが考えられ、複雑な問題を多く含んでいる。

4・3　床衝撃音改善量

構造体の床、すなわちRC構造ではコンクリートの床になるが、この床に仕上げを行うと床衝撃音性能が変化する。床の仕上げによって下室への床衝撃音が改善された分を、床衝撃音改善量と呼び、L数で表す。L数とは、5dBピッチの性能で表されるL等級を、便宜上1dBピッチで表したもので、L等級と区別するためにこのように呼んでいる。

図2・16が、主な床の仕上げに関して床衝撃音の改善量を取

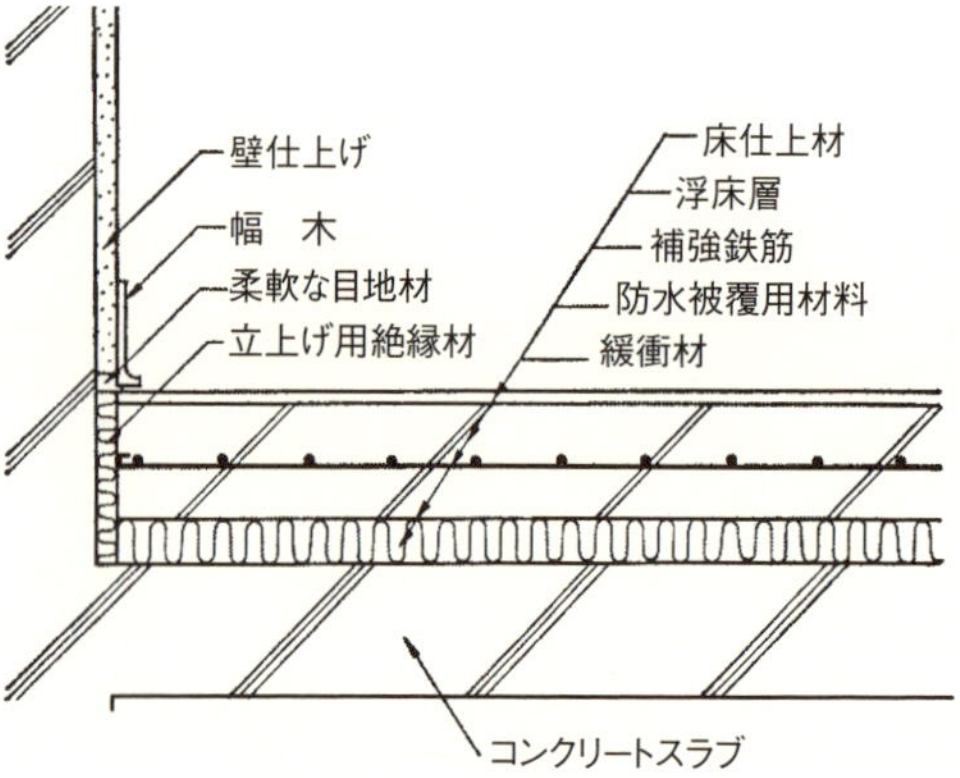

図2・17　浮き床工法 [9]

りまとめたものであり、墨を塗ったものが重量床衝撃音に対する改善量、白抜きが軽量衝撃音に関する改善量である。

床工法や床仕上げの影響に関しては、最初に述べた表2・5の性能の決定要因のとおりであり、軽量床衝撃音性能の改善量は床仕上げの柔らかさに依存するが、重量床衝撃音性能は、直張り系の床仕上げではほとんど影響を受けない。

まず、軽量床衝撃音に関しては、フェルト下地のカーペット敷きの仕上げにしておけば、おおむね40dB近くの改善量が見込めるため、下の階に椅子を引きずる音やスリッパのパタパタした音が響くことはない。床仕上げがフローリングの場合には、表面が硬いため、合板の裏側にクッション材を貼ったものが集合住宅では用いられる。これは防音型フローリングと呼ばれ、各メーカーからさまざまな製品が販売されている。裏側のクッション材が柔らかければ柔らかいほど軽量床衝撃音性能はよくなり、L‐45等級からL‐60等級までのランクの製品がある。ただし、あまり柔らかい製品では歩行感が悪くなったり、家具が片沈みを起こしたりするマイナス面が出てくるため、おおむねL‐50等級ぐらいの製品が実用向きだと言える。

重量床衝撃音に関して注意を要する点は、図2・16に示されているように、乾式2重床を施工すると製品によっては性能が1～2ランクほど低下することである。すなわち、コンクリート床だけの場合にはL‐50、1級の性能があったとしても、仕上げが乾式2重床の場合には、L‐60、3級に低下してしまう場合もあるということである。乾式2重床（置床と呼ばれることもある）とは、支持脚（足）のついた木製床パネルであるが、重量床衝撃音の場合には、これらのパネルの共振などにより性能が低下するのである。ところが、マンションの販売業者などでは、2重床、2

重天井だから安心などと宣伝しているところもあり、惑わされないよう十分に注意が必要である。

床衝撃音の代表的防止工法として、浮き床構造というものがある。図2・17にその断面を示したが、躯体のコンクリート床の上に、クッション材（緩衝材）となる材料（通常は浮き床用グラスウール）を敷き詰め、その上にコンクリートの床をもう一段設置する工法である。この工法により軽量床衝撃音の改善量は十分に確保され、床の仕上げを自由に選択することができるため、主にそのような用途の場所で使われる。たとえば、ホテルのレストランの厨房で、下の階が客室などの場合である。また、極めて厳密な床衝撃音対策が要求されるスタジオや音楽ホールなどでも採用されるが、重量床衝撃音の改善量も1ランク程度期待できることから、時にはマンションなどでも採用される場合がある。

床衝撃音の対策工法としては、この他に天井を防振化する防振天井というものもある。これは天井ボードの吊具の間に防振ゴムを挟んで床版の振動が天井に伝わるのを防ぐ工法であるが、床衝撃音性能の改善量で見ると大きな効果は期待できない。天井は床衝撃音を増幅する場合もあることから、この増幅を防ぐ程度、良くても数dBの改善量が見込める程度であるから、等級で言えば0～1ランクの向上が限度であると考えるべきである。

4・4 床衝撃音性能の予測と拡散度法

表2・5に示したように、重量床衝撃音は床構造によって決定される。したがって、建物が完成した後に重量床衝撃音性能が不十分だと分かっても、ほとんど対策が不可能である。それゆえ、建設前の設計段階で重量床衝撃音の性能を正確に予測評価することが不可欠となる。

重量床衝撃音の予測をするためには、衝撃源による床の振動応答や振動する床からの音響放射などの複雑な物理現象を評価しなければならず、大変に難しい技術である。この性能予測を簡易な方法で可能にしたのが著者が開発した

物件名	

＜入力データ＞

ヤング率(N/m²)	2.40E+10	単位体積重量(kg/m³)	2300	ポアソン比	0.16
スラブ寸法(m)	11.50 × 6.00			板　厚(mm)	300
拘束条件	0.8	（単純支持0、周辺固定1、中間0～1）		減衰定数	0.03
室寸法(m)	6.00 × 3.60			天井高さ(m)	2.40
加振点数	5				

	（x方向）	（y方向）			（x方向）		（y方向）
加振点位置１(m)	0.9	1.5	小梁・梁せい(m)	0	0.000	0	0.000
加振点位置２(m)	0.9	1.5	小梁・梁せい(m)	1	0.600	0	0.000
加振点位置３(m)	1.8	3	小梁・梁せい(m)	0	0.000	0	0.000
加振点位置４(m)	0.9	1.5	小梁・梁せい(m)	0	0.000	0	0.000
加振点位置5(m)	0.9	1.5	小梁・梁せい(m)	1	0.600	0	0.000

計算実行

＜参考値＞

縦波速度(m/s)	3272	固有振動数(s)(Hz)	15.7	固有振動数(c)(Hz)	32.0
ｺｲﾝｼﾃﾞﾝｽ周波数(Hz)	65	室等価半径(m)	2.62	（固有振動数のｓは単純支持、ｃは周辺固定）	

＜計算結果＞

中心周波数 (Hz)	床衝撃音レベル (dB)
31.5	67
63	74
125	52
250	41
500	33
1K	26
2K	17
4K	11

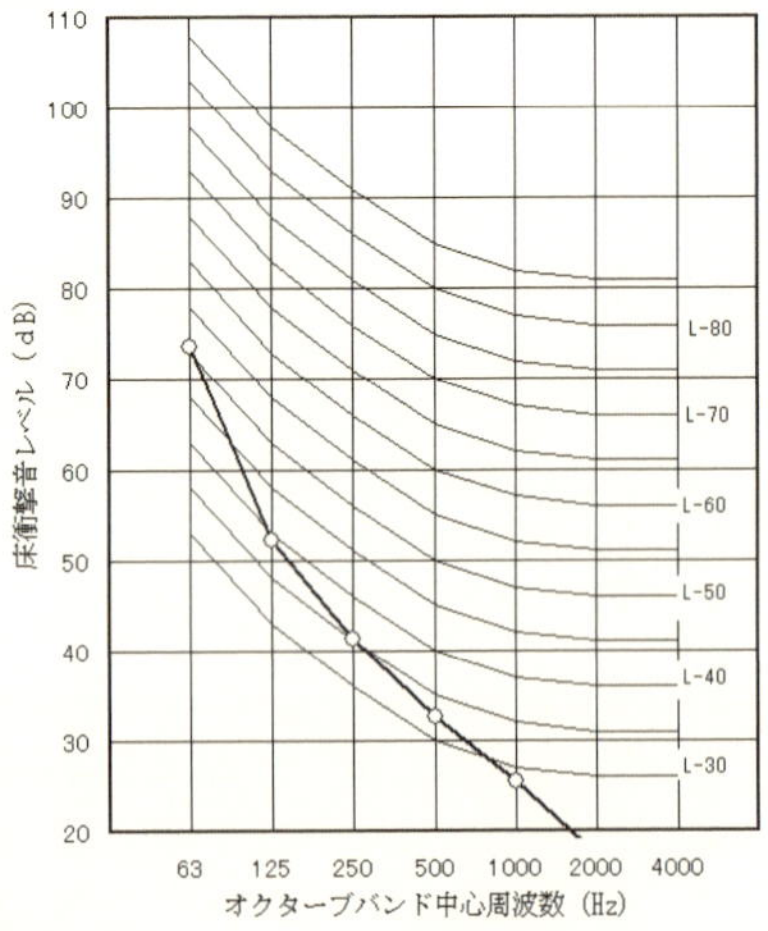

L数	51	L等級	50	決定周波数(Hz)	63

作成：八戸工業大学・橋本研究室

図２・18　拡散度法の計算シート（建築技術者用）[10]

「拡散度法」という予測計算法である（この研究に関しては、日本建築学会の学会賞も受賞している）。従来からもインピーダンス法という計算法はあったが、これは適用条件に制限があり、現実の床構造には実際上使えないものであった。拡散度法は適用制限もなく簡易に高精度の予測計算ができるため、現在、多くの設計事務所や建設会社などの実務で利用されている。

図2・18が拡散度法の計算用シートであり、表計算ソフト（Excel）にいくつかのデータを入力することにより重量床衝撃音性能をたちどころに計算できる。図2・18は建築技術者用の計算ソフトであるが、建築的な専門知識がなくても重量床衝撃音性能の予測ができる「一般用拡散度法」のソフトも用意されており、いずれも筆者の研究室のホームページ、

http://www.ngy.hi-tech.ac.jp/labo/hashimoto/

から無料でダウンロードできる。マンションなどの設計を業務とする建築技術者はもちろんのこと、上階音で悩んでいる人や、逆に下からの苦情で困っている人、あるいは新たにマンションを購入しようとする人は、この一般用拡散度法を用いて床衝撃音の性能を確認してみることも有用ではないかと思う。また、拡散度法に関する利用マニュアル「新・拡散度法による床衝撃音予測計算法[10]」も用意されており、筆者の研究室で販売している。

5　固体音問題

5・1　空気音と固体音

一般の人には馴染みが少ないかもしれないが、音には空気音と固体音がある。これは、音の伝わり方による分類で、空気音は空気を伝わる音、すなわち、これまで述べてきた通常の騒音のことである。固体音はこれと異なり、鉄やコンクリートなどの固体中を伝播する音のことである。たとえば、ビルに設置された設備機械の振動で発生する音や、地階の室で聞こえる地下鉄の走行音などが固体音である。また、集合住宅での床衝撃音も固体音の分類に含まれる。

空気中を伝わる音は、音速約340m／秒で伝わるが、この音がコンクリートの中を伝わると、その伝播速度は3500〜5000m／秒にもなる。水中だと約1500m／秒である。このような伝播速度だけではなく、空気音と固体音には大きな違いがある。

まず、固体音は空気音に比べて発生機構が大変複雑である。建物に関する固体音の発生機構を簡単にまとめると、①加振源による床または壁などの加振、②加振により発生した振動の躯体中の伝播、③伝播先での振動による音の放射、となる。これらのそれぞれがかなり複雑な現象であるため、全体として固体音の評価や対策はかなり難しくなる。

もうひとつは、固体音はその性質上、苦情やトラブルの原因になりやすいことである。「住宅リフォーム・紛争処理支援センター」に寄せられた集合住宅で苦情原因となった音の集計結果によれば、最も多かったのが上階での子どもの飛び跳ねや走り回りの音、すなわち重量床衝撃音である。これは固体音問題の代表的な事例であり、件数も他と比べて圧倒的に多い。その他、ドアなどの建具の開閉音や給排水の騒音などがあるが、これらも固体音である。その他にも、洗濯機や乾燥機の音や掃除機の音が聞こえるのも固体音であり、集合住宅におけるトラブルのほとんどが固体音によるものであると言っても過言ではない。

5・2 ピアノ騒音

床衝撃音と並んで、固体音のもうひとつの代表的存在であるピアノ騒音について説明しよう。平成21年度の総務省の全国消費実態調査によれば、全国の2人以上世帯でのピアノの保有率は25％に及び、4軒に1軒の割合でピアノがあることになる。建物別に見ると、1戸建てでの保有率は30％、集合住宅では15％となっている。集合住宅でも7軒に1軒という高い保有率であることを考えれば、トラブルの発生も十分に考えられる。

図2・19は、鉄筋コンクリート造のマンションの上階でアップライトピアノを弾いたとき、下の階に響くピアノ騒音の測定結果の一例である。図中の黒丸実線が下の階の実測値であるが、その騒音レベルは53 dBになっている（ただし、実際のピアノ騒音は建物の構造や形態、材料などによってかなり変化するので、この値が代表値ということではない）。静かな室内では、騒音レベルは30 dBぐらいであり、40 dBになると

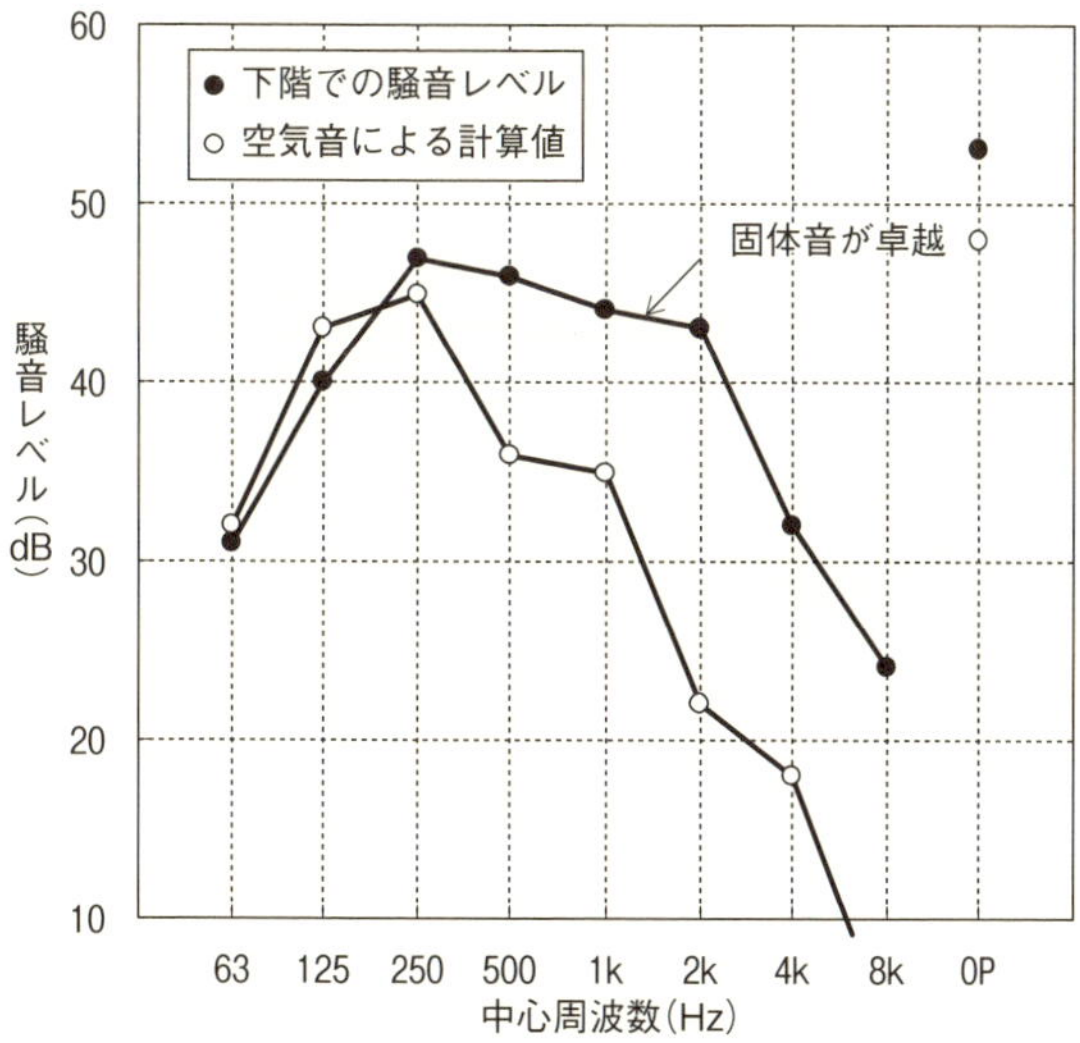

図2・19　上階でピアノを弾いたときの下室での騒音 [11]

眠っていても覚醒する場合があるレベルであると言われているため、53dBが大変に大きな騒音であることが分かるであろう。このような騒音を他人の家庭に発生させることは論外であり、何の対策もなしにマンションでピアノを弾くことは無謀な行為だと言える。この騒音に関して、図2・19の中の白丸は、上階のピアノ騒音が床を透過して下の階に伝わった騒音の成分（計算値であるが、実際もほぼ計算値のとおりとなる）、すなわち空気音の成分である。これを見ると、250Hz以上のすべての周波数で空気音の成分は実測値の騒音レベルを下回っている。したがって、これらの差の出ている部分はすべて固体音成分の騒音であり、このように固体音の影響が圧倒的に大きいというのが集合住宅でのピアノ音の特徴である。

ピアノを弾くともちろんピアノの音が発生するが、同時にピアノ弦の振動がピアノの足を通して建物の床に伝わる。この振動により下の階に騒音が放射され固体音となるのである。固体音は床だけではなく、下の階の壁や床にも伝わりそこからも室内に音が放射されるため、空気音よりもはるかに大きな騒音となる。さらに、固体音の振動は上下左右の階にあまり小さくならずに伝播してゆくため、広い範囲に騒音をもたらし大きな問題になりやすい。

ピアノ騒音というのは空気音の問題と考えられがちであるが、実は固体音の方がより問題となる。後述しているが、空気音と固体音の対策は全く異なるため、上記の内容をしっかりと理解して対策を講じなければならない。

5・3　その他の固体音問題

建築設備に関する固体音問題も多く見られ、訴訟などに発展した事例もある。特に、集合住宅では屋上の給水用タンク（高置タンクと呼ばれる）に水を揚げるための揚水ポンプや、直接住戸に給水する加圧給水方式用のポンプによる固体音など、ポンプ類によるトラブルが多く見られる。これは、配管と躯体が絶縁されていないことが原因であったり、配管の中を流れる水の圧力脈動などによって発生する場合が多い。

訴訟になった例では、某大手不動産会社が分譲したマンション物件で、ポンプ室直上階の住戸を購入して騒音に悩まされた居住者が、不動産会社がポンプ室を受水槽と説明したことや、音はしないと説明したことなどを根拠として売買契約の無効を申し立て、裁判所が売買契約の錯誤無効を認めて購入代金の返還を不動産会社に申し渡した判決（判例時報１７５８号）などが有名である。

また、圧力脈動による固体音の場合には、条件によってはかなり上階で騒音が発生するということもあるので、ポンプ室の直上階以外でも注意が必要である。その他、トイレなどの排水の配管設備からの固体音が問題になる場合もある。

配管以外では、高層集合住宅の最上階の居室で、屋上の設備機器の目隠し用ルーバーの風振動で固体音が発生した事例（筆者も調査したが、かなり大きな音が発生する）や、建物のエキスパンション・ジョイント（建物があまり長くならないように2棟に分けたときの継ぎ手部分）の打ち込み断熱材の剥離による固体音（セパレーターが原因と誤解されている事例もあるので注意）など、さまざまな原因で固体音問題が発生する。建築部材の温度変化や乾燥が原因で音が発生する場合もあり、何か理由の分からない音が発生した場合には、固体音が原因ではないかと考えてみることが必要である。これら建築物に直接関係する騒音問題は、基本的に販売した不動産会社や住宅会社、あるいは建設会社の責任であるから、原因究明と対策を実施するよう要求することができる。

固体音問題は、鉄筋コンクリートの集合住宅だけの問題ではない。木造のアパートなどでも発生する。平成21年（２００９年）6月、川崎でアパートに住む夫婦と、その夫の兄であるアパートの大家の３人が刺殺される事件が発生した。逮捕された犯人は、「隣の夫婦の洗濯機の音や扉の開け閉めの音がうるさかった」と動機を供述し、その後の裁判員裁判で責任能力には問題がないとして死刑判決が下された。まるで、昭和49年（１９７４年）に起こった「ピアノ殺人事件」の再現であるが、これらの共通の特徴は、洗濯機の音も扉の開閉音も、そしてピアノ騒音も、すべて固体音であるということだ。建築の技術的対応として空気音対策は昔からいろいろ考えられてきたが、固体音というものが重大な騒音問題であると認識されたのは比較的新しい。そのため、固体音についての対策はあまり考慮されておらず、性能が不十分な建物が多くあり、さまざまなトラブルや事件の原因となっている。特に、古い木造のアパートなどでは床衝撃音を代表格として固体音性能が劣悪とも言える状況が多く見られる。このような事実を社会全体がしっかりと認識することが、騒音トラブル対策の基本であると言える。

騒音トラブルとは直接関係はないが参考までに紹介すると、建築分野で固体音が最も大きな問題となるのは、コンサートホールなどの設計、施工の場合である。コンサートホールでは騒音に対して非常に厳しい条件があり、クラシック専門のホールでは固体音に関してもＮＣ－15という性能が求められる。一般に、空気音に対する対策は十分に行えるが固体音の対策は難しく、特に都会では、地下鉄走行時の固体音が厄介な代物となる。地下鉄のレールで発生した振動が地盤を伝搬して建物の躯体に伝わり、さらに躯体の壁や床を縦横に伝搬し、その振動が最終的にホール客席で音となって聞こえてくるのである。このように振動伝搬機構が非常に複雑で、伝搬経路も広範囲にわたるため、大変に対策が難しくなる。東京芸術劇場の建築計画では、固体音の影響を技術的に防止することが困難であったため、建物を地下鉄からできるだけ離すために当初の平面的な建物計画案から垂直的な配置へと計画が大きく変更された程である。

5・4　固体音の対策

では、固体音の対策はどうすればよいか。固体音は、建物の躯体等を振動が伝搬して騒音を発生させるため、その振動が伝播しないようにすればよい。すなわち、振動絶縁と防振である。振動絶縁とは振動の伝搬を遮断すること、防振とは振動の伝搬を小さくすることである。詳しい防振の理論などは省略するが、この絶縁と防振のためには、振動源を建物躯体などから浮かせてやり、その上で防振ゴムや防振バネで支えてやればよい。

ピアノ騒音などの場合には、この目的で作られている防音室が市販されているので、それを室内に設置すればよい。ただし、このような防音室を置けば完全に防音できるかと言えば、決してそうではない。もちろん楽器にもよるが、集合住宅でのピアノ音の場合では、固体音成分を完全に取り去ることはできず、音は小さくてなっても下の階で全く聞こえなくなるわけではない。したがって、やはり近所への配慮は必要である。

防音室のような簡易な対策ではなく、本格的な防音構造を作り上げる場合には、遮音対策と固体音対策を兼ねた完全浮き構造と呼ばれる方法が採用される。躯体の内側に躯体から絶縁されたもう1層の床壁・天井で空間を作る工法（図2・20参照）であり、床は浮き床工法とし、壁や天井も防振支持具や防振吊り具を使って躯体からの絶縁を図るようにしている。図2・20はロックバンド練習室として計画されたものであるが、このような構造でも、ロック演奏のような大音量を出す場合には決して十分とは言えない。特に低音域の大音量の音を完全に聞こえないようにすることは一般的にかなり難しいものと理解しておくべきである。

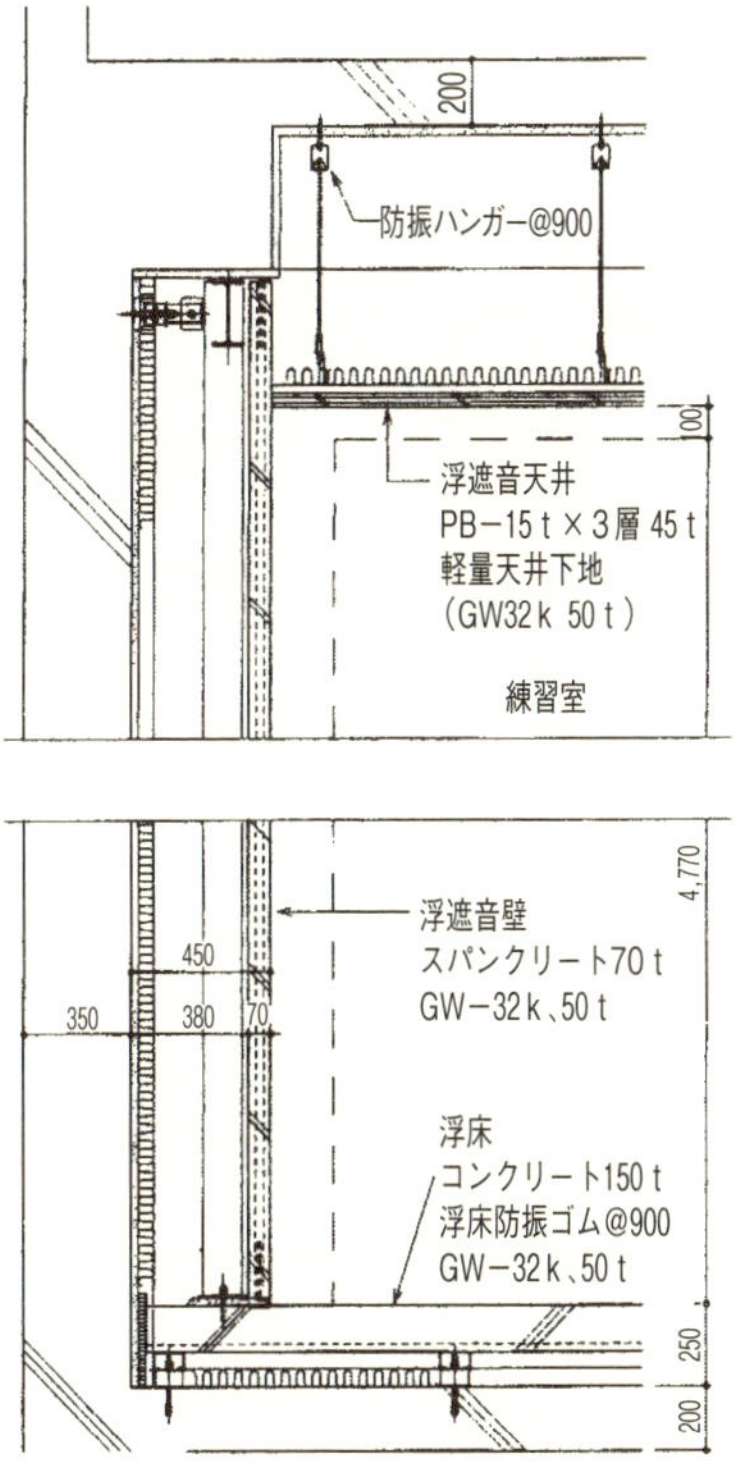

図2・20　完全浮き構造の実施例[12]

今まで述べてきた防音技術の要点を簡単にまとめると表2・9のようになる。空気音の対策と固体音の対策は根本的に異なる。空気音の場合には、壁なり床なりの厚みを厚くして重量を重たくすることが基本的な対策となるが、固体音の場合には、防振や振動絶縁が有効な対策となる。アパートやマンションで騒音の対策をする場合にも、発生している音が空気音なのか固体音

表２・９　防音対策の要点

音種別	対策	方法
空気音	遮音対策	重量を重くする（厚くする、鉛シートを貼るなど）
		構造を２重にする（２重壁、２重窓など）
		隙間を作らない（気密性、換気口処理など）
固体音	振動対策	振動を絶縁する（浮床工法、配管貫通処理など）
		防振する（防振吊り、防振支持など）
		音源から距離を離す（距離減衰）

なのか（あるいは両方）をしっかりと把握して方法を考えなければ、効果のある対策とはなりえない。

6　品確法と性能表示

平成12年（２０００年）４月に「住宅の品質確保の促進等に関する法律（略称：品確法）」という法律が施行された。これは住宅の建設に伴うトラブル回避のための大変重要な法律であり、その概要を紹介しておこう。

6・1　品確法の3つの柱

電化製品や自動車には詳細なカタログがあり、知りたい性能や仕様のほとんどはそこに記載されている。したがって、他社製品との比較も可能であり、消費者が自分の責任で自由に取捨選択ができる。ところが、住宅はどうだろうか。コストは自動車の数十倍もする数千万円の高額商品であるにもかかわらず、電化製品や自動車に匹敵する性能表などは一般の住宅にはない。

住宅には設計図面があるが、その図面を通して建物のさまざまな性能を読み取ることは、建築の専門技術者でも生半可なことではない。ましてや、一般の消費者にとってはほとんど不可能であり、住宅の営業マンの説明を鵜呑みにする他なく、結果として、手抜き工事や欠陥住宅などの問題が発生してくる場合もある。

昔は、近所の大工の棟梁に建築を依頼するのが通常であったため、棟梁も責任をもっていい住宅を建てようと努力をしてくれ、特に大きな問題は発生しなかった。ところが現在は、住宅メーカーや工務店に発注するため工事者と建て主の個人的なつながりはなく、信頼性の確保が難しく、運悪く悪質な業者にかかれば、一生に一度の大イベントが悪夢に変わるのである。

これらの消費者不在の住宅建設制度を何とかしようと制定されたのが品確法である。この品確法には消費者保護のための3つの柱があり、

① 新築住宅の瑕疵《かし》担保期間10年の義務化

② 住宅性能表示制度の導入

③ 住宅紛争処理機関の設置

である。これらの概要を説明しておこう。

最初の項目の瑕疵担保期間について、瑕疵とは欠陥のことであり、担保は補償するということである。すなわち、新築した住宅に欠陥があった場合には、住宅を建設した会社または販売会社は築後10年間については無条件で補償しなければならないという規定である。品確法施行以前も5年補償や10年補償をつけていた住宅メーカーがあったが、品確法によりこれが全住宅に無条件で科せられることとなった。無条件というのは、たとえば、設計事務所の設計ミスで生じた瑕疵であっても、建設会社が責任の所在に関係なく補償しなければならないということである。ただし、ここでの瑕疵とは構造上主要な部分（たとえば、基礎や柱梁など）の欠陥に限られ、クロスが剥がれたなどの軽微な欠陥は対象とはならない。なお、漏水に関しては構造上主要な部分の欠陥と見なされ、対象に含まれる。

この瑕疵担保期間10年の義務化は、消費者保護の最も大きな柱となっているが、では、建設会社が10年の間に倒産してしまった場合にはどうなるかという疑問が残る。品確法施行時にはこの問題が残されたままであったが、

２００９年10月に「住宅の瑕疵担保履行法」が制定され、建設会社に住宅瑕疵担保保険への加入が義務化されて２０００万円までの補修費用が担保されたため、この問題も一応は解決した。ただし、その保険料は購入者に付け回され、その他、保険審査のために地盤調査結果が要求されるなど、確認申請より煩雑な2重手続き制度となっている。主旨は評価できるものの、実質的には購入者にとってデメリットの方が大きい制度である。

2番目の住宅性能表示制度については騒音トラブルと大変関係が深いため、次の項で説明する。

3番目の住宅紛争処理機関の設置は、不運にも住宅建設のトラブルに巻き込まれたときに、小額の費用で迅速に紛争を解決するために用意された制度である。従来の欠陥住宅の裁判では、住宅自体の金額が大きいため弁護士費用なども高額となり、たとえば５０００万円の物件を対象とした場合には、印紙代や弁護士費用が３００万円程度にもなり、裁判期間も数年かかるというのが実情であった。品確法での紛争処理制度を利用すればこれが1万円で済み、期間も裁判よりはるかに短期間で決着することができる。ただし、この制度を利用するためには、住宅性能評価の申請を行うことが条件となり、この費用が10～15万円程度かかるが、設計段階と建設段階（4回）での検査を行ってくれ、その結果に基づき性能評価書を発行してくれるので、欠陥住宅の予防にも役立つ形となっている。利用するかどうかは消費者の選択であるが、このような制度が用意されたことには大きな意義がある。

6・2　住宅性能表示制度

住宅性能表示制度とは、住宅の性能に関する10分野、30項目に関して、1等級から5等級のようにランク付けをし（配慮の有無だけの項目もある）、消費者はそれらの各項目の性能を相互に比較検討しながら戸建て住宅やマンションの選択を行えるようにした制度である。もちろん、そのランク付けは国交大臣等の認定を受けた公平公正な機関（指定住宅性能評価機関）が行う。スタート当初は新築住宅を対象とした性能表示制度であったが、平成14年（２００２

年）からは中古住宅を対象にした既存住宅性能表示制度も始まっている。

10分類とは表2・10に示したものであり（最初は9分類、後に防犯が追加された）、その中に音環境も含まれる。表の備考欄に選択項目というのがあるが、これは性能表示をしてもしなくても構わないということである。本来、品確法に基づく性能表示を行う場合には、すべての項目について表示をしなければならない。都合の良いところだけ表示して、都合の悪いところは表示しないということは許されないのである。しかし、音環境（空気環境でも1項目）に関しては、特例として表示するかしないかは当事者に任されており、これを選択項目と呼んでいる。その他の項目は必ず表示しなければならない必須項目である。このような特例が認められたのは、音環境の項目は、設計段階で正確に性能を予測表示することが困難であるためである。

音環境の中には、表2・11に示す4項目があり、共同住宅は4項目とも、戸建て住宅は外壁開口部の透過損失のみが該当する。床衝撃音に関しては、重量、軽量ともに評価対象となるが、その等級表示と建築学会の適用等級の関係は表2・12のようになる。等級の並び方など混同しやすい部分があるので注意が必要である。なお、重量床衝撃音の性能表示では、先に示したL等級に相当する対策等級表示と、床スラブの厚さで性能表示する相当スラブ厚の2種類がある。

界壁の透過損失に関しては、等級の表示記号や、透過損失と音圧レベル差のわずかな違いがあるが、建築学会での遮音等級を基準に性能評価のランクを示せば、品確法との比較は表2・13となる。界壁の遮音に関しては、建築基準法の遮音規定があるため、D−40以下の性能は存在しない。

これらの性能表示制度の申請実績はどれくらいかを（社）住宅性能評価・表示協会の集計データで見てみると、着工住宅数に対して新築の1戸建て住宅で15％程度、共同住宅では20〜25％程度、全体では約20％程度の申請率である。まだ、実績的には十分とまでは言えないものの、制度的には十分に機能していることが分かる。では、この中で選択項目である音環境の性能表示（共同住宅）が実際にどれくらい行われているかと言えば、平成21年度値で重量床衝撃

表2・10　品確法の10分野と各項目数

No.	分野	項目数	備考
1	構造の安定に関すること	6	
2	火災時の安全に関すること	7	
3	劣化の軽減に関すること	1	
4	維持管理への配慮に関すること	2	
5	温熱環境に関すること	1	
6	空気環境に関すること	4	1選択項目
7	光・視環境に関すること	2	
8	音環境に関すること	4	全部選択項目
9	高齢者等への配慮に関すること	2	
10	防犯に関すること	1	

表2・11　品確法の音環境に関する項目

No.	項目	対象	ランク
1	重量床衝撃音対策等級	共同住宅	1～5
2	軽量床衝撃音対策等級	共同住宅	1～5
3	界壁透過損失等級	共同住宅	1～4
4	外壁開口部透過損失等級	共同住宅 戸建住宅	1～3

表2・12　床衝撃音の学会等級と品確法の比較

床衝撃音種別	内容	L等級						
		L−40	L−45	L−50	L−55	L−60	L−65	L−70
軽量床衝撃音	建築学会適用等級	特級	1級	2級	3級			
	品確法等級		等級5	等級4	等級3	等級2	等級1	
重量床衝撃音	建築学会適用等級		特級	1級	2級	3級		
	品確法等級			等級5	等級4	等級3	等級2	等級1

表2・13　遮音性能の学会等級と品確法の比較

項目	内容	等級			
界壁遮音	建築学会適用等級	D−55	D−50	D−45	D−40
		特級	1級	2級	3級
	品確法等級	Rr−55	Rr−50	Rr−45	Rr−40
		等級4	等級3	等級2	等級1

音は１・９％、軽量床衝撃音で０・７％、透過損失３・７％となっており、ほとんど選択されていないことが分かる。数年間を調べてみたが、多い年でも５％程度であり、この傾向はほとんど変わらない。音環境については、性能表示制度が十分に機能しているとはとても言えない状況である。

7　音響空間の計画と騒音対策

本章は、騒音トラブルに関わる音響関連技術を解説することが主目的であるが、ピアノ室やオーディオルームが騒音トラブルの原因となる場合もある。これに関連して本書を読まれる人は、ピアノ室やオーディオルームの音響についても興味も持っているであろうし、騒音トラブルと関係する内容も多いため、空間の音響計画についても基本的な要点を説明しておこう。

7・1　音の響きと吸音率

ピアノ室やオーディオルームなどの音響空間で特に重要なのが、空間内での音の響きである。コンサートホールなどでは、残響時間（音を止めてからそのエネルギーが60 dB減衰するまでの時間。60 dBの減衰はエネルギーが１００万分の1になることに相当）という指標を用いて空間での音の響き具合を表している。日本初のコンサート専用ホールである大阪のシンフォニーホールが建設されたときは「残響2秒」という言葉が話題になり、今でもクラシック用のコンサートホールは残響時間2秒がよいと言われることが多い。ただし、正確には最適な残響時間は空間の容積により変化するため、必ずしも2秒でなくてはならないわけではない。

コンサートホールのような大空間ではないピアノ室やオーディオルームでは、残響時間の代わりに平均吸音率という指標を用いている。吸音率とは壁や天井などの材料がどのくらい音を吸収するかを表す指標であり、0～1の数値で示される。材料によって音が完全に吸音される場合は1、全く吸音されずにすべて反射される場合は0となる。平均吸音率とは、この吸音率を空間全体の材料（床、壁、天井）について面積で平均した値である。

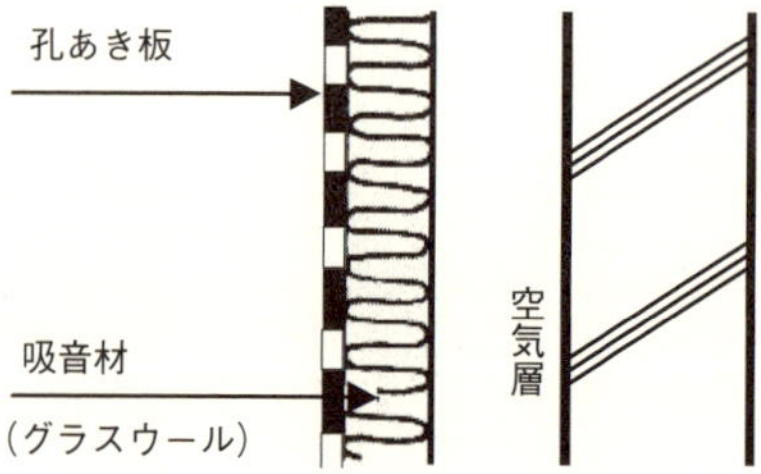

図２・21　孔あき板の吸音構造

吸音率は周波数によって異なり、材料が持つ吸音の機構によってそれぞれ特徴的な特性を示す。したがって、材料と吸音特性の関係を理解することが重要となる。吸音材料にはさまざまなものがあるが、代表的なものが多孔質材料と呼ばれるものである。多孔質材料にも多くの種類があるが、その中で最も一般的な吸音材がグラスウールであり、これは細かいガラス繊維を綿状に成型したものである。多孔質材料は高音域では高い吸音率を持っているが、逆に低音域では吸音率はかなり小さくなってしまう。すなわち、グラスウールなどは中高音域の音を吸音したいときに用いる材料である。その他の多孔質型の材料としては、絨毯やカーペットなどもこれに含まれ、天井の吸音用に使われる岩綿吸音板（ロックウールボード）も、多孔質型吸音材料である。

多孔質型以外の吸音機構としては共鳴型があり、その代表的な材料が孔あき板（図2・21）である。共鳴型吸音材料とは、板の背後の空気層の共鳴現象によって音のエネルギーを吸収する機構の材料であり、共鳴周波数付近では高い吸音率を示すが、その他の周波数ではあまり吸音は期待できない。ただし、図2・21にあるように、グラスウールなどの多孔質材料を背後空気層に挿入すると幅広い周波数範囲の吸音が可能となるため、通常はこの形で利用されることが多い。このように、吸音材料は各々特徴的な吸音特性を持つため、吸音しようとしている音の高さに合わせて適切な吸音材料、吸音工法を選定することが肝要である。

騒音防止のための吸音対策には注意が必要である。騒音対策には一般的に遮音と吸音の2つがあるが、この2つの方法の使い分けを建築技術者でも混同している場合が見られるので、ここで改めて説明しておく。遮音とは、材料を音が透過するのを防ぐことであり、吸音とは、空間内での音のエネルギーを吸収することである。たとえば、建物の敷地境界部分での騒音を低減するために、建物内の壁や天井に吸音材を貼って吸音性能を高めたとしても、建物内での音はある程度小さくはなるが、敷地境界での騒音はほとんど変化しない。建物内の騒音が直接、壁や天井に入射し、それを透過して敷地境界に伝わるためであり、空間内を吸音しても外部に対する影響はほとんどない。外部への騒音低減のためには遮音対策が必要なのである。

吸音材料は空間内部の音響調整のための材料であり、騒音防止の直接的な材料ではないということは理解しておく必要がある。

7・2 フラッター・エコーの対策

音響空間ではさまざまな音響上の障害が発生するが、その代表的なものがエコーである。これは直接音と反射音がダブって聞こえる現象であり、ロングパス・エコーとフラッター・エコーの2種がある。前者は大空間で発生するが、後者はピアノ室などの小空間でも発生するので注意が必要である。

フラッターとは鳥の羽ばたきの意味であり、図2・22に示すように平行な面で重複反射して生じるため、手を叩くとパタパタという音になって聞こえる。日本語では、これを竜の鳴き声になぞらえて「鳴き竜」と呼ばれ、日光東照宮の薬師堂が有名である。フラッター・エコーの防止には3つの方法があり、ひとつは平行な面を

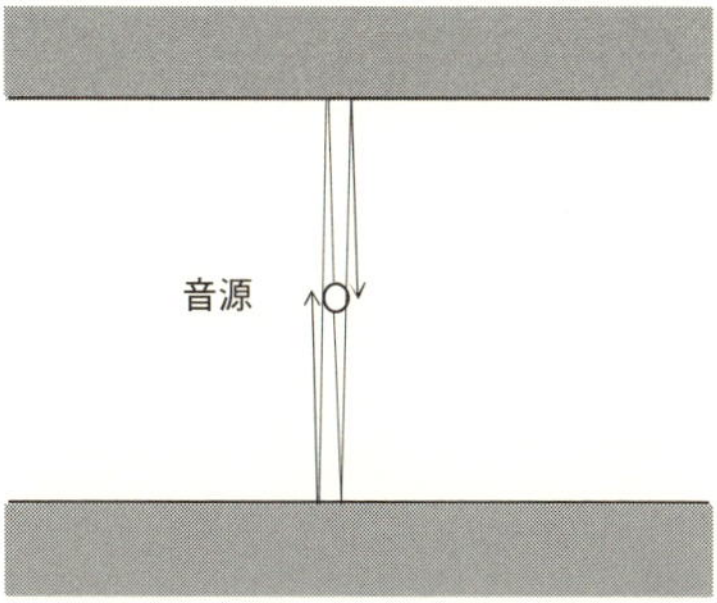

図2・22　フラッター・エコーの発生

なくすこと、2つめは壁を吸音すること、3つめは壁に拡散体などを取り付けて音を拡散することである。最も確実なのは1番目であり、次が拡散、最後が吸音の順になる。

7・3　定在波とブーミング

小空間ではエコーの他に定在波の影響が現れる場合もある。定在波とは図2・23に示すように、特定の周波数において音の半波長の整数倍と空間の寸法が一致し、伝搬している音が空間的に止まっているような分布を作ることである。これは一種の共鳴現象であり、このような分布の形を共鳴モードと呼ぶこともある。この定在波は3次元方向に組み合わされて発生するため、空間の形状が正方形であったり、あるいは空間の各辺が整数倍になっていると、定在波の重ね合わせにより音のエネルギー分布の偏りが大きくなる。したがって、空間の形状としては正方形や整数倍の比率の形状はなるべく避けた方がよい。

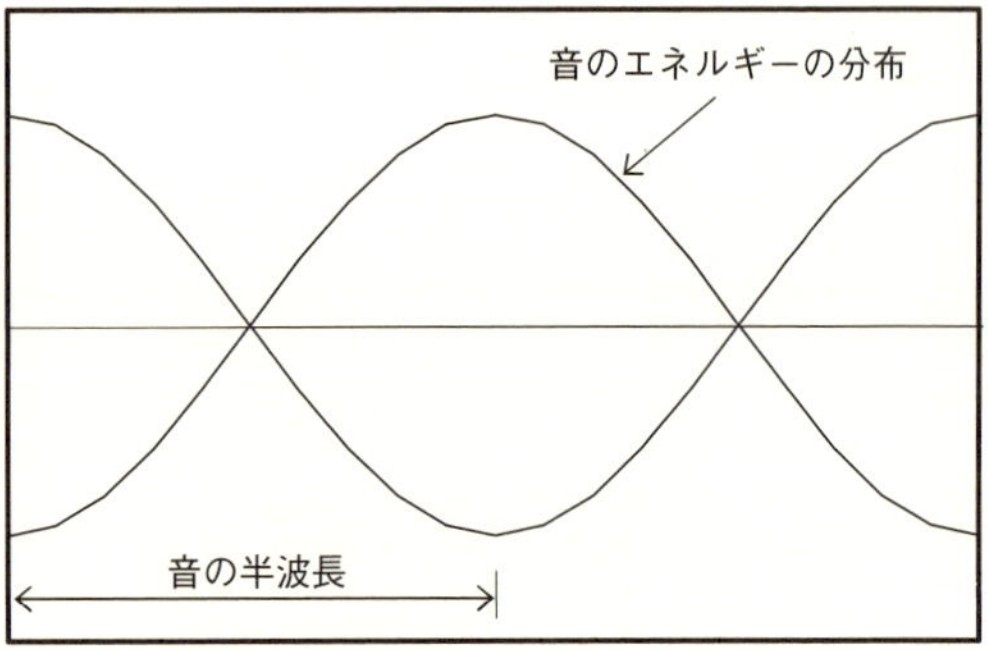

図2・23　空間内での定在波の発生

この定在波の影響は低音域の方が大きくなるが、これが顕著に現れたのがブーミングである。ピアノ練習室やオーディオルーム、あるいは小スタジオなどを設計する際には、このブーミングが問題となる場合がある。すなわち、低音の特定の周波数の音が、部屋の定在波による共鳴で特に大きく響き、ピアノなどではある特定の音だけがブーンというように響いて残る現象である。これは部屋の大きさ、形状、内装の条件によって決まるが、10畳とか12畳ぐらいの大きさで起こりやすく、周波数では63 Hz～１００Hzといった低周波数の音で発生する。

このブーミングの防止法として、ピアノ練習室などでは図2・24に示すような吸音層の設置を行う方法が効果的で

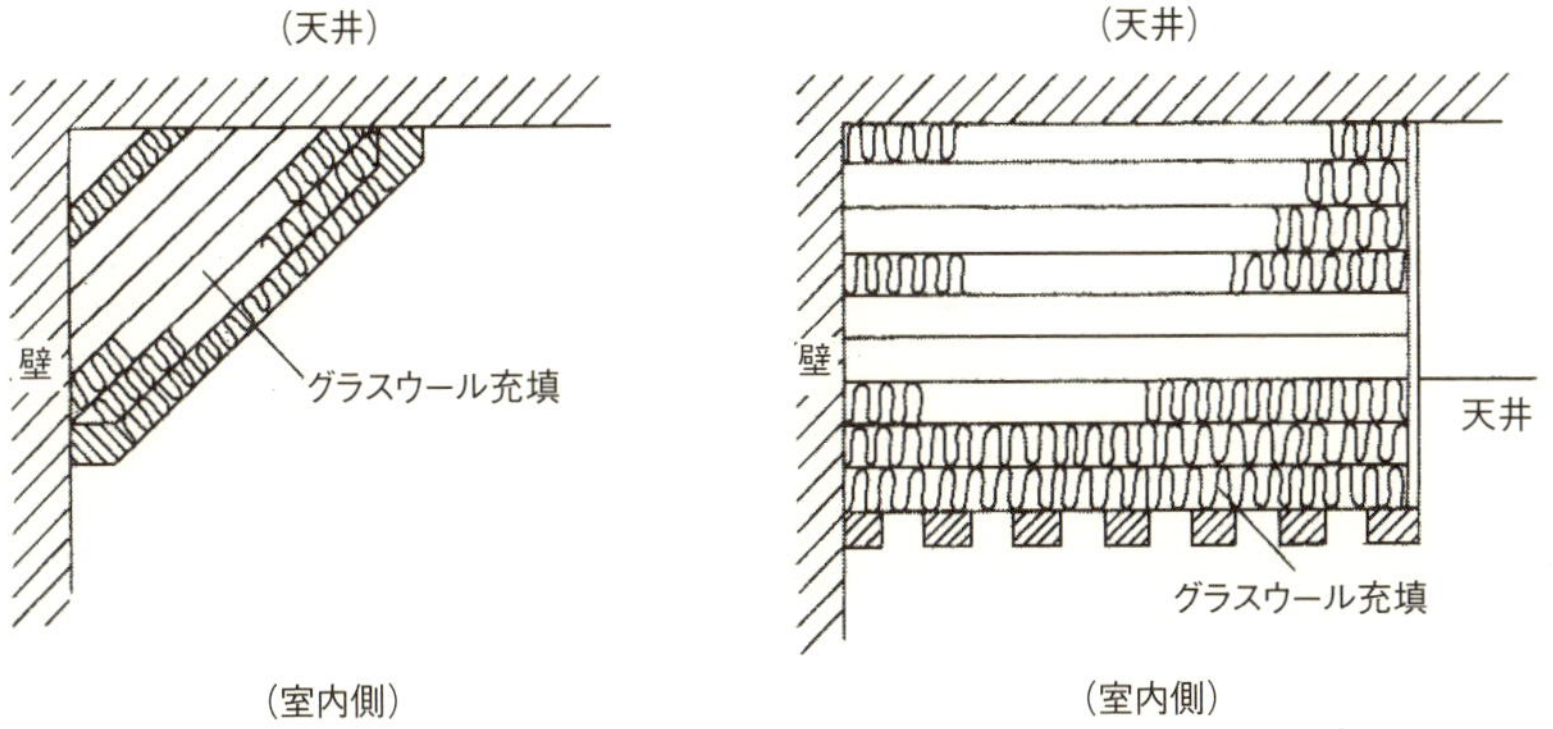

図2・24　ブーミング防止用の吸音構造の例（天井と壁の隅角部に設ける）[13]

ある。設置場所は、天井と壁の交差する隅角部が有効であり、グラスウールを何層にも重ねた吸音層を四周全体に巡らしてブーミングの音を吸音するのである。隅角部に設置する理由は、この部分が、音が集まってエネルギー密度が高い場所だからである。

このブーミングには音響問題だけではなく、時に騒音問題としてトラブルにつながる場合もあり、注意が必要である。これについては、後述の自動車のアイドリング騒音のところで述べているので参考にしていただきたい。

7・4　音楽室の設計事例

ピアノ室やオーディオルームの具体的設計事例として、筆者の自宅の音楽室を紹介し、設計の要点を説明しよう。図2・25が音楽室の平面図であり、木造住宅2階建ての2階部分に配置されている。隣家は西側（隣接）と南側（やや遠方）にあり、北側、東側には民家やその他の建物はない。

防音対策に関しては、隣家のある西側壁には窓、換気扇、小屋裏換気口など開口部は一切設けず、壁も遮音補強がなされている。階段部分は両側の壁で2重となっており、それ以外の壁部分には意匠と遮音を兼ねて鏡貼りとして重量を増している。南側部分も基本的に2重構造であり、トイレなどの諸室がサウンドロック・スペースとなるよう配置している。東側は

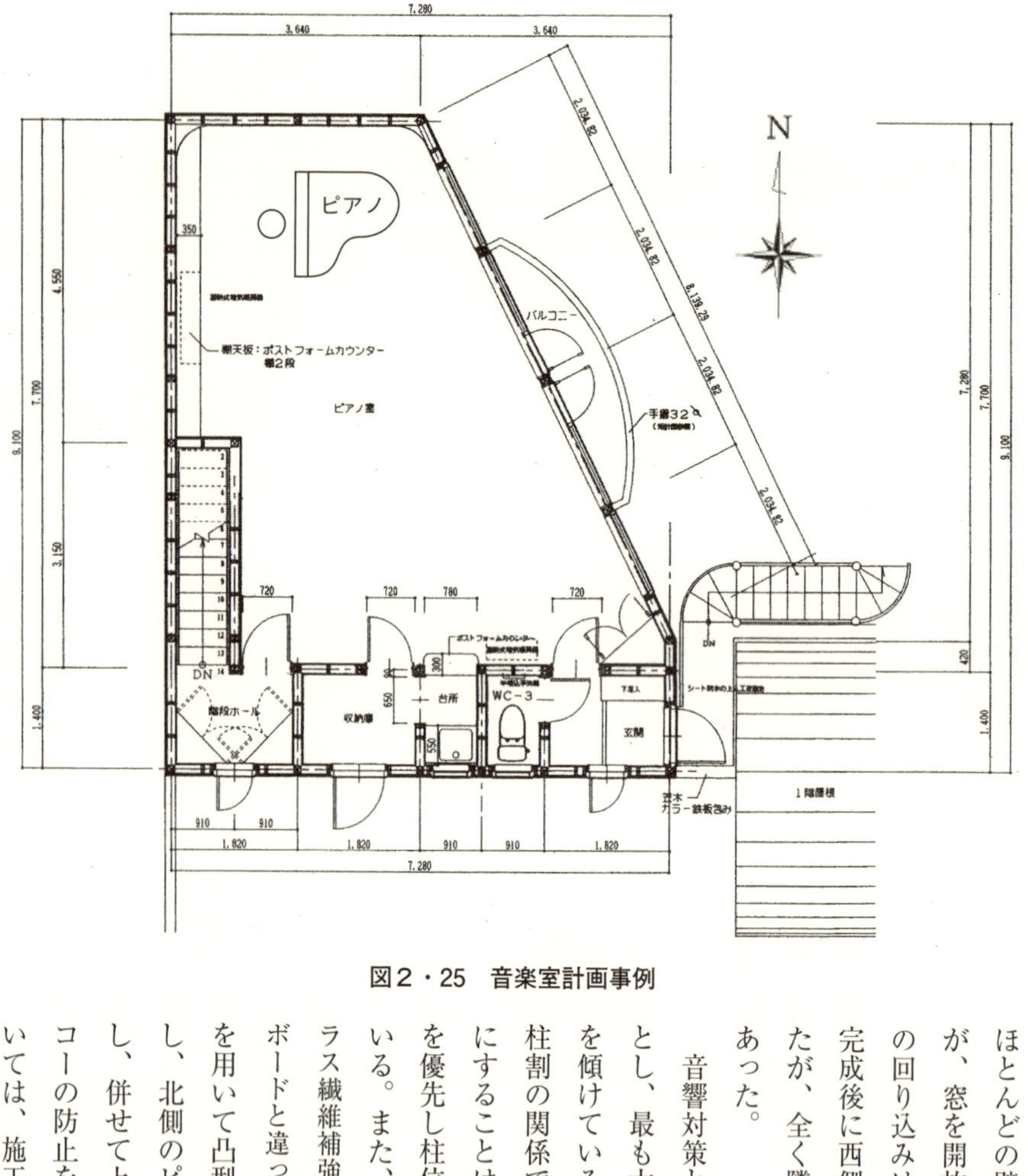

図2・25　音楽室計画事例

ほとんどの壁面がガラス張りであるが、窓を開放してもこちらからの音の回り込みはほとんど見られない。完成後に西側外部で騒音測定を行ったが、全く隣家に影響のない程度であった。

音響対策としては、平面を不整形とし、最も大きなガラス張りの東面を傾けている。木造2階建の場合に柱割の関係で部屋を長方形以外の形にすることは難しいが、音響的配慮を優先し柱位置を工夫して処理している。また、天井はFGボード（ガラス繊維補強石膏ボード：普通の石膏ボードと違って曲面が簡単に作れる）を用いて凸型の曲面をつけた形状とし、北側のピアノ音を南側に送り出し、併せて上下間のフラッター・エコーの防止を図っている。残響については、施工終盤で残響時間測定を行い、調整用に仕上げを残しておいた南側壁面をスリット型の吸音構造で仕上げた。北側コーナー部は一部モルタル塗りとし、全体的にライブ－デッド（音源側を反射性、受音側を吸音性）の吸音配置となるように仕上げた。また念のため、東側壁面上部にブーミング対策用の吸音構造用スペースをカーテンボックス風に用意しておいたが、結局その必要はなかった。この部屋は歌唱が利用の中心であるため残響時間はやや長めとし、平均吸音率0・20程度（空室時）となるように仕上げた。40名程度の収容人員で定期的に小規模なライブや発表会などを行っているが、音響については極めて好評である。

以上に述べてきた音響技術の要点を簡単にまとめると表2・14のとおりとなる。

表2・14　オーディオルームなどの計画の要点

基本的考え方	正方形、整数比の室形は避ける
	形を不整形にする、または凹凸をつける
	内装はライブ・デッドに仕上げる
その他の留意点	吸音調整の余地を残しておく
	人の吸音力を考えておく
	暖冷房、換気の方法を考えておく

8　音響工学の特殊技術

音響工学には、騒音防止や対策に関わるさまざまな計測技術や制御技術があるが、その中から主なものを2つ簡単に紹介しよう。騒音対策を考えるときの参考になれば幸いである。

8・1　音響インテンシティ計測

インテンシティとは強度ということであるが、音響インテンシティは音をベクトルで表した量だと考えてよい。ベクトルとは中学校で習うように矢印で表された物理量であり、方向と大きさをひとつの記号で表したものである。音響インテンシティも、音の伝わる方向とその音の強さの両方を持った物理量である。

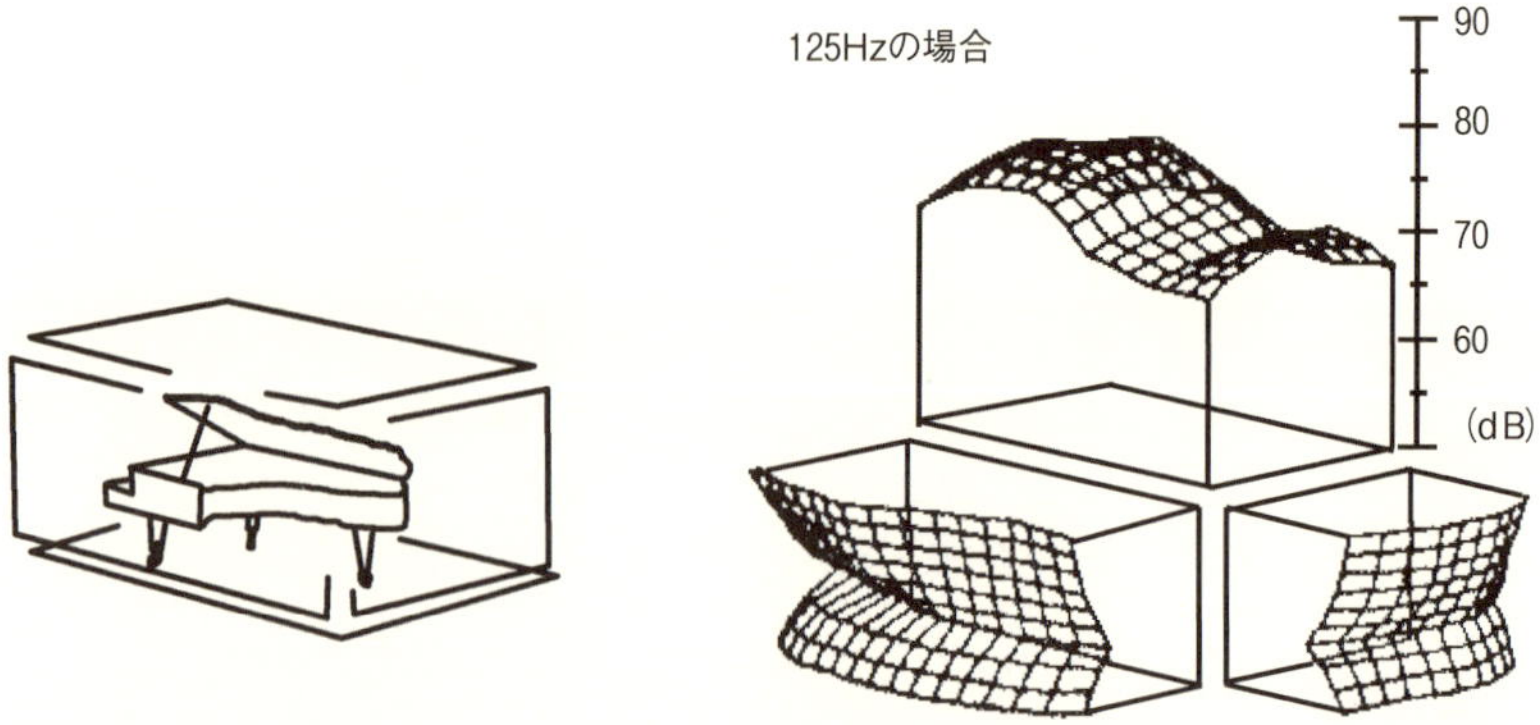

図2・26　音響インテンシティによるピアノ音の測定結果の例（橋本研究室測定）[14]

騒音計などで音圧レベルを測定した場合、何dBというその場所での音圧の大きさは分かるが、音がどの方向に伝搬しているかまでは分からない。音響インテンシティの場合には、音の伝搬方向が分かるため、音源の探査や放射特性の詳細な測定が可能となるのである。

音響インテンシティの計測では、わずかな隙間を空けて向かい合った2つのマイクロフォン（インテンシティ・プローブと呼ばれる）が用いられるが、この2つのマイクロフォンで測定された音圧の差（その方向の音圧の傾度）から音響インテンシティを算出する。

図2・26は筆者の研究室で測定したピアノからの音の放射特性の測定結果を示したものであるが、ピアノの音が開いた大屋根の部分から放射されている様子が明確に示されている。このように、音響インテンシティ計測を用いれば音がどのように放射され、どのように伝搬しているかをビジュアルに表示することが可能であり、特に音源を探査する場合などには便利である。ただし、この測定は専用の分析器を使った複雑な操作が必要となるため、騒音計で測定するように誰でも簡単にできるものではない。音響コンサルタント会社などでもできるところは限られると考えた方がよい。

8・2　アクティブ・ノイズコントロール

騒音対策のひとつの手法として、アクティブ・ノイズコントロール

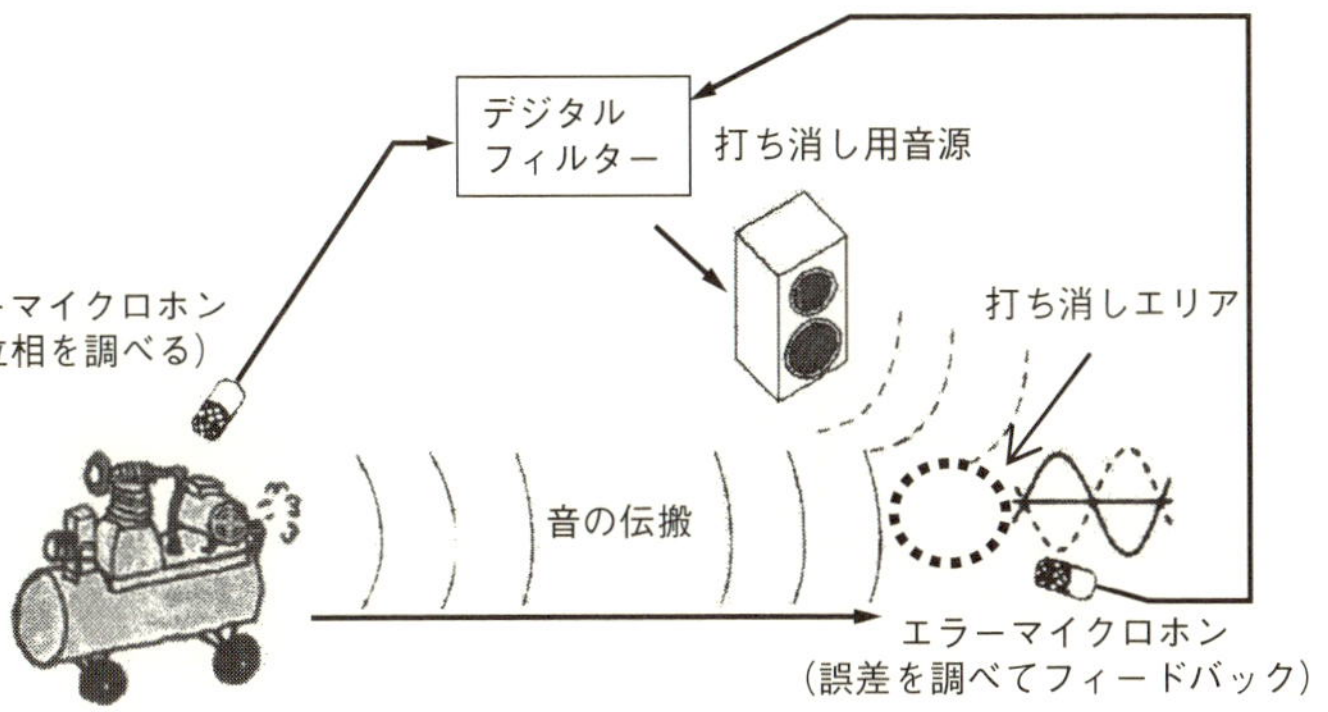

図2・27　ANCのシステム図

（active noise control：ANC）というものがある。日本語では能動的消音と呼ばれ、吸音などの受動的消音（パッシブ・ノイズコントロール）とは異なり、騒音を機械的に消してしまうという方法である。

ANCの消音の原理は図2・27に示すとおりである。すでに述べたように、音は波動現象であり位相を持っているが、プラスの位相に対しスピーカーからマイナスの位相の音を放射して音を打ち消してしまうというものである。この考え方自体はかなり以前からあったが、その当時の技術ではまだ実現不可能であった。しかし、その後のコンピューターによるデジタル技術の発展によりこれが可能となったのである。図2・27のシステム図にあるように、センサーマイクロフォンによって騒音の位相を計測し、これと逆位相の音を計算で求めて音を放射するのである。音の伝搬速度は340m／秒であるが、電気信号の伝搬速度は光速であるため格段に早く、コンピューターによる計算速度も高速になったために、このようなことが可能になったのである。実際には、エラーマイクロフォンというものを用いて位相の誤差を調整し、消音のための最適な条件を探りながらコントロールしてゆくことになる。

このANCは、最初はコンサートホールなどで問題となる空調ダクト騒音で実用化された。理由は、空調ダクト騒音は、ダクトの中を伝わるために1次元の騒音伝搬となり、3次元より位相の調整が容易であること、また低周波域の騒音（波長が長い音）が中心であるため位相のキャンセリングが容易であるためである。その後、ＡＮＣはさまざまなものに応用され、一時期はどんな音でも消してしまえる夢の技術として期待された。たとえば学校のグラウンドから発生する騒音を、グラウンドの周辺部分でＡＮＣにより消音してしまえば、学校騒音の問題もたちどころに解決することになる。しかしその後、ＡＮＣにとって大変重要な内容が理論的に証明され、それによりＡＮＣの熱も一気に冷まされることとなった。それは、拡散音場の3次元空間で10dBの消音ができる範囲は、音の波長の10分の1に限られるという研究報告である。たとえば、１００Hzの音なら波長は約３・４ｍであり、消音範囲は34㎝程度に限られ、１０００Hzなら3㎝程度ということになる。これではピンポイントの消音は可能でも、一般的な騒音の消音はほとんどできない。したがって、ＡＮＣの技術はこのような特定の条件下での適用に限られることになり、実際には、ヘッドフォンでの消音や冷蔵庫のコンプレッサー音の消音などで実用化されているだけに留まっている。

仮に、一般の空間で自由に音を消し去る技術が開発されたなら、騒音問題や騒音トラブルに対する福音は計り知れないものになることは間違いないが、残念ながら現在はまだその段階には至っていない。しかし、いつの日か実現するときが訪れるのではないかと密かに期待している。

9　各種の公害騒音問題

公害騒音と言えば、道路交通騒音、新幹線騒音、航空機騒音、工場騒音、建設騒音などさまざまなものがある。これらの中で、工場騒音、建設騒音などは騒音規制法の対象となり、交通騒音は環境基準の中心的項目である。ここでは、今でも大きな社会問題となっている航空機騒音と比較的新しい公害問題である超低周波騒音についての音響学的解説を行う。

9・1　航空機騒音

騒音公害問題の中でも、航空機に関する騒音は最も深刻で、広範囲にわたるものである。新しく作られる空港などは、環境アセスメントが十分に行われ、騒音被害の少ない地域に立地されるため公害問題の発生も少なくなっているが、既存の空港では市街地近くに存在するものもあり、夜間飛行の差し止めや賠償請求の訴訟対象となるなど大きな社会問題となってきた。

これらの航空機騒音の中で特に問題となっているのが米軍などの基地の騒音であり、飛行訓練や離発着訓練などにより大きな騒音が発生している。沖縄の嘉手納基地では平成6年（1994年）に市街地で110dBの騒音が記録され、普天間飛行場のある宜野湾市では年間2万回、嘉手納基地周辺では年間3～4万回の騒音件数（70dB以上）を数えている。この沖縄での基地騒音の被害は低減されるどころか激しさを増しており、平成22年（2010年）の10月には宜野湾市で123・6dBという驚異的な騒音が記録されている。120dBというのは人の聴力の限界と言われるレベルであり、このような騒音が市街地で記録されるということに、基地騒音問題の深刻さ、被害の甚大さが理解できる。

公害訴訟等については第4章の社会学で詳しく述べているので、ここでは航空機騒音の評価法について簡単に紹介しておく。航空機騒音の場合には、通常の交通騒音とは測定評価法が大きく異なる。これまでの航空機騒音の評価では、WECPNL（Weighted Equivalent Continuous Perceived Noise Level：加重等価平均感覚騒音レベル）という指標が用いられてきた。これは航空機騒音に関する国際会議によって決定された評価法を、昭和48年（1973年）の環境省の告示により、わが国における環境基準の尺度として導入したものである。この算出法は、航空機の機数や時間帯、季節を考慮したかなり複雑なものであり（簡便法もある）、名称的にも分かりづらいため、一般には、航空機騒音の「うるさ指数」、あるいはW値と呼ばれている。これを用いた航空機騒音の環境基準では、Ⅰ類（住居用地域）では70 WECPNL、Ⅱ類（商工業地域）では75 WECPNLと定められている。

近年、騒音測定機器の技術的進歩により等価騒音レベルが簡単に測定できるようになったこと、および国際的な動向等も考慮して、平成19年（２００７年）の環境省の告示により、新たにLden（dB）（時間帯補正等価騒音レベル）という指標に変更されることになった（ただし施行日は平成25年4月1日）。これは、等価騒音レベルを用いた評価指標なので、騒音計で簡易に算出することができ、通常の騒音との対比や、外国の類似の指標との対比の上でも明解となっている。環境基準値に関しては、騒音対策の継続性を担保できる値として、WECPNLにおける基準値に相当するものとして表２・15の値としている。

表２・15　Ldenによる環境基準値

地域の類型	基準値
Ⅰ	57デシベル以下
Ⅱ	62デシベル以下

Ⅰ：専ら住居の用に供される地域
Ⅱ：Ⅰ以外の生活保全の必要な地域

９・２　超低周波騒音

これまでの騒音はいずれも人間の耳で聞こえる騒音の話であった。人間が耳で聞くことができる音の周波数を可聴周波数と呼び、その範囲は20Hz～２万Hzまでである。人間の耳では聞こえない２万Hz以上の高い音は超音波（ultrasound）と呼ばれ、逆に、20Hz以下の低い音は、超低周波音（infrasound）と呼ばれる。この超低周波数の領域が耳に聞こえる音ではなく空気の振動であるということから、超低周波空気振動と呼ばれることもある。また１００Hz程度までの音を通常の騒音と区別して低周波騒音（low frequency noise）と呼んでいる場合もあるが、ここでは、あくまで可聴周波数外の騒音を対象とする。

耳に聞こえない超低周波騒音が問題となるのは、空気振動による建具のがたつきやガラスの振動などの物理的影響、めまいや吐き気などの生理的影響を与えるためである。超低周波騒音の可聴閾値、すなわち圧迫感や振動感により超低周波騒音が感じられる限界の音圧レベルは、おおむね20Hzで80dB程度になる。可聴閾値は周波数が低いほど値が上がる傾向を示しており、これは通常の可聴周波数領域の音の傾向と同じである。また、超低周波騒音により建具のがたつきが発生する音圧レベルは、10Hzの場合でおおむね75dB程度となり、この場合には、周波数が高いほどがたつき発生の音圧レベルは高くなる。これらの2つの関係をグラフにしたものが図2・28であり、これらの関係を考える場合には、20Hzで80dBという値をひとつの基準として、可聴閾値は左上がり、がたつき発生は右上がりの特性と覚えておけばよい。

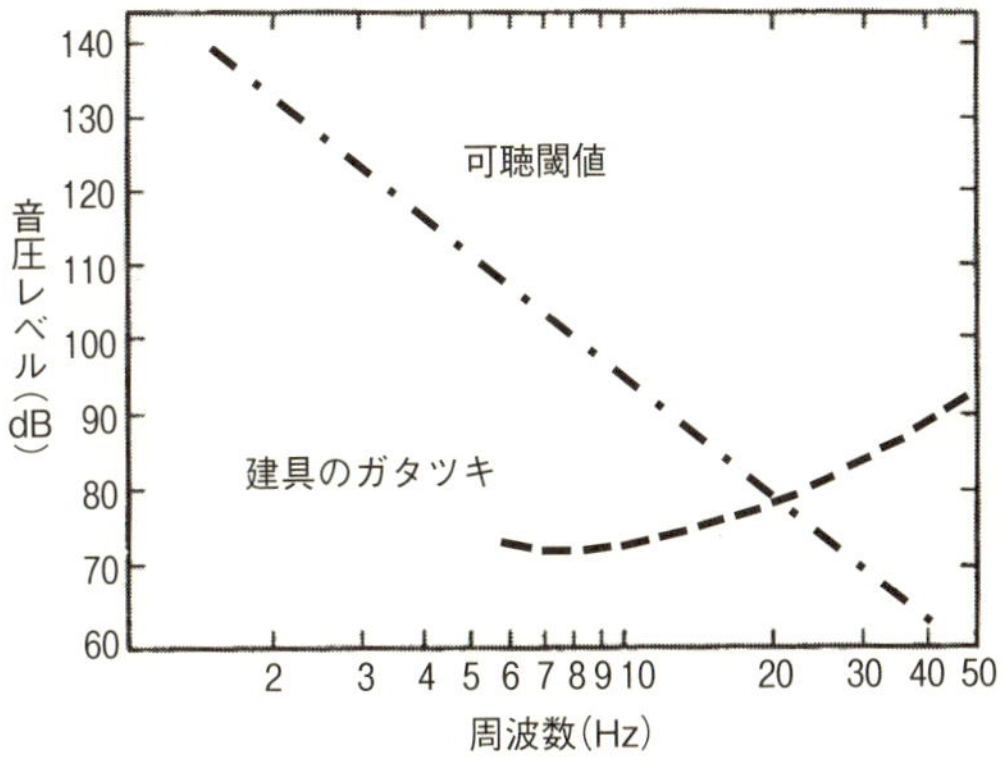

図2・28　最小可聴閾値と建具ガタツキの発生レベル

日本の場合、障子や木製サッシなどの軽量な建具が多いため、人が超低周波騒音を感知する音圧レベルよりも低い音圧で建具などのがたつきが発生する。そのため、その振動が地滑りなどの前兆現象ではないかと大きな騒ぎになる場合がよく見られる。平成12年（2000年）に青森県十和田湖町で発生した微動騒ぎにおいても当初は地滑りの前兆かと騒がれたが、筆者の研究室で調査したところ、近くの川の水門からの放水量と超低周波騒音の変化量が見事に対応しており、水門からの放流により発生した超低周波騒音と気象条件などの特殊要因が絡んで、建具等のがたつきが発生したものであることが分かった。

超低周波騒音による人体への生理的影響としては頭痛やめまいなどが報告されているが、これらの影響を与える音圧レベルは、可聴閾値やがたつき発生レベルよりはかなり大きな値であると言われており、85dB以上がひとつの目安になるという研究者の意見がある。ただし、超低周波騒音による生理的影響は個人差が大きく、女性の方が敏感であるとも言われており、確定的な知見はまだ見られない。

超低周波騒音は、自然界にも存在しており、さまざまなものから発生する。上述した水の放流や海岸へ打ち寄せる波などでも発生するが、それらのレベルは可聴閾値やがたつきのレベルよりはるかに小さく、特に問題となることはない。河川に設置された堰などでは水膜の背後空洞の共鳴で比較的大きな超低周波騒音が発生する例も見られるが、水膜を分断するような装置を取り付けるなどして有効に対策できる[15]。

人工的な構造物や建物から発生する代表的事例としては道路橋からの超低周波騒音があり、西名阪自動車道の超低周波騒音公害訴訟[16]が有名である。他にも、超低周波騒音が裁判で争われた事例はいくつか存在する。たとえば、業務用乾燥機（京都地判平4・11・27、判時1466号）やスーパーマーケットのコンプレッサー（甲府地都留支部判昭63・2・26、判時1285号）からの騒音などであり、いずれも被害認定や損害賠償が認められている。その他、超低周波騒音の発生原因となるものとしては、各種工場機器、空気調和機の送風機（旋回失速など）、空調ダクトや集塵用サイクロン、清掃センター、燃焼機器（家庭用ボイラー）などさまざまなものがある。

この超低周波騒音に関して、わが国では、環境省が平成16年に発行した「低周波音問題対応の手引き書[17]」というものはあるが、法的な規制やガイドラインといったものは特にない。そのため、被害を受けた場合には個別に訴訟を起こして争わなければならないが、外国ではすでに種々の規制やガイドラインが設定されているところが多い。

また最近では、地球温暖化防止の観点からクリーンエネルギーとして注目されている風力発電用の風車が低周波騒音として周辺住民に被害を与えているという報告もあり、新たな面で問題も発生している。平成22年に実施された環境省の調査結果では、調査対象とした389ヵ所の風力発電施設のうち、騒音や低周波音に関する苦情や要望書の提出があったものは64ヵ所あったということで、今後、人への影響に関する研究を進めることとなっている。

10　騒音トラブルに関連する各種騒音

ここでは、騒音トラブルの原因となる騒音源で、そのデータがあまり世に出ていないもの、あるいはトラブルを考える上で興味深いものなどについて、筆者の研究室で収集した音響データを紹介しておく。

10・1　犬の鳴き声

犬の鳴き声に対する苦情、トラブルは大変に多い。第4章で示しているが、日本全国の市役所を対象に騒音担当者へのアンケート調査を行ったところ、最近特に増えてきた騒音トラブルの音源は圧倒的に犬の鳴き声であった。このように大きな問題となっている犬の鳴き声であるが、その鳴き声に関するデータは国内外ともにこれまでほとんど見当たらない。犬の鳴き声は6種類に分類され、①吠え声（ワンワン）、②鼻声（クンクン）、③喉声（アーアー）、④唸り声（ウーッ）、⑤高啼き（キャンキャン）、⑥遠吠え（ウォー、ウォー）となり、それぞれ威嚇や痛み、友を呼ぶなどの特徴的な意味合いを持っている。[18] このうち最もうるさいのは、吠え声と高啼きであろう。そこで北里大学獣医学科の協力を得て、筆者の研究室で犬の鳴き声の定量的データを得るための測定を実施した。犬を中心にして半径5mの円周上に8chの騒音計を設置し、騒音レベルおよび鳴き声のスペクトル等の測定を行ったものである。多くのデータがあるが、その一部を紹介する。

図2・29は、犬の鳴き声の騒音レベルとそのピッチ周波数を示したものである。最も鳴き声が大きかったのはシェパードであり、距離5mの地点で最大100dBを記録した。この100dBというのがいかに大きな騒音であるかは、

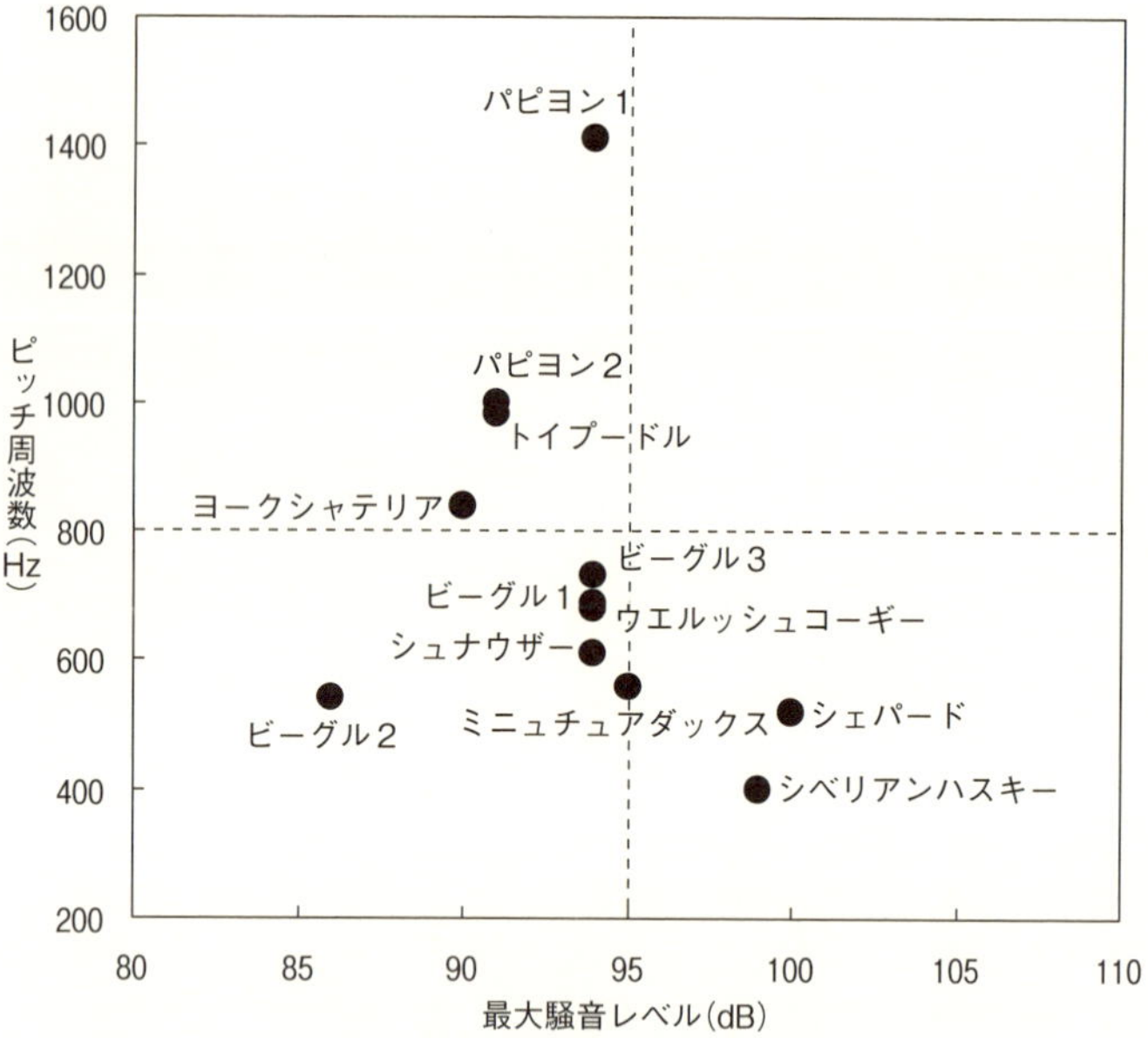

図２・29　各犬種の鳴き声の最大騒音レベルとピッチ周波数

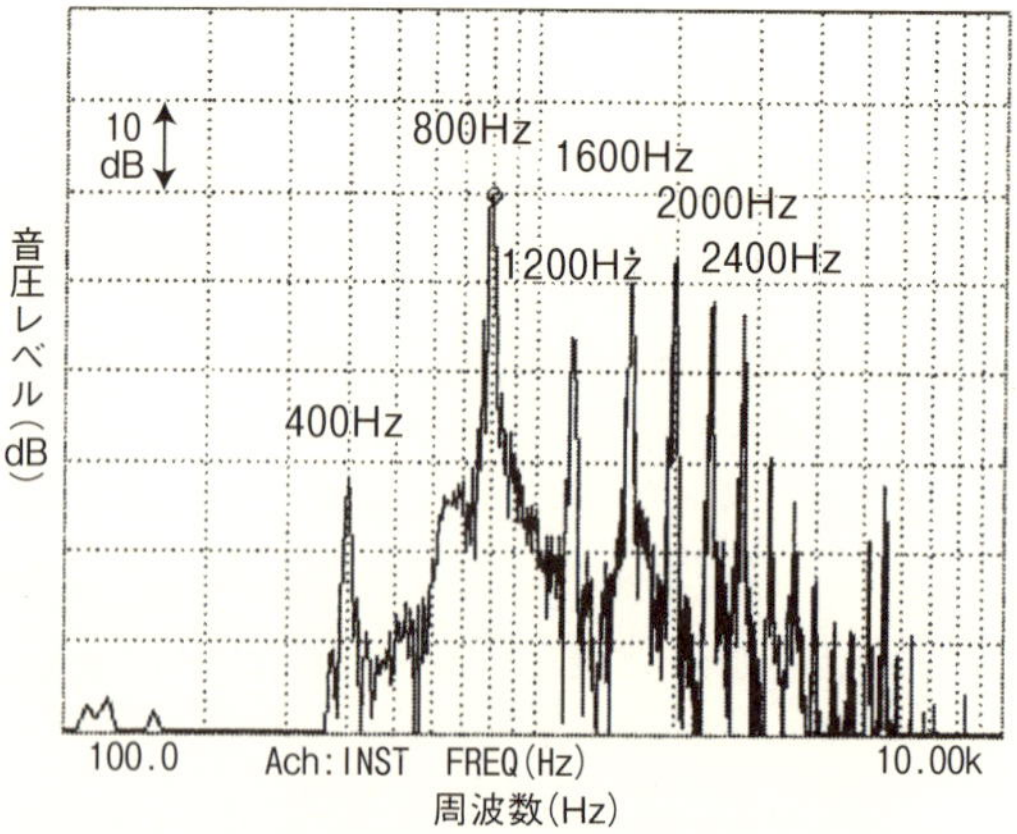

図２・30　鳴き声（吠え声）のスペクトル分析例
（シベリアンハスキー、距離５m）

既出の図２・７を参考にしてもらえば分かるが、仮にこの騒音が隣家の庭で発生していた場合、室内では窓を閉めていても70dB～80dBの大きさとなる。これでは、たとえ日中であったとしてもうるさくて仕方がないであろうし、仮に夜や早朝に発生すれば凄まじい睡眠妨害の音源となり、トラブルや紛争は必至である。これは何もシェパードなどの大型犬に限った話ではない。図に示すように、ほとんどの犬種の鳴き声は最大騒音レベルが90dB以上となっており、小型犬、中型犬でも同様の問題が発生する可能性があることを示している。

図2・30はシベリアンハスキーの鳴き声のスペクトル分析結果であるが、犬の鳴き声も人の声や楽器の音と同様に、基本の音（ピッチ）とその倍音から構成されている。図のシベリアンハスキーの場合にはピッチ周波数は400Hzであるが、図2・29に示したように、全般的に小さい犬ほどピッチ周波数が高く、大型犬ほど低くなる傾向がある。人間の声のピッチは、男性が125Hz～250Hzぐらい、女性が250Hz～500Hzぐらいであるが、犬は大型犬で400～500Hz、小型犬の場合は、1000Hz前後である。甲高い鳴き声がうるさいのか、あるいは低い鳴き声の方がうるさく感じるのかは今のところは分からないが、これほど音が大きければ、どちらにしても苦情の対象となる。ただし、犬はしっかり躾けて、管理を十分に行えば、決して無駄鳴きをする動物ではないということは付記しておく。

余談であるが、人間の声はどれくらいの大きさまで出るのだろうかと興味が湧き、犬の場合と同条件で測定してみたことがある。20～21歳の男子学生数十名にできるだけ大きな声を出してもらい、距離5m地点で最大騒音レベルを測定した。ほとんどが96dB以下で、平均は92dB程度であった。やはり犬の鳴き声よりかなり小さな値となったが、1名だけとんでもない大声の学生がいた。その騒音レベルはなんと102dBであり、犬をはるかに上回る声量の持ち主もいることが判明した。

10・2　風鈴の音

騒音トラブルが極めて主観的な問題であることのたとえとして、よく風鈴の音が挙げられる。風情豊かなささやかな音であるが、そのような音でも人によっては騒音に感じられるというものである。では一体、風鈴の音の騒音レベルはどれくらいの大きさなのか、実際に測定してみた。音色の良いことで知られる南部鉄器の風鈴の測定結果であるが、風鈴の音は距離１ｍの地点で最大値が59dB～62dB、おおむね60dB程度である。隣家までの距離が仮に５ｍとすると、距離が5倍でマイナス14dBとなり、隣家での騒音レベルは46dBとなる。意外と大きな音であり、窓を開けていれば室内でも十分に聞こえる。音の大きさだけに限れば、これは騒音トラブルが起こってもおかしくない大きさである。

図２・31はそのスペクトル分析結果であるが、風鈴の音は極めて純音性の高い音であるため、雑音性の音より聴感的にははっきり聞こえることであろう。美しい音ではあるが、その音が紛争相手の家の軒先から聞こえてくれば、相手の顔を思い出して腹立たしく思うこともあるのであろう。

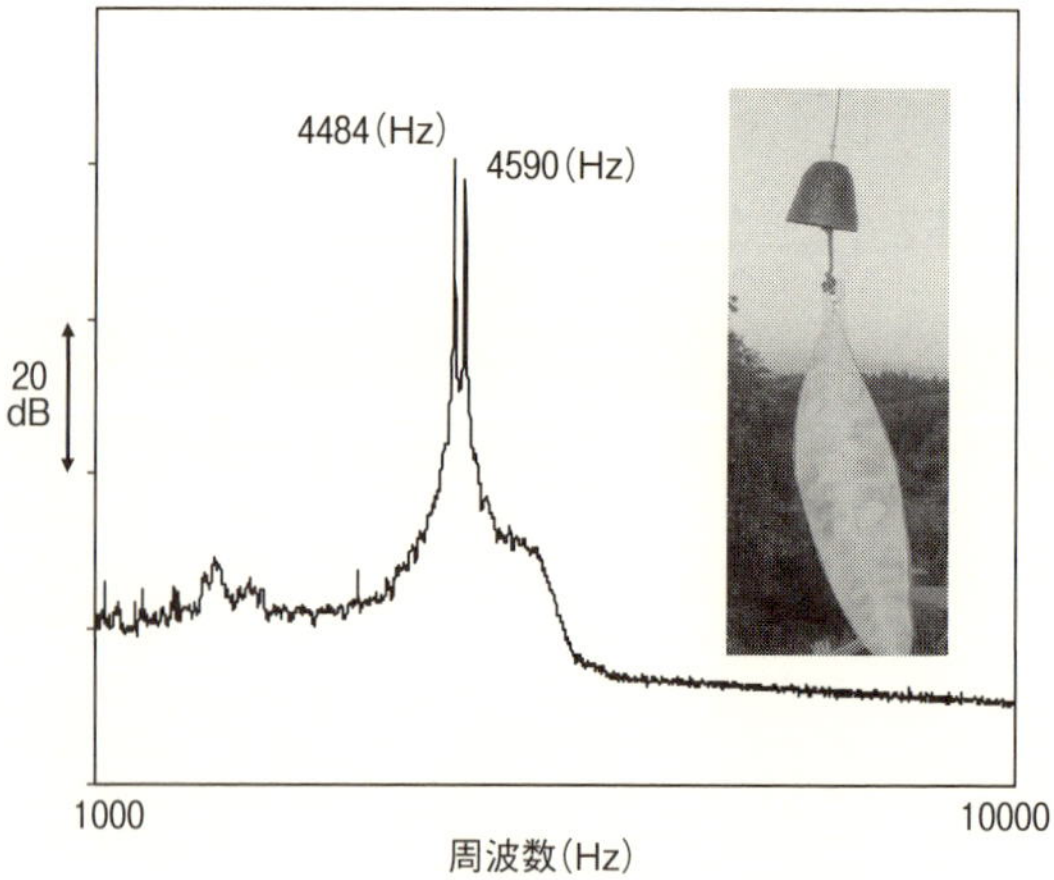

図２・31　風鈴の音のスペクトル（距離１ｍ）

ちなみに図２・31の風鈴の音は、ほぼ４５００Hzの線スペクトルに近い特性となっており、ピークレベルは他の周波数より40dB程度高くなっている。すでに示したように、老齢化による聴力の低下では70歳代で４KHzの聴力が40dBも低下するが、これは歳をとると優雅な風鈴の音さえほとんど聞こえなくなってしまうことを意味しており、全く寂しい限りである。

10・3　アパートでの生活音

既存の木造アパートなどでは、多くの騒音トラブルや騒音事件が発生している。代表的な事件としては、固体音の項でも挙げた川崎市で発生したアパート大家とその弟夫婦の殺害事件などがある。この場合も、隣室で掃除をする音やドアを開け閉めする音がうるさくて我慢できなかったとの供述があるように、既存木造2階建アパートなどでは、さまざまな生活音がトラブルの原因となっている。その中でも床衝撃音は最も大きなトラブル原因となるが、これについてはすでに述べているので、ここでは、その他の苦情の原因である扉やサッシの開閉音や鉄骨階段を歩く音などについてのデータを示す。

これらの生活音が実際にどの程度、他の部屋に響くのかをいくつかのアパートで測定した。測定結果を見ると、その発生音は予想以上に大きく、上階でのサッシ開閉音（かなり強く閉めた場合）の騒音レベルは下階で65 dB程度、隣室の場合で55～60 dB、鉄骨階段の昇降音は70 dBを超えていた。これらの音が早朝や深夜に度々発生すれば、かなりの確率でトラブルにつながる可能性がある。これらのことはあまり社会に認知されていないため無頓着に生活している人が多いが、トラブル防止のためにはアパートでの暮らし方に関するマナー等も社会的に啓蒙してゆく必要がある。

10・4　イヤフォンからの音漏れ

地下鉄の車内などで、イヤフォンやヘッドフォンで音楽を聴く若者の姿を見ることは珍しくないが、その漏れた音を近くで聞かされるのは決して気分のよいものではない。特に、高音部だけ漏れてくるシャカシャカというリズミカルな音は、読書などの妨げにもなりイライラさせられることが多い。これらの音漏れについても、その騒音レベルを測定してみた。

音楽の聴取レベルにも個人差があるが、以下のデータは最も大きなレベルでロック系音楽を聴いていた学生の測定結果である。測定は簡易無響室内で行い、被験者正面位置の耳元から1ｍの距離で騒音レベルを測定した。図2・32はイヤフォンで聴取時の音漏れの大きさである。機種にもよるであろうが、本測定結果ではイヤフォンのときに最大値で37 dBという結果となった。ヘッドフォンの場合にはこれより大きく、音漏れ騒音が52 dBという機種もあり、近く

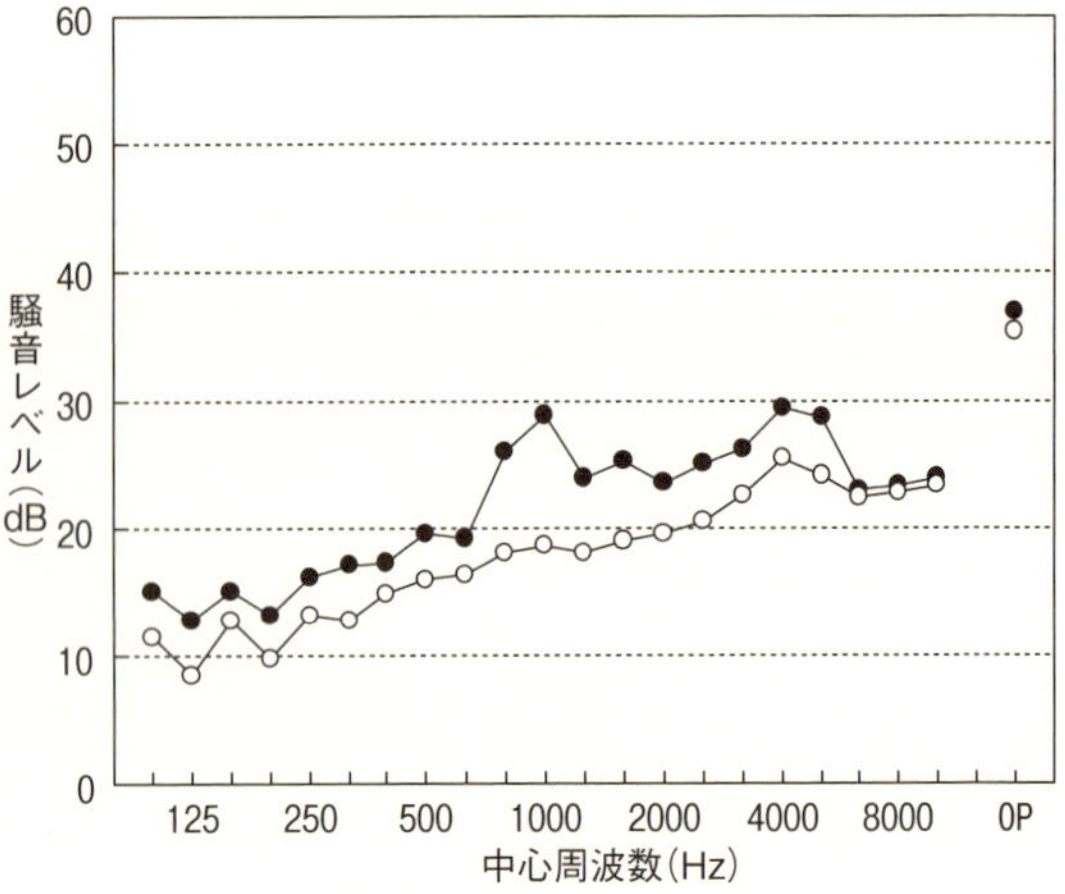

図２・32　イヤフォンからの音漏れの測定例（距離１ｍ）
（●：最大値、○：等価騒音レベル）

でこの音を長時間聞かされてはたまらないであろう。イヤフォンの場合でも、満員の地下鉄車内などでは音源との距離が１ｍ以内になるため、かなり大きく聞こえることになるであろう。このようなデータも今までに公表されたことはないが、具体的な数値が示されれば、車内での良識ある行動の啓蒙に少しは役に立つものと考える。

10・5　自動車のアイドリング音

自動車のエンジン音、アイドリング音も騒音苦情の上位に挙げられる。そこで実際に車のアイドリング時の騒音を測定した。６ｍ×６ｍの測定空間の中に車を配置し、その周辺８点で騒音レベルを測定して平均を算出した結果を示す。ディーゼルエンジンのＲＶ車（２９７０cc）では60dB程度の騒音となり、普通自動車より10dB程度大きくなっていた。普通自動車（１９９８cc）と軽自動車（６５７cc）ではほとんど差が無かったが、これは、エンジン音自体は普通自動車の方が大きいものの、車の外装は普通自動車の方がしっかりしているため、相殺された結果と考えられる。

図２・33は、ＲＶ車を木造アパートの窓の外１・５ｍ離れた所に、排気筒をアパート側に向けて駐車した場合の室内（６畳大）での騒音レベルである。５００Hz以上の中高音域では室内暗騒音と変わりがないが、63Hz～２５０Hzの低周波数域ではアイドリングの音が卓越している。この場合の低周波数域の騒音レベルは30dB弱であるから、それほど大きな音ではないが、このアイドリング騒音には、通常気づかない落とし穴がある。それはブーミングである。

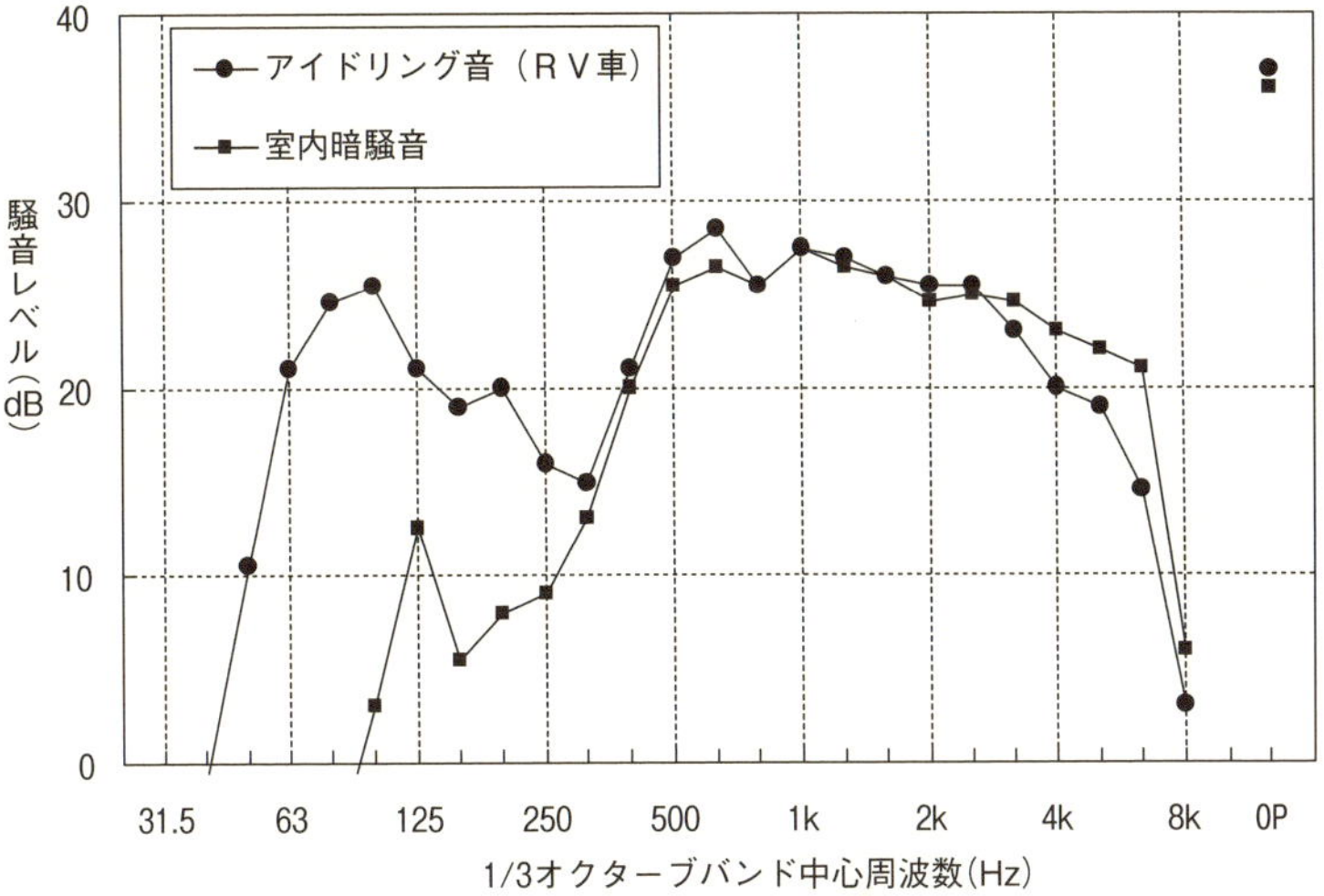

図２・33　アイドリング時の室内騒音

（木造アパート室内中央、サッシ閉鎖時）

ブーミングについては音響の項ですでに説明したが、低音域の特定の音が空間の共鳴によって大きく響くことであり、これはオーディオルームや小スタジオだけではなく一般の部屋でも発生する。特に、最近は室内の内装仕上げが天井も壁も石膏ボード張りという部屋がほとんどであり、気密性も高いため、このようなブーミングが生じやすくなっている。

道路で車のエンジンをかけっぱなしで停車していた場合、外で聞いている分にはそんなに大きな音には感じないであろう。しかし、車のエンジンの低音が、窓を通して部屋の中に伝わってきた場合に、ブーミングによってかなり大きく響く（特にエンジン音が純音に近い一部の車種で顕著）ことがある。いわゆる、音がこもる状態である。筆者の自宅でもこのブーミングの経験があるが、車が止まっている間はテレビの音も聞きづらく、頭の周りで音が唸っているように感じられるほど不愉快極まりない状態であった。これが5分か、せいぜい10分ぐらいで車を動かしてくれれば特に問題はないが、運転手の方はそんな状況を知らないために、20分でも30分でもエンジンをかけっぱなしということがある。こうなると、我慢も限界ということで、外へ出て行って「うるさいので、エンジンを切ってください」と苦情を言うことになるが、言われた方は、「空ぶかしをしているわけでもなく、たかがエンジンの音ぐらいで何がうるさい」ということで言い争いになり、これをきっかけとして大きな近隣トラブルに発展することもある。一般的にトラブルの始まりはほんの些細なことであり、それに対する両者の小さな認識の違いが最終的には重大な紛争や事件につながってゆく。車を運転している人は、車のエンジン音は部屋の中でかなり大きく響くことがあるということを十分認識し、その意味でも停車中は必ずエンジンを切ることが必要である。

10・6　歴史的建築物の音響性能

現存あるいは復元された歴史的建造物の遮音性能や音響性能について筆者の研究室が実測した結果を紹介する。第5章で詳述しているが、「日本の家は木と紙でできている」と言われるように、現代以外の日本人は遮音性能にはほとんど関心を持ってこなかった。そのため、壁の作りは軽量で薄く粗末で、江戸時代の大規模農家で外壁（板塀）の遮音測定をしたところ、壁自体の遮音性はほとんどない状態であった。

縄文時代の土屋根住居（土壁）の遮音性能は現代住宅の壁に近いものであったが、同様な形をした藁葺き屋根の遮音性能は大変興味深い特性となっていた。すなわち、低周波数では遮音性能はほとんどないが、高周波数になるにしたがって急激に遮音性能が高くなるという、通常の材料に見られない特性であった。藁を組み合わせた特殊な構造によるものであるが、このような特性も、古代の音環境として何らかの意味があったのかもしれない。

現代建築と歴史的建物の音響性能の差として特に顕著なものが、図2・34に示す室内の残響時間、すなわち室内での音の響きの問題である。縄文時代の土屋根住居では残響時間が0・2秒程度、江戸時代の農家では0・4秒程度あるが、現代住宅では0・6秒程度まで長くなっている。現代住宅では機密性が高く、石膏ボードなどの材料を多用しているため、高音域の音が良く響く空間になっている。このような音環境が現代人の精神構造に何らかの影響を及ぼ

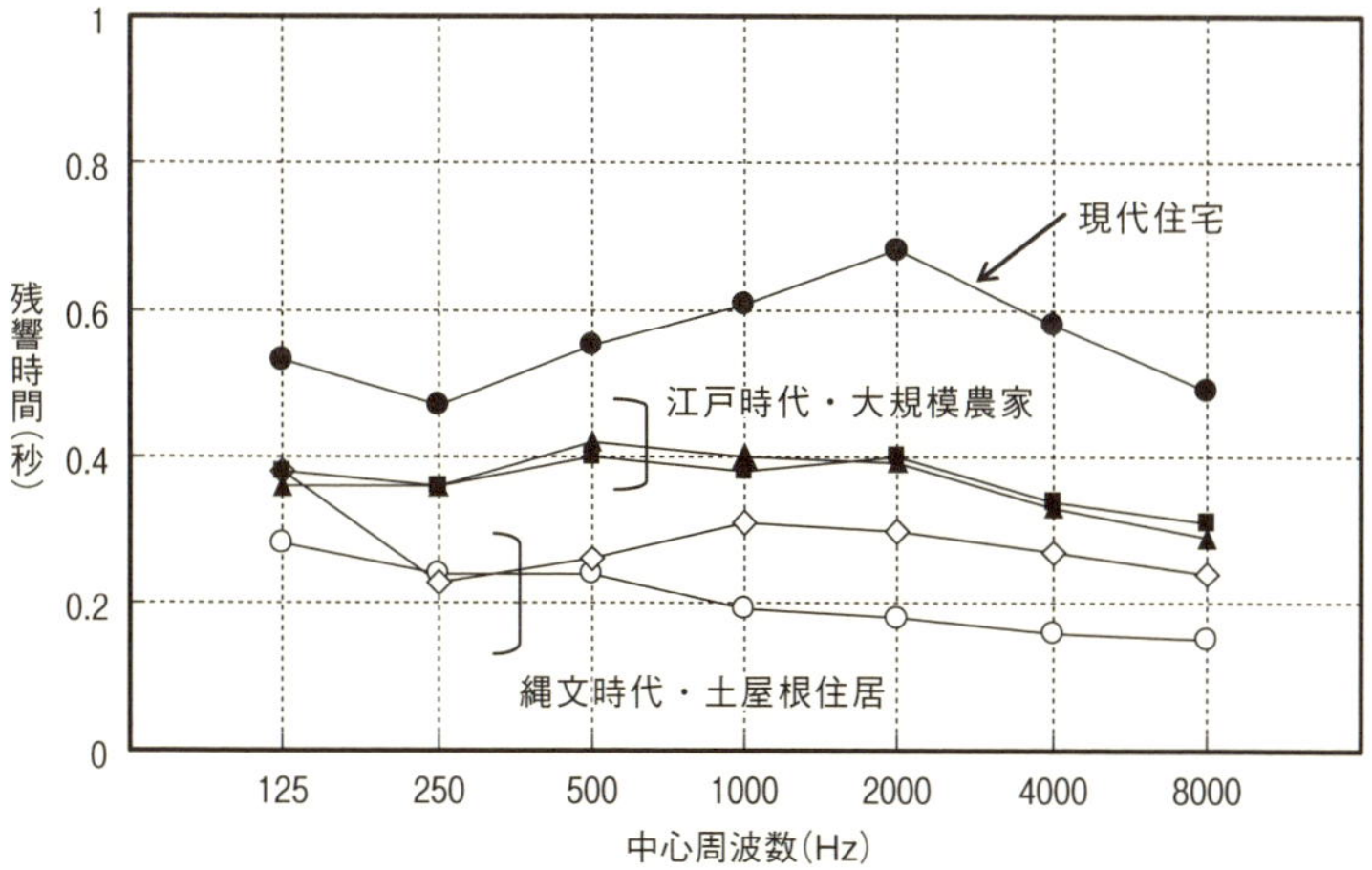

図2・34　居室の残響時間の比較

していることも十分に考えられ、大変に興味深いデータだと考えている。

騒音トラブルとの関連に主眼を置いて、音響工学に関する各種技術の概要および問題事例等を紹介した。音響技術者や建築技術者はもちろんのこと、一般の人も読むことを前提に、工学としての厳密さを毀損することなくできる限り分かりやすく記述したつもりであるので、騒音問題やトラブルが発生したときの評価、分析、対策などの参考にしていただきたい。

ただし、最後に一点だけ注意を申し述べておく。騒音苦情や騒音トラブルが発生したときに防音対策に過度に頼らないでいただきたい。世の中の音のトラブルの多くは音の問題ではなく人の問題であるように、防音による対策が必ずしもトラブルの解決につながるとは言えず、逆にトラブルを助長する場合もあるということはしっかりと理解していただきたい。これらの詳細は、次章の心理学、および社会学で説明しているので是非とも参照願いたい。工学的な対処は人間的な対処が十分に果たされた場合にのみ有効となることを前提に、防音対策のあり方を考えることが必要である。

第3章　騒音トラブルの心理学

音響工学の最後で述べたように、騒音を防止するために音響工学は必要不可欠な技術であるが、騒音トラブルを防止する上では、音響工学の果たす役割はいわば必要条件であり、決して十分条件ではない。騒音トラブルで最も重大な要因は人間心理であり、これは十分条件たりうるほどその影響力は大きい。

心理学分野では、古くから紛争や葛藤を対象とした心理研究が行われており、国際間の紛争から身近なトラブルまでを含めて、さまざまな学術的知見が積み上げられている。法学の分野でも、紛争解決のための研究分野が存在し、ここでも多分に心理学的要素を含む学術研究がなされている。このような一般的な紛争研究と比べて、騒音トラブル研究は特に心理的要素の大きな分野であり、従来の心理学研究の対象とは異質な存在である。それは、騒音が他のどの分野より人間生活と密着した存在であること、および聴覚自体が心理的影響を強く受ける感覚であることの2つによる。それゆえ、近隣騒音トラブルにおいては心理面での解決なくして真の解決はありえないといっても過言ではないであろう。

本章では、多くの騒音トラブル事例や騒音事件の調査結果をもとに、主に帰納的手法により騒音トラブルの心理学的分析を試みる。騒音トラブルの発生に関わる心理学的考察を行い、それに基づくトラブルの防止と解決のための心理学的方策について述べるとともに、時代や世相の変化に伴う社会心理の変容が騒音トラブルや近隣トラブルに及ぼす影響についても論考を進める。特に、従来の騒音の概念とは異なり、心理学的要素から音の問題を捉えた〝煩音〟の提案や、近隣騒音問題を〝感情公害〟として評価する新たな視点は、騒音トラブルの評価と解決に重要な意義を与えるものと考える。

1　騒音はなぜうるさいか

まず騒音の定義を、日本音響学会編集の「音響用語辞典[1]」で紹介しよう。辞典には、このように記載されている。

騒音：noise, unwanted sound
「望ましくない音、たとえば、音声、音楽などの聴取を妨害したり、生活に障害、苦痛を与えたりする音（JIS Z 8106）。いかなる音でも、聞き手にとって不快な音、邪魔な音と受け止められると、その音は騒音となる。騒音は、睡眠障害、会話、テレビ・電話などの聴取妨害、喧騒間による日常生活・作業能率への影響などさまざまな影響を及ぼし、場合によっては聴力損失などの深刻な被害をもたらす。」

「望ましくない音」というのはいかにも曖昧な表現であり、むしろ、雑音の定義のようであるが、この定義で重要な点は2番目の文章であり、いかなる音でも聞き手にとって不快な音、邪魔な音は騒音であるという点である。この定義は、騒音が極めて主観的な感覚によることを示しているが、これは実はセクシャルハラスメントの定義と同じである。騒音とセクシャルハラスメントとは定義以外にもさまざまな共通点があるが、その比較は本旨ではないので省略する。

上記の定義を別の表現で示せば、「うるさいと思った音が騒音」ということになるだろう。我々はさまざまな状況で〝音がうるさい〟と感じるが、では、なぜうるさいと感じるかは学問的に未だ明らかとはなっていない。音が大きければうるさいというのが一般的な解答のようであるが、しかし、ロックコンサートに熱中している若者たちは、120dBに達しようかというその大音量に誰もうるさいとは思わずに、むしろ心地よさを感じている。片や、隣家の風鈴の風情ある小さな音でも、人によってはうるさい騒音と感じる場合もある。夏の油蝉の鳴き声も、夏らしくて良いと思える日もあれば、絡みつくような鳴き声と暑さが相俟って我慢できないくらいうるさく感じられる日もある。このような複雑な聴覚心理のメカニズムが、騒音トラブルを生む大きな要因ともなっており、これらの解明は今後の重要な研究課題であると思う。ここでは、聴覚生理的な面からではなく、騒音心理的な面からこの問題の答えを探ってみたいと思う。

明治の物理学者・寺田寅彦が次のように述べていると、朝日新聞の天声人語が紹介している。「眼は、いつでも思ったときにすぐ閉じられるようにできている。しかし、耳の方は、自分では自分を閉じられないようにできている。なぜだろう。（全体の記事は後に掲載）」これは、俗に「眼に蓋あれど、耳に蓋なし（または、栓なし）」と言われることと同じであるが、大変に示唆にとんだ文章であり、記事はここから騒音トラブルへとつながってゆく。

人間の体は、ミクロ領域の生体メカニズムからマクロ領域の身体形態まで大変精緻に造られており、耳に開閉機構がないことにも当然の理があると考えてよいであろう。これは人間だけの問題ではない。犬や猫やその他ほとんどの動物が、多少の形状の変化はあるものの、基本的な耳の形態や機能は同様である。通常、耳は左右に2個備わっているが、これも音響学で両耳効果と呼ばれるように、両方の耳への音の入射時間の差や音量の差を手がかりにして音源の方向やその他の情報を得るためであり、極めて合理的に造られている。これらを考えれば、耳を塞ぐことができないのは、動物として常に耳を塞がないでいる必要があるからであろう。

なぜ、塞がないでいる必要があるのか。考えられる最も妥当な理由は、外敵への備えである。動物は外敵が近くに現れれば、それに備えるために相手の情報を細心の注意を払って収集しなければならない。その場合、視覚ももちろん重要ではあるが、最も重要な情報源は相手が発する音であり、敵の音を聞き逃さないことは動物の生存のための不可欠な条件である。これは昼夜を問わず、たとえ眠っているときでも、外敵に関する音がした場合にはそれを聞き分けて目を覚まさなければならない。したがって、眠っている場合でも耳は常に音を拾える形で備えておかなければならず、耳に蓋があってはならないのである。犬が眠っている場合でも、物音に対する反応は耳が一番最初にピクリと動く。このような聴覚に関する動物の本能的な働きは、人間の場合にも備わっているであろう。なぜなら、人間の耳にも蓋がないからである。

人が騒音トラブルに巻き込まれたとき、その音は耳障りで、うるさくて、神経をイライラさせる。そのような厭な音は聞かないようにすればよいのであるが、実際には、人はうるさいと思う音ほど一生懸命に聞き込んでしまう。夜寝ようとしているときにその音が微かに聞こえてくると、もうそれが気になって寝付けなくなる。朝、トラブル相手から音が聞こえてくると、それがほんの小さな音でも眼が覚めてしまい、睡眠不足でイライラする。このようなことが続くとトラブルはエスカレートし、突発的な事件にもつながりかねない状況となる。

トラブルの相手、それは明らかに外敵である。その外敵であるトラブル相手が発する騒音は、動物的な本能の働きとして否応なしに注力して聞いてしまう。しかも、外敵の音は自分を脅かす音であるから心地よいはずがなく、それは極めて不快な音、うるさい音となるのである。このように、トラブル相手からの聞きたくもない音を聞き込んでしまい、それをうるさいと感じるのは、人間の動物的本能によるものではないかと考えられる。動物の持っている聴覚特有の本能的な働きが、現代社会に生きる人間の場合にもトラブルに巻き込まれたときに現れてくるのではないだろうか。昔読んだ本にこんな話が書かれていた。

「ある著名な音楽家が引っ越しをした先で、どこからか子どものピアノの練習音が微かに聞こえてきた。そのピアノは、練習曲のいつも同じ場所で間違うのである。最初は、また間違ったと言うぐらいであったが、そのうち、その間違いの箇所に近づいてくると、「そら間違うぞ、そら間違うぞ、やっぱり間違った」と気になり始め、ついには、そのピアノの音が聞こえてくると碌に仕事も手につかなくなった。その微かにしか聞こえないピアノの音はいつしか音楽家にとっては耐えがたい苦痛になり、ついに我慢できず、結局、また引っ越しをする羽目になった」、というものである。

なぜ、そんなに微かな音を一生懸命聞いてしまうのか。それは、普通の人にとっては何でもない音であるが、音楽家にとって間違った音というのは一種の敵である。敵に遭遇すると、自然に動物的な本能が働き、敵の音を一生懸命聞いてしまうのである。これは、音に敏感とか鈍感とかの問題ではなく動物としての本能であり、敵意がある限り、このジレンマからは逃れることができない。

逆に敵意がない場合には、かなり大きな音でもうるさくは感じない。先の阪神大震災の折、大阪の淀川堤防の一部が液状化のために破壊された。雨でも降れば洪水の2次災害を引き起こしかねないと、昼夜を分かたず急ピッチで堤防の復旧工事が行われたが、数週間にわたるこの工事騒音は近隣の住宅にとって大変大きなものであったろう。しかし、当然のことながら、夜寝られないなどの苦情は一切発生しなかった。むしろ、夜に鳴り響く工事の騒音を、復旧のために一生懸命働いてくれている心強い槌音と感じていたことであろう。

音がうるさいのは、その音、あるいは音の発生者への敵意が大きな要因になっていることは間違いないであろう。ロックコンサートの若者たちは音楽に敵意を持っていないからうるさくなく、片や隣の風鈴がうるさいのは、隣との関係が良好ではなく、何らかの敵意を抱いていることが関係しているからであろう。

これらの事実は、社会調査によっても裏付けられている。図3・1は、隣近所から聞こえてくる音の種類をいろいろ挙げてもらい、聞く側の音の邪魔感と、音源となっている家または人への知り合い度および好感度との関係を調べて整理した結果である。この結果でも、相手を良く知っている場合や好感を持っている場合には、隣近所からの音を

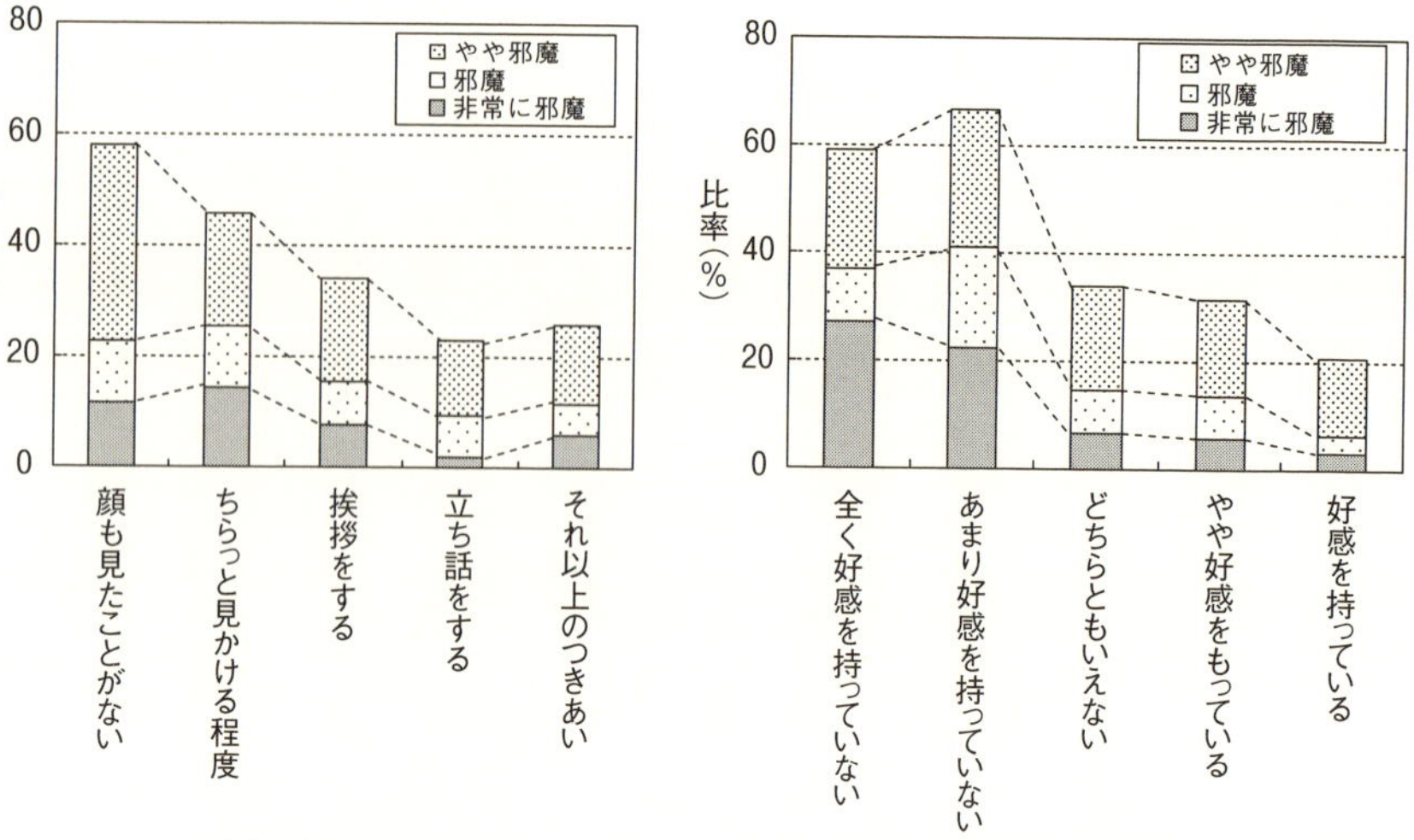

(a)　知り合い度

(b)　好感度

図３・１　音源者にたいする知り合い度、好感度と音の邪魔感との関係 [2]

（調査数：主婦418人、音源数1523個）

あまりうるさくは感じず、知らなかったり、好感を持っていない場合ほど隣近所からの音を邪魔だと感じていることが明確に示されている。

朝早くから隣家のラジオの音楽が流れて聞こえ、それを少し〝音が大きい〟と感じる。そこで隣に注意に行くが、そこで相手からけんもほろろの応対をされると、今度はその同じ音が流れてくると〝音がうるさい〟と感じるようになるのである。音が大きいと感じるのは、耳から脳に流れる物理刺激に対する神経伝達系の単なる生理的反応であるが、うるさいという感覚は、脳の感情を司る部分からの刺激と耳からの音の刺激が重なり合い、その相乗効果として表出される心理的な反応であり、前者は感覚的な、後者は感情的な反応であると言える。それゆえ、相手への敵意が大きければ大きいほど、音量は同じでもうるささはいや増して大きくなってゆく。人は、うるさいから敵意を感じるのではなく、敵意があるからうるさく感じるのである。

もちろんすべてが敵意の問題であるということではない。たとえば、体調が芳しくないときや心理的に余裕のないときなど、普段は気にならない音でもうるさく感じることはある。これは音の感覚的認知能力の閾値が変化したものと考えられ、それに伴い音の大きさに対する相対的耐力が低下したものであり、敵意による反応とは神経生理メカニズムに根本的な違いがある。また、閾値の変化は自己の生理的な問題であるため、状況が改善すれば自然に元に戻るのが通常であるが、敵意のような他者に対する心理的な問題では容易には元には戻らない。一時的反応と恒常的反応の違いといえる。さらには、これらが複合して作用する場合も当然考えられる。

相手に対する好意、非好意が、騒音の責任の帰属に影響するという研究結果[3]もある。サクラを使った心理実験により、騒音による作業への障害がある場合の意識を調べたものであり、相手に好意的な場合には「自分は神経質な方だ」と自己に責任を帰属させがちだが、非好意的な場合には、音を出している相手や実験者など他者への不満につながる傾向があるというものである。また別の実験では、音に対する苦情を言った場合に、苦情を受容された場合には好意、非好意にかかわらず相手に対する意識は好転するが、反発された場合には強い不快感を持つことも報告されている。すなわち、「売り言葉に買い言葉」の影響が大きく、仮に苦情を言われた場合には、相手と親しかろうが疎遠であろうが、とにかくその苦情を受け入れることが大事だと論文は述べている。これらの実験は大変に興味深いものであるが、相手に対する好意、非好意が音のうるささにどの程度影響しているかまでは分からない。

そこで、筆者の研究室で相手への印象と騒音のうるささの程度を調べる心理実験を実施してみた。実験の結果では、相手に対するわずかな悪印象で騒音のうるささが敏感に変化する結果が出てきている。その実験の内容は次のとおりである。

被験者には音のうるささの実験であることは隠して、物体を3方向から見た図をもとに立体図を描かせるという試験を行ってもらった。集中して取り組まないとなかなか難しい試験であるが、少し離れたところに作業をする人（サクラの人物）がいて、この人が物を叩く作業音を発生させている。被験者がこの作業室に入ったときに、サクラの人物に一言挨拶をしてから試験を始めるように伝えておき、このときに、サクラの人物が好印象を与える場合と悪印象を与える場合を作り出すこととした。試験終了後、他の質問と併せて作業環境のアンケートにも答えてもらい、音がうるさかったかどうかについても質問した。

学生対象の小規模な実験検討ではあったが、実験結果では悪印象の方が好印象より2倍のスコアで音がうるさかったと答えていた。このような心理的影響によるうるささの増加が、騒音レベルに換算すると具体的に何dBに相当するのかは大変に興味深い点であり、今後の研究課題であるものの、おそらく数十dB程度の騒音レベルに匹敵するのではないかと考えている。なぜなら、１２０dB近くのロック音楽がうるさくなく、30dB程度の風鈴の音をうるさく感じることもあるということは、最大で90dB程度の尺度幅があることにもなるからである。

敵意までいかなくても、相手に対する不快感や反感だけでも騒音のうるささに変化を与え、それが数十dBの騒音の増加に匹敵することが仮に示されれば、これは騒音トラブルに対する社会の意識変化に大きく影響するであろうし、社会啓蒙にも役立つ。騒音問題が単なる規制値の話ではなく、人間関係自体の問題であることを人々が理解するだけでも、社会的に大きな効用がある。

2　騒音事件発生の心理メカニズム

騒音を原因として多くの傷害事件や殺人事件が発生している。事件の報道では、加害者の供述として、「隣の騒音がうるさくて我慢できなかった」や、「騒音を注意されて腹が立った」などの原因が伝えられるが、これらの騒音事件は、騒音と人間の関係を最も本質的に表出している事象である。それゆえ、騒音事件の分析は、騒音トラブル研究において極めて重要な位置を占める。

これらの騒音事件は、表面上は騒音という物理的な要因が引き起こす問題であるかのように見え、新聞等の報道でもそのように扱われることが多いが、実際は、そのほとんどの部分が人間関係に基づく事件である。人間関係に関わる心理面の葛藤と相克、それらがもたらす怒りや攻撃性などの神経生理的な影響が、事件を引き起こす原因となる。ここでは、主に心理的な面から騒音事件が発生するメカニズムを明らかにしてゆく。

2・1　騒音事件発生の心理段階フロー

心理学の分野では「人はなぜ攻撃するのか」という大テーマのもと、数多くの研究がなされている。ノーベル医学・生理学賞も受賞している著名な動物行動学者コンラート・ローレンツによれば、攻撃は、食欲、生殖、闘争と並ぶ四大本能のひとつであると言うが、騒音事件を考える場合、人間の攻撃性の心理メカニズムをまず明らかにしておく必要がある。

心理学では、広義の「攻撃性」を次の3つの要素から捉えている。すなわち、怒り（anger）、敵意（hostility）、攻撃性（aggressiveness）である。怒りは相手に対する腹立ちや憤りなどの情動的側面を、敵意は悪意などを感じる認知的側面を、そして攻撃性は実際に危害を加えるような行動的側面を総称するものである。これらはまとめてＡＨＡと称されるが、それぞれの要素は騒音事件発生の段階的メカニズムに極めて良く符合する。

実際に起こった騒音事件の経過を詳しく眺めてゆくと、騒音事件発生までのひとつの心理的な流れが浮かび上がってくる。図３・２が、それを整理して騒音発生から事件発生までの心理過程を段階的に示したフロー図である。図は3つの部分に分けられており、一番下の段が騒音事件発生の物理過程、中段が事件発生までの心理過程、上段部分が事件発生の行動過程である。この中段部分の紛争時の心理的過程において、上記したＡＨＡの各要素の心理段階をステップアップしながら事件発生へと至るのである。これまで多くの騒音事件を調査してきたが、多少の変化はあるものの、ほとんどが基本的にこのフロー図のとおりにステップアップしながら騒音事件に至っている。それでは、このフロー図をもとに、騒音事件の代表的事例である上階音（床衝撃音）のトラブルを対象として、事件発生までの過程

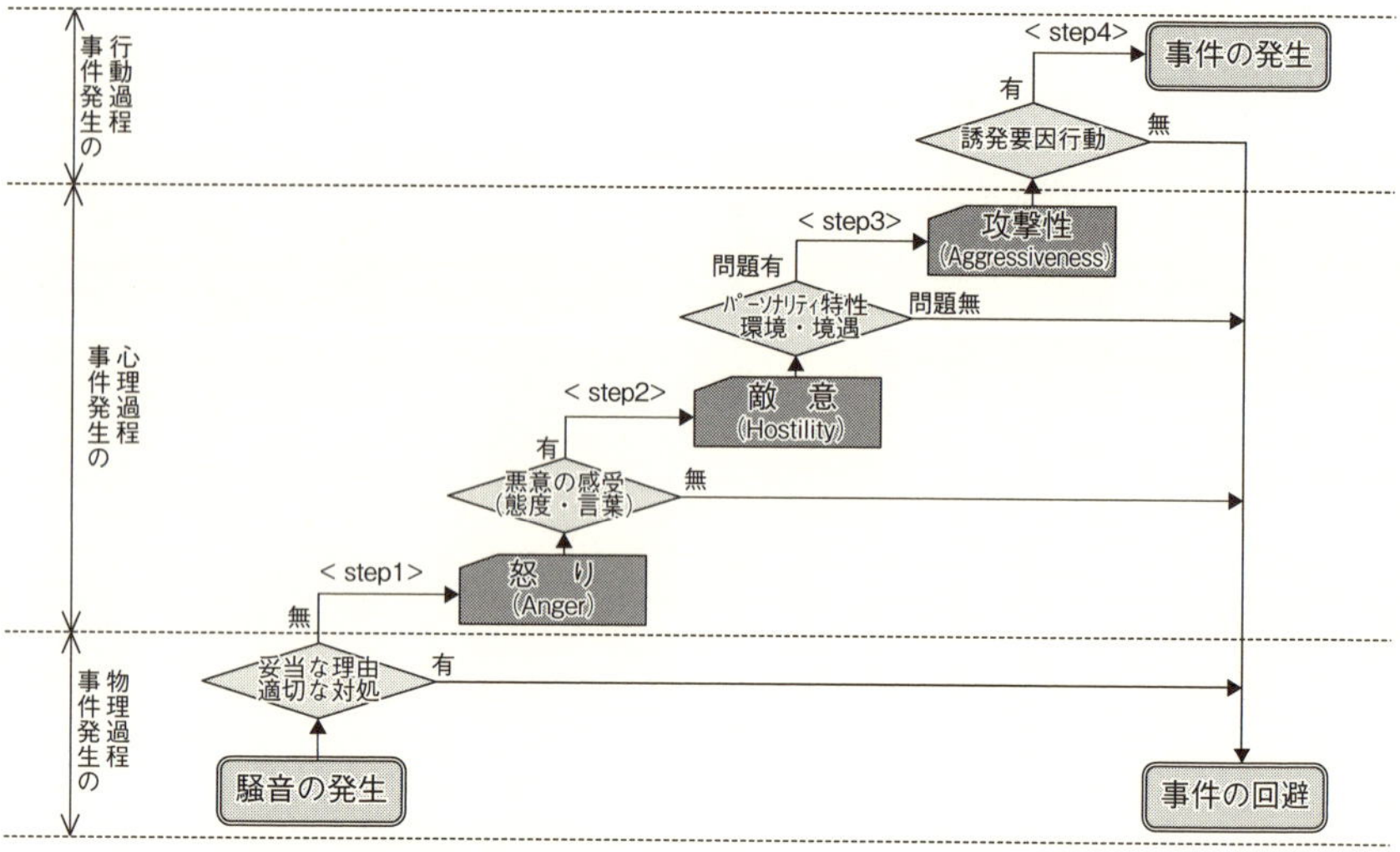

図3・2　騒音事件発生のフローチャート（AHA の心理段階）

を具体的に辿ってみよう。

（a）騒音の発生

集合住宅の3階に住む老人夫婦の上階の部屋に、小学生の2人の子を持つ30代後半の夫婦が入居してきた場合を想定しよう。入居後すぐに、上階から子どもの足音や走り回る音などが響いてくる。しかし、この集合住宅が昭和30年代に建てられたかなり古い建物で、建物の遮音性能がもともと不足していると住民がみな理解している場合には、「こんな建物だから仕方がない」と諦めるかもしれない。また、自分たちが子育てをしていた頃を思い出し、「子どもはいくら静かにするように言ってもなかなか聞かないからしょうがない」と考えるかもしれない。これらが図3・2の中に示す騒音の発生に関する「妥当な理由」であり、このような場合にはおおむねトラブルにはならない。人間が社会生活を営む以上、程度の差はあれ近隣騒音の発生は不可避であり、そのような状況は、音を聞かされる側の人間も十分に認識しており、生活音が聞こえるのはお互い様であるということで収まっているのが普通である。

（b）怒りの発生

しかし、夜の9時、10時を過ぎてもまだ子どもの足音が響くということだと、なぜ夜遅くまで子どもが騒いでいるのか、しっかりしつけをしていないのではないか、あるいは、昼に外で遊ばせないから夜いつまでも寝ないで騒いでいるのではないか、などと考えるようになり、これは「妥当な理由」には当たらず非常識だということになる。当然、何らかの対処を要求することになり、「夜、10時過ぎたら静かにするようにしてください」、「子どもが走り回らないようしっかり躾けてください」などと申し込む。この段階では、こんなことを言ってゆくのは、同じマンションの住民なのにうるさい奴だと思われないだろうかとか、お互い様でこちらも知らずに迷惑をかけているところがあるのではないかとか、こじれてトラブルになると厭だな、などとかなり控えめな気持ちが働く場合が多い。この申し込みが相手に受け入れられ、状況の改善が見られたり、配慮が行き届かなかったことを詫びるような言葉があれば、問題は大きくならずにそのまま(いったんは)収束することになる。これが図に示す「適切な対処」である。しかし、一般的にはこれは稀である。後で詳しく述べるが、自分の出す騒音を注意されるとたいていの人間は面白くなく、それに反発する気持ちが強くなるためである。

相手に対してこちらの状況や要望をきちんと伝えたにもかかわらず、いっこうにやめる気配や改善の様子が見られない場合、すなわち「適切な対処」が欠如していると思える場合には、文句を言った方にも控えめな気持ちはだんだん消えうせ、相手の誠意のなさに怒りを覚えるようになる。これで騒音事件へのステップを1段登ったことになり、こうなると、人間関係についてもなかなか後戻りは困難となる。

(c) 怒りから敵意への変化

怒りが次の段階の敵意に変わるには、相手に悪意の存在を感じることが大きな要素となる。子どもの足音を注意したにもかかわらず、いっこうに改善の様子が見られないどころか、11時、12時近くまで物音が響くようになり、時には子どもの足音とは思えない床を踏みつけるような音までもが聞こえるようになる。これは、注意されたことが面白くなくわざとやっているのではないか、嫌がらせでやっているのではないかと思うようになることが敵意への変化の兆しである。これはそのとおりの場合もあるし、全くの思い過ごしの場合もある。しかし、一般的には、再三注意をしたにもかかわらず何の改善もない場合には、相手がこちらに対して快く思っていないことは間違いなく、時間の経過とともにそれを確信してくると、今までの単なる怒りではない敵意の感情が湧いてくる。

そのように感じ始めると、表の道路ですれ違ったときの相手の視線もこちらを睨んでいるように思えるし、他の人と話しているときにチラッと振り返ってこちらを見ただけで、自分の悪口を話しているように思えてくる。「あいつは自分のことを棚に上げ、人の悪口を言いふらしていやがる。ほんとになんて奴だ」ということになる。また、直接文句を言いにゆき、「うるさくなんかしていない。建物が悪いんだから仕方がないだろう。気に入らないなら警察でも裁判所でもどこにでも行ったらいいだろう」(実際のトラブルでの発言)などと言われようものなら、もう敵意の感情は決定的なものとなる。

こうなると、今まで気にならなかった足音以外の音も気になり始める。窓サッシの開閉の音やスチール扉のガシャンという音、あるいは、ほんの微かにしか聞こえない給排水の音までもがうるさく感じられ、聞こえるたびにチラッと振り返ったときの相手の厭な表情が目に浮かぶ。

足音に関してはうるささの度合いはますます強くなり、夜、音が聞こえると、「どこにでも行ったらいいだろう」と怒鳴られたときの腹立たしさが思い出され、夜も眠れなくなる。朝早くに微かな音が聞こえてきただけでも、今までは何も気がつかずに寝ていたものが、すぐに気がついて目が覚め、睡眠を邪魔された苛立ちと腹立たしさで胸が焼けるように熱くなり、心の中で思い切り相手を罵倒することになる。

イライラは徐々に蓄積し、ついには、音もしていないのに腹立たしさで夜も眠れなくなり、相手を殴り倒して分からせてやれれば、どんなに気が晴れるだろうと考えるようになる。そして、いつしかそんな想像をしないと眠れなくなってゆき、心の底に唯ひとつの解決策への欲求が、爆発の時を待ちながら静かに沈殿してゆくことになる。

(d) 攻撃性へのステップアップと「恨み」

以上に示したように、怒りから敵意に変わるまでにはある程度の時間的な経過が存在するが、敵意と攻撃性の境は明確ではない。敵意と同時に攻撃性が表れる場合もあり、敵意の積み重ねが攻撃性に変化してくる場合もあるであろう。また逆に考えれば、事件を起こした人間だけが攻撃性を持っていたと証明されるという後付けの心理状態であるとも言える。ともあれ、攻撃性を持つかどうかはあくまで個人の問題、すなわちパーソナリティ特性によるということだけは間違いない。同じような敵意の感情がどれだけ蓄積しても、犯罪を犯さない人は犯さない。人を殺したいとどれだけ強く思っても、それを実行するか否かの境界には、他のどのような状況よりもはるかに越えがたい高い山があるのである。すなわち、敵意は誰にでも生じるが、攻撃性はごく限られた一部の人にしか現れない。

では、どんな人に攻撃性が表れるか。攻撃性の有無は、日常の粗暴な言動や振る舞いから推測するより仕方ないが、それが事件を引き起こす性質のものかどうかまでは分からない。一時期、犯罪を行うのは遺伝的な要素が強いのではないかということから「犯罪染色体」に関する研究が行われたり、DNAレベルで攻撃性の因子を調べた研究によって、攻撃性のある犬種とそうでない犬種にはDNAのある部分に差があるとの報告もなされたが、もちろん遺伝子やDNAだけですべてが決まるなどということではないことは言うまでもない。結局は、その人の性格、育ってきた環境、境遇、今置かれている状況など多くの要因が関わり、決して明確な答えなどは得られないというのが現実であろう。

ただ、騒音事件に限らず多くの近隣事件を眺めていて、攻撃性に関してひとつ気がついたことがある。それは、「恨み」という言葉である。殺人事件や傷害事件を起こした加害者が、相手に対する怒りや敵意を「恨み」という言葉を用いて表現していることが多いのである。第1章で示した有名なピアノ殺人事件では、犯行後に被害者の部屋から出てきたところを近所の主婦に見られ、「これは恨みだ。警察には言うな」と怒鳴っている。また、平成21年（2009年）に川崎市でアパートの生活音がうるさいとして大家とその弟夫婦の3人を刺殺した事件でも、動機について「俺が刺した。大家に長年の恨みがあった」と供述している。さらには、平成16年（２００４年）に兵庫県加古川市で発生した「加古川７人刺殺事件」の犯人も、「20年以上前から恨みを持っていた」、「一言では言えない積年の恨みがあった」と、しきりに「恨み」という言葉を使っている。その他の近隣の事件でも、この「恨み」という言葉が加害者の口から発せられる事例は多い。

「相手がどうしても許せない」とか、「殴りつけてやりたいほど憎い」というような表現も攻撃性の発露を感じさせるが、まだ危害を加えるという確定的な意思の表れとまでは言えないように思える。しかし、「あいつには恨みがある」という言葉には、自分の中に鬱積した強い被害感があり、それを何らかの形で相手に対して思い知らせてやりたいという抑えがたい攻撃性を感じさせる。「恨み」という言葉は、そのような心の奥の暴力性が無意識に表出してきた表現ではないかと思える。「恨み」という言葉が出たら危ない、殺傷事件に結びつく可能性が高くなっていると判断し、周囲の人間が十分に注意をすることも必要なのではないだろうか。

（e）誘発要因行動

このようにパーソナリティ特性に問題があり攻撃性が表れてきた状態で、事件を引き起こす誘発要因行動があれば、それを引き金として一気に事件は発生する。誘発要因行動の最も代表的なものが口論である。攻撃性がすでに芽生えた状態で激しい口論が発生すると、多くの場合に重大事件に発展する。実際の事件でも、口論中に興奮して事件を引き起こした事例は極めて多い。その他、壁や床を叩いたり、天井を棒で突ついたり、ドアを蹴ったりという直接的な示威行動が誘発要因になる例も多く見られる。また、直接的な要因ではないが、多くの事件で間接的に事件発生に関わっている要因として飲酒がある。「事件当時、加害者は酒を飲んでいた」、という記事は大変に多く、飲酒が攻撃の抑制力を低下させること、あるいは過度の攻撃性を引き出す触媒になることは間違いないところである。

突発的な犯行はなかなか防止が難しいが、犯行につながる攻撃性の兆候を見逃さずに必要な対処を行うことは事件防止のために重要である。そのための留意点として、「粗暴な性質」、「飲酒癖」、「恨みの言葉」の3つが挙げられるのではないだろうか。

これまで示した事件発生のフローチャートを見てくると、騒音事件発生に関わる大部分のところが、騒音の問題というより人間心理、すなわち心の問題であることが分かる。心の問題なら何らかの対処が可能なはずであるが、渦中のトラブル当事者に理屈通りの自己コントロールを求めても詮無いことであり、それゆえ周囲の的確な判断と適切な対応が不可欠である。

2・2 事件発生までの経過時間

このような騒音事件発生のフローは、一体どんなタイムスパンで進行してゆくのだろうか。細かい各段階の時間経過は分からないが、騒音の発生から事件発生までの時間、あるいはトラブル発生から事件発生までの時間を過去の事件について調べてみた。

最も代表的なピアノ殺人事件では、昭和45年（1970年）4月に加害者の男が団地に入居し、その2ヵ月後に被害者家族が入居している。その後、約3年が経過し、昭和48年（1973年）11月に被害者側がピアノを購入し、翌年8月に事件が発生している。ピアノ購入以前にも、何らかの確執があったことも考えられるが、直接的なトラブルとしてはピアノ騒音が発生してから約9ヵ月後に事件が起こっていることになる。

また、横浜市で起きた上階音による傷害事件では、上階への入居が平成10年（1998年）の12月であり、事件発生は翌年の9月であり、これも約9ヵ月で事件発生に至っている。また、北九州市での上階音に関する傷害事件は、上階への入居から約4ヵ月で事件が起き、さいたま市の上階音の事件でも最初のトラブルから約4ヵ月で事件が発生している。第4章で詳述している今治の事件は入居から約2年半後の事件であった。大阪市阿倍野区のワンルームマンションで発生した事件でも、被害者が入居してからすぐに騒音のトラブルが発生しているが、刺されて殺されるまでには1年5ヵ月の時間が過ぎている。この他にも多くの事件が発生しているが、詳細は不明な点があるものの、いずれも事件発生までに何度もの言い争いがあったとの記録や報道があり、おおよそ事件発生までには数ヵ月から1年以上の期間があったものと考えられる。

このように、騒音事件の特徴は図3・2に示されるような段階を、数ヵ月から長ければ1年以上かけて徐々に登ってゆき、最後の誘発要因の発生とともに事件に至ることになる。逆に言えば、事件に至らずに事件を回避するチャンスは、何ヵ月もの間担保されているということであり、その間に、周囲なりがその兆候を察知できれば、騒音事件は十分に未然に防ぐことができるものであるということが分かる。

なお、すべての騒音事件がこれまで示したような経過を辿って発生しているわけではもちろんない。騒音を注意しに行って口論になり、いきなり刺したり刺されたりということも起こっている。これらは、騒音事件には違いないが、騒音に根ざした事件というより、むしろ喧嘩による事件と捉えるべきであり、図3・2に示した心理的フロー図とは明らかに異なったものである。

3　騒音苦情反応と騒音事件

3・1　騒音苦情に対するフラストレーション

騒音事件が発生するメカニズムを心理学における広義の攻撃性に関して整理したが、事件発生に関わるもうひとつの重要な点がある。それは、騒音を注意された当事者の多くが素直に相手の注意に従わない嫌いがあることであり、いわゆる「売り言葉に買い言葉の」対応になりやすいことである。これが、騒音事件発生の根本にある。

人は自分の発する騒音を注意されたり、苦情を言われるとなぜ反発を感じてしまうのか。ひとつには、次のような意見がある。「音は皮膚のウチに侵入する」[4]というものである。一般に、ウチとは私的なもの、ソトとは公的なものを表す場合が多いが、この場合には語意そのままに、音は皮膚の内側、すなわち、その人の中まで入り込んでその人と一体化するというものである。したがって、その音を否定されると、自分のウチなる空間を侵害されたように感じ、反発を覚えるというものである。確かに音によってはそのようなこともあろうかとは思うが、しかし、これでは一般的な説明にはなりえない。

苦情を言われて反発を感じる基本的な理由は、その注意や苦情が音を出していた人間のフラストレーション（欲求不満）になるからである。フラストレーションとは心理学者のフロイトが最初に使用し始めた言葉であるが、心理学の分野では、ダラードらによる「フラストレーション―攻撃仮説」やそれを修正したミラーやパーコビッツの学説などがあり、心理学上の重要なテーマのひとつとなっている[5]。

具体的に説明しよう。仮に、店で誰かが気分よくカラオケをやっていたとする。それを「うるさいから止めろ」と言えば、言われた方は思わず「こっちの勝手だろう」と反発してしまう。これは、自分が心地よいと感じているものを否定され、それを妨げられるというフラストレーションが発生するためである。ギターやピアノの演奏音を注意されて反発する場合も、たとえ下手でも本人は心地よくやっているのである。車のアイドリング音や空ぶかし音を注意されて反発する人は、車に対する愛着が強く、エンジン音に心地よさを感じているのである。友達と酒を飲んで騒いでいるときなどは、その賑わいが心地よいのである。その心地よい音、心地よい状況を制限されるフラストレーションにより思わず反発してしまうのである。マンションで問題となる上階音の苦情に対しても、人は反発を感じる。それは、人が自由に生活するという基本的な心地よさに対する制限であるためトラブルとなるのである。文句を言ってくる相手は、自分の心地よいものを侵害してくる敵対的存在なのである。そして、敵対的存在の出現は、強いストレスになるのである。

逆に、本人の心理的な心地よさと関係のないもの、すなわち、フラストレーションが発生しないものでは、心情的に反発を感じるというより、本当にそんなにうるさいのだろうかと比較的冷静に対応ができるものなのである。たとえば、会社の旅行などで団体旅行をした朝、「昨夜はあなたのいびきがうるさくてよく眠れなかった」と文句を言われれば、それに反感を抱くより申し訳なかったと思う方が普通であろう。いびきという本人と最も一体化したものを否定されても、それがフラストレーションにつながらない場合には特に反発は感じないものである。

これは他人に注意をする場合の基本的な留意点にもつながる。なるべく相手にフラストレーションを感じさせない注意や苦情の伝え方が重要になるのである。それには物の言い方や対応の仕方への配慮も当然必要であるが、普段からの交流、付き合いなどの信頼関係の醸成も、フラストレーションに関わる重要な要素となる。

これまでの話は音を注意される側の話であったが、音を聞かされる側においてもフラストレーションの影響は見られる。音響心理に関する実験研究によれば、同じ騒音でも、その音を自ら調整することができる場合とできない場合では、後者の方が音をより邪魔に感じると報告されている。自分が置かれている環境を自分でハンドリングできない状況は、大きなストレスをもたらすことは当然であり、音のトラブルにおいてフラストレーションは大変重要なキーワードであると言える。

このように、環境要因の中で自分自身の心理的な心地よさ（環境的な心地よさとは異なる）と直接つながっているものは音以外にはない。生活環境の要因としては、音、光、熱、空気、電磁波などがあるが、音以外の問題でトラブルになるのは、光環境の日照権や視環境のプライバシー問題ぐらいであるが、これらは極めて冷静なトラブルであり、傷害事件や殺人事件は滅多に起きない。まして、熱環境や空気環境で殺人事件は起きないのである。

3・2　P－Fスタディと騒音苦情反応

他人から苦情を言われたとき、人はどのように反応するのか。これを定量的に調べるひとつの方法にP－Fスタディ（picture-frustration study）というものがある。この方法は、心理学で投影法と呼ばれている心理実験手法のひとつであり、絵を用いることから略画テスト（cartoon test）とも呼ばれている。

ある事項に関する心理的反応を調べる方法としてはアンケート調査が一般的であるが、直接的に個人的な反応を調べようとすると、自分を悪くとられたくないという自己防衛的な意識が働く。そのため、アンケート調査のような直接的手段では正確な情報を得ることが困難であると言われており、このような場合に用いられるのが投影法である。

P－Fスタディはフラストレーション理論の原理をもとに、心理学者のローゼンツァイク（Rosenzweig）によって考案されたものであり、正式には「フラストレーションに対する反応を査定するための絵画連想法」と呼ばれる。主に心理学におけるパーソナリティ研究や臨床診断での心理テストとして用いられている方法である。

この方法では、図3・3に示すような略画を用いる。図には、相手から非難や叱責を受けている超自我阻害場面（superego-blocking situation）、すなわちフラストレーションの起きる場面が描かれており、これを調査相手に見せて、苦情を言われているこの図の人物がどのように答えると思うかを吹き出しの空欄に記入してもらう方法である。この場合には、略画中の人物に自分が投影され、比較的自然に自分の気持ちや思いが表出されると考えられている（厳密には、P－Fスタディは半投影的手法である）。

P－Fスタディにより、自分が出している騒音を他人から非難された場合の反応を調査した結果を示す。まず、ここでは苦情を言われたときの反応を大きく3つに分類する。まず1つめは、騒音の指摘や苦情に対して素直に謝ったり、反省するタイプであり、ここではこれを「受容型」の反応と呼ぶ。2つめは、指摘に対して素直に従わない人や、下の絵を見て空欄に、この左側の人が答えると思われる言葉を書き入れて下さい。

うるさいですから、
エンジンを止めてください！

図3・3　P–F スタディの略画の例（アイドリング場面。著者研究室作成）

理由をつけて自分の行為を正当化しようとするタイプであり、これを「拒否型」の反応と呼ぶことにする。最後が、指摘した相手に対して食ってかかったり、逆に相手に文句を言うなど、かなり過激に反応するタイプであり、これを「攻撃型」の反応と定義する。

他者からの騒音の指摘あるいは苦情を受けたときの反応に関して、大阪大学の難波ら[6]が略画テストを用いて全国的な調査を行った結果では、700人弱の調査対象の中で、「受容型」反応を示した人は約60％であり、「拒否型」反応の比率は約20％であった。そして、一番問題となる「攻撃型」反応の比率はなんと19・7％もあり、5人に1人がこのタイプという結果になっている。騒音トラブルが重大事件に発展する端緒はこの騒音苦情反応であり、世の中の騒音トラブルの数の多さを考えるとき、この比率は大変な数値であると言える。

この調査は、実は昭和52年（1977年）に実施されたもので、かなり古いものである。当時は、向う三軒両隣と言われる昔ながらのご近所付き合いがまだ色濃く残っていた時代であり、人間関係も今ほど希薄ではなかったであろう。住宅面から見ても、集合住宅の比率はまだ低く、1戸建てや低層の住宅が中心であり、近隣の人間関係形成が比較的容易であった時代である。

第4章で示しているが、この時代のトラブルの発生数は現在よりはるかに少ない。このような時代の調査で5人に1人が過激な反応を示すと言う結果であり、現在ではどれぐらいの数値になっているか大変に興味深い点である。そこで、筆者の研究室でも平成17年（2005年）に同様のP－Fスタディによる調査[7]を実施した。昭和52年（1977年）の調査からおよそ30年後の調査である。

図3・4は難波らが調査で使ったものと同一の略画を用いて調査した結果の比較であるが、受容型や拒否型は若干の差が見られるが、攻撃型に関してはやはり20％程度であり、30年前も現在も有意な差は見られなかった。攻撃型タイプの比率というのは、時代背景や社会的風潮により増減するようなものではなく、人間のパーソナリティ特性のひとつの構成要素として、もともと存在しているものなのであろう。

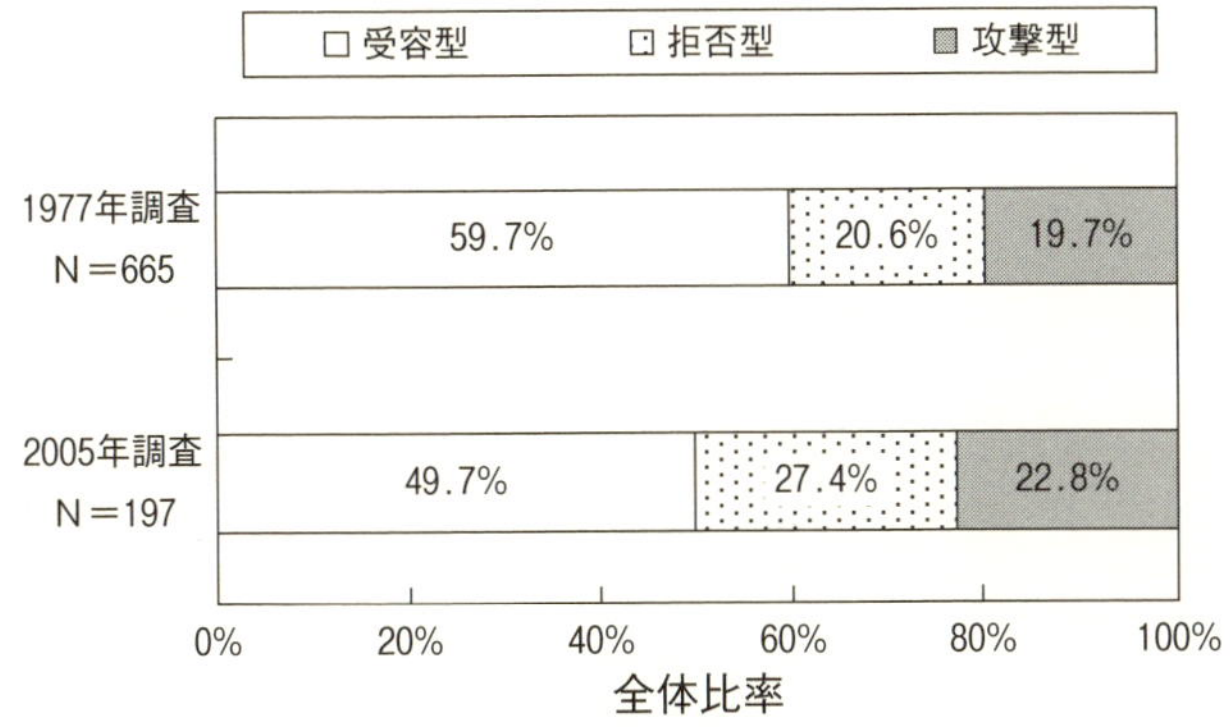

図3・4　P－F スタディ調査結果の比較（同一略画１枚を用いた比較）

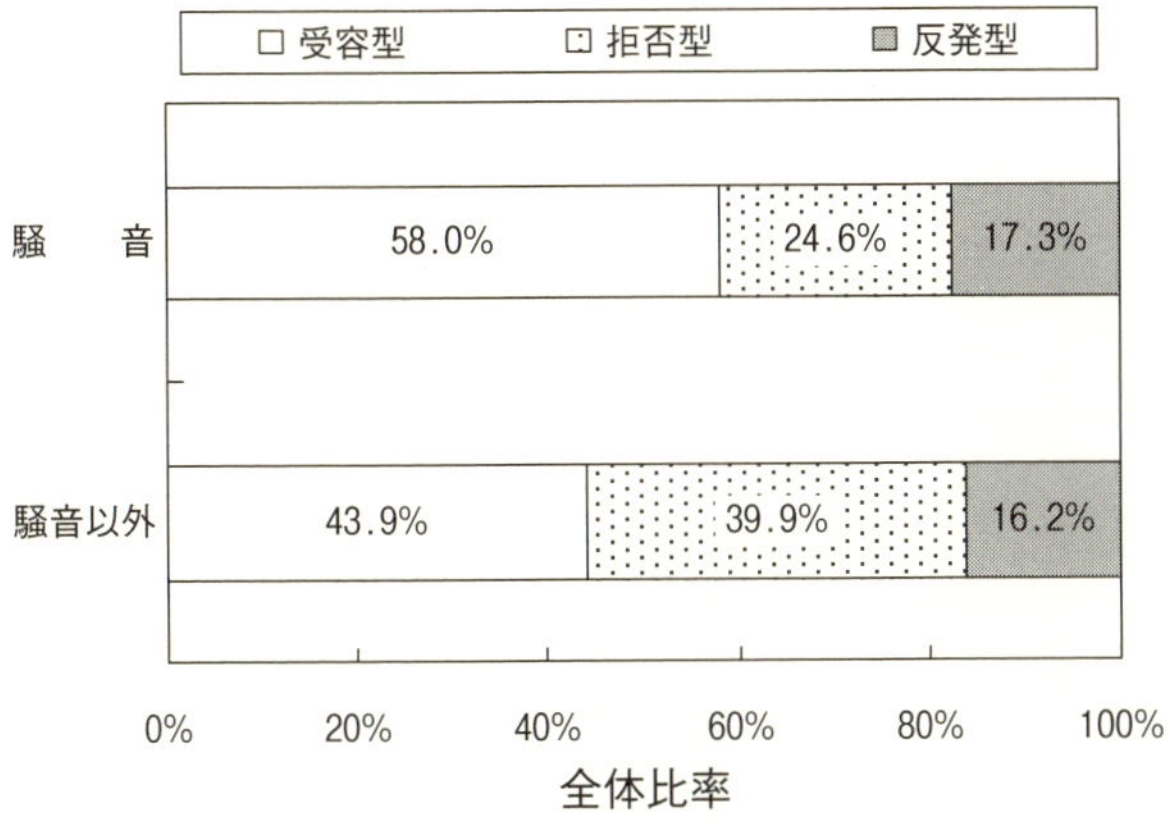

図3・5　騒音と騒音以外の苦情場面の比較

また、筆者の研究室での調査では、騒音に関する苦情を言われる場合と、騒音以外についての苦情場面で、回答に差が生じるかどうかも調査した。その結果が図3・5であるが、この結果を見る限り、騒音の場合に特に反発が強くなる傾向は見られなかった。これに関しては、もともとそのような傾向が存在しないのか、あるいは、この種の内容に関してはＰ－Ｆスタディの検出力が十分でないのかは不明である。

このようなパーソナリティ特性の研究は、心身医学の領域でも行われている。この分野で用いられる性格類型概念には、タイプＡ性格、タイプＢ性格というものがあり、これは米国の２人の心臓学者、マイヤー・フリードマンとレイ・ローゼンマンが心理学的特性と虚血性心疾患との関係を明らかにした中で用いられたものである。タイプＡとは、野心的で短気であり、敵対心や怒りに動かされやすい性格であり、タイプＢは暢気で穏やかな性格である。フリードマンらの研究により、敵対性レベルの高いタイプＡの人は、狭心症や心筋梗塞などのいわゆる虚血性心疾患の割合がタイプＢの２倍にのぼることが明らかとなっている。

種々の調査によれば、この敵対性レベルの高いタイプＡの人は全体の約20％程度、タイプＢの人も20％程度であり、残りの60％は、その中間にある人たちであると言う。先の略画テストの攻撃型反応の人が約20％であるから、これらの２つの結果はよく対応している。

世の中には、約２割の大変に攻撃的な性格の人がいる。日本全体の数で言えば、数千万人である。これは、騒音トラブルを考える場合の前提条件として、しっかり頭に入れておかねばならない。

3・3　事件に至る攻撃の心理

騒音に対する感受性、およびパーソナリティ特性が人によって大きく異なることを考えれば、騒音によるトラブルが発生するのはごく当然のことと考えられる。しかし、それが殺人事件や傷害事件などの重大事件にまで発展してしまうことの理由は必ずしも明確ではない。人はなぜ、たかが騒音ぐらいで人を殺すのか。その答えのひとつとして、以下の話を紹介しよう。

動物行動学者コンラート・ローレンツは、動物に関する実験を通して攻撃性について次のような興味深い意見を述べている。[8] 狼やライオンなど、牙や爪などの強力な攻撃的武器を持っている動物は、自分の種に対して死に至らせるような攻撃をすることを本能的に抑制する能力を持っているというものである。仮にこの本能が作用しないと、同種の中での争いや殺し合いによって種が絶滅してしまう可能性があるためであり、現在まで狼やライオンの種が絶滅しないで残っているのが大きな証拠と言える。一方、鳩などの強力な武器をもともと持たない動物は、このような抑制の本能を持ち合わせていないという。その理由は、鳩が争いに巻き込まれたときは、そこから飛び去ってしまえば解決するため、特に抑制の本能がなくても済むためである。

ところが、飛び去ることができないような状況では、極めて悲惨な状況が出現する。実際に、キジバトとジュズカケバトを同じ檻の中に入れておいたところ、2匹の鳩の間にいざこざが生じ、片方の鳩は後頭部から体の皮がズルリとむけた状態にまで痛めつけられ、さらに死ぬまで攻撃を加えられた。普通の場合には飛び去ってしまえば解決する争いが、逃げ場のない環境の中では、鳩の攻撃性が押さえようのない凶暴な形となって現れてくるのである。狼の場合の観察では、いったん争いが起こっても、勝ち負けが決まった後では死ぬまでの攻撃を加えることはなかったという。そういえば、犬の場合でも、おなかを見せて服従を表した相手を、それ以上攻撃することはない。このように、もともと攻撃のための強力な武器を持たない動物は、攻撃を抑制するという本能も持ち合わせていないため、いったん争いになると極めて残酷な攻撃に至ってしまうというものである。本当は、狼より鳩の方がよっぽど怖いのである。

ローレンツが示した攻撃性に関するこれらの事実は、騒音事件の発生状況とも大変よく符合するのではないだろうか。もともと人間は、強力な武器を持たない動物である。いつしか道具として武器を持つようになったが、基本的には、危険に遭遇した場合には逃げるより方法がなかった生き物である。すなわち鳩的な動物と言える。そんな鳩的な人間同士が、騒音事件の現場となる建物、すなわち鳩の鳥かごの中で生活しているのである。木造アパートの隣同士であったり、アパートの上下階であったりする関係は、音に関して同じ鳥かごの中にいるのと同じ状態である。いったん争いが起これば、飛び去れない鳩には凶暴な攻撃性が現れ、本能的な抑制が利かないまま悲惨な結果を生んでしまうのである。

飛び去るにも飛び去れない騒音の鳥かごの中で、鳩的人間は徐々に凶暴性を高めてゆき、ナイフやナタなどの武器を手にすると一気に過激な攻撃性が噴出してくる。閉鎖的な環境がいかに人間を暴力的にするかは、古くは大菩薩峠での連合赤軍のリンチ殺人事件や、オウム真理教の数々の事件などを見ても明らかであろう。

3・4　犯因性騒音環境

このように考えてくると、騒音事件は特殊な事例でも特異な環境の問題でもなく、もともと人間が持っている攻撃性が、心理的な閉鎖環境により顕在化してきた形と言える。この閉鎖環境を構成するのは遮音性能の不足した建築構造であり、それによって生じる、お互いの生活状況まで意識させられるような騒音によるつながりが人間を閉じ込める檻を形作ることになる。犯罪心理学では、直接に犯罪誘引の契機となる環境のことを犯因性行為環境[9]と呼ぶが、ここで示したような騒音事件を引き起こしうる劣悪な環境は「犯因性騒音環境」と呼べるであろう。

犯因性騒音環境を構成する要素としては、大きく3つが挙げられる。第一は、第2章で詳述した「遮音性能の不足した劣悪な建築環境」である。文化住宅などと呼ばれる木造モルタルの長屋や、ＡＬＣ版一枚で区切られた鉄骨造のアパートなどはその典型である。「住宅は夏を旨とすべし」ということで開放的に作られた昔ながらの建物というのは、通風や湿気対策は考えられていても、遮音性能などは全く眼中になかった時代の代物である。また、昭和40年代から大量供給されてきた団地などは、壁の遮音性能や上階音の遮断性能は今から見れば劣悪極まりないものであり、犯因性騒音環境の最も大きな要素と言えるであろう。

犯因性騒音環境の2つめの要素は、「人間関係が極めて希薄になったコミュニティ環境」である。これについては

第4章で詳述するが、都市化の進展とともに昔ながらの近所付き合いは姿を消し、お互いがなるべく周りと無関係で生活したいという風潮が強まっている。その典型的なものがワンルームマンションであり、仮住まいの意識が抜けないため隣室同士、上下階同士の近所付き合いはほとんど皆無であり、事件の抑止力となるコミュニティの形成などは全く生まれてこない。また、住宅地などに建ったワンルームマンションでは、マンション住人と1戸建て住宅の住人との交流などは望むべくもないが、深夜の出入りや宴会などの騒ぎ音、車のアイドリングなど騒音の方は周りを巻き込むことになるため、トラブルも発生しやすくなる。一時期は、あちこちでワンルームマンション建設反対の運動が起きたが、これも仕方のないことであると言える。ワンルームマンションでなくても、一戸建て住宅が建ち並ぶ住宅地にぽつんと配置された2階建てアパートなどもよく見られるが、ほとんどの場合、1戸建て住宅の住民とアパート住民には近所付き合いの交流はなく、コミュニティ欠如の近隣環境が形作られることになる。このような環境を改善するには、双方からの歩み寄りが必要となるが、賃貸アパートに暮らす人にとっては、いつかは出て行くのであるから無理に近所付き合いをする必要もなく、基本的に改善は難しいであろう。

3つめの要因は、「トラブルからの飛び去りを阻む種々の閉鎖環境」である。空間的な閉鎖環境や、心理的な閉塞環境が、事件の大きな要因になることはすでに述べたとおりであるが、それ以外に経済的な閉鎖環境がある。すなわち、騒音トラブルを解決するための手段を講じることのできない経済的基盤の弱さである。これは、直接、騒音事件を引き起こす要因ではなく、いわば遠因ではあるが、ひとつの犯因性環境と見なしてよいであろう。騒音トラブルを解決するためには、防音工事等の騒音対策、転居による解決、あるいは訴訟の提起などいろいろな方法が考えられるが、いずれも経済的に負担を生じるものである。これらの余裕がなくて選択肢として選べない場合には、先に述べた精神的な閉塞感を助長し、事件につながってゆく可能性が高くなる。閉塞状況にある相手を追い詰めてはいけないのである。

劣悪な遮音条件の建築物はここかしこに依然として数多く残ったままなのに、人間関係だけはドンドン希薄化してゆく。さらに社会的な閉塞感は強まるばかりである。それが都市化の一面ではあるが、その結果、犯因性騒音環境の持つ危険性がドンドン高まってゆく結果となる。

また、第5章の歴史学で示すように、新築の建物では時代とともに遮音性能は向上し、犯因性騒音環境の一要因である「遮音性能の不足した劣悪な建築環境」は確実に良化している。しかし、残りの2つの要因「人間環境が極めて希薄になったコミュニティ環境」、「トラブルからの飛び去りを阻む種々の閉鎖環境」は悪化の一途を辿っている。その結果、騒音事件やトラブルは依然として増加の傾向を示している。これらの点を考えても、後の2つの要因、特にコミュニティ環境の騒音事件に対する影響の大きさが窺える。3つの要因は等価な存在ではなく各々の重みを持っており、その差が時代とともに大きくなってきている。これに呼応して、騒音事件発生の危険度は時代とともに確実に増大しているのであろう。

4　騒音の心理、生理的影響

4・1　騒音による悪意の形成

気になる騒音、気にならない騒音、いろいろあるが、気にならない場合でも騒音は人間の心理にいろいろな影響を及ぼす。

騒音の心理的影響に関する興味深い実験がある。「noise and helping behavior（騒音と援助行動）」と題された研究報告[10]であり、騒音が他者への援助行動にどのように影響するかを実験的に調べたものである。実験の方法は次のとおりである。実験の目的は明かさないで、街中で工事をしているすぐ傍の歩道を被験者にしばらく歩いてもらい、そこに向かいから20歳代の身なりのきっちりした女性が歩いてくる。女性は大きな袋と小さな袋を持っており、被験者の2mぐらい手前の位置で小さい方の袋を落としてそのまま気がつかずに歩いてゆくというものである。このとき、袋を拾って渡してあげる割合（行動による援助）、「袋を落としましたよ」と声だけかける割合（声による援助）、それから全く無視する割合（無援助）について調べたものである。騒音の大きさについては、工事の騒音がややうるさい72dBの場合と、非常にうるさい92dBの場合の2つの条件を設定した。

実験結果では、騒音レベル72dBのときは全く無視する無援助の人は100人中10人であったが、騒音が92dBと非常にうるさくなった場合には、無援助の人が100人中20人と倍に増えたと報告している。明らかに、大きな騒音下では他人に対する思いやりの気持ちが減少したと報告している。

この他にも、インデックスカードを落として散らかったものを集めるのを手伝ってくれるかとか、電話ボックスの前で電話をしたいので小銭をもらえないかと頼むなど、いくつか異なった実験を行っているが、いずれの場合にも騒音が大きくなると他人への援助行動が減少するという結果が報告されている。うるさい騒音の中では、相手に関わるのが煩わしくなることを考えれば、これらは、ごく当たり前の結果のように思えるが、これが単にそのときだけの一時的な現象でなく、根本的に騒音が人間心理へ与える影響を表しているとなると不気味なものもある。

また、「Human responses to highway noise（高速道路騒音への人間の反応）」という研究報告[11]では、こんな実験結果が示されている。録音した高速道路の騒音を、実験と気づかせないようにして教室や寮で1週間にわたって学生に聞かせた結果、大きい騒音レベルを聞かされた後のグループでは、中程度の大きさや、低い騒音レベルのグループより、グループの意見をまとめるのに要した時間が大幅に長くなった。また、いろいろな形容詞群を使った検査では、騒音が大きくなるほど他人との関係に関する質問項目の結果が大幅に険悪化する結果が得られた。すなわち、騒音によって悪意が増大するというものである。

また、音楽の種類によっても援助行動に影響が出るという実験結果[12]もある。ヒットしているアップテンポのポップス（気分高揚音楽）を聞かされていた人と、アバンギャルドなコンピューター音楽（喧騒音楽）を聞かされ続けた人について援助行動を調べたところ、前者の方が援助行動の意識が強くなったという報告である。

仮に騒音が人間の心理形成に影響を及ぼす、それも悪意の形成を助長するということが事実だと証明されれば、社会の騒音に対する認識も一変するであろう。子育てにおいても、うるさい騒音まみれの都会より、静かで自然豊かな田舎暮らしの方が良いと転居する人が増えるであろうし、基地近くや空港周辺の住民の反対運動も、今までとは異なった、より切実な激しさをもって燃え上がるであろう。

長期的に騒音に曝されたときの心理的な影響の評価は極めて重要な課題であるが、現在は明確な解答は得られていない。しかし、生理的な影響についてはさまざまな報告がある。たとえば、職場で長期的に騒音に曝されている人とそれ以外の人を比べたところ、循環器系の疾患の発生率が4倍近く高くなっていたとの報告や、空港周辺や道路騒音のうるさい地域などで子どもや主婦を対象にした生理的影響の調査を行い、血圧の異常や胃潰瘍の増加などが見られるとの指摘をしている報告などもあるが、一方では、これを否定する報告も見られ、現在は、必ずしもオーソライズされた意見とは言えないようである。わが国での道路交通騒音の影響についても、騒音暴露による虚血性心疾患で死亡する人が年間２００～２０００人程度にのぼると計算され、これを生涯リスクに換算すると、自殺や交通事故には及ばないものの、殺人や火災、あるいはインフルエンザに匹敵する高いリスクが生じているとの報告[13]などもある。この他、長期的な影響ではないが、小学生への実験結果より、継続的な環境騒音に曝された場合に、視覚的には全く影響は出なかったが（視覚的探索、すなわち複数の対象の中から違った特性のものを見つけ出すという課題による結果）、記憶力に関しては明らかに悪影響を与えるという報告[14]もなされている。

このように、長期的な騒音暴露は人間の生理に少なからぬ影響を与えるが、同様に、心理的影響も大きいのではないか。騒音に曝されることが人間にとってストレスであることは間違いなく、そのストレスを長期間受け続ければ何らかの心理的影響が出てくることは十分に考えられる。切れやすいと言われる青少年の増加や、人々が攻撃的になっていると言われる風潮なども、もしかすると騒音漬けの現代社会の影響が微妙に働いているのではないかと考えている。

4・2　騒音感受性

騒音の影響度を決める個人的な要因のひとつに、騒音感受性[15]というものがあるとの報告がある。すなわち、騒音に対して敏感な人と鈍感な人がいるということであるが、これは当然であり、人によっては虫の音さえ気になる人もいれば、その反面、こんな大騒音の中でよく眠れるなと思う人がいるなどさまざまである。

この騒音感受性を調べるひとつの方法としては、ワインシュタイン（Weinstein）[16]が提案している騒音感受性尺度というものがある。これは、「私は騒音で目が覚めやすい」、「近所の人がうるさくするとイライラする」などの21個の質問項目について、6段階のスケールから自分に該当するものを選ぶという方法である。この方法は、騒音感受性を定量的に評価する手法として、その他の心理項目（たとえば寛容性、自主性など）との関連性調査[17]などに利用されているが、残念ながら、騒音感受性尺度の得点が何点以上だと平均の人よりよりセンシティブと言えるか、あるいは、自分自身は騒音感受性が人より高いのか低いのかといった客観的な評価は行えない。これは騒音訴訟などで最も議論となる受忍限度の問題とも絡んで一番知りたい内容であるが、この点が明らかではないのは残念である。

では一体、何がこのような騒音感受性を決定するのだろうか。騒音に対する反応は個人差が大きく、その差が生まれつきのものであるとは考えられないから、多くは、本人が育ってきた環境やさまざまな経験によって形作られてきたものであろう。では、どのように形作られるのであろうか。

近隣騒音に関する反応を大規模に社会調査した結果[18]の中に、次のようなものがある。過去に騒音に悩まされた経験がある人と、悩まされたことのない人に分けて、現在の近隣からの騒音を邪魔に感じる割合を集計してみたところ、悩まされたことのある人は、ない人の約2倍、近隣騒音を邪魔だと感じていることが分かった。また、非常に邪魔だと感じている人の割合は約4倍になっていた。すなわち、今までに騒音に悩まされた経験を持つ人は、それを契機として、それ以後、騒音に敏感になる人が多いということである。これも、考えてみればごく当たり前の結果であるが、では、最初に騒音に悩まされるようになったのはどのような状況だったのかが気になるところである。

多分、最初に騒音が気になるのはほんの偶然からではないかと思う。たまたま、朝5時ぐらいに目が覚めてしまったとき、気がつくと近所の犬がワンワンと鳴いている。そこで「こんな朝早くから犬が鳴いているのを、飼い主は何とも思わないのだろうか」と考えつつ、そのまま再び眠りに落ちてしまう。これだけなら問題ないが、数日して、また朝早く目が覚めてしまったときもやはり犬が鳴いていると、「いつもこんなに早くから鳴いているのか。全く近所迷惑な話だ」と不快感を持つことになる。このように、たまたま遭遇した騒音に対してそれを快く思わない心理状態が重なると、その騒音は心の中に住み着いてしまい、それらがさまざまな音に対して繰り返されるうちに徐々に騒音感受性の高い人間に変化してゆくのではないだろうか。

もちろん、このような偶然に出くわしても、いっこうに騒音に対して敏感にならない人もいる。また、極度に敏感に変化する人もいるであろう。そのような差は、個人のパーソナリティ特性によるものとしか言いようがないが、先の社会調査によれば、騒音に悩んだことのある人の属性とは、「学歴が高く、木造一戸建て住宅に住み、家の中は静かな方を好み、外の景色が悪いと評価し、心身の自覚症状の多い不健康な人」であるとのことである。これらの結果は首肯できるところも多い。学歴が高いと問題意識を持ちやすいし、木造住宅は遮音性が悪い。家の中で静けさを求める人は外部騒音に厳しくなるし、外の景色まで気に入らないような気難しい人や、体調の悪い人は回りの騒音が気になるであろう。一方、この逆が成立するかどうかの記述はないが、騒音を気にしない人の属性として、この逆も一部当たっていそうな感じがする。

その他、騒音感受性に関して重要なことは、個人が騒音の持つ意味や役割をどのように考えるかであろう。街中の騒音を賑わいの創出だと考えて親しみを感じる人と、意味のないうるささに我慢ができない人、そんな音に対する個人の感性や心象が騒音感受性を決定してくる大きな要因となっていることは間違いない。

騒音問題の本質を考える場合、個人の騒音感受性を測ることより、何がそのような差を生じさせるのかという点の解明の方がより重要であろう。それは、騒音に対する市民感覚の変化にも関係することであり、これを大きく捉えれば、社会環境によって人々の騒音への反応がどのように変化するかを究明することにつながる極めて大きな課題と言える。第5章の歴史学では、日本人の騒音感の変化を歴史的に辿っているが、これはまさに社会全体の騒音感受性の変化を探ることに他ならず、時代的に見たひとつの解が提示されているので、是非そちらも参照していただきたい。

4・3　音の与える苦痛

第2章の騒音性難聴の項で示したように、音が直接的に人体へ危害を及ぼすためには85〜90dB以上という大変に大きな音圧が必要であり、通常の騒音ではこのような被害はありえない。しかし、40dBや50dBの音でも、十分に難聴以上の苦痛を人間に与えることができる。

音の与える苦痛に関してはいろいろなところで語られている。これをよく見てみると、大きく2つに分けられる。ひとつは、騒音によるさまざまな妨害効果による苦痛であり、もうひとつは騒音を我慢することによる苦痛である。

妨害効果に関する最も代表的なものが睡眠妨害である。すでに述べたように、騒音事件発生時の状況を見てみると、多くの事例で睡眠妨害の供述があり、これが引き金になっていることが分かる。また、一般的な騒音訴訟の被害のほとんどがこれに当たり、睡眠妨害が元でノイローゼに陥ったり、顔面神経痛や偏頭痛、その他いろいろな症状を呈してくることになる。眠りを妨害されることは大変に大きな苦痛であるが、それが生じるかどうかは極めて個人差の大きいものであることが騒音問題を難しくしている。すなわち、睡眠妨害が騒音によるものであることは間違いがないのであるが、音の大きさとの直接的な因果関係が薄いことが問題となるのである。言い方を変えれば、音に悩む人の苦痛は音の大きさでは測れないが、訴訟などでは音の大きさを基準にしないと判断のしようがないのである。これが、騒音問題、騒音トラブルの最も大きなジレンマであり、当事者の大きな悲劇である。当事者にとっては、自分の受けている苦痛が、一般的な苦痛なのか、それとも特殊な苦痛なのかはどうでもよい。ただ苦痛を与えている原因を取り除いてほしいということだけであるが、実際に訴訟等で行われるのは、その苦痛が苦痛のうちに入るか入らないか（受忍限度と呼ばれる）の判定なのである。その程度の苦痛は、一般的な苦痛のうちに入らないと言われればどうしようもなく、ピアノ殺人事件の加害者のように、自分で苦痛の原因を取り除くより仕方がないということにもなりかねない。実数は不明であるが、騒音によるノイローゼで自殺を図った事例もあり、音だけがすべての理由ではないと思われるが、騒音が大変な苦痛を与える場合があることは間違いない。ただし、騒音の苦痛は自分の精神的な面の要素が大変大きいことにも留意が必要である。

音の与える苦痛のもうひとつに、不必要な騒音、あるいは愚かな騒音を垂れ流す人の無知への苛立ちがある。電車内で流される宣伝放送や、「忘れ物のないように」といったお節介放送、このような騒音に曝されることを我慢しなければならない苦痛というものも確かにある。城山三郎の一文にも拡声器騒音に関する次のようなものがある。[19] ＮＨＫのニュース番組で、大音量で音楽を流しながら山間部を走る物品販売車に対して、「モーツアルトのやさしい調べを流し、毎日、地域とのふれ合いをはかっています……」というアナウンスがつけられていたことに愕然とし、猛烈に腹が立ったというものである。

また、筆者の経験でもこのようなことがあった。青森県下北半島の仏が浦への観光遊覧船に乗ったときのことであるが、最初は仏が浦の説明が5分くらいスピーカーから流れてきた。それは良いのだが、その後が大変であった。次のアナウンスが、「仏が浦に着くまでに特にご案内することもありませんので、下北音頭と下北小唄をお聞きくださ い」ということで、その後、割れた音質のスピーカーから耳をつんざくばかりの盆踊りのような音楽、筆者には騒音としか思えない放送が延々流され続けたのである。静かな北の海をまさに切り裂くように、下北音頭を大音量で流しながら観光遊覧船は目的地へと走っていったのである。

音に対する鈍感さ、その鈍感さを認識しない無知に対する怒りは納得できるが、これは何も音だけの問題ではないであろう。世の中には同種の怒りや苛立ちの対象は山ほどある。したがって、最初に示した音の苦痛の話とは明確に分けて理解しておくことが必要であろう。

4・4　「気にしない」と「気にならない」

騒音事件の防止を考える上で興味深いアンケート結果がある。先に示した難波らのP‐Fスタディによる調査[6]の中で行われたもので、近隣騒音に悩まされたときにどうするか、という質問の回答である。その結果を図3・6に示したが、第1位は「気にしないようにする」であり、回答者の57％にのぼり最多であった。第2位は「がまんする」で35％となり、これら2つの回答が圧倒的であった。第3位以下はかなり少ない比率となり、「直接文句をいう」、「それとなく相手の注意をうながす」などが続いている。

「気にしないようにする」が第1位と言うのは、何だか解決になっていない回答のようだが、実は、大変理に適った対処の方法である。すでに述べたように、相手からの騒音が気になり、聞かなくてもよい音まで聞いてしまうのは、相手を敵視する自分自身の心理状態の仕業である場合が多い。騒音は「気にするから気になる」という大きな側面を持っており、これを自己コントロールで気にしないようにできれば、それは最も有効な解決法である。これがもし可能であれば、音量が特別大きな騒音は別として、ほとんどの近隣騒音問題は解決できるのではないだろうか。他人からの騒音に対して、相手への攻撃的な対処ではなく、自己の問題として解決してしまうという対応は、人間的な賢さと自制心の強さを示した望ましい形であると言えるが、実際に可能な人は限定的ではないかと思う。

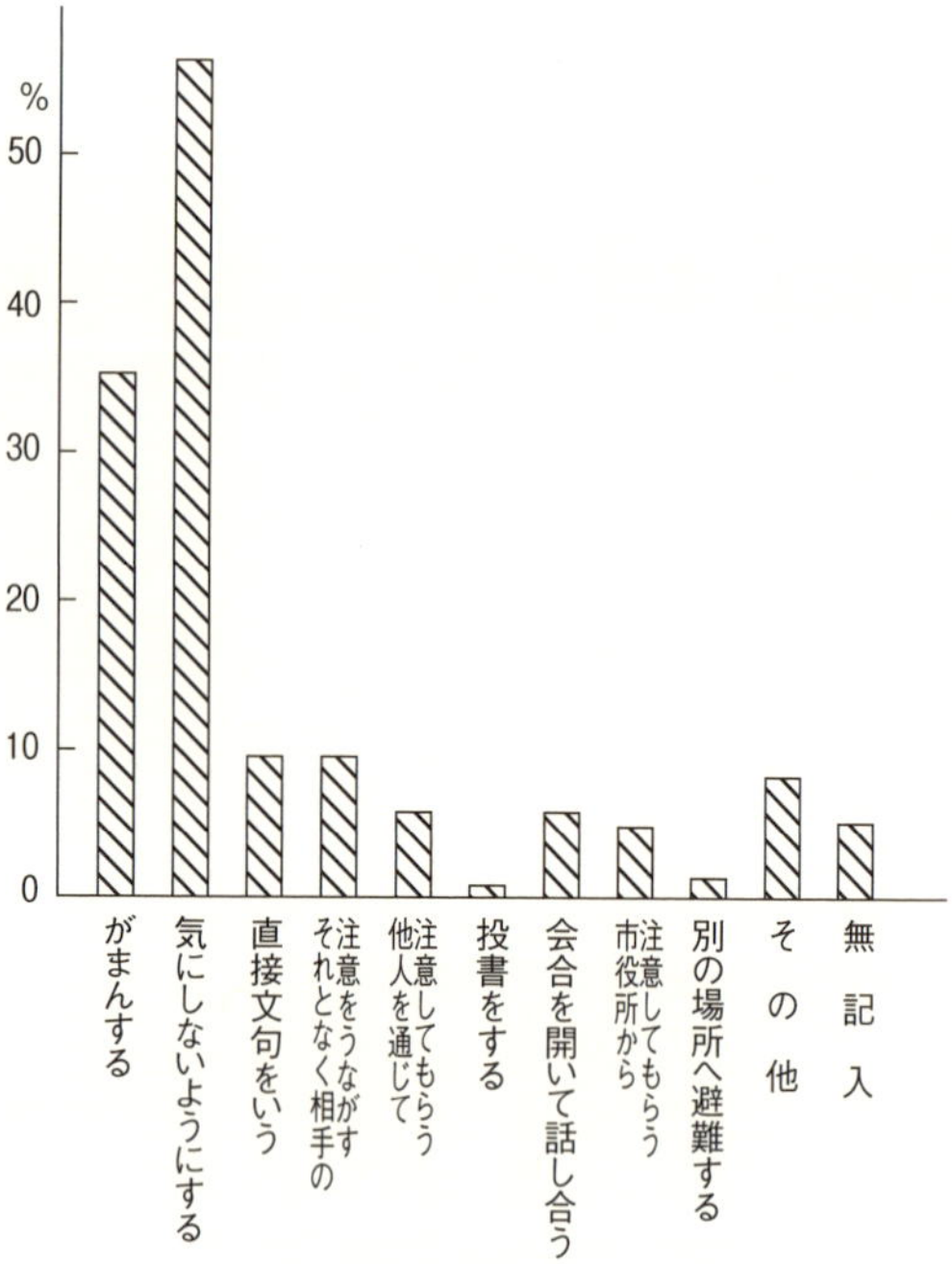

図3・6　近隣騒音に悩まされた時どうするか

（複数回答、総数362）[7]

第2位の「がまんする」というのは、危険予備軍である。がまんは基本的な解決ではなく、ストレス、フラストレーションの蓄積である。我慢をしているうちに相手を敵視する意識はだんだんと膨らんでゆき、いつしか攻撃性に変わる時期を迎える危険性がある。ストレッサーにより絶えず刺激を受けながらも、一定状態を維持しようとすることを心理学でホメオスタシスと言うが、これが維持できなくなると、いろいろなストレス症候群を引き起こす。単に我慢するのではなく、より積極的に気にしないようにすることが必要である。

とはいえ、どうしても気になるという人は必ずいるだろう。パーソナリティ特性として、タイプAの人が約20％いるとのことであるから、これらの人はなかなかそれでは済まないであろう。その人たちの解決には、やはり何らかのカタルシスが必要である。カタルシスとは病因的情動の解放、すなわち心の浄化（アリストテレスが名付けたと言われている）である。トラブル相手を殴りつけてスーッとする、というのもひとつのカタルシスではあるが、ここでの話はもちろんそんなことではない。また、裁判などに訴えて慰謝料や差し止め請求をするというのも、たとえ勝訴しても、その間のストレスの大きさを考えればカタルシスとは程遠いものであろう。もちろん、騒音問題は何らかの形で解決を図らなければならず、そうしないと状況はいつまでも続き、場合によっては悪化する場合もある。しかし、それ以上に重要なことは、何らかの方法で、トラブルに巻き込まれているその心理環境から抜け出すことである。トラブルからの飛び去り、すなわち転居などの方法は最も確実で効果的であるが、それが不可能な場合でも心理的な飛び去りは可能である。人によって状況はさまざまであり、トラブル心理から抜け出すための方法や手段もいろいろ異なるであろう。スポーツでも趣味でも仕事でも何でもよい。とにかく自分の心を捉えて放さない騒音問題から心理的に飛び去ることである。そうして、鳥のように、雲のように、大空の高みからゆったりと下を眺める、そんな心の余裕を取り戻すことが、どんな場合でも、円満に問題解決するための前提条件であると言える。

研究によれば、騒音の暴露量の程度、すなわち騒音の大きさよりも、それをどの程度気にかけるかということの方が、ストレス反応が大きくなると言われている。ピアノ殺人事件の加害者の男性などはその典型であると言え、他の多くの騒音事件でも同様である。過去に騒音に悩まされた経験が騒音に対する過敏性を産み、相手を敵視する心が主観的な騒音レベルを高め、その騒音を自分の中に閉じ込める。

下手なカラオケが深夜までうるさく聞こえてくる。朝早くから上階の子どもの走り回る音が聞こえて目が覚める。一日中、隣家の犬が庭で吠えまくっている。そんな騒音は確かに近所迷惑であり、対処をせずに放置することは決して許されるものではない。しかし、それを耐えがたい「ストレス」に変えているのは、その多くが自分の心によるものであるということを認識すれば、少しだけでも心の負担が軽くなるのではないだろうか。

以上は、あくまで騒音に悩まされたときの気持ちの持ち方について述べたものであり、実際に「気にしないようにする」ことは簡単ではない。それゆえ人は騒音に悩み、トラブルが起こり、事件が発生するのである。人が生活し、社会活動を行うとき、何らかの騒音の発生は不可避である。最も基本的なことは、騒音があってもそれを騒音トラブルに変えないことである。音を聞かされる側が「音を気にしないようにする」ことは大変大事なことではあるが、それが困難であることを踏まえて、それ以上に重要な点がある。それは音を出す側が、聞き手にとって「音が気にならないようにする」ことである。これは前者以上に難しそうであるが、実は十分に可能なのである。「気にしないようにする」ことは難しいが、「気にならないようにする」ことはできるのである。次項で詳しく説明しよう。

5 騒音と煩音

5・1 煩音とは

騒音トラブルというのは騒音の問題というより、当事者の心理的な要素が主原因の場合が多い。片や、公害騒音に代表されるように、純粋に騒音の音量が問題となるものもある。これまでは、音というものは極めて主観的であるというような表現で、これらを一括りの騒音問題として扱ってきたが、それでは問題の焦点が不明確となり、対策を考える場合にも論点が発散する。したがって、音自体を騒音と煩音の2つに明確に分類する必要がある。

煩音《はんおん》とは筆者の造語である。まず、騒音とはある程度音量が大きく、耳で聞いてうるさく感じる音のことである。一方、煩音とは音量がさほど大きくなくても、相手との人間関係や自分の心理状態によってうるさく感じてしまう音のことである。言い方を変えれば、騒音とは生理的にうるさく感じる音、煩音とは心理的にうるさく感じる音である。さらには、次のような表現も可能であろう。騒音とは感覚的にうるさく感じる音、煩音とは感情的にうるさく感じる音である。煩音の煩は、煩《うるさ》いや煩《わずら》わしい、煩雑《はんざつ》などいろいろな読み方があるが、その根本は仏教用語の煩悩《ぼんのう》であり、人の心を煩わし悩ます精神の働きのことであるから、まさに的確な単語である。

現代の音の問題は、その多くが騒音問題というより煩音問題であることが多い。もちろん、騒音と煩音が明確に区別されない場合も多く、より要素的に大きなものということで見極めればよいであろう。ごく大雑把な分類になるが、航空機の音や道路の自動車音、あるいは工場や建設作業の音などは騒音であるが、隣近所から聞こえてくる生活音や、公園や学校などから聞こえる子どもの声がうるさい場合は煩音である。なぜなら、生活音や子どもの声は昔も今も同じ音量であり、昔は誰もうるさいとは言わなかったからである。音が変わったのではなく、それを聞く人間の側が変わったのである。したがって、従来の分類で言う公害騒音はまさに騒音であり、近隣騒音は主に煩音であると言える。ただし、1つの音が常に騒音か煩音かのどちらかに分類されるわけではない。騒音から煩音に変わる場合もあり、煩音が騒音になる場合もある。本章2・1の騒音事件の心理フローのところで示したマンションなどでの上階音の例について考えてみよう。最初に、上階から聞こえてきた子どもの足音を少し大きいなと思った時点では単なる騒音である。ところが、相手への何らかの対処の申し入れを拒否されて怒りが湧いて来た時点では、その同じ音はすでに煩音になっている。煩音になると、音量は以前と同じでも、うるささは騒音のときよりはるかに大きくなり、小さな音量でも眠れなくなったり眼が覚めたりすることになる。

騒音と煩音の大きな違いがもうひとつある。これまで多くの公害騒音問題があったが、これがこじれて殺人事件や傷害事件が発生したという事例を筆者は知らない。航空基地騒音や低周波数騒音などでは激しい闘争や訴訟が行われ、被害も深刻で甚大なものとなるが、過去においてそれが事件につながった事例はないのである。ところが、煩音の代表格である近隣騒音では、些細な音で多くの殺傷事件が日常茶飯に起こっている。すなわち、騒音では殺傷事件は起きないが、煩音では事件が起きるのである。

このように、騒音と煩音を区別すると、音の問題をより明確に捉えることができるが、理由はそれだけではない。区別しなければならない最も大きな理由は、騒音問題と煩音問題では対策が異なるからである。騒音と煩音は質の異なるものであるから、対処の方法も当然異なるのである。したがって、騒音トラブルへの対処を考える場合には、まず、その音が騒音か煩音かを見極めるところから始めなければならない。具体的な対策については次項で述べる。

煩音という造語を発表して以来、さまざまなところでこの言葉が使われるようになった。言葉の持つ意味が現在の社会状況によく対応していたためと思われる。その一例として、先に若干触れた朝日新聞「天声人語」のコラム記事を紹介しておこう。味わいのある文章と内容である。

〈朝日新聞・「天声人語」（2009・10・9）より〉

あす10月10日の「目の愛護デー」は、10と10を左右の眉と目に見立てて定められた。3月3日は「耳の日」で、こちらは語呂合わせである。一緒にして「耳目」などと呼ぶが、言われて気がつく違いがある▼〈眼は、いつでも思ったときにすぐ閉じることができるようにできている。しかし、耳のほうは、自分では自分を閉じることができないようにできている。なぜだろう〉。寺田寅彦の断想だが、なかなか示唆に富んでいる▼音をめぐるトラブルが、近年増えている。飛行機や工場といった従来の騒音ではなく、暮らしの中の音で摩擦が相次ぐ。先日はNHKテレビが、うるさいという苦情で子どもたちが公園で遊べない実態を紹介していた▼東京の国分寺市は今月、生活音による隣人トラブルを防ぐための条例を作った。これは全国でも珍しい。部屋の足音、楽器、エアコンその他、いまや「お互い様」では収まらなくなっているのだという▼煩音という造語を、八戸工業大学大学院の橋本典久教授が使っている。今のトラブルの多くは騒音ならぬ煩音問題らしい。騒音と違い、心理状態や人間関係によって煩わしく聞こえる音を言う。今のトラブルの多くは騒音ならぬ煩音問題らしい。人々のかかわりが希薄になり、社会が尖れば、この手の音は増殖する▼「音に限らず、煩わしさを受ける力が減退しているのでは」と橋本さんは見る。誰しも、耳を自在に閉じられぬ同士である。ここはいま一歩の気配りと、いま一歩の寛容で歩み寄るのが知恵だろう。それを教えようと、神は耳を、かく作り給うたのかも知れない。

騒音と煩音を区別したのであるから、煩音の英語訳も考える必要がある。煩音に関連する音響用語としてはannoyance（アノイアンス：煩わしさ）というものがある。これは単なる音のうるささではなく、心理的な要素も含んだ騒音に対する評価を表すものであるから、煩音の趣旨に近い単語と言える。このannoyanceの動詞形はannoy（煩わす）であり、annoying noiseで煩わしい音ということになるが、この場合、煩音自体が造語であるから該当する英語訳も造語である方が自然である。そこで、この annoy を用いて造語を考えると、日本語における騒音と煩音の関係に大変にうまく符合する単語ができる。すなわち、騒音は noise（ノイズ）であり、煩音は annoyse（アノイズ）である。この単語のニュアンスは、外国人にも伝わるのではないかと思っている。

5・2　騒音対策と煩音対策

すでに述べたが、騒音と煩音を分けて考えなければならない最も大きな理由は、それぞれの対策方法が異なるからである。まず、騒音の対策は言うまでもなく音量の低減、すなわち防音対策である。これらの技術的内容に関してはすでに第2章で詳述しているのでそちらを参照していただきたい。一方、煩音対策で必要なことは防音対策ではない。煩音対策で重要なことは、相手に対する誠意ある対応であり、それを通じた関係の改善である。これを混同すると、トラブルの解決どころか、さらに状況を悪化させることにもなりかねない。

例を挙げて説明しよう。仮に、自宅の庭で飼っている犬の鳴き声がうるさいと隣家から苦情があったとしよう。そこで仕方なく、数十万円もする防音犬舎を購入し防音対策を施した。しかし、それで気が済まないのが人間である。苦情を言われれば面白いわけはなく、今度は、隣家に対する苦情の種を必死で探し、何か見つければここぞとばかりに反撃することになる。これに対し隣家では、たとえ防音犬舎を購入したとしても犬の鳴き声が幾分小さくなっただけであり、相変わらず時々鳴き声は聞こえている。そうすると、苦情の仕返しを受けた分だけ犬の鳴き声はますますうるさく感じるようになり、そこでまた隣家に苦情を言いに行く。言われた方は対策をしたのに相変わらず文句を言いにくると、その我が儘さに怒りを募らせる。こうして、両家は泥沼の近隣トラブルに突入してゆき、最後には、悲惨な殺傷事件が待っていることもある。

苦情を言われて防音対策をすれば、そこには否応なしに被害者意識が生まれる。また、音を聞かされる側はもともとと被害者意識を持っている。騒音対策を行えば、当事者双方が被害者意識を持つという矛盾が生じ、その矛盾がトラブルをエスカレートさせてゆくのである。近隣騒音に関して必要なのは煩音対策であり、騒音対策ではない。相手に対する誠意ある対応により、相手との関係改善を図る煩音対策こそが重要なのである。関係が改善されて敵意がなくなり、相互に信頼関係が構築できれば、今までうるさいと思っていた音もさほど気にならなくなることもある。そのような事例は世の中に多い。いくつか紹介しよう。

① あるマンションで、資源ゴミを整理するときの班分けを、それまでの「同じ階」の横のグループから、「上下階」の縦のグループに分けることにし、参加者が自己紹介する時間なども作った。子連れの参加も増えて、上の階に住む子どもの顔も分かり、エレベーターで会うと子どもと気軽に挨拶するようになった。その結果、それまでうるさく感じていた上階からの子どもの足音がそれほど気にならなくなった。（NHK番組「ご近所の底力――我慢も限界！マンションの騒音（2004／4／29放送）」より）

② 東京の街中に居住している女性宅の隣に新たに飲食店ができ、その店の空調機の騒音がうるさく防音工事を要求した。その工事後、店長が「今までご迷惑をかけて申し訳ありませんでした。少しは静かになったでしょうか」と優しく声をかけてくれたことに好感を持った。その後は、音は相変わらず聞こえていたが、あまり気にならなくなった。（筆者の取材事例より）

③ 1人暮らしのお婆ちゃんから、隣に建物が新築されてからブーンという音が聞こえるようになり、うるさくて仕方がないので何とかしてほしいという苦情があった。調査に行ったが、部屋に入っても何も聞こえない。「この音ですよ」とお婆ちゃんが言うので、耳を澄ませてよく聞くと確かに何か微かな音が聞こえるが、騒音計でも測定できない程の音である。それでも、お婆ちゃんは気になって寝られないと言うので、効果はないと分かっていたが、窓から見える所に大きなカバーを付けてあげたところ、その対策を感謝してくれて安心して眠れるようになった。（筆者の対策事例より。この事例は、形は騒音対策であるが、実質は煩音対策である。）

④ 隣の鶏が朝早くから鳴くのがうるさくて仕方のなかった人が、新鮮な生みたての卵をもらうようになってからは鳴き声があまり気にならなくなった。（これはよく言われる冗談）

このように、相手に対する敵意がなくなり関係が改善すると、音のうるささが変化する。まさに煩音ゆえである。

NHKの「クローズアップ現代」で、「公園がうるさい？ 急増する音のトラブル」という番組が放映された（2009年10月5日）。その中で紹介された事例は大変に興味深く、示唆に富んだものであった。内容の要点を紹介しよう。

『京都市南区の公園でスケートボード広場の建設計画が持ち上がった。当初、近隣住民たちはスケートボードはうるさいと反対したが、若者たちのグループが自主的に広場のルール作りを行い、これを破るものがいれば閉鎖するので広場作りを認めてほしいとお願いし建設されることになった。その後も若者たちは、地域住民と共同で清掃活動を行い、住民と顔みしりになって信頼関係を築くとともに、ボランティアでスケボー教室も開いた。すると、自分の孫や子どもにも習わせたいという人が次第に増え、全国大会も行われるようになり、地域住民が若者たちを応援するまでになった。

その結果、朝8時から夜9時まで大きな音が響いているが、広場の近くにある28軒の住民から苦情は一切出ていないという。住民たちは、「最初はうるさかったが、今は気にならなくなった。あー、やってる、やってる、という感じです」と答えている』

他所では締め出されているスケートボード場が、ここでは地域住民の自慢にまでなっているという。なぜこのようなことが起きたのか。注目すべきことは、この若者たちのとった行動である。彼らは、誰に教えられたわけではないが、的確に煩音対策を実施していたのである。仮に、彼らが騒音対策を行った場合はどうであろう。若者たちがお金を出しあって公園の周りに防音塀を建てるなどの対策である。当然、お金を出させられた若者たちには不満が残るであろうし、住民の方は、音は小さくなっても完全にはなくならないスケートボードの音に苛立ちを感じるであろう。

表3・1　騒音と煩音の比較表

内容	騒音（ソウオン）	煩音（ハンオン）
定　義	音量の大きい音で耳で聞いてうるさく感じる音	音量は大きくなくても心理的にうるさく感じる音
英語訳	noise（ノイズ）	annoyse（アノイズ）
対　策	音量の低減、防音対策	誠意ある対応、関係改善
特　徴	訴訟は起こるが殺傷事件は起こらない	訴訟はもちろん殺人事件まで起こりうる
主な対象	公害騒音（煩音に発展する場合もあり）	近隣騒音（騒音問題で終わる場合もあり）
音の事例	航空機騒音、交通騒音、工場騒音など	子どもの声、公園の音、上階音など

そのうち、不満げな相手の態度をめぐって、お互いが激しく攻撃し合うトラブルが発生してくることになる。

通常の公園では、近隣の住民が公園からの騒音を一方的に聞かされるだけの関係となるが、ここでは、スケボー教室などで近隣住民側も利益を受けるウィン・ウィンの関係を作ることができた。しかし、重要なのはそんなことではなく、相手の顔が見え、その相手との信頼関係が築かれることである。このスケートボード広場の事例では、騒音対策ではなく煩音対策をやったことで、当事者双方に大変良い結果が生まれたのである。煩音対策とは、音を出す側が、聞き手にとって「音が気にならないようにする」ことである。「音を気にしない」ことは難しいが、「音が気にならないようにする」ことは可能であると言ったのは、まさにこのことである。

しかし、実際の事例をつぶさに眺めると、騒音と煩音の対策の混同により、不用意にトラブルを引き起こす事例が多く見られる。防音対策を行って、「さあ、対策してやったぞ」というような態度は最悪である。煩音という言葉ができたことを契機に、改めて苦情対策のあり方を考え直さなくてはならない。

以上に述べてきた騒音と煩音の違いを、表3・1に比較表としてまとめた。両者には大きな違いがあり、騒音トラブルに対処する場合には、その違いを十分に認識しておく必要がある。

5・3　蔓延する「感情公害」

「感情公害」というのも、筆者が用いているもうひとつの造語である。公害にはさまざまなものがあるが、代表的なものとして7つの項目があり、「典型7公害」と呼ばれる。この中で、大気汚染、土壌汚染、水質汚濁、地盤沈下の4項目は、物質による広範な汚染や被害であり、いったん公害が発生すると容易には元の状態には戻せない。このような公害を物質公害と呼んでいる。一方、騒音、振動、悪臭の3つの公害は、その原因となるものがなくなれば現状被害はたちどころに回復される。したがって、これらは感覚公害と呼ばれる。騒音は、感覚公害の代表的な存在である。

しかし、これはあくまで航空機騒音や自動車騒音などの公害騒音の話であり、近隣騒音の場合にはそうはいかない。すでに述べたように、たとえ音がなくなっても対処のしようによっては新たな火種が燃え上がり、問題がたちどころに解決するわけではないのである。時によっては泥沼の争いが起こり、その先に最悪の結末が待っていることもある。これはもはや感覚公害などという暢気な言葉で表される代物ではなく、むしろ、「感情公害」と呼んだ方が適切である。人間関係の確執が引き起こす感情的で悲惨な公害問題なのである。

さらに最近では、音があまり大きくなくてもトラブルが発生する事例が増えている。近所付き合いがなくなり、地域社会とのつながりも希薄化する中で、赤の他人である隣家からの音がうるさく感じられ、トラブルになる事例である。隣家だけではない。公園で子どもたちの遊ぶ声、幼稚園・学校などからの課外活動の音、果ては、夏の蝉の音や田んぼの蛙の鳴き声までがうるさいと、市役所などの自治体に苦情が寄せられる時代である。統計データを含めたこれらの詳細は第4章で説明するが、これらの「煩音による感情公害」が蔓延しているのが現代なのである。

感情公害も公害であり、社会的な対策が必要である。これまで近隣トラブルは個人の問題として、司法や行政はこれに関与してこなかった。訴訟の世界には「近隣関係は法に入らず」という格言もあり、警察は「民事不介入」の立場をとっている。しかし現在は、そのような理由でこの問題を放置しておける状況にはなく、何らかの社会的対応が必要である。ただし、司法解決や警察の取り締まりを薦めているわけでは決してない。解決のための社会システムが必要になっているのであり、これについては第6章の解決学で詳しく述べているので、参考にしていただきたい。

6 被害者意識と勝ち負け意識行動

煩音による感情公害、すなわち近隣トラブルの発生に関わる心理的な要因について考えてみよう。心理学では、紛争の心理は対人葛藤(interpersonal conflict)分野の問題として研究されている。大きくは社会心理学の範疇に含まれ、その中の対人心理学、対人行動学としての一分野である。また、攻撃に関する心理学的研究は、すでに述べたように古くは精神分析のフロイトや動物行動学のローレンツ、フラストレーション研究のダラードなど、多くの研究が行われている。本書は心理学の専門書ではないため、これらの解説的内容は省略するが、これまで調査してきた多くの近隣トラブルや事件を通して観察された近隣トラブルに関する当事者心理について、重要と思えるいくつかの内容を紹介することにする。

6・1 双方被害者意識の矛盾

近隣トラブル、あるいは騒音トラブルのキーワードのひとつが、被害者意識である。世の中のさまざまなトラブルは、加害者と被害者の役回りが明確であるものが多い。通常の自動車事故では車の運転者が加害者で歩行者が被害者、医療事故のトラブルでは医者が加害者で患者が被害者である。この関係は、トラブルの当事者自身もしっかりと認識しているのが普通である。基地の騒音公害や新幹線騒音などの公害騒音の場合でも、騒音の発生者側（音源側）が加害者で、騒音を受ける側（受音側）が被害者である。このように、加害者と被害者という立場が確定している場合には、そのトラブルの解決へのプロセスは比較的冷静に行われるものである。すなわち、殺人や傷害などの事件が勃発する危険性は極めて低い。

ところが近隣トラブルになると、そのような簡単な2元論では話は収まらない。端的に言えば、苦情を言う側はもちろん被害を受けているという意識があるが、苦情を言われた側にも、その苦情に100％納得できない場合には、苦情を言われたことへの被害感が生じてくるということである。近隣トラブルの本質は、一方が正しくて他方が悪いというステレオタイプの争いではなく、当事者双方が被害感を持つという矛盾を抱えた争いなのである。そのような矛盾がない場合には、近隣間の争いがあっても、互いの立場を当事者が認識して比較的短時間で解決が図られ、元の関係に復帰することができる。しかし矛盾がある場合には、そのように簡単には収まらない。

近隣トラブルの代表的な事例として奈良県平群町の「騒音おばさん」の事件が有名だが、この場合もマスコミが報じているような加害者と被害者という単純な構図の事件ではない。このトラブルは10年近く争った。騒音おばさんは、昼は怒鳴りながら3000回も布団を叩き、夜はCDラジカセなどを使って、自分が眠れないぐらいの大音量で音楽を流し、嫌がらせを続けた。これも、本人が「抗議している」と言っているように、自分が被害者だと思うから続けられたのであろう。裁判では、便箋70枚にも及ぶ主張を読み上げ、騒音については「あの音楽はこんなに怒っているんだという私の気持ち。私の警告、そして悲鳴や。泣き声ぐらい流したっていいやろ」と言っている。まさに被害者の発言である。被害者なのにそれを認められない不条理に対する反発、憤りが闘争継続のエネルギーになり、10年も続けられたのである。

これは隣のおばさんも同じであろう。隣のおばさんは、大学ノート22冊分の日記とビデオ100本に騒音おばさんの行動を記録した。凄まじい執念である。被害者意識があればこそ続けられた所業であろう。

両方共が被害感を持っているという矛盾があるから、近隣トラブルは解決せずに継続し、エスカレートしてゆく。大は国際紛争から小は騒音おばさんまで、世の中の継続する紛争の基本はみな同じである。この矛盾を解決しなければ、紛争は解決しない。騒音おばさんには、町の職員や警察が何度も注意や警告を与えたが、結局、逮捕されるまでやめなかった。被害感を持っている人間に、自治体の職員や警察がいくら注意をしても効果は期待できない。それが効果を持つのは、相手が加害者の場合である。被害者だと思っている人間に同じことをすれば、火に油を注ぐことにもなりかねず、結果もそのようになっている。

第4章で詳述している宇都宮の猟銃殺傷事件では、近隣トラブルはなんと20年間続いた。それも、トラブルがしばらく小康状態になり、また何かをきっかけに争いが再燃するという断続的な状況ではなく、20年間ほぼ常に燃え盛った状態で争いが続いているのである。この継続のエネルギーは凄まじいとしか言いようがない。加害者の男は「どうしても許せない。何とかしたい。その結果、刑務所に入ってもよい」などと民生委員に話している。これも被害者の告白に他ならない。

当事者両方に被害感があるという矛盾がトラブルをエスカレートさせる大きな理由であるなら、この矛盾、すなわち被害者意識を早い段階で解消することがトラブル解決につながるはずである。そして、被害者意識を解消するために求められるのは、騒音対策ではなく煩音対策であることは自明であろう。すなわち、相手への誠意ある対応による関係の改善であるが、これは当事者だけではほとんど不可能であり、突発的な事件につながる可能性もある。第6章の解決学に示した社会システムが必要になる所以である。

奈良の騒音おばさんの事例も宇都宮の猟銃射殺事件の事例も、どちらも最初は当事者同士が大変仲良く付き合っていたということであり、これは注目に値する事実である。最初から全く反りが合わない関係などというものはなく、日々の接触の中で葛藤が生まれ、互いに被害者意識を膨らませてトラブルに発展するわけである。それゆえ、どんな場合でも関係の修復は不可能ではないと考えるべきである。

6・2　耐煩力の低下

トラブルの根本に被害者意識があると述べたが、苦情やトラブルが多発する現代社会を眺めてみると、人々が被害者意識を持ちやすくなっているという変化に気づかされる。

昔に比べて社会環境や生活環境は格段に向上し、防音技術もはるかに進んでいる。それにもかかわらず、苦情やトラブルはこれに反比例して増えているのである。これを環境に対する要求水準の高度化によるものと見る向きもあるが、実は、人々が被害者意識を持ちやすくなったからと見る方が妥当に思える。人が被害者意識を持ちやすくなった理由は、外的な刺激の変化ではなく、刺激に対する抵抗力が低下しているためであり、苦情やトラブルの面から見れば、煩わしさに対する耐力の低下、すなわち「耐煩力の低下」が大きな理由である。

本来、被害者意識とは、加害者からの不当な圧力や行為により、受け入れがたい不合理な状況に追い込まれている、あるいは権利を侵害されていると感じる心理であり、加害者の行為が状況を決定する第一の要因である。しかし、感じるストレスの程度は刺激と耐煩力の相対的な関係として決定されるので、耐煩力の低下があると、同じ刺激に対してより大きなストレスを感じることになり、そのため他者からの圧力や行為を実際より強いものと感じてしまうことになる。その上、耐煩力の低下を当人が意識していない場合がほとんどであるため、自分の耐力の低下によるストレスを他人からの不当な影響と勘違いしてしまう。これは、耐煩力の低下を無意識に被害者意識に転化したものであり、自己の恒常性を維持するための補償的行為と言えるであろう。このような種類の被害者意識が近隣苦情やトラブルの発生に関わってきていると考えられる。

戦後の混乱期を逞しく生き抜いてきた人々には、当然、煩わしさやストレスに対する強い耐性が自然と備わっていたが、現代人のような整えられた環境の中で生育してきた人間にとっては、外乱的なストレッサーへの適応力が減退するのは当然のことである。

環境条件が良くなっているなら、たとえ、耐力が低下しても本来は何の問題もないはずであるが、それはあくまで総体的な話であり、個々の問題として見れば当然大きな影響が出てくる。この耐煩力の低下は、苦情やトラブルの増加のみならず、自殺の増加や子どもへの虐待、育児放棄などさまざまな社会問題の遠因にもなっているように思える。耐煩力の低下と自殺を結びつけると、問題の軽視と非難を受けることは承知しているが、統計的なデータはその相関性を窺わせる。

耐煩力低下の具体的理由については、少子化や一人っ子などの社会状況、子ども同士のコミュニケーション形態の変化、学校教育の質的変化、物質的な豊饒社会、父権の失墜に代表される家庭内ヒエラルキーの消滅、その他さまざまなものの影響が考えられ、確定的な説明は難しい。しかし、この耐煩力の低下という現象が、現代社会の様相を分析するための、あるいは社会的問題を解決してゆくための重要なキーワードになると考えている。

被害者意識に関連して、ここ10数年でひとつの懸念される状況が見られる。その傾向に関して言及しておく。耐煩力の低下が被害者意識を助長すると述べたが、これが極端化し、さらに攻撃的なパーソナリティと結合すると異様な感性が出現する。すなわち、状況の奈何にかかわらず自分の感覚領域に侵入するものには過敏に反応し、決してそれを許さず、攻撃的な反応を示すという対応の仕方である。これは、被害者意識の範疇を超えた動物的な反応に近く、近くに寄ってきたものにいきなり噛み付く犬と何も変わりはない。たとえ本人が被害者意識を持ったとしても、これは通常の被害者意識とは区別して捉える必要があり、いわば、「似非被害者意識」とも呼べるものである。しかし、現代社会のトラブルを眺めていると、このような反応が増加しているのも事実であり、筆者が体験した典型的な事例を過去の書籍『2階で子どもを走らせるなっ！』の冒頭で紹介している。飛行機の機内で赤ん坊の泣き声に苛立って母親を怒鳴りつける男の話である。この事例の男自身は、自分の行動を異様とも何とも思っていないであろうが、まさに、似非被害者意識の暴走である。世の中には受容すべき音や状況があり、それを一切認めず自己の感覚のみを基準に攻撃的対応をとるということは、被害者意識などと呼べるものではない。

私たちのコミュニティ社会は、乗り合わせた飛行機の乗客同士と同じである。制限された空間社会の中に存在する以上、事の好悪にかかわらず受け入れなければならないものはさまざま存在する。それに対する反発を被害者意識で偽装する甘えは許されない。しかし、騒音トラブルや騒音事件の背景には、この種の感性の増加があることは念のため理解しておく必要がある。なお、似非被害者意識に基づく騒音トラブルには、煩音対策も成立しないことは自明である。

6・3　勝ち負け意識行動

被害者意識と並んで、もうひとつ重要な心理的要因がある。海外旅行をしていて気がついたことだが、海外団体ツアー旅行をしているカップルなどはお互いに大変仲が良く、まるで古くからの友人のように親密に付き合っている。ところが、個人旅行をしている若いカップルなどは、他の日本人の旅行者との接触を持ちたがらないだけでなく、むしろ積極的に関わりを絶とうとしているように思えた。なぜ、同じ海外旅行なのにこのような差が生まれるのか。個人旅行の方が不安定の度合いが大きいため、同じ日本人とのつながりを求める気持ちが強いはずではないかと思えるが、実際は逆である。団体ツアーの場合には、いわば運命共同体的な一体感があり、村社会的な親密感が過剰に出てくるだけなのであろうか。あるいは、個人旅行をする人は、最初から人との濃密な関わを好まない人が多いため、旅先でも同じ日本人との接触を避けたがるのか。いろいろ理由が考えられるが、その中でひとつの答えに気がついた。そして、それは海外旅行だけの問題ではなく、今の日本の諸状況の説明に、大変うまく符合するのである。

団体ツアー旅行は、旅行者みんなが全く同条件で旅行をしている。同じクラスの飛行機に乗り、同じ内容の食事をとり、同じホテルに泊まり、添乗員からも同じ待遇を受けている。したがって、ツアー参加者には上下の関係は生まれず、相互に全く対等な立場が確保されている。すなわち、ツアー参加者の中には、勝ち負けの意識は存在しないのである。

個人旅行の場合にはどうであろう。旅先で知り合った相手と接触すれば、豪華な旅行をしているのか、どんなところを廻っているのか、旅行の経験は豊富なのか、語学は堪能なのか、など否応なしに自分たちの旅行との比較が出てきてしまう。それは、相手との勝ち負けを意識させられる状況に立たされることを意味し、明らかに勝っている場合はともかく、もし負けていた場合には少なからず自分が傷つくことになる。そのような状況が少しでも可能性として存在するならば、最初から接触しない方が無難である。こんな心理が知らず知らずのうちに働いているのではないだろうか。

海外旅行は単なる一例にすぎないが、この勝ち負けを常に意識し、それが他人とのコミュニケーションの成否を決定するという風潮が世の中に広く蔓延していると思える。端的に言えば、勝っている相手、あるいは勝ち負けを意識しない相手とは交流するが、負けている相手とは接触を拒否するという態度である。実際は、勝っている場合は相手が負けを意識することになるため交流は成立せず、結局、勝ち負けを意識しない相手としか付き合わないことになる。なお、世の中には負けを意識して付き合う場合もあるが、これは打算的な行為であり、交流ではなく追従である。

相手との優劣を不必要に意識し、それにより自分が不快になることを嫌って他人との交流を避ける行動を「勝ち負け意識行動」と称し、そのような風潮が蔓延する社会を「勝ち負け意識社会」と呼ぶことにする。この「勝ち負け意識社会」での交流の原則は、近隣との付き合い、職場でのコミュニケーション、世代間の交流などの現代社会に見られる人間関係の傾向をよく説明する。

30代、40代の若年層の世帯では、勝ち負けを意識しない存在である友人や家族とは仲良く付き合うが、近隣とはほとんど付き合いを持たないという人が激増している（第4章で詳述）。これが単に付き合いが煩わしいというだけなら、友人との付き合いも同様であるはずだ。

職場でも同様である。職場以外の友人とは付き合うが、同僚や上司とは仕事以外の付き合いを拒否する傾向が強く、昔ながらの社員旅行や社内運動会などは毛嫌いされる。プライベートな時間は、勝ち負け（ここでは上下関係）の存在しない世界で過ごしたいという表れであろう。若年層と高齢者の世代間の対立も現代社会の特徴的な傾向であるが、年代による階層性によって規定される勝ち負けを拒否する意識、すなわち、上からものを言われることへの抵抗が根本にあるように感じる。

昭和40年、50年代には「一億総中流」という勝ち負けのない言葉が流行したが、その後、この言葉は立ち消えて、新たに「勝ち組、負け組」という用語が流行語として登場してきた。このような世相を表す用語の退廃と出現にも、上記のような社会風潮の変化が微妙に影を落としていると考えられる。

社会の中で勝ち負けを意識することはごく普通にあることであるが、その意識が対人行動まで規定してしまうことになれば問題であり、この社会的傾向が40代以下の若壮年層で強く見られる。その理由として2つが考えられる。

ひとつは、すでに述べたように耐煩力の低下、すなわち外的ストレスに対する抵抗力の低下である。勝ち負け意識行動は、負けた状態でのストレスに対する自己防衛的な反応と考えられるが、この抵抗力が若年層で低下しているため、その分だけ防衛的反応がより強く現れるのである。すなわち、煩わしさへの耐力の低下が、煩わしい事柄から自分を遠ざける対応をとらせるのである。

もうひとつの理由は、過度な平等教育の弊害ではないかと思える。これが逆に勝ち負けを強く意識させる結果を招いたと思える。教育改革の代表はゆとり教育であったが、それと平行して進められた変化に平等教育がある。その最たるものは男女平等教育であり、ジェンダーフリーを合い言葉に男女間の差異を意識させないための教育が慫慂《しょうよう》された。一時期は、男女別々の名簿を作ることを厳しく咎めるような動きもあったが、「男らしさ」、「女らしさ」を全否定する傾向につながるなどの問題点が指摘され、現在ではジェンダーフリーという言葉自体を使わないような流れとなっている。平等教育は男女間だけではなく、児童生徒の教育においても根幹的な方針として進められた。端的な例は、試験成績の掲示や運動会での着順表彰など順位をつける行為がなくなり、運動会の昼食も教室で食べさせるなど、生徒が感じる心理負担の差の軽減にまで配慮された。

このような勝ち負けを意識させない過剰なまでの平等教育は、結局、成長過程で獲得すべき負けることへの免疫力がないまま子どもたちを成長させ、社会へと送り出すことになる。しかし、実社会では否応なしにさまざまな格差の中に放り出されることになり、平等が確保された環境の中で育った人間には、平等から外れたときの印象がより強調され、それが勝ち負けの意識に強くつながってゆく結果となったのではないだろうか。

昔の子どもたちの生活環境や教育環境には過酷なぐらいの格差があり、子どもたち自身も自分たちに差があることは素直に認めていた。その差を自然に受け入れて育ってきたこと、すなわち勝ち負けを経験したことが、勝ち負けを意識せずに過ごさせることになるのである。

勝ち負け意識行動とは自己の屈折心理の表れであり、本来勝ち負けなど存在しないのに、自分から負けを意識して萎縮し、あるいは勝ちを意識して高慢になってゆく状態である。その心理的な歪みの補償的行為として、勝ち負け意識行動の波及的な悪影響がさまざまな形で現れてくることになる。

6・4　苦情社会を生む被害者意識と勝ち負け意識

勝ち負け意識行動も、苦情やトラブルの原因となる。勝ち負けを必要以上に意識する社会では、勝っている相手との接触においても、負けている相手との接触に関しても、その反応が強調され過激に現れる傾向が出てくる。負けていると感じる相手との接触はもともと好まないが、しかし否応なく接触せざるをえない状況に置かれると、勝ち負け意識の本質がコンプレックスであるため不必要に被害者意識を持ちやすくなる。そのため、相手からの何気ない態度や言葉に対しても強い屈辱感を感じて反感を持つようになる。

また、その反動で、勝っていると意識できる相手との接触では、コンプレックスを埋め合わせるように相手に対して高飛車で傲慢になりやすく、時によっては攻撃的にさえなる。このように勝ち負けを強く意識するあまり、他人との接触における対応が両極端にぶれる屈折した心情となり、勝っている場合も負けている場合もトラブルを生みやすい状況になる。

学校などへ非常識な苦情や無理難題を突きつけるモンスターペアレントの問題に関しても、この勝ち負け意識行動の影響が垣間見られる。昔の学校の教員は地域社会では一目おかれる存在であり、的確な表現とは言えないかもしれないが、社会的には勝者の立場にあった。これは現在でも外形的には成立している。しかし、現在の学校教員は、さまざまな状況や経緯による結果であろうが、基本的に父兄に対して敗者として接することを原則としてしまっているように思える。そこに勝ち負け意識を強く持った世代である30代、40代の父兄が組み合わされ、敗者的対応を強いられる学校教員に過剰に攻撃的な態度をとるようになったという要素があると思われる。心理学（ダラードのフラストレーション－攻撃説など）でも、フラストレーションによる攻撃性は、主に攻撃しても自分にマイナスをもたらさない対象に向けて発散されると言われるが、これが勝ち負け意識によってさらに増幅されたことが、この問題の根底にあると考えられる。

近隣トラブル、騒音トラブルの原因には多種多様な要素が輻輳的に関係しており、確定的な説明や解釈は事実上困難である。分野的にも、心理学的要因のみならず、社会学的要因や音響学的要因も関与し、事例によってそれらの影響の度合いが異なってくる。その中で、耐煩力の低下による被害者意識と過度の勝ち負け意識行動の2つの問題は、現代社会におけるトラブル発生の個人的心理要因として大きな意味を持っている。トラブル防止のためには、個々人がこの2つの問題の存在を自省的に確認する作業から始めることが必要なのであろう。

6・5　社会要因としての孤独感と不安感

これまでは個人心理の分析を中心に述べたが、以下では社会全体から見た心理学的要素、すなわち社会心理学的観点（心理学分野としての厳密な社会心理学という意味ではなく、社会全体を眺めたときの心理学的視点という意味である）から騒音トラブル、近隣トラブルの分析を行う。内容的には、次章の「騒音トラブルの社会学」に分類した方がよいものも含まれるかもしれないが、トラブルの温床となる世相的な要素に対して、できる限り心理学的分析を試みたいと思う。

健全な社会生活を送るために必要不可欠なものとして、昔は衣食住が挙げられた。しかし、現在はこの言葉は死語に近く、誰もその必要性を意識することすらないであろう。むしろ無駄や飽食の廃絶の方が重要不可欠な問題である。では、現代人の生存にとって最も切実な問題とは何であろうか。避けえない人生上の苦痛として「老病死別」という言葉があるが、しかし、現代人にとって苦悩となるものは、ひとつが入れ替わって「老病孤死」ではないかと思う。すなわち、老い、病、孤独、死の4つの苦悩である。年老いて病に倒れ、看取るものなく孤独の中で死んでゆくという状況は、豊穣の現代社会を生きている人間にとって、一番想像したくない未来ではないだろうか。

この4つの苦悩の中で、現代で特に際立ってきたのが孤独の存在であろう。老いと病と死は、時代を問わず否応なしに訪れる不幸であるが、孤独は、現代社会が新たに人間にもたらした最大の苦悩である。古代の農耕社会に暮らした民族では、集団生活が生存と生活の基本であり、村社会の慣習的煩わしさを感じることはあっても、その社会の中で孤独を感じることは村八分でもない限りはありえないことだった。しかし、現代人はその真逆の世界に生きており、多くの人が常に孤独を感じながら生きている。

社会に蔓延しているこの孤独感が騒音トラブル、近隣トラブルの発生を後押しする。老人の過激な行動を扱った

『暴走老人』（藤原智美、文藝春秋[20]）でも、老人たちを取り巻く孤独感、孤立感が暴走のひとつの要因となっていると次のように指摘している。「孤独という感情は、独り静かに沈潜しているばかりではない。私たちは往々にして静的なイメージを抱きがちである。だがその表出はときに暴力的であり、また反社会的行為として現れる。隣人同士の摩擦も、多くがその背景に孤独感を漂わせているのは偶然ではないだろう。」（『暴走老人』より）

孤独感が暴力性を醸成した事例を挙げればきりがなく、秋葉原での無差別殺傷事件などが代表的な例であろう。近隣トラブルでも同様であり、代表的な奈良の騒音おばさんの事例でも、被害者意識と共に孤独感の存在を感じさせる。隣の夫婦や自治体の職員、地元警察、さらには面白おかしく騒ぎ立てるワイドショーのテレビ局を相手に孤軍奮闘する姿に、「騒々しさの中の孤独感」を感じさせられる。地域からも孤立し、自分の言い分が全く理解されない孤独感、それらが行動を激化させ、そして、闘争の高揚感は一時的に孤独感を忘れさせる。

同じマンションに住む女性に無言電話をかけ続けて重度のストレス障害を与えたとして、傷害の罪に問われた生駒市の無職の女（33歳）、彼女はこの事件で懲役1年6ヵ月の実刑判決を受けたが、動機として「2年ほど前に声をかけたら無視された」と供述していた。一見、狂気のように見える振る舞いの裏に、深い孤独感を思わせる事例は枚挙にいとまがない。それゆえ、社会は対応を間違ってはいけない。近隣トラブルに対処する方法は、闘うことでも、処罰することでもなく、孤独感を解消することが真の対応になることも忘れてはいけない。

孤独感は、心理学上の尺度として定量的測定評価が可能である。ＵＣＬＡ孤独感尺度や日本人研究者によるＬＳＯという孤独感尺度などがあり、個人の孤独感を具体的に測ることができる。しかし、現代社会の孤独感は単なる個人の状況としての問題だけでなく、孤独感を感じざるをえない社会の様相が基礎的要因として存在し、その影響が社会の中の最も鋭敏な部分に反映して生じていると解釈すべきである。仮に社会全体での孤独感尺度を時代的変化として測定できたなら、以前と比べて大幅な尺度値の悪化が観測できることだろう。社会心理学者の取り組みを是非期待したい。

騒音トラブル、近隣トラブルに関係するもうひとつの社会心理的要因として、不安感が挙げられる。藤原は先の著書『暴走老人』の中で、人々が持ち始めた社会の中の暗黙の了解を「透明なルール」と呼んだが、これに倣って、社会全体を覆っている漠然とした不安感を筆者は「透明な不安感」と称している。この透明な不安感の存在も現代社会のひとつの特徴である。戦前戦後の環境などと比べれば、生活を営む上においても、将来状況の見通しにおいても、不安感を生む要素は格段に改善されているはずであるが、社会全体の透明な不安感は以前より強まっているように感じられる。すなわち、老病死別の目に見える不安感は時代とともに改善されているが、現代において新たに生まれてきた孤独感という要素が、社会全体に何か捉えどころのない不安感をもたらしている。この透明な不安感を生んでいる社会的背景については、次の社会学の章において考察を加えているが、これが騒音トラブルや近隣トラブルの増加につながっているのは社会統計からも実証される。世の中のトラブル要因に占める「透明な不安感」のウエイトは、決して小さくないと思える。

防音性能が向上しても騒音トラブルが減らないように、社会環境や生活環境の向上だけをめざしてもトラブル防止の効果は十分ではなく、人々の孤独感や不安感を払拭できる社会作り、すなわち人のつながりを重視した社会作りを進めなくては本来の目的は達しえない。社会心理としての孤独感と不安感は、犯因性騒音環境としての閉鎖環境を形成し、さらには、個人の被害者意識を生む土壌にもなっていることを考えれば、その影響は限りなく大きい。

騒音トラブル、近隣トラブルの発生に関わる心理学的要因として、個人心理では被害者意識と勝ち負け意識行動、社会心理では孤独感と不安感があり、これらが現代の人間関係の在り様に深く影を落としていると言えるであろう。

7 騒音苦情の東西比較論

最後に、音のうるささに関する国際比較について触れておこう。この章の最初の部分で、音がうるさいのは敵意があるからと書いた。すなわち、うるささは音の問題ではなく、音に対する認知の問題であるということである。音に対する脳の認知機構に関しては大変興味深い研究があり、角田忠信[21]によれば、日本人と西洋人では、音を聞くときの脳の働きに違いがあるという。したがって、うるささについても当然、洋の東西で違いがあって然るべきである。

角田によれば、診察を終わってふと聞いたコオロギの音は非常に情緒的で美しく聞こえたのに、夜更けに論文を書こうとしたところ、その同じ音が耳について煩わしく感じられてしょうがなかったという。これにヒントを得て、虫の音や動物の鳴き声についての脳の働きを調べ始めたとのことであるが（1973年）、その結果、大変に興味深い事実が明らかとなった。図3・7に示すように、人間は言語や計算などの論理的な作業に関しては左脳で優位的に処理し、音楽音などは右脳で処理されることはよく知られており、これは西洋人でも日本人でも変わりはない。しかし、情緒に関連する虫の音、動物の鳴き声、あるいは人の泣き声や笑い声などは、日本人の場合は左脳の言語半球で処理されるのに比べ、西洋人は音楽などと同じ右脳で認知されるという。これらの違いは実験的に確かめられたものである。この端的な例が上記の虫の音であり、日本人はコオロギなどの虫の音に対して強い情緒性を感じるが、西洋人は虫の音を特に意識をすることはなく、単に雑音として処理するだけとのことである。風鈴については実験に含まれていないようであるが、多分、同様の結果になるのではないかと想像される。

これらの結果は、他の研究報告などでも裏付けられており、角田は、これらの音の認知機構の差が、精神構造自体にも影響を与えることは十分に考えられると述べている。そうとすれば、このような差は、当然、騒音に対する感性

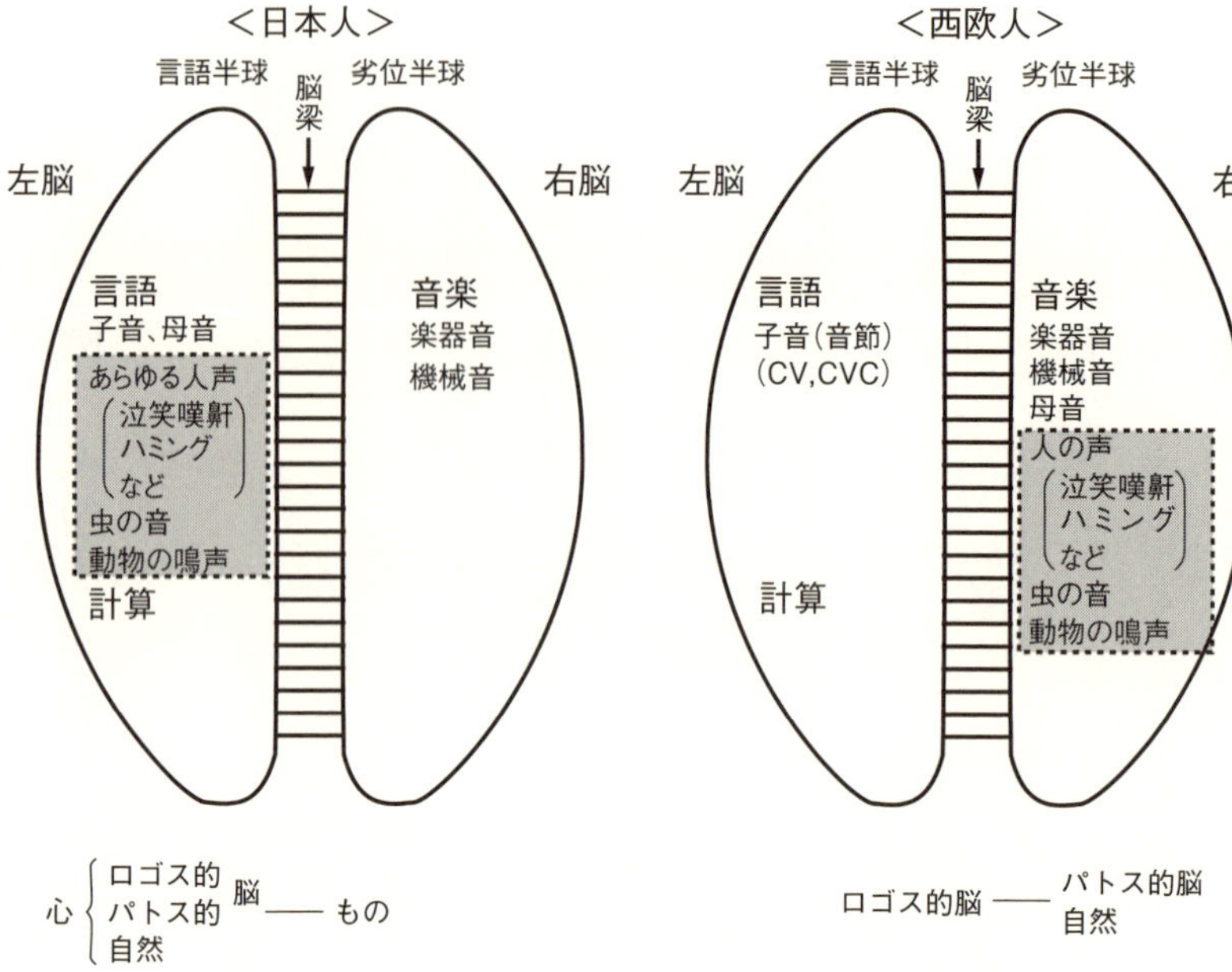

図３・７　角田による脳の働きの説明図 [23]（一部文字等追加）

や反応にも表れてくるであろう。人の声や虫の音、動物の鳴き声を雑音としか捉えられない西洋人と、これらに情緒的感性を持って親しんできた日本人とでは、近隣騒音への反応が違っても当然と言えるであろう。

角田は「日本人にみられる脳の受容機構の特質は、日本人及び日本文化に見られる自然性、情緒性、論理の曖昧さ、また人間関係においてしばしば義理人情が論理に優先することなどの特徴と合致する」と述べているが、考えてみれば、日本人のこれらの特質が、近隣トラブルや騒音トラブルを発生させない地域社会を形作ってきたのである。

現代の日本では、虫の音や蝉の声についても市役所に苦情が寄せられ、風鈴も近隣トラブルの騒音源となる。これらの状況を見ると、角田が調査した１９７０年代とは異なり、日本人の脳の働き方が徐々に西欧人化してきているのではないかと思われる。後の社会学および歴史学で述べているように、近隣トラブルに関する現在の日本の状況は、米国で起こった地域社会の変化から約30年遅れて、

1997年前後から発生してきている。これは、角田の初期の実験からも30年近く経っていることと、時期的にはうまく符合する。

ここ数十年で「日本人が変わった」ことは誰もが感じていることと思うが、その変化が単に物の考え方や感性の問題ではなく、脳の働き方自体が変化しているということになれば、これは物事の認識と対処を根本的に変えなければならない重大な変化であると言える。

第4章　騒音トラブルの社会学

わずか数十年前まで、近隣騒音問題は極めて個人的な問題と考えられ、社会的な問題としては扱われてこなかった。すなわち、近隣関係のトラブルは近隣同士で解決すべきものとの認識が一般的であった。しかし、昭和49年に発生したピアノ殺人事件が社会に大きな衝撃を与え、その後も騒音トラブルがこじれて傷害事件や殺人事件が頻発し、近隣への騒音苦情が自治体等に大量に寄せられ公害騒音の苦情を凌駕する社会状況を迎えて、この問題への社会的対応の必要性を初めて実感するに至ったのである。

本章では、騒音トラブルを社会学的側面から考察するが、前半では騒音トラブルの構成要素である、近隣騒音苦情、近隣騒音訴訟、および近隣騒音事件の3つに分けて、それらの現状評価と分析を行う。その後、関連する法律や条例、およびそれらの規制基準等についても解説を行い、読者の参考資料としての充実を図ることとした。

また、近隣騒音を材料として、最近の近隣苦情が激増する社会情勢をさまざまな社会統計データをもとに分析し、社会学的見地から日本人および日本社会の特質を明らかにし、そのあるべき姿についての提言も行っている。これについては、第6章の解決学と併せて参照いただければと思う。

騒音トラブルとは、個人同士の燃えさかるような争いというだけではなく、もちろん単なる環境問題でもない。その時代時代の人間の本質を炙り出すかがり火のような存在であり、それゆえ、騒音トラブルを通して炎の向こうに社会の真の姿が見えてくる。ここ数十年の間に日本に訪れた瞠目すべき社会変化を、見事に浮かび上がらせてくれているのである。

1 近隣騒音苦情の現状と分析

最初に、騒音苦情についての現状分析から始めよう。社会学的な見地から見た騒音苦情には、時代背景や世相、コミュニティ問題、人々の感性など、世の中のさまざまな要素が含まれており、それらの変化が騒音トラブルに関する社会統計の中に見事に表出してくるのである。

1・1 自治体に寄せられる近隣騒音苦情の現状

日本の場合、近隣とのトラブルが生じた場合に、まず市役所などの市民相談窓口か環境課などの担当部署に相談するか、あるいは、警察に電話をして注意警告または取り締まりを要請するというのが一般的な対応である。したがって、これら自治体の部署が近隣騒音トラブルの最前線ということになり、ここでの統計が最も蓋然性の高いデータと言える。

(a) 全国市役所騒音担当者へのアンケート調査結果

最初に、筆者の研究室で行った近隣騒音トラブルについてのアンケート調査結果[1]を紹介する。近隣騒音に関しては、第1章で述べたように、世論調査をはじめとしてこれまでいくつかのアンケート調査が実施されているが、これらの

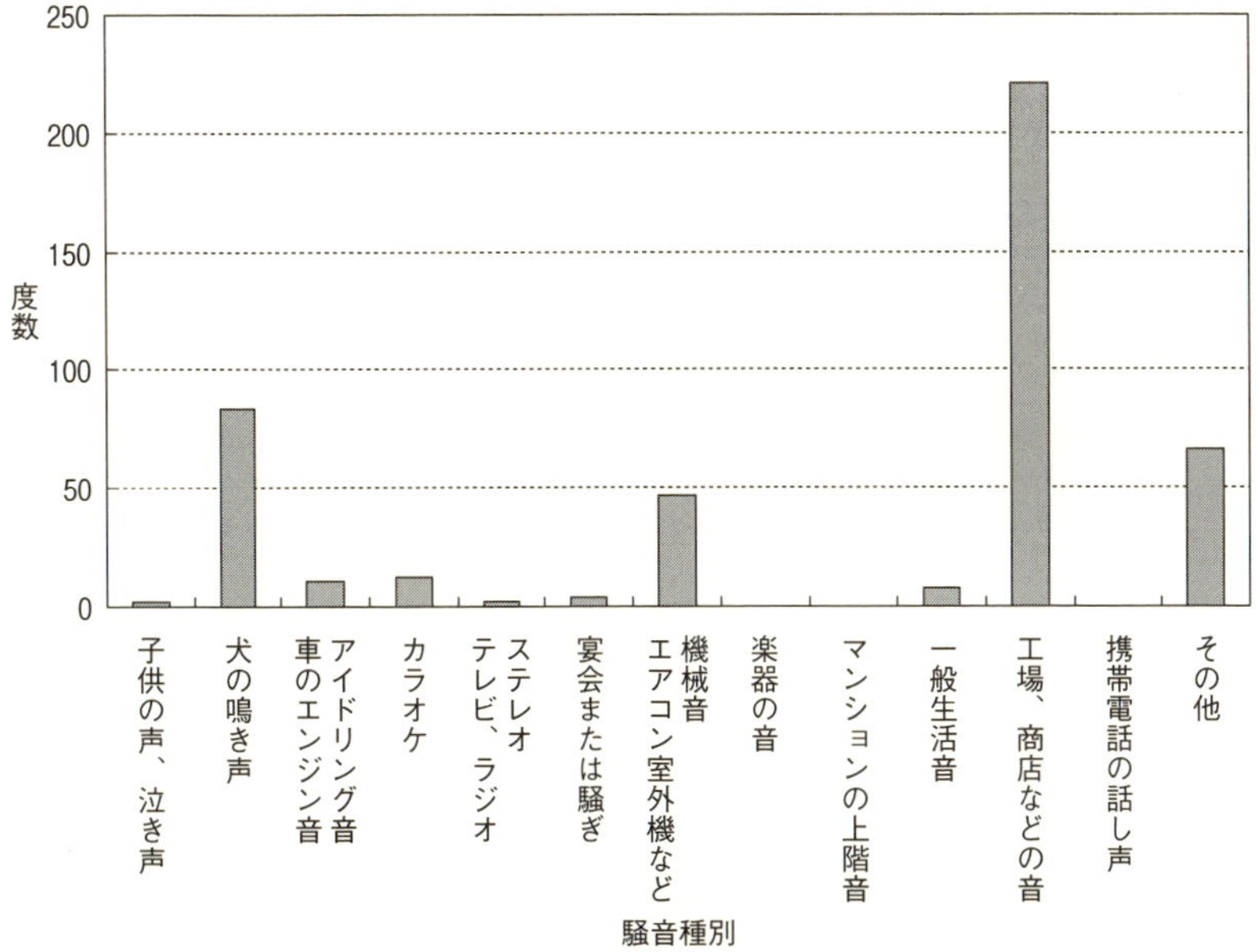

図4・1　現在、騒音苦情、騒音トラブルの多いもの（第1位指摘分）
［2006年度・八戸工業大学橋本研究室調べ[1]］

ほとんどは一般市民を対象とした意識調査である。筆者らのアンケート調査では、日本全国の市役所（区役所）で実際に騒音苦情や騒音トラブルの処理に当たっている騒音担当者を対象に調査した。より現実的で、実態に基づいた近隣騒音問題の現況把握、ならびに騒音担当者の専門家としての意見の集約を目的としたものである。

アンケートは日本全国の市と東京23区を併せた777の自治体に対して実施した。回答は479市（区含む）であり、回収率は62％であった。図4・1は、現在、自分の市において苦情やトラブルの多い騒音の種類（その他含めて13種提示）を答えてもらった結果のうち、第1位で指摘された騒音の集計結果である。ここでは、工場、商店などからの音が圧倒的に多いが、これは業務騒音であり、指導監督を行う行政という立場を考えた場合に寄せられる苦情が多くなるのは当然と考えられる。それ以外の生活騒音では、犬の鳴き声（第2位）、エアコンの室外機などの機械音（第3位）が際立って多い結果となっている。

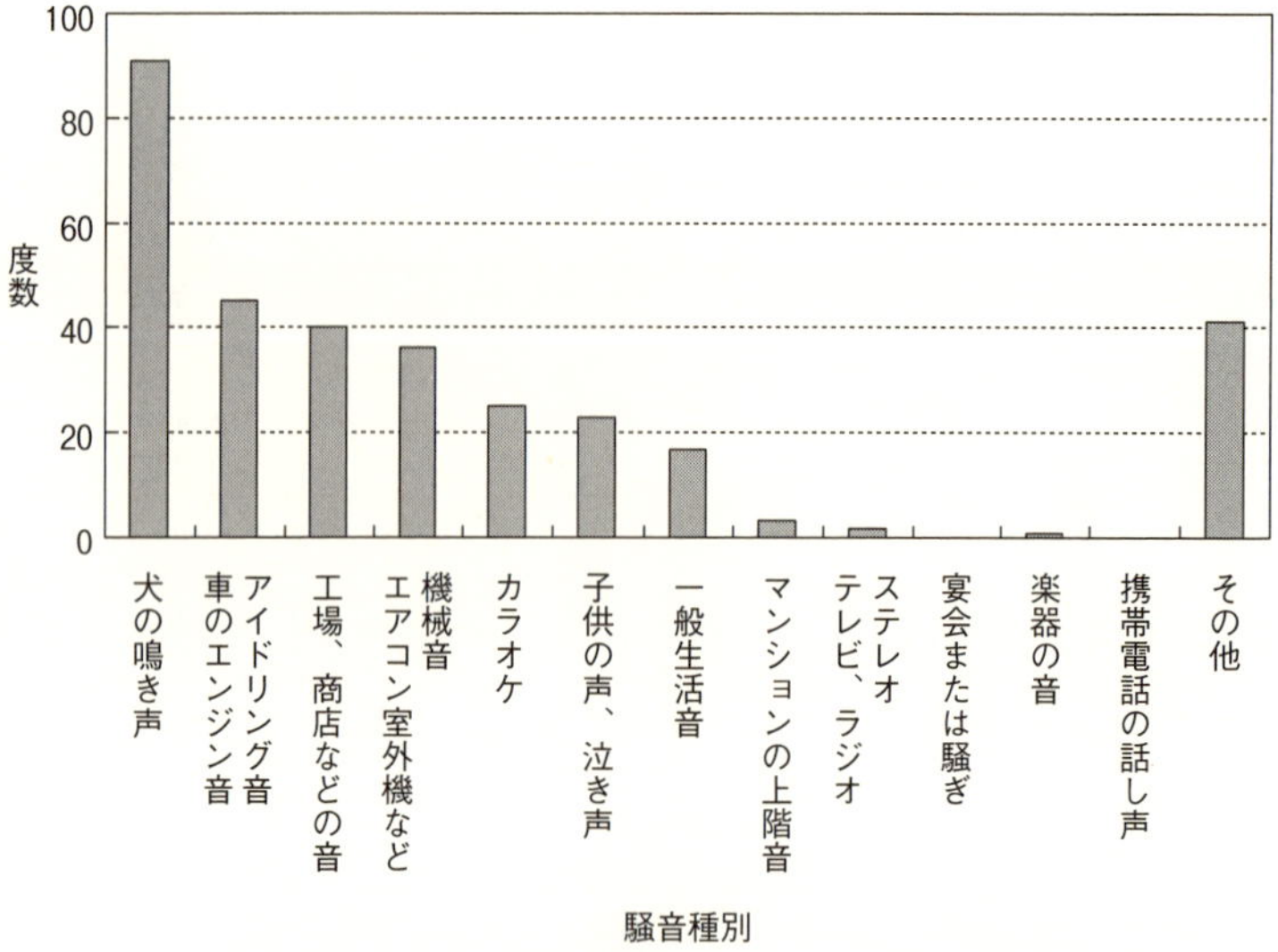

図4・2　以前と較べて増えてきた騒音トラブル（多い順に並び替えたもの）

これら1位から3位の結果について、都市人口別の指摘率を調べると各々特徴的な傾向が見えてくる。工場、商店からの騒音は、ほとんど全市ともに指摘が高い状態となっており、大都市ほど指摘率が高くなる傾向が見られる。ところが、生活騒音の中で最も苦情やトラブルの多い犬の鳴き声については、人口の少ない都市での指摘率が高くなっており、大都市での指摘がほとんど見られないという結果となっている。犬の鳴き声は小都市型の近隣騒音トラブルであることが分かるが、この理由は、大都市では犬が室内で飼育されている場合が多いためと考えられる。

興味深いのは次の結果である。同様に「以前と比べて増加してきた騒音苦情・トラブルの種別」を答えてもらった結果が図4・2であるが、犬の鳴き声が圧倒的な1位であり、他の騒音の2倍以上となっている。この結果は、時代変化としてはどのように捉えられるのであろうか。今回の結果（図4・2）と30年程前の近隣騒音苦情の世論調査結果（図4・3）と比べてみよう。

30年程前（昭和59年、1984年）の結果では、迷惑を受けた騒音の1番は自動車、オートバイの空ふかしの音であった。これは確かに迷惑であるが、最近のアイドリング

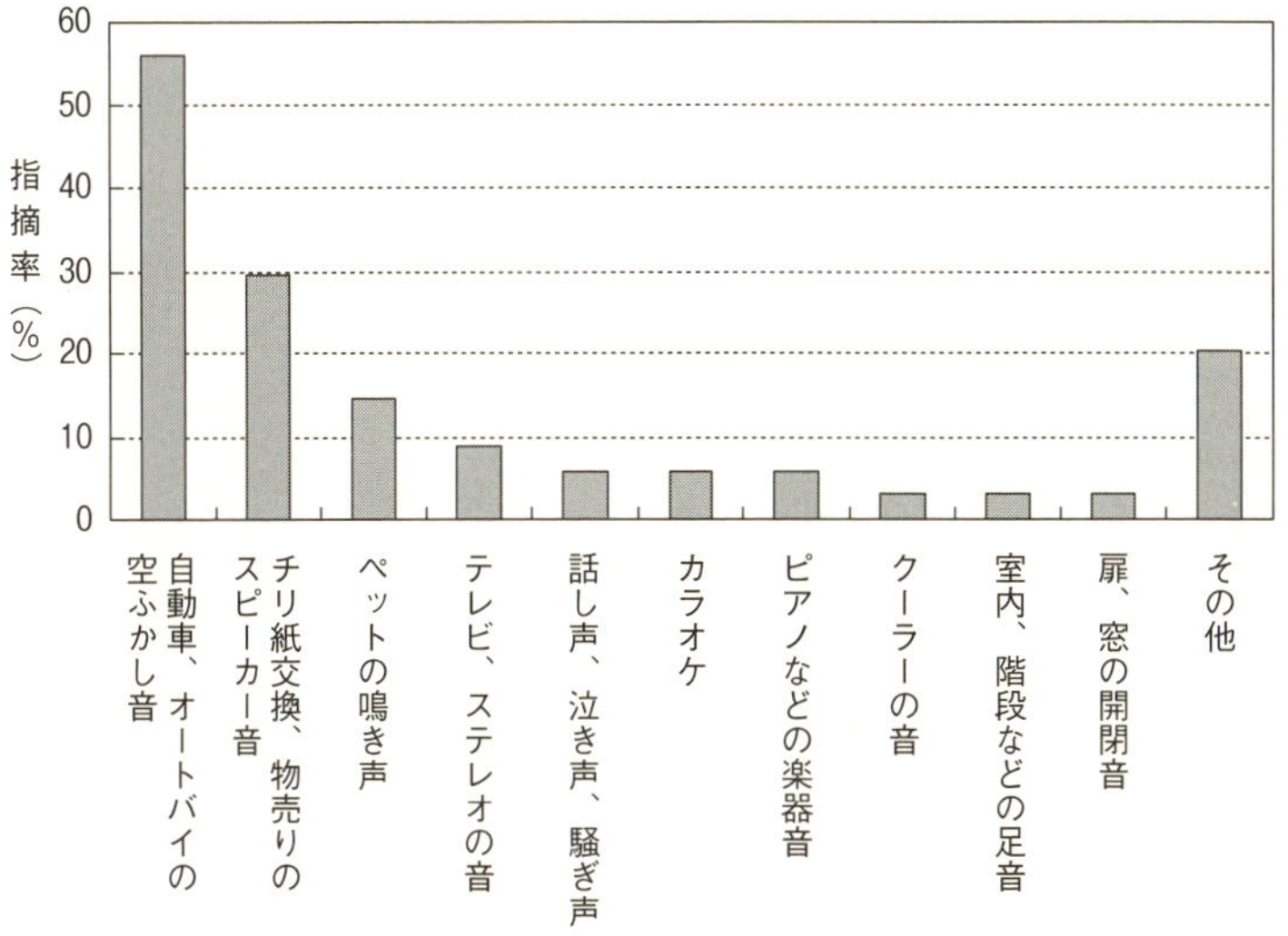

図4・3　迷惑を受けた近隣騒音（1984年、大臣官房世論調査[2]）

音やエンジン音とは異なり、空ふかし音であることに注意すべきである。そして、苦情の2番目がチリ紙交換や物売りの声であるから、今から見れば、いかにものんびりした時代を思わせる。この2つの音源は単発的な騒音であり、かつ、騒音の発生者との面識がないということが別の質問項目で指摘されていることも重要な点である。ペットの鳴き声も3位に入っているが、先の2つと比べるとかなり小さく、その他の騒音と同等程度である。

わずか30年程前の騒音の迷惑感というのは、このようにかなり軽度のものであり、深刻さや陰鬱さはほとんど感じられない。問われて初めて意識し、回答したという印象さえ受ける。しかし、現在は、明らかに苦情の質の変化が見られ、端的に言えば、騒音苦情の矛先が明確に近隣に向かっていると言える。

(b) 警察への騒音苦情件数

苦情は自治体だけでなく、警察にも寄せられる。そのほとんどは１１０番の通報であるが、その中の環境関連の苦情（騒音、大気汚染、水質汚濁、悪臭、振動、地盤沈下、土壌汚染、廃棄物）について、東京警視庁のデータを整理し

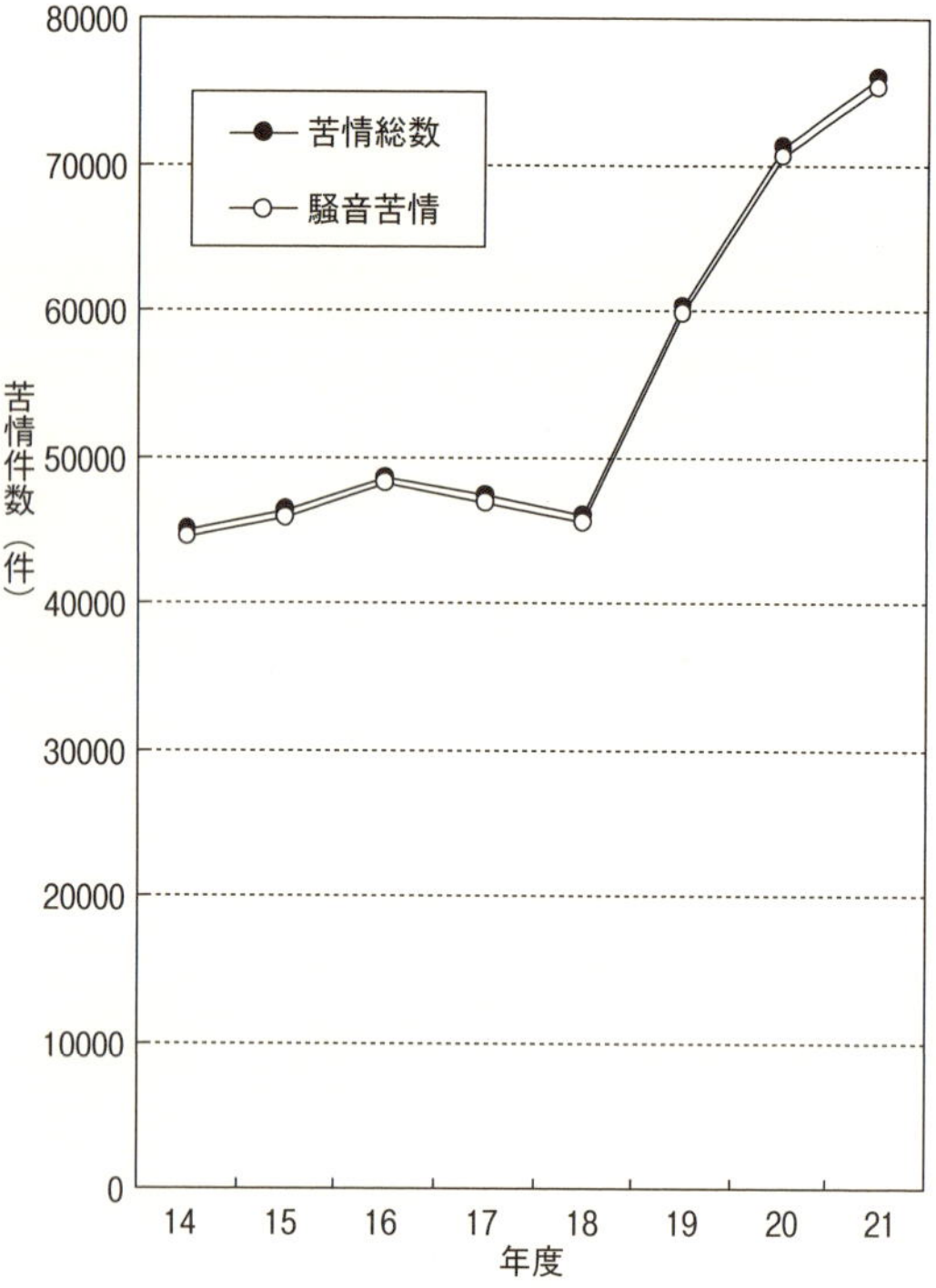

図4・4　警視庁への環境関係苦情件数（警視庁統計・第75表）

たのが図4・4である。図から分かるように、寄せられる苦情のほとんどは騒音苦情であり、その比率は平成20年度でなんと99・2%にのぼる。その他の苦情としては廃棄物が0・5%、悪臭が0・3%などであり、大気や水質の苦情などは数件にすぎない。そして、この騒音苦情件数が平成19年度から急激に増えているのである。それも毎年1万件以上、比率にすれば20〜30%の割合で増加している。驚異的な増加傾向と言える。

これらの騒音苦情の中で最も多いのが人の声に関する苦情であり、全体の44%を占める。2番目は楽器や音響機器の苦情で14%、これらを合わせると約6割にのぼる。人の声や楽器の音というのは、その多くが隣近所から伝わってくる騒音であろうから、これらは近隣騒音の苦情と言える。この結果でも苦情の矛先が近隣に向かっていることが分かり、それが激増する傾向を示している。

これら警察に寄せられた苦情の処理はどのような状況かを調べると、「現場注意等による解消」というのが88%、「措置不能」となったものが11%であり、これらを合わせると99・5%（例年ほぼ同じ）となり、ほとんどの処理状況がこの2つに集約される。しかし、現場注意について「解消」となってはいるが、その多くがその場だけの解消であり、根本的な解消になっているかははなはだ疑問である。こじれて傷害事件や殺人事件などに至った事例を見ていると、その間に警察の現場注意が何回か行われているのが常であるため、むしろ、ほとんど解消に至っていないと見る方が妥当である。すなわち、このような苦情に関しては、警察は0・1％の検挙以外にほとんど何の対応力を持っていないことを歴然と示していると言える。

騒音苦情の発生場所を見ると、その多くが「道路・広場等」と「一般家庭・アパート・マンション等」であり、これらが年とともに急増の傾向を示している。「道路・広場等」からの苦情の増加傾向は、後述する公園や学校などに対する苦情の増加とも対応するものであり、明らかな時代の変化、日本人の変化を指し示すデータと言える。

以上は、最も代表的な東京警視庁のデータであり、警察庁全体のデータではないものの、地方の県警のデータの例を見ると東京警視庁とほぼ同様であるため、これが全国的な傾向と理解してよいであろう。苦情件数では、全国の110番件数が約900万件（警察庁発表）であるから、警視庁との比率（170万件／年のうち騒音苦情が約7・5万件（21年度））を用いれば、日本全国で約40万件の騒音苦情が警察に寄せられていることになる。自治体に寄せられる苦情は、騒音以外もすべて含めて約10万件であるから、その数の大きさに改めて驚かされる。

（c）騒音以外も含めた近隣間の苦情件数の推移

次に、騒音苦情以外も含めた近隣に関する全体の苦情件数について眺めてみる。総務省所管の公害等調整委員会は、毎年、地方自治体に寄せられた公害関係苦情件数の集計結果を発表している。その中に公害の発生源別苦情件数の推移の集計表があり、そのひとつの項目として「家庭生活」がある。この家庭生活に関する苦情件数の推移をまとめたものが図4・5である。この中には、騒音や臭気などの典型7公害の苦情や、それ以外のもの（たとえばゴミなど）も含んでいるが、事業所関係は含まれていないため、その多くが近隣関係の苦情件数と考えればよいであろう。なお、ペット関係は別の項目となっているためここには含まれていない。図のデータが平成15年までのデータとなっている

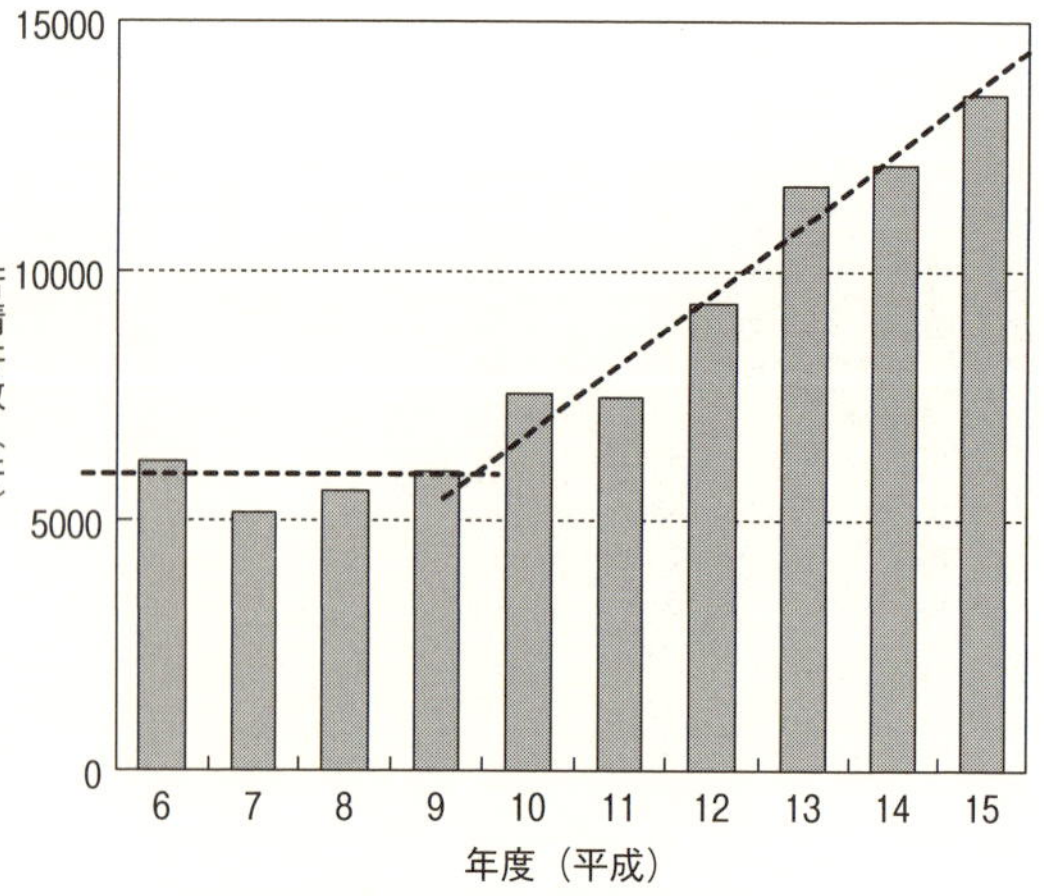

図4・5　家庭生活に関する苦情件数の推移
（公害等調整委員会年次報告より）

のは平成16年度より集計の分類方法が変わってしまってたためであり、統計的にはここでデータが途絶えている。

この結果を見れば分かるように、平成9年を境に家庭生活、すなわち近隣間の苦情が急激に増加のトレンドに転じている。それも、5年で2倍という驚異的な増加率である。比較として、地方公共団体に寄せられた公害関係苦情の総数を見てみると、全体の件数は約10万件／年とほとんど変化をしていない。その中で、近隣関係の苦情だけが激増しているのである。これは近隣関係に関する何か大きな社会的変化が起きていることを示唆しているものと捉えることができる。

この変化は、実は近隣トラブルに限らず日本社会自体の変質を表しており、それが最も人間的で敏感な部分に表出してきたものと見ることができる。次項以下では、その変化の本質と要因を解き明かしてゆくが、大きく2つの要因が挙げられる。ひとつは「世代的要因」であり、もうひとつは「世相的要因」である。世代と世相、これらがどのように作用して近隣苦情の増加につながるか、その詳細を以下に示す。

1・2　近隣苦情の増加要因に関する世代論

（a）近所付き合いと近隣苦情

近所付き合いの有無や程度が音のうるささに大きく関わっているということは、すでに第3章で示したとおり（図

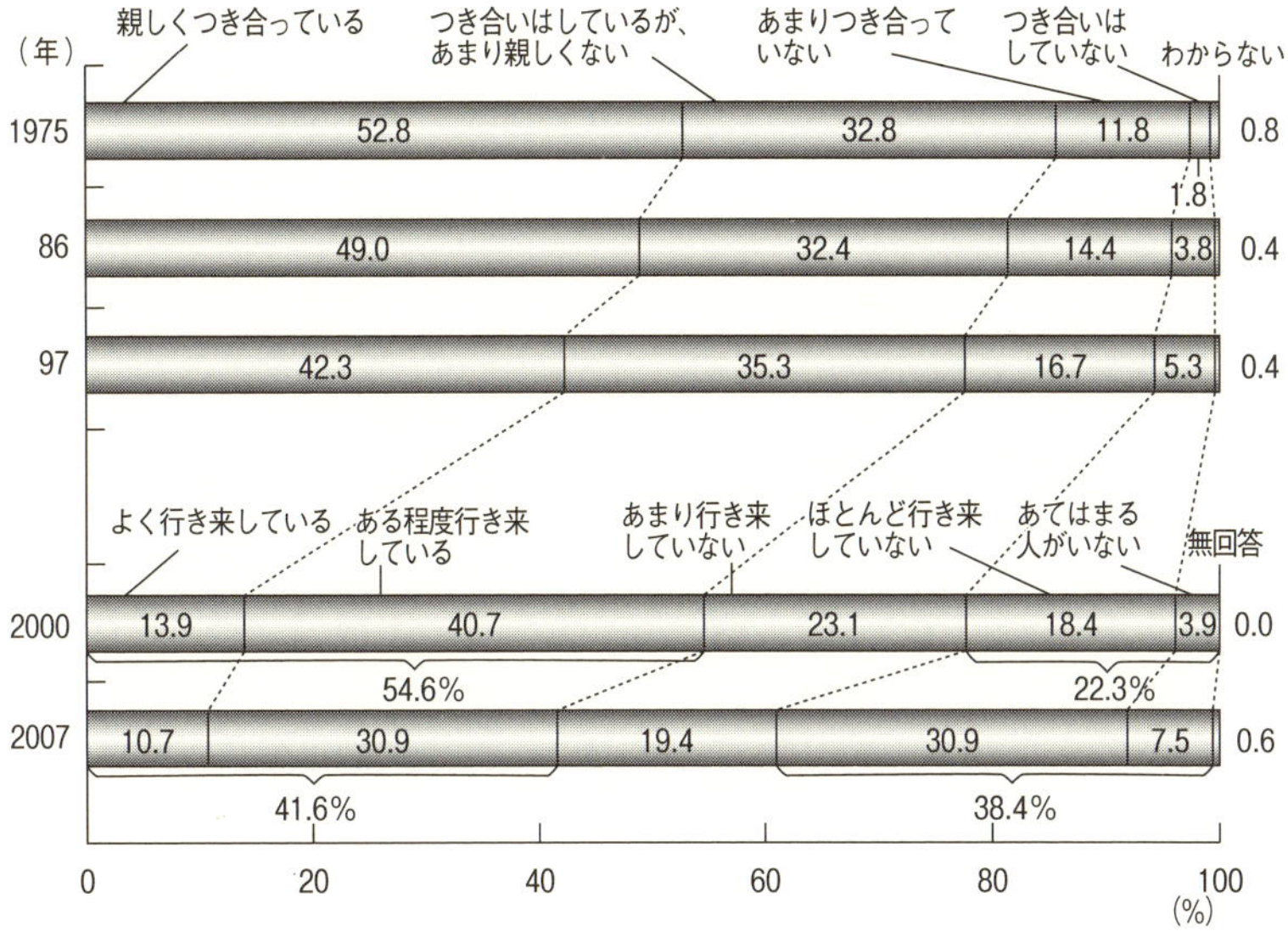

図4・6　近所付き合いの程度の推移

（平成19年度国民生活白書、「つながりが築く豊かな国民生活」より）

3・1）である。したがって、図4・5に示すような近隣苦情の大きな社会変化にも、近所付き合いというものが関係していることが推測されるが、この関係性についてさまざまな統計データを用いて立証を行ってみた。

（i）近所付き合いの時代変化

近所付き合いに関する統計データにはいろいろなものがあるが、ここでは経年的な変化を示すデータとして図4・6を紹介する。これは、内閣府の社会意識に関する世論調査、および国民生活選好度調査をもとに作成されたもので、「近所付き合いをどの程度しているか」の調査結果の推移を表したものである。図によれば、「親しく付き合っている」が時代とともに急激に減少し、昭和50年（1975年）には5割以上あったものが、最近では1割程度にまで落ち込んでいる。それに呼応して「付き合いはしていない」、「ほとんど行き来をしていない」が急激に増えて、平成19年（2007年）には全体の4割近くにまでなっている。このように急激に進んだ近所付き合いの希薄化が、近

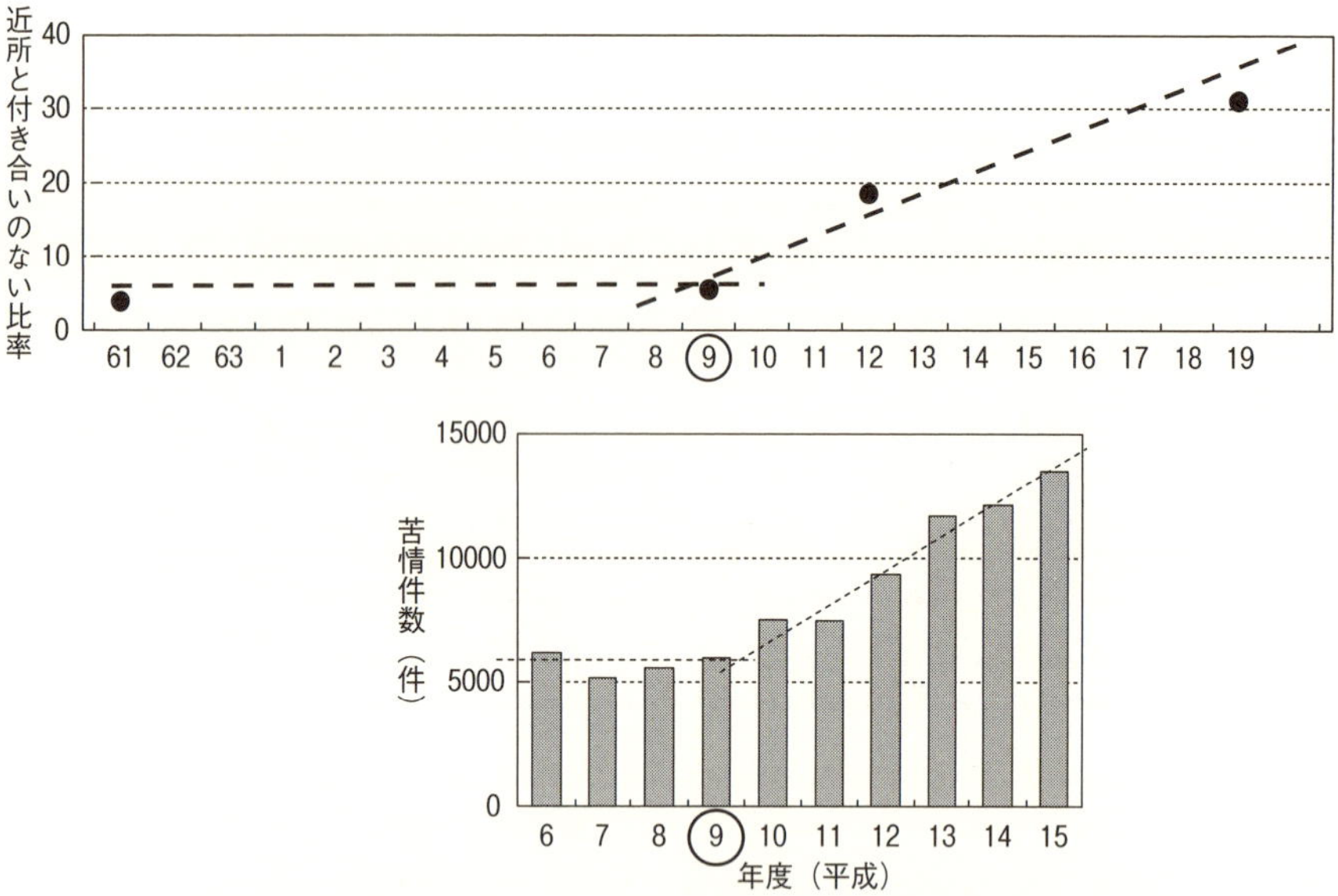

図4・7　近所付き合いのない比率と家庭生活での苦情件数の比較

隣苦情の増加の原因となっていることは十分に考えられる。

　これに関して、図の数値を図化してみたところ大変に興味深い事実が浮かび上がってきた。図4・7がその結果であり、上図は、図4・6の中の「付き合いはしていないという人」の割合を年代毎に表したものである。近所付き合いをしない人は、平成9年（1997年）を境として急激に増加する傾向を示し、これを先の図4・5に示した近隣苦情件数の増加傾向と比べると見事に一致するのである。年代的な変化において、このように明確な相関関係が成立するということは、両者のつながりが極めて強いものと考えてよいであろう。

（ii）県別の苦情件数と近所付き合い

　次に、県別の苦情件数により検証を行った。検討に用いた苦情件数は、総務省公害等調整委員会の各県の「公害苦情調査結果」より平成13年～18年の6年間の平均を算出し、その結果から人口10万人当たりの苦情件数を算出したものである。

　まず、人口密度の高い濃密な集住環境というものが、

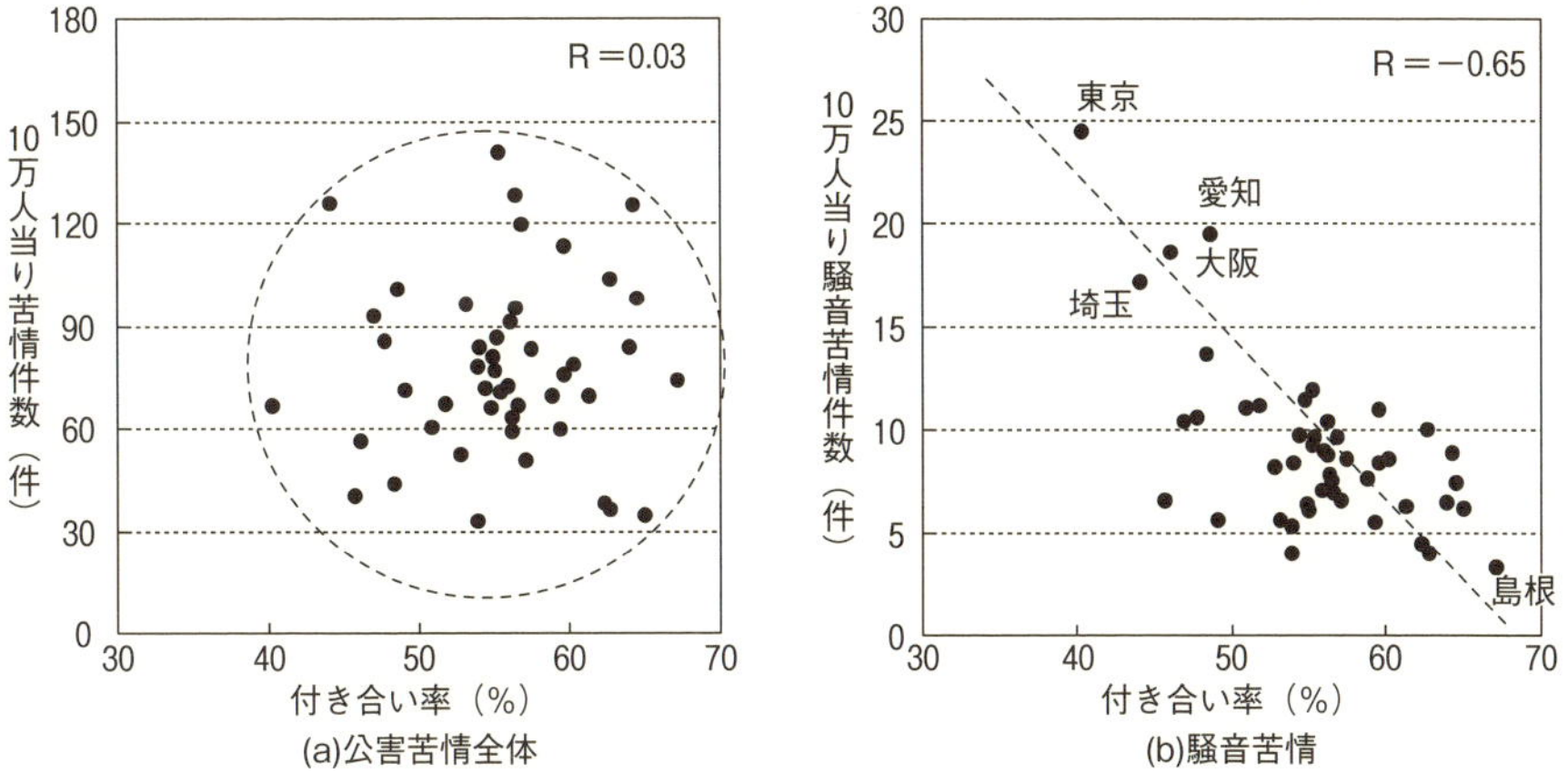

図4・8　苦情件数と近所付き合いの関係

苦情の発生に直接的に関与しているかを調べた。人口密度をパラメーターとして10万人当たりの苦情件数を整理したが、公害苦情全体に関しては、人口密度が大きくなっても苦情件数は大きくはなっておらず、むしろ少ないくらいであった。10万人当たりの苦情件数の最も多い県は群馬県であったが、人口密度の最も高い東京でも苦情件数はその半分程度であり、苦情件数と人口密度には相関関係はないと見てよいであろう。騒音苦情だけに限って人口密度との関係を見てみても、明確な関係は全く見られない結果となった。

では、上述した近隣苦情件数と近所付き合いの相関関係を、県別の苦情件数のデータで検証してみよう。県別の近所付き合いの程度に関しては、ＮＨＫの全国県民意識調査というのが10数年毎に行われており（第１回１９７８年、第２回１９９６年）、この中に近所付き合いに関する質問がある。「お宅では、隣近所の人との付き合いは多いですか」の質問に「はい」と答えた人の比率を県別に算出したものである（１９９６年調査結果、調査総数４２３００人）。

この県別の近所付き合い比率と、県別の苦情件数の比較結果を図４・８に示した。まず、（ａ）図の公害苦情全体では、10万人当たりの苦情件数と近所付き合い率には全く相関が見られず、相関係数Ｒは０・03とほぼ０に近い。公害苦情全体のデータには、典型７公害の大気、土壌汚染や水質汚濁などの個人的苦情ではないものが多く含まれているため、近所付き合いと全く相関がなくても当然であり、この結果は首肯できる。

一方、苦情件数を騒音苦情だけに限定して近所付き合い率との関係を求めると（b）図のようになり、今度は全体を通して明確な相関関係が現れてくる。すなわち、近所付き合いの少ない都道府県ほど10万人当たりの騒音苦情件数が多くなり、その相関係数Rはマイナス0・65（マイナスは傾きの方向、数値は相関の強さを表す）となっている。相関係数は、特徴的なデータに引きずられる傾向があるが、図4・8（b）のデータから仮に東京を除外しても相関係数はマイナス0・56であり、全体的な傾向は変わらない。この場合の騒音苦情は、工場騒音や建設騒音などの公害騒音から、近隣関係の騒音苦情までのすべての騒音を含んでいるが、それでもこのような明確な相関が確認できる。これを仮に近隣関係の騒音苦情だけに限定して近所付き合いとの相関を求めれば、さらに明確な相関関係が示されるものと考えられる。

このように、時代的な年次変化を見ても、県別の苦情件数を見ても、近所付き合いと騒音苦情件数（あるいは近隣苦情件数）には強い因果関係が見られる。これは、巷間よく言われたことではあるが、統計的にもこのように明確に立証することできるのである。

(ⅲ) 世代別の近所付き合い

近隣関係の苦情件数の増加が、近所付き合いの希薄化と明確な相関関係を持つことが統計的に確認されたが、では、なぜこのような希薄化が生じてきたのか、その根本原因はどこにあるのかを考察する。その検討の前段として、どのような年代で近所付き合いの希薄化が進んでいるのかを調べてみた。図4・9は内閣府の国民生活選好度調査により得られた「近所との付き合いのない比率」の年代別の結果である。明確な傾向として、年代が若くなるにしたがって近所付き合いが少なくなることが示されている。この中で、20歳代で近所付き合いが少ないのは当然と言えるが、すでに世帯を構えていると考えられる30歳代でも近所付き合いが少なく、その比率が25%にも及んでいることは大変重要な意味を持っている。すなわち、図4・7に示した平成9年頃から近所付き合いをしない世帯の比率が急増に転じた変化とは、この近所付き合いをしない世代が30歳前後になって所帯を持ち始めた変化ではないかということである。広告代理店の「創芸」が20代から40代の男女に「日常生活の中で重視していること」をインターネット調査したところ、「近所との付き合い」は、提示された14項目のうちの最低の14番目であり、上位を占めた「自分らしく生きること」や「友人・知人との交流」などの比率と比べると回答率はほとんど0に近い数値であった。この結果は、近所付き合いを重視していないというよりも、むしろ近所付き合いを拒否しているという印象さえ受ける。

このように30代を中心とした若い世代は、家族や友人・知人との交流は重視するが、近隣との交流は拒否するという傾向が強く見られる。この世代的要因に関連して、もうひとつ重要なデータがある。図4・10は、児童相談所に寄せられた児童虐待件数の推移を表したものである。この場合にも、平成9年を過ぎた頃から虐待の件数が急激に増加する傾向に変化しており、図4・7と全く同様の結果である。これらのデータを総合すると、平成9年頃から所帯を持ち始めた世代、すなわち平成9年頃以後に30代になった世代は、それまでの世代と比べて、近隣関係に対する意識に大きな違いがあり、それが近隣苦情多発などのひとつの大きな要因となっていることが考えられる。では、なぜこのような変化が現れてきたのかを次に検証してみる。

なお、念のために申し添えておくが、近所付き合いをしない世代が必ずしも苦情を言う世代ということではない。近所付き合いをしない世代と共同体を構成する年配世代がいる場

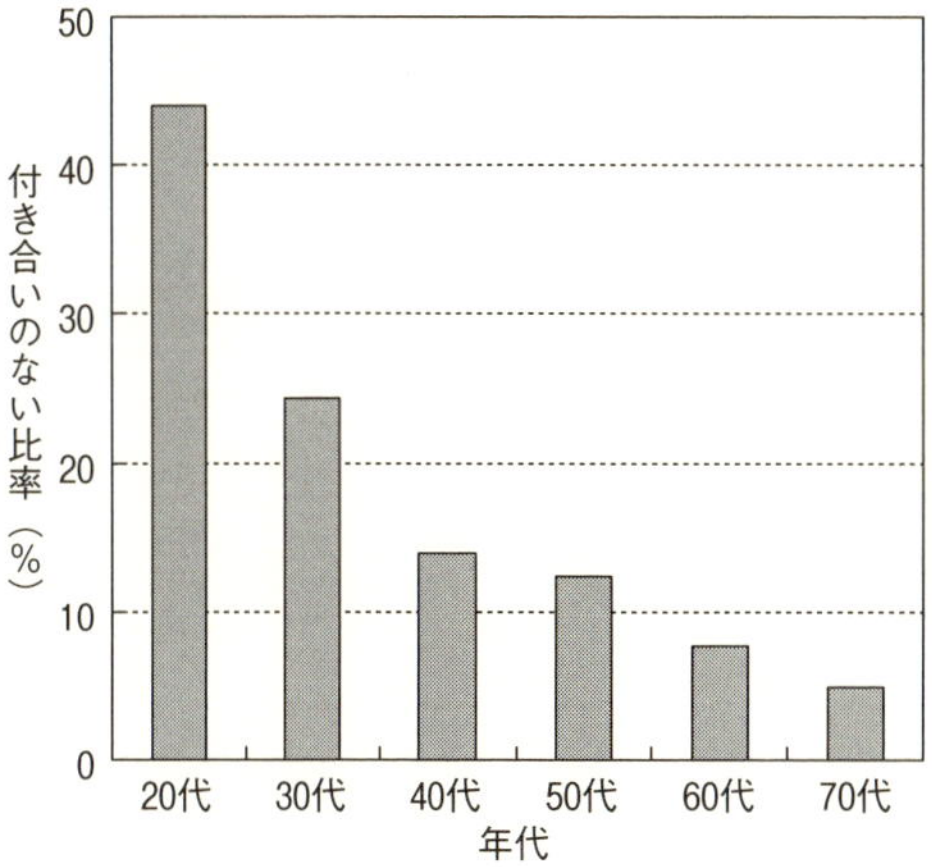

図4・9　近所付き合いのない人の比率
（内閣府国民生活局、平成15年度国民生活選好度調査より）

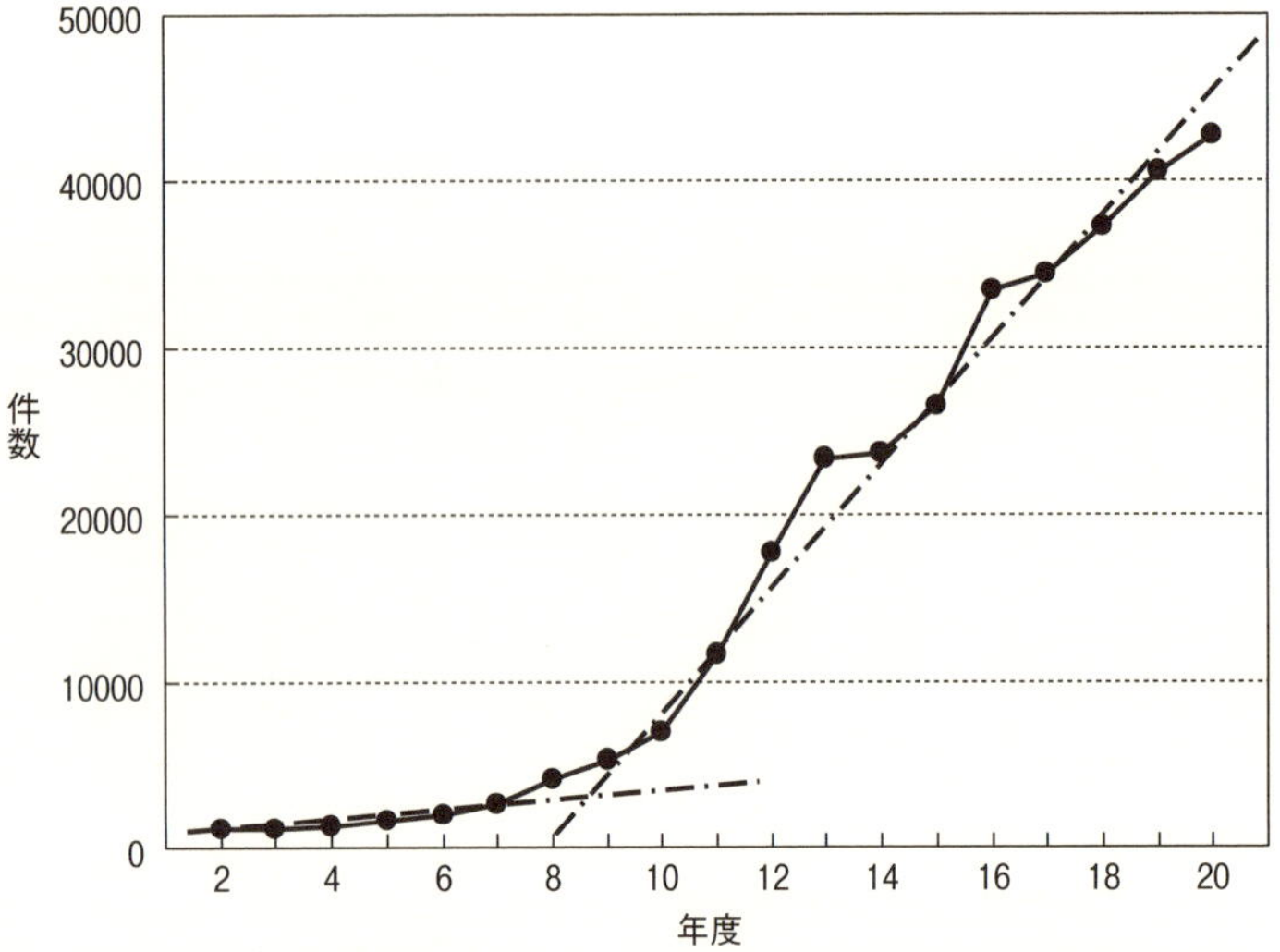

図4・10　児童相談所における児童虐待相談対応件数の推移

合、付き合いをしない相手に親しみを感じず、年配世代が苛立ちを募らせて苦情を言うという場合が多い。苛立つのはいつも期待する側であり、最初から期待しないものは苛立つこともない。

(b) DEC世代の出現とその要因

平成9年、1997年をターニングポイントとして、近所付き合いをしないことに代表されるような、対人関係に関するさまざまな変化が現れてきた。これは、その主体となる世代が30代を迎えて社会の中枢を占め始めたという時代の変化と捉えることができる。では、なぜこの世代に近所付き合いをしないというような変化が生まれてきたのか。その土壌ができ上がってきた理由を、上記のターニングポイントの時期をキーワードとして考えてみよう。

さまざまなデータを調べると、考えられる理由としては、大きく3つの変化が挙げられる。それは、居住形態の変化、教育の変化、コミュニケーション手段の変化の3つである。このような3つの大きな変化の洗礼を受けた世代を、本書ではDEC（dwelling, education, communication）世代と呼ぶことにする。では、その詳細を見てゆこう。

表4・1　集合住宅の主な歴史

昭和30年（1955）	日本住宅公団設立
昭和31年（1956）	金岡団地（大阪）、稲毛団地（千葉）が完成
昭和32年（1957）	住宅公団2DK標準設計ができる
昭和33年（1958）	団地族が流行語に
昭和37年（1962）	建物区分所有法制定、千里ニュータウン入居開始
昭和39年（1964）	第1次マンションブーム
昭和42年（1967）	第2次マンションブーム、泉北ニュータウン入居開始
昭和46年（1971）	多摩ニュータウン入居開始
昭和50年（1975）	集合住宅居住世帯の比率20%突破（推定）（昭和55年に25%）
平成18年（2006）	集合住宅居住世帯の比率40%

(i) 居住形態の変化

(イ) 集合住宅居住世帯の増加　わが国における居住形態の変化の最も大きな特徴は、集合住宅居住世帯の増加である。集合住宅に居住する世帯の割合は全国平均ですでに40%を超えている。東京都や福岡市では70%以上にものぼり、政令指定都市などの大都市ではほとんどが過半数を超えている。表4・1に示すように、戦後の昭和30年に田中角栄の肝いりで日本住宅公団が設立されてから、20年後の昭和50年には集合住宅に居住する世帯割合は全世帯の20%を超え、さらに30年でその倍になった。10年で26%の増加ペースで増え続け、集合住宅が初めて建てられてから約半世紀でこの数字を迎えたことになり、さらに、現在でもその比率は直線的な増加傾向を示している。また、これに同期して1戸建て住宅に居住する世帯は単調減少を見せており、2025年頃には集合住宅世帯の数が1戸建て世帯を上回る勢いである。この変化は、戦後日本で発生した数々の変化の中でも、かなり急激なもののひとつと捉えなくてはならないであろう。

日本の以前の居住形態は、戸建て住宅群または長屋のような、地に張りつき、それが平面的に広がった、横の関係性が強い形態であった。しかし、現在の集合住宅では横の広がりを意識することは稀であり、高さ方向の関係性が建物としての特徴を決定付けている。階段室タイプの団地などはその典型であるが、たとえ片廊下式の集合住宅でさえも、横のつながりが強く意識されることはほとんどなく、戸建てや長屋のそれとは全く異なる。それは、集合住宅としての新たな居住意識と言ってよいであろう。

このような居住形態の変化は、日本人の生活様式のみならず、その根本的な意識、ひいては国民性にまでさまざまな変容をもたらす。その代表的な項目が近所付き合いの変化である。上述したターニングポイントの平成9年(1997年)頃に30歳を迎えた世代は、昭和42年(1967年)頃に生まれた子どもたちである。表4・1に示したように、この頃はマンションブームが本格化した時期であり、その子どもたちが小学校に入る昭和50年頃に集合住宅居住者が20%を超えた。昭和50年代から60年代初期にかけては、右肩上がりの高度成長時代であり、それに伴って集合住宅の大量供給も加速され、そして、生まれも育ちも集合住宅という世代が、急激に増加してくることになるのである。

物心ついたときから集合住宅で暮らしている子どもたちには、戸建て住宅や長屋が通常であったときのような近所付き合いというものの実体験が全くないのはもちろん、親の行動を通してそれを見聞きすることすらないのである。以前の日本で見られたような、向う三軒両隣といった濃密な近隣関係、すなわち近所の家を行き来したり、物の貸し借りがあったり、旅行のお土産を配ったり、作った料理のおすそ分けがあったりという状況は全く想像できず、そのような濃密な人間関係に対する免疫が全く無いのである。このようにして育った子どもたちが、たとえ1戸建て住宅に住むようになっても、もはや以前の日本にあったような近所付き合いができないのは当然と言える。まして、集合住宅に住まうことになった人々はなおさらであり、近所付き合いというのは煩わしさをもたらす悪習ぐらいにしか感じられないであろう。

(ロ)冠婚葬祭の変化　以前の日本において、近所付き合いの存在を担保していたものに冠婚葬祭がある。結婚や葬儀は近所の人々が裏方として手伝うのが昔からの慣わしであり、それは自分のときも含めた相互扶助の地域行事のようなものであった。村八分という言葉は、全体で10の近所付き合いの中でも、葬式と火事の2つだけは無条件で協力し、残りの八分は付き合いを絶つというものであった。葬式と火事を別格としたのは、放っておけば近所にも被害が及ぶためであるが、このように定期的な冠婚葬祭での共同作業が地域の強いつながりを醸成してきたのである。

住宅公団の団地でも、最初の頃は自宅の部屋で通夜を行い、その後出棺するように造られていたため、住宅の場合と同様に近隣住人の相互扶助の習慣は温存されていた。しかし、東京都生活文化局の調査によれば、平成7年（1995年）には自宅で葬儀を行う割合は42%であったものの、その7年後の平成14年（2002年）では11%まで減っている。1990年代の後半から自宅での葬儀が急激に減っているわけであるが、これも苦情等の増加の時期と見事に一致する。

このように冠婚葬祭の変化も、近隣関係の変化に大きく寄与している。近所付き合いの成立のための最後の砦と言える冠婚葬祭が自宅から切り離され、それによって近隣との全くの隔絶状態も可能となる条件が定着したのである。今は、火事を除いた村九分の近隣関係になってしまっていると言える。

（ハ）中高層居住世帯の急増　人間関係やコミュニティのあり方を大きく変質させた要因に中高層集合住宅がある。巽《たつみ》らの研究[3]によれば、中高層集合住宅では高層階居住者ほど近所付き合いを避ける傾向が強く、自治会や組合の形成も困難になる場合があると報告されている。

図4・11は、居住形態別の世帯数の変化を、昭和55年（1980年）を基準として表示したものである。集合住宅居住世帯が単調増加していることはすでに示したが、その内訳を見てみると、6階建以上の居住者比率が他と比べて急増しているのである。しかも、この急増が顕著となってきたのは平成7年前後であり、この結果も今まで述べてきた近隣苦情のターニングポイントである平成9年という時期とほぼ対応する。中高層集合住宅の普及が近隣関係の希薄化を後押しするひとつの要因となり、そこで生育した世代に近所付き合いを拒否する傾向をもたらしたことを推察させる例と言える。

高層集合住宅には、建築学的に多くの利点がある。高集積による土地利用の効率化とそれによる緑地・オープンスペースの確保、高度な居住設備や共同施設を備えた利便性の高い住環境、都市居住および都市型生活を可能とする立地性や高層展望の実現、などが挙げられよう。さらに生活面では、居住者アンケートで常に上位にくる、鍵ひとつで

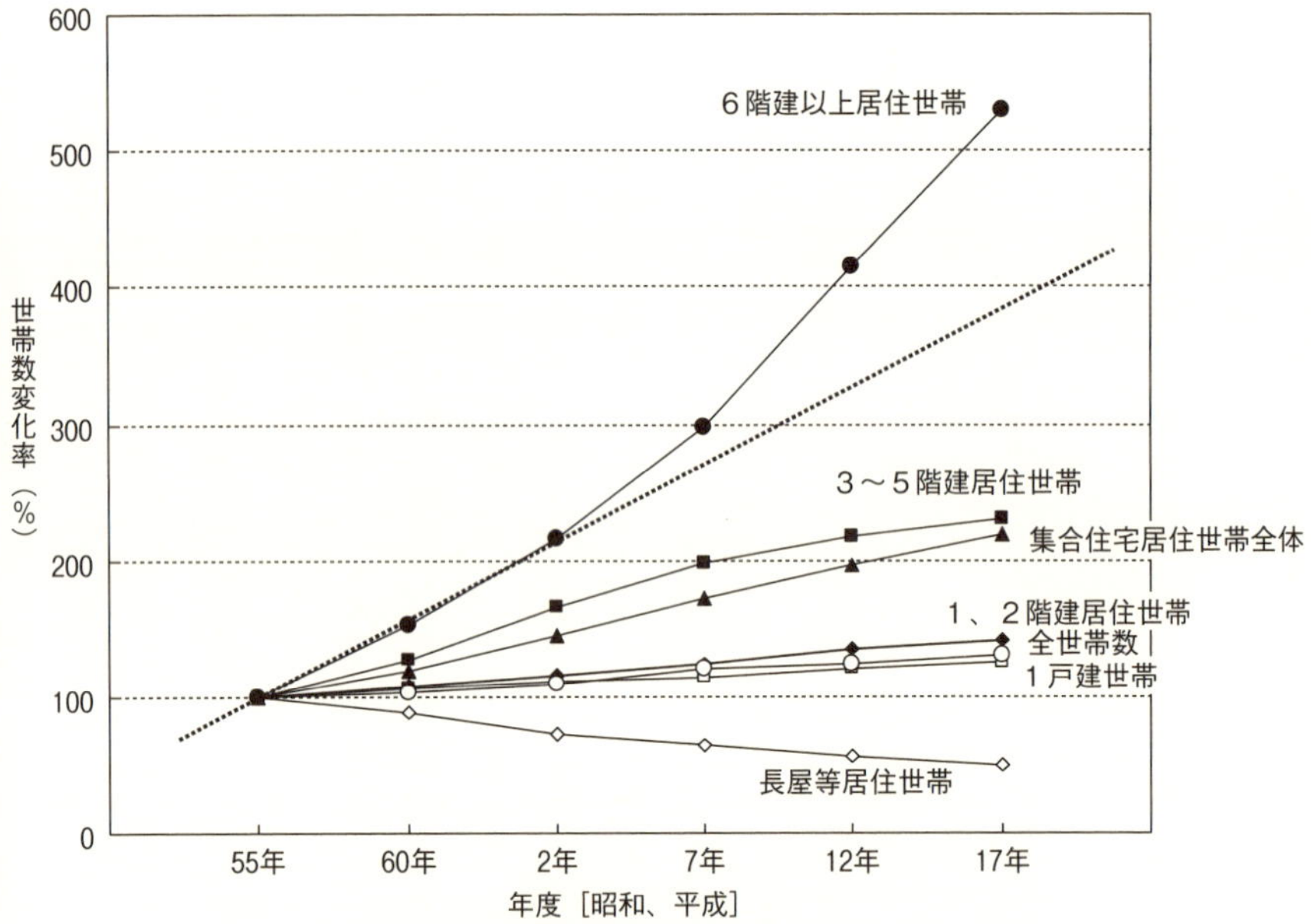

図4・11　集合住宅居住世帯数の変化（昭和55年、1980年で基準化）
（総務省統計局国勢調査結果報告より集計）

外出ができる利便性、面倒な近所付き合いをしないで済む簡便性などがある。しかし同時に、匿名性と無関心が支配的な住居であること、幼児の自立の遅れや野外遊び度の減少などの育成への影響、犯罪発生や防災上の不安の問題、近隣関係やコミュニティが成立しにくい点などの問題点も指摘されている[4]。英国では、高層集合住宅への批判が強く、幼児のいる世帯は5階以下に住むように指導されているということである[5]。

日本は、住宅のあり方というものを経済的な面、あるいは建築性能的な面からしか考えてこなかった。法的にも、建築基準法による空地率や容積率など敷地環境への配慮や、界壁遮音や採光率などの建築環境への配慮はあっても、人間環境への配慮はほとんど見られない。この辺で一度立ち止まり、人間の精神衛生面も含めたもっと多方面から住居のあり方というものを考え直し、それを反映した住宅政策というものを考えてゆく必要があるのではないだろうか。

（ⅱ）教育の変化

近隣関係の拒否世代が生まれてきた第2の背景に、教育の変化がある。昭和52年（1997年）頃に30代を迎えた世代、すなわち昭和42年（1967年）頃に生まれた世代の成長過程を追ってみると、小学生の頃に注目すべき点が見られる。それは、昭和52年の学習指導要領の改正であり、ここで「ゆとりの時間」が始まった。実際の「ゆとり教育」の実施はもう少し後の平成14年（2002年）になるが、実質上、この時期が教育の大きな変換点になったと言える。

当時の臨時教育審議会（臨教審）の答申では、個性重視の原則や生きる力の育成などが高らかに謳われ、従来の知識偏重の詰め込み型教育の反省に立って、学習時間や教育内容を大幅に削減し、生徒それぞれが自ら考えて学べる余裕のある教育環境をめざした。個性的で自発的な教育への転換を図ったものであり、総合学習の時間などがその主旨を体現した代表的な内容であろう。ゆとり教育自体の是非については、すでにさまざまなところで論議されており、ここでは敢えて論及はしない。ただ、その影響が、この世代の近所付き合いにまで波及している点について検証をしてみたいと思う。

ゆとり教育の結果、生徒の学力低下が顕著になり、今度は教育内容の充実が叫ばれるようになったが、ゆとり教育で失ったものは学力だけではなかった。日本人が生来持ちえていた協調性や同調性自体にも変化をもたらしたのである。個性の重視や自己主張の慫慂は決して否定されるべきものではないが、その見返りとして協調性や同調性を否定してしまえば、これは行き過ぎである。そして、それが実際に起こったのではないか。

この推論を補強する代表的な統計データを探してみた。青少年の協調性の涵養の場としてボーイスカウト活動は代表的存在であり、これについて調べてみた。ボーイスカウトの加盟員数（日本ボーイスカウト連盟加盟員）の変化を図化したものが図4・12であるが、加盟員数は昭和58年（1983年）までは増加傾向であったが、この年以降、一転して減少傾向に変化し、その後は単調減少が現在まで続いている。この間、日本全体の青少年人口は図に示すよう

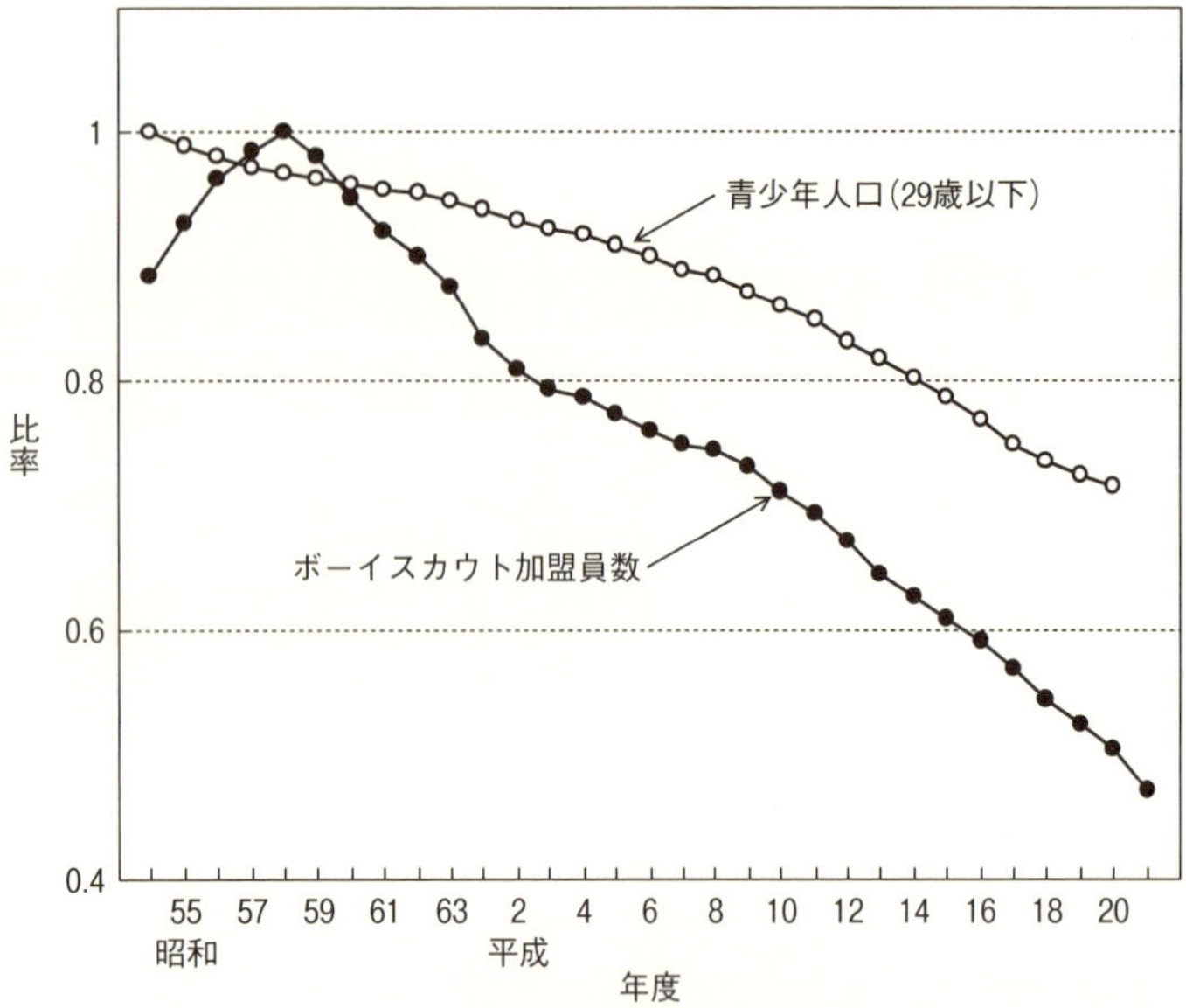

図4・12　日本ボーイスカウト連盟の加盟員数の推移と青少年人口との比較

（(財）日本ボーイスカウト連盟資料および内閣府「青少年白書」より）

に単調に減少しているため、ボーイスカウト数のこの急激な変化が人口動態によるものではないことは明らかである。

ゆとり教育への転換が始まったのが昭和52年（1977年）である。これにより社会全般に個性重視の考え方が徐々に定着し、昭和58年頃から協調性や集団的活動を重視するボーイスカウト活動が敬遠されるようになり、それにより加盟員数が増加傾向から一転減少に向かうという大きな変化が生じたのではないだろうか。これが事実であるなら、この時期に日本社会は大変に劇的な意識の変化を遂げたことになるであろう。

社会の風潮が、協調性や同調性を評価しなくなっただけでなく、それらを揶揄する傾向を示すようになった一例を示そう。それが日本人の同調性を揶揄した「難破船話」である。これは、ジョーク集などでよく取り上げられるものであり、細部に関してはさまざまな変化があるが、代表的なところを紹介しておこう。[6]

洋上を、ある一隻の豪華客船が航行していました。しかし、不意にその船は大火災に見舞われてしまったのです。船長は、船に乗っている人々を素早く海に飛び込ませないと、彼らの命はないと判断しました。この船には、様々な国の人々が乗り込んでいました。どういえば、スムーズに乗員の命を助けることができるか……どうやったら、怖がる人々を海に飛び込ませることができるのか……船長は思案の末、以下の様に言いました。

アメリカ人には、「飛び込めばあなたは英雄ですよ」、すると、アメリカ人は海に飛び込んだ。

イギリス人には「紳士はこういう時に飛び込むものです。」すると、イギリス人は海に飛び込んだ。

ドイツ人には「海に飛び込め。これは命令である。」すると、ドイツ人は飛び込んだ。

フランス人には「決して海に飛び込まないで下さい。」すると、フランス人は飛び込んだ。

イタリア人には「さっき美女が飛び込みましたよ。」すると、イタリア人は飛び込んだ。

日本人には「みんな飛び込んでいますよ。」すると、日本人は飛び込んだ。

これが日本人向けのジョークであることは明らかであるが、今の日本人はこのジョークを聞きながら、主体性のない自国の同調的国民性を嘲笑し、自虐的に納得してしまう傾向がある。そして人に安易に同調することを意味なく嫌悪するのである。しかし、そうであろうか。日本人は爾来、「皆が飛び込んでいるからには、そうするだけの理由があるはずだ」と考えて、それを尊重し、同調してきたのである。

イザヤ・ベンダサンの『日本人とユダヤ人[7]』の中に〝隣り百姓〟という言葉が出てくる。これは農耕民族として長年培ってきた日本人の同調性の素晴らしさを表す言葉として紹介されている。その部分を紹介しよう。

かっては、全日本人の八十五パーセントが、ある時期（天の時）になるといっせいに同一行動を起こした（人の和）。田植の時には全日本人が田植えをしなければならない。ゴーイング・マイ・ウエイなどとうそぶいていれば、確実に餓死するか他人様のやっかいにならねばならぬ。私の親しいある日本人農民は言った「私は篤農でも精農でもなく、単なる隣り百姓です」と。もちろんこれは彼の謙遜であるが、面白いのはこの「隣り百姓」という言葉である。隣りが田植えをはじめれば自分も田植えをする。隣りが肥料をやれば自分もやる、隣りが取り入れれば自分も取り入れるのである。隣りが立派な農民なら、確かにこれが安全な道であろう。「何と自主性がない」などという文化人がいたら、そういう方が少々頭が足りないのであって、自ら隣り（模範）を選び、その通りにやるのは立派な一つの自主性であり、しかも的確にまねができるということは、等しい技量をもたねば不可能であるから、その技量に到達できるよう自ら訓練することも自主性である――。

日本人が持っていた「場の親密性を自分自身のアイデンティティの一貫性よりも優先させる傾向」（内田樹『日本辺境論』[8]）は、決して揶揄されるべき存在ではなく、日本人のひとつの美質である。しかし現在は、同調性を排除する意識が強く、その結果、共同体の成員としての煩わしさを拒否する傾向が出現してきた。同調性の価値を認められなければ、共同体の煩わしさだけが残るのは理の当然である。ゆとり教育の理念がいびつな形で人間関係の意識に影響を与えてしまった結果であり、近所付き合いを忌避する30代、40代を見ていると、その事実を否定することはできないであろう。

日本人は、協調性よりも一歩踏み込んだ同調性の価値を再認識する必要があるのではないかと考えている。協調性とは、自分に特に不利益のない範囲で他人に合わせることと定義できるが、同調性とは、自分に多少の不利益があってもそれを受け入れて他人に合わせることである。近隣関係における同調性とは、共同体の煩わしさを受け入れて協調することである。DEC世代には、「協調はできても同調はできない」、「集合はしても共同はしない」という人が多い。敷衍すれば、同調性とは他者への寛容性に他ならない。これを基本として日本社会の在り様を考え直す必要がある。

（iii）コミュニティ手段の変化

DEC世代の第3の背景は、よく言われるようにコミュニティ手段の変化である。その最初の要因となるのがテレビゲームである。テレビゲームの登場は1980年頃であり、当初、喫茶店やゲームセンターに置かれていたものが徐々に家の中にまで入り込み、その後、現在のテレビゲームの全盛期へとつながってゆく。DEC世代と名付けた1967年頃以後に生まれた世代は、物心ついた頃からの時代を辿ってゆけば、まさに最初のテレビゲーム世代であると言ってもよい。1970年生まれを例にとれば、ファミコンの登場（1983年）が中学1年、ゲームソフト「スーパーマリオブラザーズ」（1985年）の大ヒットが中学3年のときである。

このテレビゲームの出現により、それ以前の世代とは、子ども時代の遊び方が全く変わってしまったのである。以前は「遊ぶ」ということは人と一緒に遊ぶことを指していたが、テレビゲームにより人と接触しなくても遊べるような状況ができてきたのである。

この世代がさらに成長を続ける間に、他者とのコミュニケーションに影響を与える大きな変革が次々に起こっている。携帯電話や携帯メールの急激な普及、インターネットによる日常生活のネット化（物品売買など）、地域小売店舗の消滅とコンビニへの転換、ソーシャル・ネットワーキング・サービス（SNS）に代表される交友形態の変化など、いずれも人との直接的（対面的）なつながりを希薄化させる大きな要因となっている。これらの環境の中で生きてきた世代に、つながりがもたらす煩わしさを許容できずに共同体への帰属を拒否する意識傾向が現れてくることは、当然の成り行きであろう。

以上に示した居住環境、教育、コミュニケーション手段などの変化が輻輳的に働き、近隣関係の拒否世代（DEC世代）を作り上げてきた。そしてこのDEC世代、すなわち『1960年代半ば以降に生まれ、高度成長時代が終わってから青年期を迎えた世代は、オウム真理教の信徒の中心を占めた世代』[9]でもある。高学歴で知性的であるが、決して理性的、人間的ではなかったオウム真理教の信徒たちに、友人など特定の人間とは付き合うが、隣近所とは付き合おうとしないＤＥＣ世代の典型の姿を見てしまうのは穿ち過ぎだろうか。

近所付き合いは確かに煩わしい。しかし、煩わしさを拒否するともっと煩わしい事態に見舞われることだけは理解しておく必要がある。これは近所付き合いだけに言えることではない。引きこもりの果てに起こす自暴自棄な事件や、閉鎖的な集団における暴走的な行動の帰結もみな同じである。

１・３　近隣苦情の増加要因に関する世相論

近隣苦情の増加が、近所付き合いを好まない世代の台頭と密接な関係があることを示したが、それが全ての理由ということではもちろんない。世の中の物事がひとつの要素で決定してしまうということは極めて稀有なことであり、通常は多くの事象が複雑に作用しながらひとつの流れに集約してゆくことの方が一般的である。

では、近隣苦情増加に関する他の要因にはどのようなものがあるか。考えられる最も大きな要因は世相の変化である。社会全体を暗雲のように覆う世相の在り様は、人々の心と行動にさまざまな変容をもたらす。近隣関係や職場の関係などの人間関係への影響も少なくないはずである。ここでは、さまざまな社会指標を手がかりに、近隣苦情の増加と世相の関係を探ってゆくことにする。

（a）「失われた10年」による社会構造の変化

近隣苦情増加のターニングポイントとなった１９９７年は、日本の社会構造自体が地殻変動のように大きく変化した年である。図４・13は日本の１９９３年から２００４年の約10年間の名目ＧＤＰと勤労者世帯の１ヵ月当たりの実収入の変化を示したものである。１～２％の着実な増加を示していたＧＤＰは１９９７年を境に一気に急反転し、その後、下落傾向のトレンドに変化している。この国家経済の変化と期を一にして、個人経済の指標である勤労者世帯の1ヵ月当たりの実収入も下落に反転し、その後、大幅な落ち込みを示している。このように、1997年を境にして社会経済の様相が一変した影響が、市井に生きる一般庶民の生活にも暗い影を落とし始める。図4・14は完全失業者数と年間の自殺者数の推移であるが、1年後の1998年にはどちらも前年までのトレンドから急増に転じている。図に示したこの期間は、いわゆる「失われた10年」であり、経済の停滞のみならず、人々の心の中に社会の行く末に対する漠然たる不安感が広がり始めた時期でもある。

近隣に対する苦情の増加も、これら社会全体の変化の時期と同様の変化を辿っている。社会の変化が、日本人の心理的な面に戻りようのない大きな変化をもたらしたのであり、あらゆる意味で1997年は日本人にとって大転換の年となったのである。

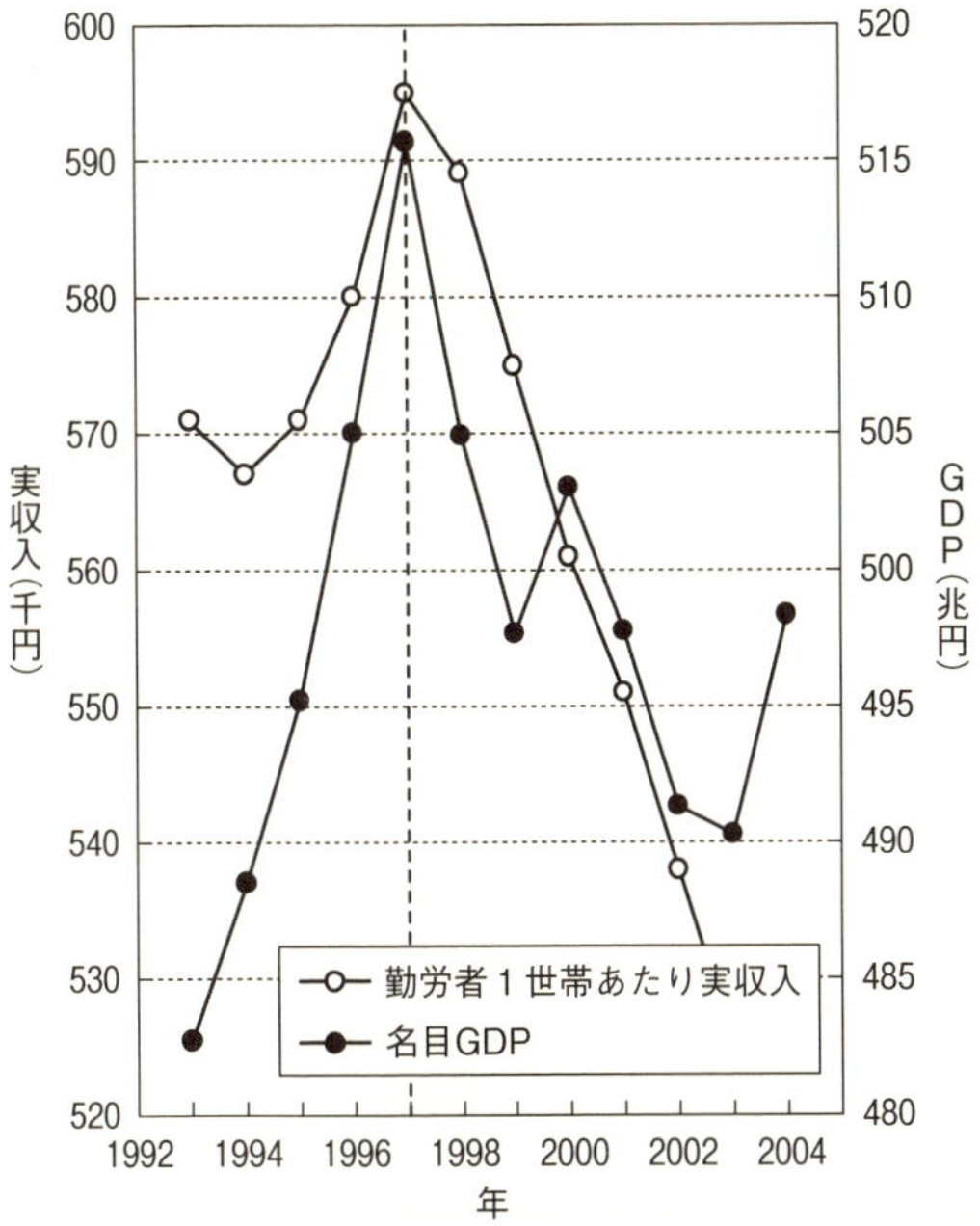

図4・13　日本の名目GDPと勤労者世帯の1ヵ月当り実収入の推移

（出典：IMF-World Economic Outlook、総務省統計局・家計調査年報）

(b) バブル崩壊による感情不況

図4・13、図4・14に示した1997年頃からの変化をもたらしたものは、言わずもがなであるが、1991年に始まったバブル崩壊である。株価の急落に始まり、地価の下落、大手金融機関や住専の破綻、ゼネコン危機、保険会社の破綻、と連鎖的に崩壊が拡がり、平成の大不況と呼ばれる戦後最大の不況が始まった。世間では、賃金カットやリストラと

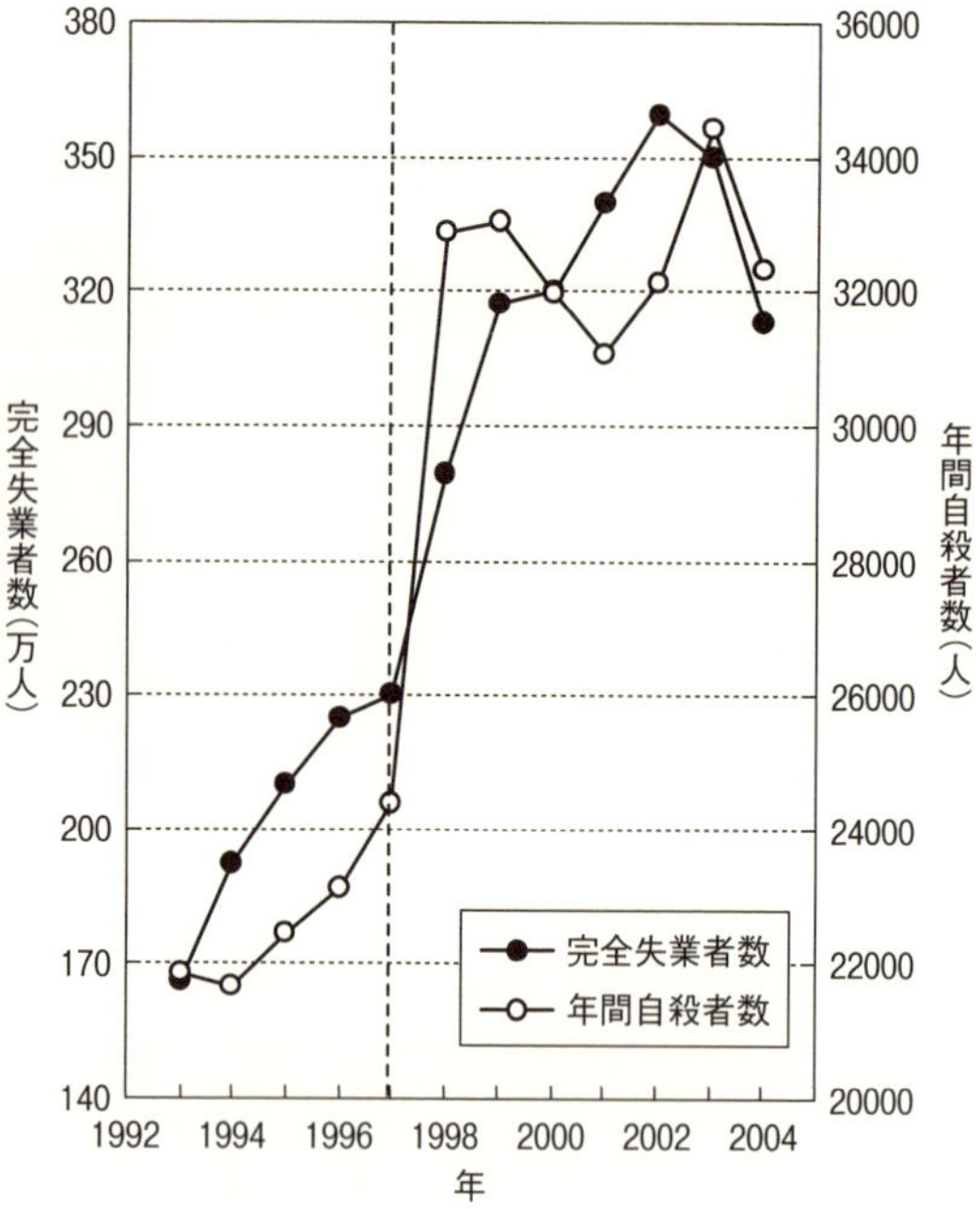

図４・14　完全失業者数と年間自殺者数の推移
（出典：総務省統計局・労働力調査報告、警察庁統計資料）

称される首切りが横行し、あまねく雇用不安が拡がった。学生たちは就職氷河期を迎え、将来への展望も開けないままフリーターを余儀なくされた。バブル崩壊の悪疫が社会全体に体感されるまで拡がるには数年を要し、その後、経済的な現象であったバブル崩壊は、深刻なさまざまな社会問題となって日本全体に覆いかぶさり、社会の隅々にまで不安感が拡がったのである。

１９６０年代から１９８０年代にかけて、日本は意気軒昂な時代を迎えていた。高度成長期からバブル景気まで右肩上がりの経済の中で、３C（カー、クーラー、カラーテレビ）をはじめ、少し頑張ればマイホームも夢でないという豊かさを享受していた。一億総中流と言われたように、国民の９割が自分を中流階級だと思う、「ラビアンローズ（バラ色の人生）の幻想」の中に生きていたのである。

飛ぶ鳥を落とす勢いの日本経済を背景に、嘗てない高揚期を迎えていた日本人が、バブル崩壊によって一転、奈落の底に落とされたのであるから、その衝撃は計り知れないものだった。一度、夢の時代を生きた人間には、現実の困窮はひときわ耐えがたい。それに追い討ちをかけるように、この時期、特に大きな事件、事故、出来事が起こった。１９９５年１月には阪神大震災が起こり、世紀末とも思えるようなこの世の悪夢を目の当たりにする。さらには、３月に地下鉄サリン事件が発生し、実行犯たちを通して人間の不気味さを痛感することになる。もはやラビアンローズの幻想は消えうせ、人々は不安社会の中にどっぷりと身を沈めることになった。そして1997年の大転換へと向かってゆくのである。

不安心理は、まさに疫病のようにさまざまなものに波及する。不安感が蔓延する社会の中で、日本人の心の中に他者に対する不信と警戒が巣くうようになる。不信感と警戒心は、近隣とのコミュニティ構造を自ずと変化させ、他者への攻撃性のポテンシャルを高めることになる。日本人の温順なメンタリティーは、いつしか不安社会の中で変質していった。バブル崩壊がもたらしたものは経済不況だけではなく、日本人に感情不況をもたらしたのである。このような目に見えない社会構造の変化が、近隣苦情や近隣攻撃という軋轢の増加を後押ししたのではないだろうか。

(c) 不安気質の日本人

しかし、バブルの崩壊で感情不況までが生じてしまうということが実際にあるのだろうか。それには、日本人の気質が関係していると思われる。すなわち、日本人は不安感を持ちやすい人の割合が多い民族であると言われている。

人間の脳内の化学伝達物質にセロトニンというのがある。このセロトニンの輸送に関わるタンパク質をセロトニン・トランスポーターと呼ぶが、このトランスポーター遺伝子のプロモータ（転写制御）領域の長さには、「ショート・タイプ」と「ロング・タイプ」の2つのタイプがあり、「ショート・タイプ」を持つ人は「ロング・タイプ」を持つ人よりも、ネガティブな感情に対して過敏であるというのである。[10] 要は、DNAによって不安を感じやすいタイプがあり、日本人にはこのタイプが多いということである。日本人は遺伝的に不安気質を持った人、「ショート・タイプ」が多いのである。一説には、日本人の70％がこのタイプであると言われている。また、この関連遺伝子は攻撃性や損害回避傾向とも関係している。

ただし、これらの遺伝的な気質がそのまま性格に現れるかと言えばもちろんそうではなく、研究によれば、環境的な要因と遺伝的な要因がほぼ半々の割合で影響して決定されるという。これは、一卵生双生児を用いた遺伝的な性格研究によって得られた結果だということを聞けば、なるほどと首肯できる。

1960年代から1980年代にかけては、日本人は右肩上がりの高揚期の中で生き、国民総中流意識のもと不安も感じない時代を過ごした。そのような環境では、遺伝的な不安気質も表には現れてこない。楽観的な環境要因が、遺伝的不安要因を抑え込んでいたわけである。

ところが、1990年代のバブル崩壊により、その重しが取り払われることになった。環境要因も遺伝的要因も、双方ともが日本人の不安気質を炙り出す結果となり、今まで覆い隠されていた日本人の不安気質が一気に噴き出してくることとなった。不安気質の強い人はキレやすく、近隣とのトラブルも起こしやすいというのも、穿ちすぎた見方とは言えないであろう。

海外では、ここ5年から10年で極端に近隣苦情や近隣トラブルが増加するという傾向は見られない。したがって、近隣への苦情が激増している傾向というのは日本独特のものであり、もともと日本人が持っている遺伝的要因である不安気質と、バブル崩壊を契機として始まった不安感に満ちた社会環境要因が相乗的に働いた結果ではないかと考えられる。これが、この時期に近隣トラブルが急増してきた世相的な理由ではないだろうか。人々の深層心理の底に巣くう漠然とした不安感、すなわち心理学で述べた「透明な不安感」を、誰もが感じる時代になったのである。

(d)「切れる」から「キレル」へ

不安気質が炙り出されてくると、対人関係における許容量も小さくなる。その代表的な表出現象が「キレル」ことであろう。「キレル」とは、相手に対して急に感情が爆発することであり、現代人は昔に比べて切れやすくなったと言われる。

では、いつから人々は切れやすくなったのか、まずこれを調査してみた。ここでは「キレル」という言葉の意味に着目した。すなわち、従来は「切れる」という言葉は、「あいつはなかなか切れる男だ」など、頭脳明晰で判断力があることなど、肯定的な意味で使われていた。いわゆる懐刀として使い物になるといったイメージであった。これが、いつから感情をコントロールできないことを表すようになったのか、すなわち、「切れる」という漢字から「キレル」というカタカナに変化したのはいつからなのかということである。

　この調査の方法として、出版書籍を調べてみた。出版されたすべての書籍が所蔵されている国会図書館の検索サイトで、「切れる、キレル、キレる、きれる」などで書籍を検索してみた。結果として187冊がリストアップされ、その中身を確認しながら、書かれている内容が「切れる」か「キレル」かを調べた。187冊の中には、「堪忍袋の緒が切れる」や「聞いてあきれる」、「病は治しきれる」なども混ざっているため、これらを除いた「切れる」と「キレル」の本は全部で62冊であった。これを、出版年毎に分類したのが図4・15であり、大変に興味深い結果が現れた。

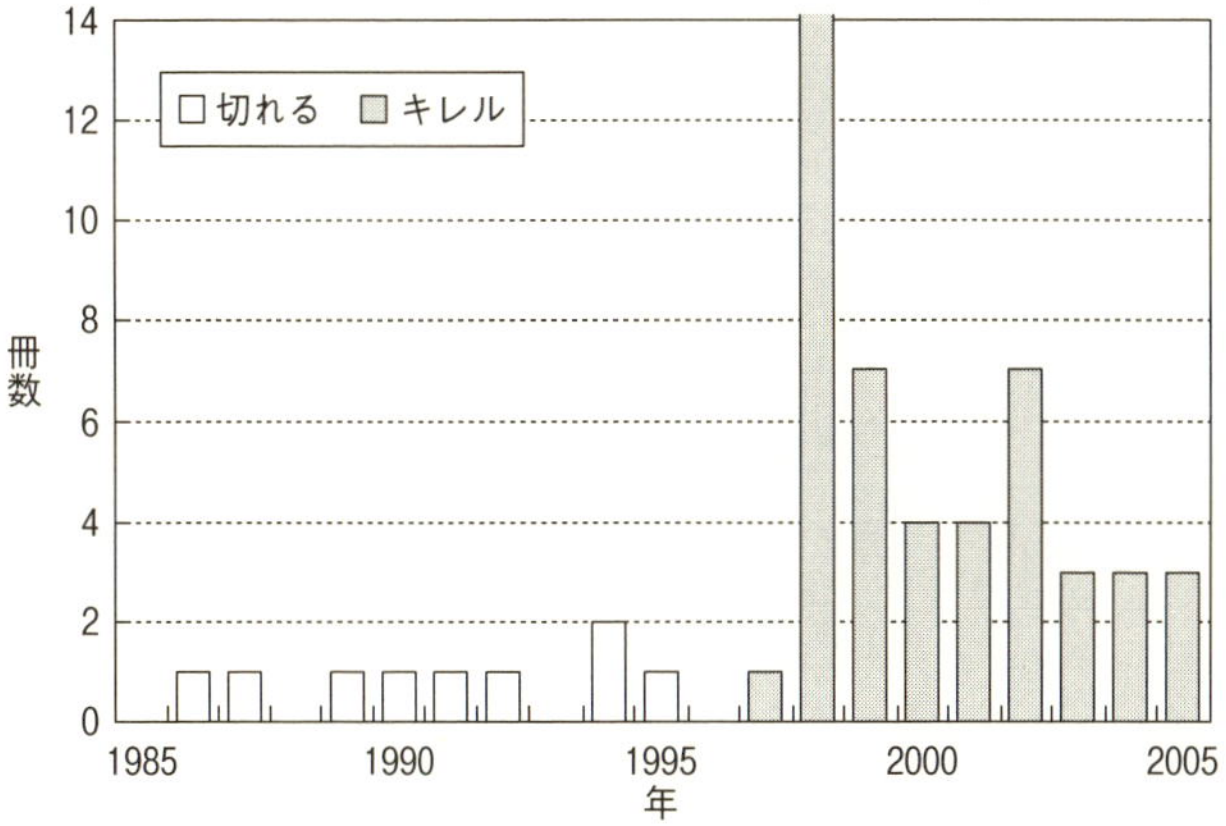

図4・15　「切れる」と「キレル」に関する書籍出版数の年次変化

　図を見ると分かるように、「切れる」と「キレル」は見事に2つの領域に区分された。1995年（平成7年）以前には、「キレル」という意味で使われている書籍は1冊もなく、逆に、1997年（平成9年）以降は、「キレル」という意味の書籍ばかりで、「切れる」という意味の書籍は1冊もなくなったのである。この図を見る限り、「切れる」という言葉は、1997年に突然変異的に「キレル」に生まれ変わった、そんな印象さえある。

　特に、1998年には「キレル」関係の書籍が爆発的に出版され、その多くは、『10代の子供のしつけ方——キレる子をつくらないために』（斉藤茂太、ＰＨＰ研究所）など、子どもを対象としたものである。しかし、「キレル」変化が現れたのは子どもだけだったのだろうか。子どもに顕著であったことは確かであるが、目立たなくても成人や老人にもその変化は確実に生じていたのであろう。なぜなら、『暴走老人』という書籍が話題になったように、今は、「キレル」のが子ども特有の現象だとは誰も思わないからである。変化の影響が、最も敏感な部分にまず現れたということであろう。書籍以外を調べても、１９９８年には、「キレル」は一般的な言葉になり、「ムカつく」とともに世相語の代表となっている。

この結果もやはり近隣苦情件数の激増の年である１９９７年（平成９年）と見事に一致する。人がキレやすくなれば他人に対する苦情も増えるであろうから、これは偶然の一致と言えるものではなく、強い因果関係によりもたらされた結果であると言える。すなわち、日本社会の世相の変化が、不安心理を通して近隣苦情の増加という現象に大きな影を落としているということである。

近隣トラブルの中でも、騒音トラブルというのは中心的な存在である。すでに述べたが、東京警視庁に毎年寄せられる７万件以上の環境関係苦情のうち、99％が騒音に関するものだという。なぜ騒音の苦情、騒音のトラブルがこれほど多いのか。

これはあくまで仮説にすぎないが、不安気質というものを持っている人は、音に敏感な特性を持っているのではないだろうか。第３章の心理学の中でも述べたが、他者の音に敏感になることとは、本来、周囲を警戒することである。外敵の存在があり、自分の中に敵意が芽生えてくると、外敵に備えるために聴覚の感度が上がってくる。夜、眠っているときでも、外敵が発する音はすぐさま聞き分けて目を覚まさなければならない。これは動物としての生存に関わることである。

警戒するということは、不安の表れに他ならない。音の中に何かの意図を感じ、周囲の状況に対する不安感を持つものが他人の音に対して敏感となる。したがって、不安気質を持つ人が騒音に対して敏感に反応するというのは、十分に考えられることであろう。

現代人は昔に比べて騒音に対して過敏になってきているとよく言われる。これは住環境性能全般の向上に伴い、性能意識や要求水準が高度化してきたためと言われているが、それだけではなく、世相によりもたらされた漠然とした不安感が日本人の不安気質を顕在化させ、それが騒音に対する過敏な反応を生み出していると言えないだろうか。

1・4　世代要因と世相要因の遭遇による苦情社会の出現

（a）米国から30年経過後の遭遇

ロバート・D・パットナムは、ソーシャル・キャピタル（社会関係資本）を論じた自著『孤独なボウリング（Bowring alone）[11]』の中で、20世紀後半における米国での社会的つながりの希薄化や市民参加の度合いの低下の理由を詳細に説明している。その中で、図4・16はパットナムが米国社会の変化を究極的に表出している例として示したものである。自分が、「所属しているという感覚を真に感じるのは何を通じてか？」という質問に関して、家族、友人、同僚に関しては、１９４６年から１９６４年にかけてほとんど変化は見られないが、近所の人や教会、地域に関しては大きく同意の比率が減じている。この変化は、図４・６の近所付き合いの変化や若年層への「日常生活の中で重視している項目」のアンケート調査結果に示された日本での変化と全く同様の傾向であり、米国の１９６４年より30年程経過した後に、日本でも同様の変化が生じてきたことが推察される。

この図が示す変化についてパットナムは、「二十世紀後半の三分の一を通じた米国における市民参加の低下は、その多くが、著しく市民的な世代が、コミュニティ生活への組み込まれ方の少ない数世代（その子や孫）によって置き換わったことに起因する。過去数十年間の市民参加のダイナミックスは、世紀半ばの世界的激変が影響した社会慣習と価値観によって部分的に形成されたという結論に筆者は至った。（一部読点追加）」と述べている。これは、本書で述べている世代論と世相論への帰結に他ならず、日本では米国から約30年のタイムラグを経て、ほぼ同様な理由で同

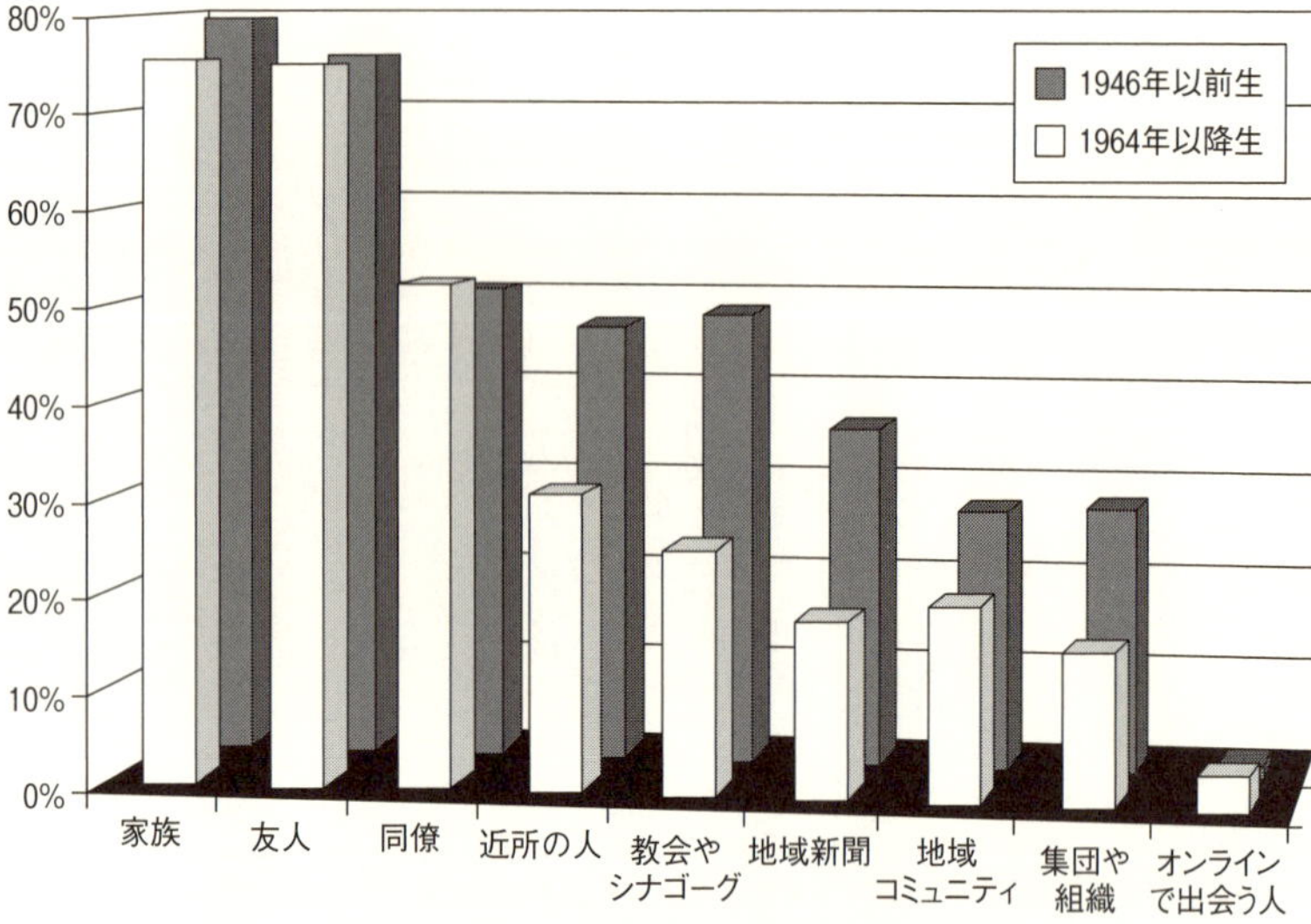

「所属しているという感覚を真に感じるのは何を通じてでしょうか？」

図4・16　米国での人のつながり意識の時代変化

（ロバート.D.パットナム著『孤独なボウリング』より）

様の変化が生じたことになる。

近所付き合いを避けようとする世代の台頭に代表される人間関係の希薄化と、日本人の不安気質を顕在化させた社会的不安状況という世相、すなわち世代的要因と世相的要因という2つの要因が、たまたま1990年代後半という時期に遭遇し、期を同じくしてその影響を発現したことが日本社会に急激で大きな変化をもたらし、日本人の心象風景を一変させた。2つの要因の遭遇が折悪しく相乗的な効果を発揮して、日本に苦情社会をもたらしたのである。

これにより、極めて恐ろしい予測が成立する。世代的要因というのが、1997年頃に世帯を持ち始めた世代、すなわちその頃に30歳前後になった世代による変化であることを考えると、この世代が60歳以上になって以前の世代と完全に入れ替わるまで、今後20年ぐらいは、現在の状況が増加傾向で続くこととなる。社会全体としても人間関係の希薄化の傾向は今後とも続いていくことであろうし、高層集合住宅の供給やコミュニティ手段の変化もますます加速気味であり、さらには、心理学の章で述べた耐煩力の低下が、これに拍車をかけることになる。楽観的な要素はあまり見当たらない。

世相的な面でも、わが国における少子高齢化は著しく、高齢社会白書によれば２０５５年ぐらいまで出生率は単調減少、高齢化率は単調増加の傾向を示している。これでは社会の活力が大きく好転することは期待できず、現状の不安社会が解消されることはないであろう。１９６０年代のような高揚期はもう訪れないのである。このように、世代的要因と世相的要因の２つの要因ともに、現在は悲観的な予想しか出てこない。これを覆すための社会的な措置を講じないと、今以上のとんでもない苦情社会が出現してくることも想像される。

実は、この苦情社会というのはわが国独特の社会傾向である。地域コミュニティの希薄化や社会不安の蔓延という状況は、日本以外でも先進諸国なら多かれ少なかれ発生している現象と考えられる。上述したように、米国では、１９７０年代頃からコミュニティの変容が著しく、ロバート・パットナムが社会の変化に警鐘を鳴らしているほどである。しかし、近隣への苦情がある時期を期して激増に転化するというような現象は諸外国では特に見られず、たとえばイギリスの世論調査では、近隣騒音で迷惑を受けていると答えた人は10年でわずか５％増えただけにすぎない。したがって、これは我が国特有の傾向であることが推察される。では、なぜわが国にこのような変化が生じたのか、その根本について考えてみたい。

(b)「並ぶ文化」と「向かい合う文化」

幼稚園や保育園で子どもたちが食事のためにテーブルに集まってきて席取りをする。このとき、「いっしょに食べようね」と約束している子どもたちの席取り行動を調べると、例外なく隣り合わせの席を取るということである。それも子どもなりに必至でその席を確保しようとするらしい。隣り合わせに並んで座って食べることは仲良しの証であり、隣り合わせの席なくしてこれは成立しない。この傾向は4歳児だけでなく2歳児にも見られたという。隣り合わせに座ることは、「だって、仲良しなんだもんねー」と顔を合わせてニーッと笑ったり、「そうなんだもんねー」と言って肩を組んだりする、仲良しの確認行動に不可欠な座席配置であり、子どもはそれを無意識に理解しているのだということである[12]。

大人についても着席行動を調べた研究がある。一般的には心理学のプロクセミック研究（空間行動研究）と呼ばれる分野の研究であり、長椅子などでの着席間隔を調べた対人距離の研究などが代表的である。着席行動の対人位置関係においては、大人の場合は対面に座るのを好むということであり、幼児の場合とは異なる。これは話をするときに表情を見たり、視線を合わせたりすることが重要であるためだと言われている。しかし、これは単に話をするために好都合だというだけであり、仲の良い人とは並んで座りたいという欲求は大人でもあるのではないか。特に、日本人の場合にはこの傾向が強いのではないかと思える。

着席行動を国際比較として研究した報告によれば、アメリカ人やイギリス人は競争に価値を置く国民性のため対面を好み、台湾では協調性を尊ぶので横並びを好み、スウェーデン人は地位の上下に敏感なため対面を好むということである[13]。そして、やはり日本人は横並びを好むということであった。

筆者がこの着席行動に着目した最初のきっかけは、海外旅行のときであった。外国で列車の指定席切符を2人分買うと、4人掛けの席では必ず向かい合わせに席を取ってくれる。日本の場合には、4人掛けの席でも横に並んで座るのが通常である。日本人は、並んで座ると安心感があるが、面と向かって座ると不安感を覚えるのである。その不安感は、対峙する緊張感を回避しようとする生来的な情動の現れである。卑近な例では、食堂で相席を強いられ、見知らぬ人とテーブルを挟んで向かい合って食事をするのは極めて居心地が悪いが、カウンターだと見知らぬ人と横に並んで食事をしていてもほとんど何の違和感も覚えない。

日本人が幼児と同じだというつもりはないが、幼児が感じている仲良し確認行動と同じような感覚を日本人は精神文化として持っているのではないかと思う。すなわち「並ぶ文化」であり、これは西洋の「向かい合う文化」と対照をなすものである。誤解のないように述べておくが、これは決して非難の意味で言っているのではない。遥か古代の昔から農耕民族として集団で生活をしてきた共同体意識の名残りのようなものが、深層心理の中に未だ根付いているのではないかということである。そして、この心理がさまざまな形で日本社会に影響を及ぼしているように思える。

(c) 米国の「訴訟社会」、日本の「苦情社会」

米国の社会は「訴訟社会」と言われる。何か問題があれば、訴訟という公的な決着システムを用いて社会的にはっきりとした結論を出してもらい、その結果、正当に補償されるべきものがあれば決然としてこれを要求する。あやふやな解決ではなく、相手に面と向かって白か黒かの決着をつける、いわば、西部劇の真昼の決闘のような「向かい合う文化」がその根本にある。米国でも以前は地域社会の統制力が豊かで、教会の神父や保安官などの下で小規模な紛争を自ら解決してきた。その統制力が時代とともに消滅したとき、「向かい合う文化」の帰結として訴訟社会が出現したのである。

片や日本文化は「並ぶ文化」である。「隣り百姓」の言葉に代表されるように、共同体のつながりを重視し、事を荒立てるのではなく仲良く暮らすことを重視してきた。これは農耕民族としての生存のための基本原則である。農耕は1人だけでやれるものではなく、田植えも収穫も水の利用も、地域社会の人々がみなお互いに助け合ってこそできるものである。それゆえ、村八分というものが地域社会で最も重い処罰になりえたのである。この協調性豊かな「並ぶ文化」が、昭和の50年代ぐらいまではうまく機能し、地域社会のコミュニティを維持するための土壌を形成していた。しかし、昭和60年代ぐらいから平成に変わる頃になると、先に述べたような教育や居住形態、コミュニケーション手段などの変化とともに、この「並ぶ文化」を揶揄する、あるいは忌避する風潮が起き始め、それが地域コミュニティの崩壊へとつながってゆく。

「並ぶ文化」が消滅して、日本に何が起こったか。米国のような「向かい合う文化」が根付いてきたかと言えばそうではない。「並ぶ文化」の替わりに日本に表れてきたものは「向かい合わない文化」である。隣り合わせに並ぶことはやめたけれども、向かい合って目を合わせるでもなく、ただ関係を断ち切っただけである。その結果表れてきたのが他者との接触における過敏な反応であり、それをベースとして匿名で苦情を言い募るような陰鬱な「苦情社会」である。実際にも、市役所などに寄せられる苦情の多くが、匿名によるものという。

「並ぶ文化」を象徴的に示した、昭和30年代を題材とした映画『三丁目の夕日』に代表されるような濃密な近隣関係が、生活環境が大きく変化した現代社会にそのまま適合するはずはないが、そこからのパラダイムシフトがうまく進まずに、いびつな形で苦情社会が出現してしまったのである。もう一度、ムラ社会に帰れとは言わないが、日本人の精神土壌の根本である「並ぶ文化」を再評価し、現代社会に合った新たな「並ぶ文化」の枠組みを造り直す必要があると強く感じる。

(d) 苦情は日本社会のバロメーター

米国では、1970年頃から社会統制的な解決力が消滅して、「向かい合う文化」の下で「訴訟社会」が出現したが、日本の場合には、約30年遅れて訪れた同様の社会状況に対して、「向かい合わない文化」の下で「苦情社会」を作り出してしまった。以前は米国も日本の場合も、国民性や文化の違いにより形は全く異なるものの、各々、その地に根ざした「つながり」のある豊かなコミュニティ社会が形成されていた。それらが消滅した後に、本来持っていた国民性が、いびつに強調される形で表面に浮かび上がってきた。いわば、体を覆っていたコミュニティという名の協調の衣が剥がれ落ち、人の目も気にせず思いのままに裸で歩き出したのである。

米国では、「訴訟社会」の出現という状況に対処するため司法的な面からの取り組みが行われ、第6章で示すように21世紀に向けた新たな形の社会システムを生み出した。そのシステムは、当面的な対処療法の意味合いだけでなく、地域社会にコミュニティを取り戻すという本来的な効果も兼ね備えたものである。

では、わが国ではどうであろう。「苦情社会」の出現に対処できるような新たな取り組みがなされているのかと言えば、答えはノーである。すでに示したように、多くの社会データが「苦情社会」の出現を顕示しているものの、社会的な反応は極めて鈍い。放置すれば、加速度的に日本社会の変容が進行し、いびつな形で固定化してしまう危険性も孕んでいる。

米国における訴訟問題がそうであったように、苦情は日本社会のバロメーターである。現在は、近隣への苦情、学校への苦情、自治体への苦情、その他諸々の苦情が社会に溢れているが、このような各種の苦情データを追尾してゆけば、これまで示してきたように日本社会の変化を予見的に把握してゆくことも、対策を考えることも可能であろう。

この節の最後に、図4・17のデータをご覧いただきたい。１９９７年から急激な社会の変容が進み悲観的なデータばかりが並ぶ中にあって、「人の善意を信じる」、「習慣やしきたりに従うのは当然だと思う」という回答は決して減少はしていない。「人の善意を信じる」にあっては90％の高率を維持し続けており、気持ちだけは残っている。しかし、これらも今後いつ下降に転じてもおかしくはない状況であり、現在はその過渡期に差し掛かっていると思われる。今はまだ希望が残されている。この時期に早急な社会的対策が必要である。

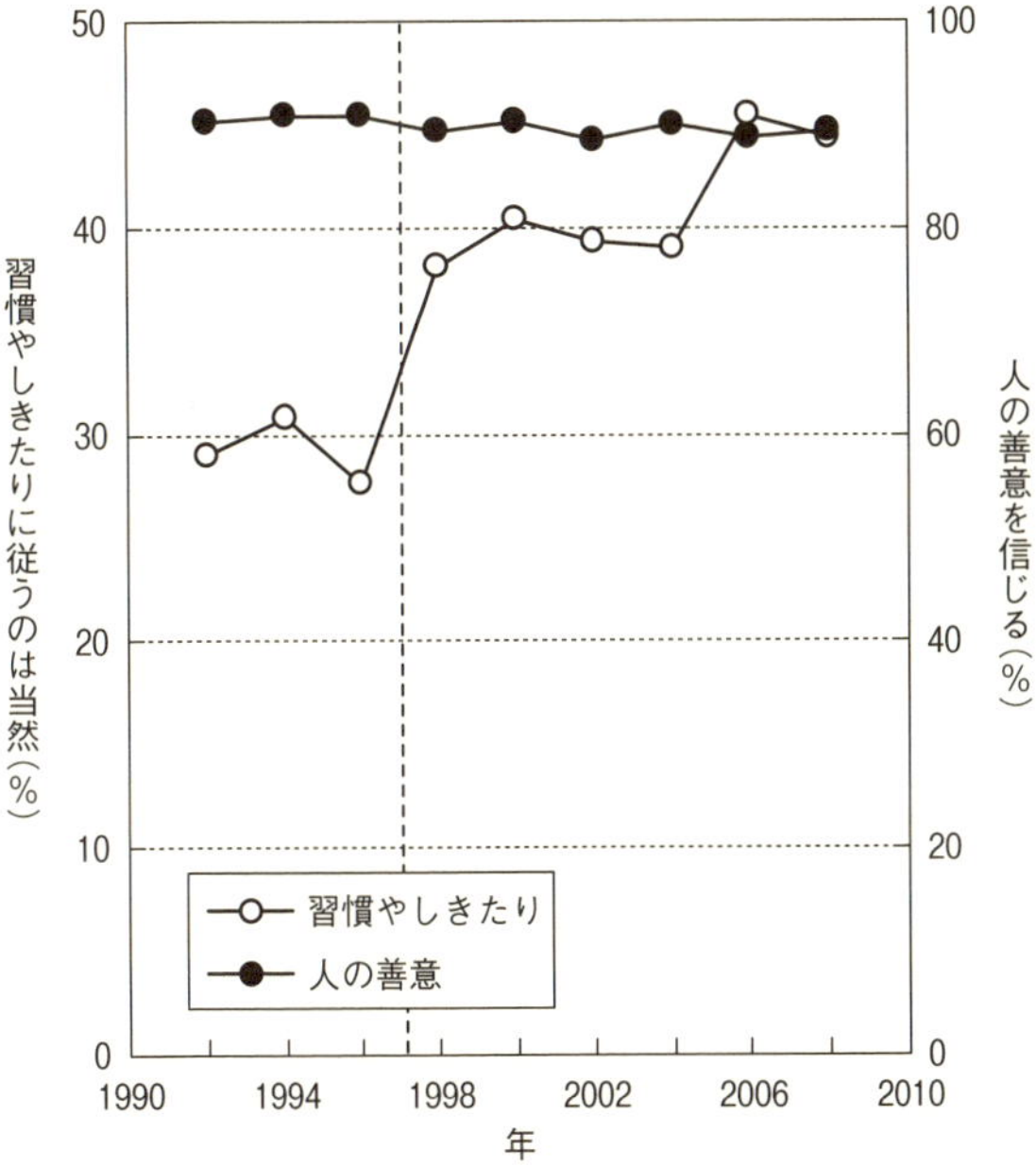

図4・17　「人の善意を信じる」と「習慣やしきたりに従うのは当然だと思う」の回答率

（出典：生活総研・生活定点調査）

2　近隣騒音訴訟の現状と分析

騒音訴訟と言えば、これまでは、空港騒音や新幹線騒音、あるいは国道42号線の道路交通騒音、その他、建設騒音や工場騒音など、いわゆる公害騒音を対象としたものが主であった。これらの問題は完全に解決したわけではないものの、騒音規制法や環境基準の制定などにより騒音環境に関する状況は大幅に改善され、訴訟事例も減少している。これに変わって、大きな社会問題となってきたのが近隣騒音に関する訴訟であり、近隣関係の希薄化、疎遠化に伴って、年々増加の傾向を示している。昭和30年代、40年代には、近隣騒音自体は存在していても、それが訴訟につながることはなかった。しかし、現在では、さまざまな損害賠償訴訟や差し止め訴訟が争われる状況となっている。

騒音問題ではないが、隣人訴訟として最初に社会の耳目を集めたのが昭和52年（１９７７年）に発生した鈴鹿市の男児水死事件である。母親が買い物に行くため隣人である友達の母親に3歳になる子どもを預けたが、その子が近くの溜池に落ちて水死したのである。幼児の母親は、隣人の母親や鈴鹿市らを相手取って損害賠償を求める訴えを起こしたが、結局、隣人に関してだけ５００万円強の損害賠償が命じられた。しかし、その後に原告のもとへ嫌がらせの電話や攻撃の手紙などが殺到し、父親や男児の姉も村八分同様の嫌がらせを受け、結局、裁判を取り下げざるをえなくなったというものである。嫌がらせの多くは、好意で子どもを預かってくれた隣人を訴えるとは何事か、というものであったが、新聞各社は、隣人間の訴訟を否定する日本社会の同質性と、意見の異なる人を村八分にする日本人の陰湿性を指弾する記事をこぞって載せた。また法務省は、裁判を受ける権利を侵害しないようにとの異例の見解を発表するまでの騒ぎとなった。今から見れば隔世の感のある出来事であるが、当時の近隣意識とはこのようなものであった。今では、近隣騒音で訴訟を起こしても、誰も決して非難を受けることはないであろう。

本節最後の表4・3に、昭和54年以後の近隣騒音に関する訴訟事案をまとめて示した。対象となる騒音は、ペットの鳴き声、カラオケ騒音、集合住宅の上階音、冷暖房機器騒音などであり、これらの判決には、被害の状況だけではなく騒音の種類によって各々特徴的傾向が見られる。これらも騒音トラブルを考える上での重要な要点になるであろう。

訴訟というのはトラブル解決のひとつの手段であるが、近隣騒音トラブルの場合に、訴訟というものがどのような意義を持ち、解決手段として果たして有効に機能するものかどうかに主眼を置いて、実例をもとに検証を進めてゆくことにする。

2・1 近隣騒音訴訟の特徴

公害騒音の訴訟に代表されるように、騒音訴訟では騒音の差し止め請求や損害賠償などが争われることになる。一般的傾向として、過去の損害賠償、すなわち今まで蒙ってきた被害の過去の期間に対する賠償が最も認められやすい。それに比べ、将来に関する損害賠償は認められにくく、また、差し止め請求はさらに認められにくくなる。差し止め請求には賠償請求の場合より高度の違法性が要求されるのが判例の通説になっており、これは「違法性段階説」と呼ばれている。また、上級裁判所ほど、これらについては厳しくなると言われている。

近隣騒音訴訟の場合にも、実際に騒音の差し止めが認められた例は少なく、たとえば、上階音の訴訟の例（表4・3、4番目の事例）についても、絨毯床を劣悪な性能のフローリングに張り替えたために騒音被害を蒙ったことを認めて損害賠償を命じているが、フローリングを絨毯に戻すという差し止め請求については棄却している。これは、他の騒音についても同じである。犬の鳴き声のペット騒音に関しても、かなり悪質な状況で全面的に慰謝料請求が認められた判例においても、犬の撤去請求については認められていない。このように、差し止め請求というのは非常に認められにくいが、訴訟を起こすもっとも大きな理由は、お金より何より騒音の差し止めであろうから、訴訟というのは全く皮肉なものであると言える。

では、違法性というのはどのように判断されるかといえば、これは、騒音が「受忍限度」を超えているかどうかということになる。これは、賠償請求の場合も差し止め請求の場合も同じである。それでは、受忍限度はどのように判断されるのかといえば、専門的にはさまざまな学説[14]があるが、判例等を参考にすれば、「平均人の通常の感覚ないし感受性」を基準として、「被侵害利益の性質、被害の程度、加害行為の様態、地域性、交渉経緯を総合して判断」されるというのが通説である。これらは、言葉としては明確であるが、実態は実に不明確であるため、結局のところ、過去の判例がある場合には最大限それを尊重した形で判決が下されるということになる。

しかし一部には、県公害防止条例や環境基準などの規制基準値がそのまま受忍限度として認められる場合もある。この場合には大変に明確な基準であると言えるが、多くの判例を調べてみると、これらの決定の差は主に騒音の種別によるものであることが分かる。すなわち、騒音の種類によって判決の基準が変わるのである。これは騒音訴訟を考える上で大変重要であり、これらの点を含めて各種の騒音訴訟について具体的に見てゆこう。

2・2 近隣騒音訴訟の事例と分析

(a) ペット騒音訴訟

ペット騒音訴訟で最も代表的な事例は、鎌倉簡裁での犬の鳴き声に関する損害賠償訴訟（表4・3、2番目の事例）である。以下にその経緯を紹介しよう。

原告は、放送局の専属ピアニストでピアノ演奏や編曲の仕事をしていた。家で仕事をすることが多いため、できるだけ静かな環境をということで鎌倉の山近くの地に家を新築し、都内から移り住んだ。隣家の庭には、シェパードと雑種の犬が飼われていたが、そのときは鳴き声もほとんど気にならない程度であったため、静かに仕事に集中できるものと考えていた。

隣は4人家族で、被告となる男性とその両親、男性の兄が住んでいたが、しばらくして兄は結婚して他所に住み、母親は病気のため実家に戻り、父もその1年後には男性宅を離れた。被告男性はその後結婚し、結局、妻との2人暮らしとなった。男性はコンクリートミキサー車の運転手であり、妻は自宅から50mほど離れた場所にハイカー相手の喫茶店を開いていた。そのため、この頃になると、被告宅は昼間は全く留守の状態であり、犬は庭に放し飼いのまま、餌を与える以外はほとんど面倒も見ないような状態が続くようになった。

被告宅からの犬の鳴き声は時々聞こえ、うるさく感じることもあったため、原告が犬を静かにさせるように家から怒鳴ったこともあったが、この頃は、被告宅の両親が家の中に犬を入れるなどして、それなりに犬の面倒を見ていたため、大きなトラブルになることはなかった。しかし、被告宅が妻との2人暮らしになってからは、運動不足のストレスからか犬はよく吠えるようになり、特に、スピッツを飼うようになってからは、昼夜を問わず1時間も2時間も鳴き続けることもざらになった。しかも、被告らはこれに全く対処せず、鳴くに任せるという状態が続いた。

この頃になると、原告は犬の鳴き声が始まるとイライラして集中力がなくなり、仕事も手につかない状態となり、夜は眠れず、食欲も減退してうつ状態になっていた。住宅の防音工事をしたり、耳栓を使ってみたりしたが効果は無く、一時、千葉県に逃避などもしたが、病気を患って、また自宅に戻ってきた。原告の妻も、不眠の状態が続き、体調不良で失神状態となり、救急車で病院に運ばれることもあった。

隣家との争いが決定的になるのは、相手方に苦情を申し入れてからである。「番犬なんだから、吠えて当たり前だ。」と、けんもほろろの応対をされ、あるときは、犬があまりやかましく鳴くので、外にいた被告の妻に「何とかならないか。」と言ったところ、「道端に人が立っていれば犬が鳴くのが当たり前だ。道に立っているな。」と怒鳴り返されて激しい口論になった。その後、市の公害課に訴えたり、警察に注意してもらったりしたが、「公的機関に訴えれば、そのたびに犬を増やしてやる」と発言するなど、関係は悪化の一途を辿った。やむなく、原告側が簡易裁判所に調停を依頼するが、このような状況で調停がなるわけはなく、被告が一方的に自分の言い分を言いまくるだけに終わった。このとき、調停委員は被告に、「この調停にだすということだけでも大変なのですから、なるべく犬を鳴かさないようにしてくださいね」と注文するだけで、原告には「これぐらいしかできなくて申し訳ないですが、相手にはよく言っておきましたから」と言ったという。この調停で、逆に嫌がらせ行為がますますエスカレートし、原告はついに簡易裁判所へ損害賠償の民事訴訟を起こした。

裁判は4年近くの長きにわたったが、結果は原告側の全面勝訴となった。当時の簡易裁判所の民事訴訟限度額である30万円／1人（計60万円）の損害賠償を命ずる判決が下り、このニュースは犬の鳴き声騒音訴訟として全国に流れた。

判決文では、犬の鳴き声は一般家庭の飼犬の鳴き声の程度を超えて、連日のごとく深夜・早朝に及ぶなど極めて異常であることを認め、飼犬の異常な鳴き声を防止すべき飼育上の注意義務を怠ったと厳しく指摘している。無駄吠えを抑止するためには、「飼い主が愛情を持って、できる限り犬と接する時間を持ち、決まった時間に食事を与え、定刻に運動する習慣をつけるなど規則正しい生活の中でしつけをし、場合によっては、専門家に訓練を依頼するなどの飼育をすべき注意義務がある」と、具体的な内容を判示している。

この裁判の決め手となったのが、犬の鳴き声の詳細な記録である。犬の種類はもちろん、何月何日に何時間鳴き続けたか、どんな鳴き方をしたかなどの長期間の詳細な記録が、鳴き声の異常さを立証し、原告勝訴につながったのである。

しかし、被告はこれを不服として控訴した。控訴審では、騒音の被害の原因がハイカーの喚声や近くの警察犬訓練所の犬の鳴き声であること、シェパードなどは長いロープを張って運動ができるようにしているため運動不足ではないこと、また、犬を飼っているのを知りながら原告側が隣に転居してきたこと（危険への接近の法理による免責）などを被告側が主張して争ったが、結局、控訴は棄却され判決は一審通りに確定した。ようやく、原告の主張が公的に認められたわけである。

しかし、この訴訟には後日談がある。判決が確定した後も、原告、被告共に元の住居に住み続け、相変わらず隣家同士という関係は続いた。しかも、被告は賠償金を全く払おうとせず、相変わらず犬も買い続けたのである。20年余にわたるトラブルと3年半の裁判を経た後、結局、結果としては何も変わらなかったのである。原告は、何とか賠償金を取り立てようと、動産や給料債権に対する差し押さえ請求を求めて登記簿などを何度も確認したりしたが、相手の経済状況がそれを許さなかったために、結局、取り立てができないままに終わっている。ただし、判決が確定した頃に被告と妻が離婚し、原告の最大の紛争相手であった被告の妻が家を離れたため紛争は徐々に下火になり、その後被告と暮らし始めた女性が原告の申し入れを受け入れて犬を撤去したため、判決確定から約2年目にしてようやくこの紛争は終結を迎えた。以上が犬の鳴き声訴訟として有名になった事例の経緯と顛末である。

この鎌倉簡裁での訴訟は１９７９年（昭和54年）の提訴である。わが国において犬の鳴き声が近隣騒音問題として登場してくるのはおおむね１９８０年代頃からであるから、この事案は先駆的な事例であると言える。その後は、表4・3に示すようにペット騒音の訴訟がいろいろ行われているが、注目すべき点は、いずれの場合にも騒音の大きさに関する判示は行われていないということであり、これは他の騒音の場合と大きく異なる特徴である。通常は、騒音訴訟であるから騒音の大きさが受忍限度を超えているかどうかが一番の争点となる。しかし、ペットの騒音訴訟では、音の大きさを云々する以前に、先の判決文にあるように、無駄吠えをすること自体が問題であり、それを放置することにより他人に被害が生じた場合には損害賠償を認容するというのが通例となっている。その場合に、鳴き声の記録などが重要な証拠となり、それに加害行為の態様や交渉経緯なども総合されて判断される。鳴き声の大きさ自体が判断基準とされることはあまりない。

表4・3の4番目に記載されている事例の場合も同様である。隣地で闘犬用の犬5頭を飼育し、その犬が深夜、早

朝に吠えるため、日常生活の安らぎを乱され、安眠を妨害されたと賠償請求と犬の撤去を求めた裁判であるが、これもこの騒音が受忍限度を超えると認容して賠償請求を認めている。この場合も特に騒音の大きさには言及しておらず、騒音の発生状況、被害の程度、地域性などを総合して受忍限度を超えるかどうかが判断されている。ただし、この場合には、犬の飼育方法や管理方法を変更することにより被害を低減することが可能として、差し止め請求である犬の撤去までは認めなかった。

その他の訴訟を見ても、犬の鳴き声によるペット騒音訴訟では、受忍限度に関連して騒音レベルの大きさが判示された例は見られない。ペットの鳴き声の騒音測定自体がなかなか困難であるということもあるが、基本的には、犬の鳴き声は音の大小にかかわらず、状況によっては直ちに違法性を伴うものになるということであり、飼い主はこれをしっかりと認識する必要がある。したがって、状況を理解すれば判決の予想も立てやすく、これを裏付けるように、表4・3に示した訴訟では、いずれも原告側の勝訴に終わっている。

(b) カラオケ騒音訴訟

ペット騒音同様に、カラオケ騒音の訴訟も多く見られる。まず、カラオケ騒音に関する代表的な訴訟事例（表4・3、4番目の事例）を見てゆこう。

平成元年、札幌市内の住宅地の端の空地に突然カラオケボックスが作られた。総個数は10個（一部2階建て）であり、この住宅地に住む原告らの家の敷地境界近くいっぱいに建てられており、まさに背中合わせという状態であった。カラオケボックスの営業については住民には何の事前連絡もなく、また、建築の確認が下りる前から営業を始めるといった有様であった。営業は深夜の2時、3時に及び、その間、カラオケボックスからの騒音が聞こえるだけでなく、駐車場に出入りする車のエンジン音やドアの開閉音、若い女性の嬌声なども頻繁に発生し、原告らは静かに眠ることもできず、ついには体調不良で通院加療する人も出るようになった。

原告らは札幌市の公害課に相談し、行政指導という形で深夜営業の停止を求めたが、最終的な合意には達せず、ついに住宅地住民9名の連名で、午後10時から翌日午前4時までの営業の差し止め、および損害賠償の支払いを求めて札幌地方裁判所に提訴した。

裁判ではカラオケボックスからの騒音の大きさが争点となった。当該地域の都市計画法上の用途地域は第2種住居専用地域（当時）であり、環境基準の地域指定では一般地域A（主として住居の用に供される地域）であった。このときの環境基準値は深夜40dBであり、札幌市公害防止条例（当時）の特定工場に関する規制基準も深夜は40dBであった。札幌市では、カラオケ騒音に関する規制基準は特になかったが、この数値を基準として、これを超える騒音がカラオケボックスから発生しているかどうかが争点となった。被告側は、営業前後で敷地境界における騒音レベルの変化がほとんどないことや、全面道路からの騒音による環境騒音の方が大きいと主張したが、原告らは、専門の騒音測定調査機関などに依頼して詳細な測定を数度行い、深夜においては、カラオケボックスからの騒音が中心であり、環境基準等の基準値を超えている（46～53dB）ことを立証した。これにより、「睡眠という人間にとって不可欠な営みの妨害があり、このことが休息の場としての住宅機能にも影響を与えている」ことが認容され、午前0時以降のカラオケボックス営業は受忍限度を超える違法性があるとして、午前0時から午前4時までの営業の差し止めと、慰謝料の支払いが命じられた。

ここで示した代表例を始めとして、表4・3に示すように、カラオケ騒音の訴訟では騒音の音量（騒音レベルの大きさ）で判断される傾向が強い。カラオケ騒音というものが、もともと行政的規制に馴染む騒音であることが背景にあるため、受忍限度の判断に関しても公的な基準として環境基準や公害防止条例の規制値が用いられることになる。これは、主に被害の様態で受忍限度が決定されるペット騒音とは大きく異なる点であると言えよう。

表4・3に示した冷暖房・設備騒音等の騒音も、カラオケ騒音と同様に行政的規制に馴染みやすい騒音と言える。したがって、判決の傾向も同様であり、公害防止条例などの規制基準値で違法性判断がなされることが多い。有名な

ルームクーラー裁判（東京地裁、昭和48年判決）でも、東京都公害防止条例（当時）の夜間基準値を大きく超えていることが、判決の決め手になっている。

（c）上階音訴訟

初期の上階音の訴訟は、いわゆるフローリング問題（第5章歴史学参照）に関して発生したものが多い。すなわち、絨毯敷きの部屋をフローリングに張り替えたことで下の階に大きな音が響くようになるトラブルである。その代表的な事例（表4・3、1番目の事例）を紹介する。

原告は東京・湯島のマンション9階に居住する住民であるが、真上の10階の入居者が部屋を前入居者から購入した際、それまで絨毯敷きであったものをフローリングに張り替える工事を行ったため、子どもが走り回る音や椅子から飛び降りる音に悩まされるようになり、安眠妨害や偏頭痛の発生、子どもの受験勉強の障害などの多大な精神的損害を蒙ったということで、平成3年（1991年）に、上階の床のフローリング仕上げを元の絨毯か畳敷きに変更すること、および218万円の損害賠償を求めて東京地裁に提訴した。

判決は原告請求の棄却であり、判決文では次のように判示している。上階からの音は、「中学生がスキップ走行したときで少し気になる程度、家族の歩行音や椅子を引きずる音は十分に我慢できる程度であり、子供が飛び跳ね、駆けずり回る音については長時間続くものではなく、共同住宅で日常生活を営む上で不可避に発生するものであるから、受忍限度の範囲内である」としている。さらには、「子供はその成長過程ではどうしても兄弟喧嘩をしたり、あるいは飛び跳ねたりかけずり回ったり、時には大きな声を出したりするものであることを思い（原告も2人の子どもを育てている）、ある程度のことは大目に見てやることが望まれる」とも述べている。集合住宅に住む限り、騒音の発生はお互い様であるという主旨だが、お互い様とフローリング問題は全く別物であり、現在では考えられない判決である。これは、従来の同様の判決を踏襲する形で出された意味合いが強いが、当時の上階音に対する関心の程度が窺える。

平成6年（1994年）にも同様の慰謝料請求訴訟に対する判決が東京地裁から下りている。マンションの床仕上げをフローリングに変更したため、不眠症、ストレスによる顔面神経麻痺などの症状を呈することになり、結局、マンションを売却して退去したため損害を蒙ったとして、併せて435万円の賠償と慰謝料を請求したものである。内容は、前の裁判とほぼ同様であるが、この判決では前と異なり受忍限度の具体的な判断基準を示している。すなわち、フローリングの性能は、L－60等級、建築学会適用等級3級であり、上階音が確かに少し気になる程度ではあるが、通常の生活行動によって生じる程度の音は受忍限度の範囲内であるとして、これも原告の請求を全面的に棄却した。

この2例を見ると、上階音で訴えても裁判で勝訴するのが困難に思えるが、平成8年（1996年）では、受忍限度を超えるとして慰謝料請求が認められた判決もある。これも絨毯敷きをフローリングに改装したために上階音が発生した事例であり、そのため、上階の被告らが寝静まるのを待ってから就寝し、被告らの足音で目が覚めるという生活を余儀なくされたというものである。上階音の性能はL－60であったが（床スラブ厚150㎜で緩衝材の不十分なフローリングを使用しているので、実際にはこれより悪い性能であったことが推察される）、フローリングの種類を偽ったことや、管理組合への届出に虚偽の内容があったこと、騒音が早朝や深夜にわたることも度々だったことなどから、違法性があるとして慰謝料の支払いを命じている。ただし、同時に請求された従前の絨毯敷きに復旧するという差し止め請求については、そこまでの違法性はないとして棄却されている。被害発生から3年目の判決であるが、慰謝料の金額はわずか75万円であり、裁判費用は被告に十分の一、残りは原告側負担であり、何より上階音は以前と変わらず鳴り響いているのであるから、実際上は敗訴に等しい判決となっている。このように、上階音に関する裁判は、長期にわたる大変な精神的苦痛を伴いながら、ほとんど報われないというのが現実であった。

このような上階音訴訟の流れとは大きく異なった判決により、新聞等で大変に話題となった裁判がある。表4・3の5番目にある平成19年の東京地裁の判決である。マンションに住む老夫婦が、上階の住人の子どもの足音がうるさいと訴えた裁判で、下の階の原告が勝訴し、子どもの父親への損害賠償請求が認められた事例である。判決文の中で裁判長は、上階の居住者である被告に対し、「夜間、深夜は、長男をしつけるなど住まい方を工夫し、誠意ある対応を行うのが当然」と述べている。集合住宅での「住まい方」、特に「子供のしつけ」の不備に言及して、損害賠償命令を下したのである。この点が新聞等で大きく取り上げられた最も大きな理由である。

トラブルの経緯は次のとおりである。被告の家族（夫婦と男の子の3人家族）がマンションに入居してから、夜遅くにまで子どもの足音などが下の階に響くようになった。下の階の原告は、被告に電話で静かにしてくれるよう依頼したり、マンションの管理組合でビラを配布してもらうなどしたがいっこうに改善は見られなかった。原告は知り合いのマンション管理士や、ホームページで調べたマンションNPOにも相談してみたが、特にこれといった解決策は教えてもらえなかった。警察にも6、7度も電話し、区の環境保全課にも訴えたが、こちらも、これといった対応をしてもらえなかった。要は、マンションの入居者同士の問題だから、そちらで解決してくださいということだった。警察では、この種のことはやはり話し合いで解決するのが一番だから、裁判所の調停に申し込んで見たらどうかということを勧められた。

早速、原告は簡易裁判所へ調停の申し立て手続きを行ったが、しばらくして、裁判所から相手が調停を拒絶した旨を知らされただけに終わった。その後、直接苦情を伝えにいった折には、被告が興奮し、「これ以上静かにすることなんかできない。それでも文句があるなら建物に言え。行きたけりゃ、警察へでもどこでも行けばいい。どうせ何にもやっちゃくれない」と大声で怒鳴り返したということである。

このような経緯を経て、原告はついに東京地裁に損害賠償の訴えを起こし、証拠として詳細な音の発生記録や相手の対応の不誠実さを示す記録を提出した。判決は原告勝訴となり、判決理由の中で裁判長は次のように述べた。

「被告は、原告から再三にわたり注意や要請を受けたにもかかわらず、いっこうに改善する意思を見せなかった。これは、本件で最も問題とされるべきである。夜間、深夜は、長男をしつけるなど住まい方を工夫し、誠意ある対応を行うのが当然である。被告の住まい方や対応の不誠実さを考慮すると、騒音は受忍限度を超えていたと言わざるをえない」

判決では、床衝撃音の性能をL－60程度と認定しているが、これだけで受忍限度を超えていると判示しているわけではない。判決文にあるように、被告の不誠実な態度が最も問題であると述べているのである。また、被告は判決が下される1年近く前から、すでにこのマンションを退去していた。トラブルからの「飛び去り」を決めたのであろうが、その後、陳述書を提出することもなく、口頭弁論にも出頭しなかった。このような点もあり、判決では被告に対する懲罰的な意味合いも含めた判決が下されたのである。仮に、被告側から誠意の見える改善の努力が幾ばくかでも示されていたなら、音の大きさにかかわらず、判決は異なったものになった可能性もある。

以上のように、子どもの足音などがかなり響いたとしても、それが生活音として必然的に発生する場合には必ずしも損害賠償の対象になるものではないということは留意しておく必要がある。

(d) 子どもの声の騒音訴訟

以前にはなかった騒音苦情の事例として、最近、特に注目を集めているのが、学校や幼稚園、保育園などからの子どもの声に対する苦情である。平成18年（２００６年）に明治大学の運動部合宿所で、コンパの宴会騒音がうるさいと近隣住民から損害賠償請求があり、45万円の慰謝料が認められる判決があったが、このような誰もが首肯できる騒音訴訟の話ではない。表４・２に示したように、学校での運動会やクラブ活動での発生音、幼稚園や保育園の幼児の声、あるいは公園で遊ぶ子どもの声などへの苦情であり、今までは特に問題とならなかったものまでが対象となり、一部では訴訟までもが起こされている。その中で、新聞等で取り上げられ大きな波紋を呼んだのが、西東京市・いこいの森公園の、噴水での子どもの遊び声に対する差し止め仮処分の申し立て（保全事件）に対する決定である。まず、この詳細を紹介する。

表4・2　子どもの声に関する苦情の事例

市町村	騒音苦情の内容	状況・対応	発生年
川崎市	公園の滑り台での子供の遊び声	苦情により撤去し、道路そばの騒音の大きな場所に移転。	1997
東京都江東区	運動会のマイクやブラスバンドの練習音	教育委員会より周囲に配慮するよう通達	2006.6
熊本市	小学校体育館の子どもの声やボールをつく音	騒音が環境基準を超えていると、市に対し1000万円の損害賠償請求を熊本地裁に提訴。（その後、使用制限などで和解）	2006.10
東京都西東京市	公園の噴水で遊ぶ子どもの声	噴水の停止を求めて差止め請求。利用停止の仮処分認められる。	2007.10
埼玉県所沢市	週末校庭開放の野球やサッカーの子どもの声	住民と話し合いで対応	2007.10
東京都北区	小学校体育館でのブラスバンドや合唱	体育館裏の住民から苦情。窓を閉めて練習続行。	2007.7
松山市	野球部員の練習の声やボールを打つ音	声出しをやめて練習。住民は納得	2004
東京都練馬区	児童館での子どもの遊び声	館内では静かに遊ぶように指導	2006
福井市	公園でサッカーボールで遊ぶ音	ボールを金属ネットにぶつけて遊んでいたため、フェンスに当たらないようネットを張った。	2007.6
東京都杉並区	プールでの授業や校庭での球技の音	地下のプールにしてほしいとの要望あり。区教委は静穏に努力すると回答	—
北九州市	学校運動会の音楽や花火	学校がボリュームを絞り、花火も自粛。	2006
佐賀市	吹奏楽の練習音	夜の仕事をしているので朝からうるさくて眠れないとの苦情。練習場所を変更し、回覧板等で理解を求めた。	2006
大阪市天王寺区	府立高校の校門の開閉音	門にゴムを取り付けるなど騒音対策実施	2007.10
福岡市	幼稚園の園児の声	遮音塀などの設置を検討中	—
愛知県	保育園の太鼓の音や運動会の練習の声	測定したところ環境基準を超える65dB。塀などを要望	—
その他：スケートボード大会の騒音（埼玉県川口市2006）、保育園の子供の遊び声（神戸市）、保育施設の組み立て式プールでの遊び声（埼玉県）、私立幼稚園の園児の声（福岡市2007）、他			

決定内容は、「噴水施設で水遊びをする人の発する声が、公園と住民宅との境界線上において、4月～10月までの午前10時～午後6時までの間、50デシベルを超える音量で到達する状態で噴水を使用してはならない。（略）」というものであり、これにより、実質的に噴水施設の使用が全面的に中止された。

仮処分を申し立てたのは、公園脇に住居を構える68歳（当時）の女性であり、噴水から女性宅までの距離は約45ｍであった。噴水は、複数の噴水口から水が断続的に噴出し、その水の間を縫って子どもが遊べるようになっている。東京地方裁判所八王子支部は、女性の自宅付近での子どものはしゃぎ声は60dB程度になり、都環境確保条例（都民の健康と安全を確保する環境に関する条例）の基準値50dB（昼間）を超えていること、水遊びができない構造にするなど子どもが噴水で歓声をあげることのないものにすることが可能だったことを理由として、差し止めを認める決定を下した。

公園は、東大の原子核研究所の跡地を利用して、平成17年（２００５年）4月に開設した。差し止めの決定が出る2年半前である。公園ができるまでは、大変静かな環境の住宅地であった。公園の計画に当たって市が周辺住民にどのような説明を行っていたのか、その詳細は不明だが、女性は、噴水が子どもが遊べるタイプのものとは聞いていなかったという。

部屋の窓を開け放てば、噴水で水遊びをする子どもたちの歓声や時にはわめき声が響いてくる。女性は体調が芳しくなかったようで、元気にはしゃぎまわる子どもの声は、うるささ以上に自分の状況との対比感を無意識のうちにも際立たせ、体調以上の苦痛を与えていたのかもしれない。女性は、市に防音対策などの改善を要求したが、市は「金がかかるので難しい」と応じなかった。なにせ市は、子どもの元気に遊ぶ声を公害騒音などと同じように扱う感覚自体がおかしいと思っていたのであるから、対策要求に耳を貸すことはなかった。女性はついに、噴水からの騒音の差し止めを求めて、裁判所に保全申請を行った。

この噴水の差し止め決定に対しては、子どもの遊び声が騒音に聞こえること自体がおかしいという原告に対する個人攻撃的な意見や、市側の十分な検討や説明不足が招いた結果であり、原告はよく勇気を奮って声を上げたという賞賛の声、あるいは、このような判決が出ては子どもを産もうという気がなくなり、少子化対策の大きな阻害になるといったものまであった。この決定が少子化に拍車をかけるとは誰も思わないが、事が子どもの声の問題だけに社会の関心は大変に強く、賛否両論が渦巻き社会的に大きな話題となった。

この公園の子どもの声の問題は、単なる近隣苦情の話ではなく、日本社会が直面している極めて大きな変化を象徴する出来事であると言える。それゆえ社会の耳目を集め、第3章の心理学で述べたように、NHKの「クローズアップ現代」でも「公園がうるさい？　急増する音のトラブル」として番組放送された。

このような学校、公園などの音の問題は、すでに述べたように騒音問題ではなく煩音問題である。子どもたちの遊ぶ声やラジオ体操の音、あるいは盆踊りの音などは、地域の中に昔からある必然的な音である。いわば、夏の蝉の鳴き声や秋の虫の音のようなものであり、多少はうるさいかもしれないが、それに対して騒音被害を訴えるという対象ではない。特別な事情や極端な状況がない限りは、多少うるさく感じるときがあっても、本来は共同体の一員としてこのような音やその煩わしさは受け入れなければならない。しかし今は、ごく当然のことのように、これを拒否する風潮が蔓延している。本来は、蝉は季節を感じさせ、子どもの声は地域の元気さや賑やかさを感じさせるものである。音の大きさ自体は昔と何ら変わらないのに、今ではそれが苦情対象となるというのは、この問題が音の受け手の人間側に主な理由があるという証左である。

煩音問題は、人間関係に関わる心理的な要素が大きいため、関係を改善して相互の信頼感を確立するところから始めるべき事案であり、これを裁判や訴訟、すなわち敵対的な解決方法で解決しようとすれば、事態はますますこじれて悪化の一途を辿ることになる。この点を十分に踏まえて問題の解決に当たることが重要である。

（e）文化騒音の差し止め訴訟

世の中には、「こんな案内や放送は不要であり、世の中の人はこれを何とも思わないのだろうか」と思える音が沢山ある。たとえば、車内放送でも「忘れ物をしないように」とか、「足元にご注意ください」とかの「余計なお世話放送」であり、これらを文化騒音と呼ぶ人がいる。確かに外国を旅行すると、駅のホームなどでもそのような放送は一切なく、列車は発車ベルもなく静かに駅を出て行く。

近隣騒音とは少し異なるが、音に関する訴訟として興味深いので、この文化騒音の訴訟について紹介しておく。特に、騒音訴訟で一番重要な「受忍限度」の意味や裁判の特徴を考える上で重要と思われる。

昭和50年代に、このような文化騒音に関する差し止め訴訟が多く提起された。地下鉄や私鉄の車内放送について、商業放送をやめるように訴えを起こした裁判は有名であり、東京では小田急電鉄の車内商業宣伝放送差止請求訴訟（東京地裁昭和53年（ワ）１１８８６号、判例時報１０７０号、35-40ページ）、大阪では大阪市営地下鉄の商業宣伝放送差止請求訴訟（大阪地裁昭和53年（ワ）７３７１号、判例時報１０１３号、77-81ページ）が行われている。これらは、聞きたくもない商業放送音を地下鉄などの車内で強制的に聞かされるのは、人格権の侵害に当たるというのが原告側の主張である。次に紹介する事例も提訴の趣旨は同じであるが、対象は地区の放送塔から流される広報放送である（水戸地裁昭和56年（ワ）５５８号、判例時報１１８７号、91-99ページ）。

原告は茨城県の地方都市に住む画家の原田（仮名）である。原田の家から約２８０ｍ離れた所に市の放送塔が建てられており、そこに4個の拡声器が取り付けられている。拡声器からは、市役所内にある放送設備から無線で送られてくる音声が、定時放送あるいは随時放送として流される。

放送の内容は、まず、時報としてメロディチャイムが一日3回、各30秒間流される。このチャイムの音は原田宅では最高70dBの大きさであった。また、定時放送として、「仕事に誇りを持ち楽しく働きましょう」、「おたがいに助け合い、だれにも親切にしましょう」など5項目の市民憲章が1日おきに流され、「危険ですから演習場に近寄らないようにしましょう」が、自衛隊の演習日時にあわせて年間百数十日、夏休みには、「午前9時前には友達の家に遊びに行かないようにしましょう。また、勉強しているときは遊びに行かないようにしましょう」等が毎日定時に放送された。また、「スピードの出しすぎに注意しましょう」とか、野球大会の雨天中止の放送、年賀はがき発売のお知らせ、警察官採用試験のお知らせ、農業委員会選挙の得票数速報、迷子や老人行方不明の放送が随時放送として流された。これらの音声放送の大きさは、原田宅で55dBであったと報告されている。さて、このような状況を一般の人はどのように感じるであろうか。

原告の主張は、これらの放送は近隣公衆に聴取を強制しており、この放送により思考の中断やイライラ、ストレス等を生じさせられ、絵画制作能率の低下や制作意欲の喪失などの被害を受け、併せて、胃腸障害、聴覚障害、不眠症、思考力減退等の身体的影響を受けたというものであり、これにより慰謝料の請求と放送の差し止めを求めた。また訴状では、市民憲章の放送などは、特定の価値観を強制的に聴取させる洗脳行為であり、文化的精神的な被害を受けたとも主張している。なお、この地区の用途地域は第一種住居専用地域（当時）であり、資料では、茨城県公害防止条例（当時）での深夜の規制基準値は40dBとの記述があるので、朝夕は45dB、昼は50dBと考えられる。また、拡声器に関する茨城県の規制基準値は45dBであった。

この裁判の判決は、原告の全面敗訴で請求はいずれも棄却された。理由は、大きく2つである。ひとつは、この放送が公共の目的のための広報に該当すると認められたこと。もうひとつは、一般人の受忍限度を基準に判断すると、放送の音量、頻度、時間帯などを総合すれば、これらは受忍限度内であると判断されたということである。ちなみに、判決では「社会生活上何らかの騒音の発生は不可避であり、他方、騒音に対する不快感等の感じ方は、個人差が大きいばかりでなく、（中略）、特異的に鋭敏な感受性のような個人事情を基準として請求を理由ありとすれば、ほとんど無制限に騒音発生の違法性を肯定せざるをえないことになり、社会生活の円滑な運営が成り立たなくなる」と述べている。

裁判の一面を表す代表的な例であろう。確かに、個人の騒音感受性に引きずられるような判決は望ましくはないが、この場合には、受忍限度を超えているかどうかの判断以前に、これらの放送が必要不可欠かどうかが一番問題であろう。「今時、時報など要らないから止めなさい」と言えばよいようなものだが、裁判ではそうはいかないのである。判決のもたらす後続波及効果の懸念が、対象とする事案の裁定を大きく左右するのである。この点も騒音訴訟を考える上で重要である。

なお、このような文化騒音発生者の無知に対して苦情を言って回るというドンキホーテぶりを内容にした本などもあるが、これは寝た子を起こして騒音苦情を増長する社会的効果を生むだけではないかと危惧する思いがある。

（f）近隣騒音訴訟の非効率性

近隣訴訟を起こす心理を考えると、その最も大きな理由は、公の場で白黒をはっきりさせ、相手にその非を認めさせたいということであろう。その意味で言えば、慰謝料の多寡はあまり問題ではないかもしれないが、長い年月をかけ、経済的にも、心理的にも大きな負担を強いられる裁判であるから、その代償としてどれくらいの慰謝料を獲得できるかを確認しておこう。

各裁判における慰謝料請求額と実際に認められた額は、表４・３に記載されている。たとえば、先に示した鎌倉のペット騒音では、請求額が30万円／人であり、判決ではこれが満額（当時）認められている。ただし、この場合には簡易裁判所への提訴であったため、請求額自体がもともと小さく、満額となったと考えられる。他の例では、当然のことながら、満額近くの慰謝料を勝ち取ることはほとんどできない。たとえば、これも先に示した闘犬飼育の裁判では、慰謝料の請求額は４００万円であるが、勝訴の上で認められた金額は、やはり1人当たり30万円である。また、その他の訴訟でも請求額50万円に対し10万円、請求額１００万円に対し30万円であり、ペット騒音に関してはおおむね30万円／人というのが相場であると言える。カラオケ騒音の場合にもだいたい同じ程度であり、慰謝料としては20

〜30万程度である。上階音に関しても、原告勝訴で話題となった平成19年（２００７年）の東京地裁の判決で、請求が慰謝料２４０万円（うち40万円は弁護士費用）に対し36万円である。ただし、比較的高額な損害賠償が認められた例がないわけではない。たとえば、大阪府高槻市での「布団たたき訴訟」では、布団たたきを続けた隣家の女性に対して１８６万円の損害賠償を求めた訴訟で、大阪地裁は平穏な生活を侵害したとして１００万円の賠償を命じている。ただし、これは女性が以前の和解条件を守らなかったための懲罰的な意味合いを含んだ判決と考えられ、一般的には生活騒音による被害額は上記程度と考えた方がよい。

大変な心的苦労をしながら、この金額では割が合わない気がしないでもないが、被告が慰謝料の支払いに応じてくれれば、それでも長年の苦労も報われる。慰謝料を支払うということは、自発的な意識の有無は別としても、形としては、非を認めて謝罪するということであるから、これをもって訴訟選択の意義と心理的な問題解決感を確認することができる。しかし、これも相手が払ってくれればの話であり、全く払わない場合にはますます怒りの増長をきたし、さらなる心理的な負担をもたらすことになる。正確なところは分からないが、近隣騒音訴訟の場合には、慰謝料を払わないという例がかなり見られるということである。

訴訟には数年単位の期間が必要であり、この間の弁護士費用、裁判所の鑑定費用や印紙代、証拠作成の調査費用、裁判のための休業など、訴訟継続には多大な費用が発生する。しかし、結果として得られる賠償金は数十万円が限度であり、とても割が合うものではないであろう。また、金銭的な問題だけでなく、精神的にも長期にわたる裁判の継続というのは大変な負担になるのは間違いない。

近隣騒音訴訟という紛争解決手段がいかに不毛なものであるかは、これまで示した具体例を見れば痛感できるであろう。原告は、裁判というものに国家権力に担保された強制力による解決を期待するのであるが、実際にはその担保は大変にあやふやなものである。原告は、隣人との人間関係を完全に破綻させることを覚悟の上で、原告なりのいろいろな意図を持って裁判に最後の賭けを行うのであるが、裁判はそれらの意図にほとんど応じられないというのが現実である。すなわち、よく言われるように「法システムと隣人訴訟の懸隔」という大きな問題が厳存するのである。

このように、訴訟というのは騒音トラブルの解決法としては非常に問題が多い。何より一番大きな問題は、紛争相手が隣に居住しているということである。交通事故の賠償裁判や医療裁判などは一過性の裁判であり、結審すれば原告と被告はほとんど没交渉状態となる。しかし、近隣騒音訴訟の場合には、公判中も、裁判が終了しても、家に帰れば紛争相手がいつも隣にいるのである。また、裁判で勝っても負けても、人間関係は間違いなく訴訟以前より悪くなる。近隣訴訟では、この関係をその先も長年背負って行かなければならないという覚悟が求められるのである。

裁判によって、白黒の決着をつけたいという気持ちは大いに分かるが、騒音トラブルを解決するためには、訴訟というのは必ずしも効率的な手段ではないということは十分に認識しておくことが必要である。

表４・３　主な近隣騒音関係判決（昭和54年以降分）

訴訟概要			判　決	騒音の程度 （受忍限度、判断基準）	備　考	裁判記録関係	
騒音分類	No.	状　況				事案番号 （判決日時）	出典
ペット騒音	1	５階建てアパート４階ベランダでの犬の飼育中止を申し入れたが無視し続けたため、賃貸契約の更新を拒絶し、部屋の明け渡しを要求	原告勝訴 ・明け渡し要求を認める。	騒音レベルの言及なし	・シェパードとスピッツの２匹をベランダで飼育。毛の飛散、糞尿の悪臭、鳴き声の騒音で近隣より苦情。	東京地裁　昭53（ワ）6661号（昭54.8.30）	判例時報949号、83頁
	2	隣家の犬の鳴き声が長時間および連日深夜・早朝に及ぶ異常なものであり、精神的苦痛を受けたと慰謝料請求。	原告勝訴 ・慰謝料原告１人当り30万円（請求額30万円）	騒音レベル値の判断なし。	・鳴き声が極めて異常、保管義務違反と認定。 ・原告はピアノ演奏、編曲等の仕事で、防音工事等も実施。 ・犬の種類、鳴き声の時間等の詳細記録あり。	鎌倉簡裁昭和54（ハ）32号（S57.10.25） 横浜地裁昭和57（レ）61号（S61.2.18）（控訴棄却）	判例時報1095号、118頁
	3	賃貸建物中庭にセパードを放し飼いにしたため、鳴き声と糞の悪臭に日常生活を阻害されたとして慰謝料請求。	原告勝訴 ・慰謝料原告１人当り10万円（請求額50万円）	騒音レベル値の判断なし。	・賃貸建物を挟む中庭で、被告がシェパードの子犬を飼育。 ・鳴き声による騒音、糞の処理などの解消に努力しなかった違法行為を認定。 ・被告の大家は、賃料を大幅に上げたりなどの嫌がらせもあり。	京都地裁昭和63（ワ）2666号（H3.1.24）	判例時報1403号、91頁
	4	近隣商業地域の隣地での犬の鳴声で安眠を妨害されたと犬、防音塀の撤去、および慰謝料請求	原告勝訴 ・慰謝料原告１人当り30万円（請求額400万円） ・工作物の撤去請求認容 ・犬の撤去請求は認めず	騒音レベル値の判断なし。	・アメリカンピット・ブルテリア（闘犬）５頭を飼育。早朝より一斉に吠える。 ・各地の闘犬業者が集まり、闘犬試合を行う騒音もあり。 ・受忍限度は、被侵害利益の性質、被害の程度、加害行為の態様、地域性、交渉経緯を総合して判断。	浦和地裁　平4（ワ）1859号（H7.6.30）	判例タイムス、No.904、188頁
	5	連日長時間にわたる異常な鳴き声が午前１時や早朝午前五時に響き渡り、睡眠妨害で精神的損害を被ったとして慰謝料請求。	原告勝訴 ・慰謝料原告１人当り30万円（請求額100万円） ・共同住宅解約の逸失利益32万円も認定（請求額898万円）	騒音レベル値の判断なし。	・柴犬、ピレニアン・マウンテンドック、紀州犬などを飼育、夜中から朝方まで吠えることもあり。 ・無駄鳴きをするのは、飼い主の犬をしつける注意義務違反。 ・受忍限度については同上	東京地裁　平5（ワ）11825号（H7.2.1）	判例時報1536号、66頁

カラオケ騒音	1	鉄筋コンクリート3階建ての1階店舗のカラオケで、3階住民が睡眠妨害や日常生活に深刻な影響を受けたと、カラオケの使用禁止の仮処分を申請	原告勝訴 ・午後10時から翌朝午前8時までのカラオケ装置の使用禁止	35dB（A） （室内10分間平均） 神奈川県公害防止条例（第2種住専）夜間規制値は40dB（A）	・神奈川県公害防止条例基準以下でも受忍限度内とは云えない。 ・同一建物内、安眠妨害等を総合的に判断。 ・昭和55年に環境庁がカラオケ騒音の基準を条例で規定するよう通達。	横浜地裁昭55（ヨ）1700号（昭56.2.18）	判例時報1005号、159頁
	2	道路向かいのお好み焼屋のカラオケ騒音の被害について、慰謝料およびカラオケ装置の使用禁止を請求	原告一部勝訴 ・慰謝料認容20万円、差し止めは棄却 （請求額100万円）	原告宅で45～60dB（A） 規制基準は夜間45dB（A）	・訴訟直後に防音工事を実施したため、差し止め請求は棄却。	大阪地裁昭56（ワ）4264号（昭和58.1.27）	判例タイムスNo.486、188頁
	3	棟割長屋の隣家でのカラオケで睡眠を妨害され、日常生活を著しく害されたと慰謝料請求	原告勝訴 ・慰謝料20万円 （請求額112万円）	騒音の排出基準（第2種住専）を相当こえた音量を測定（堺市役所公害課測定）	・午後7時から12時ぐらいまで毎夜音楽を流す。 ・騒音により発病入院、不眠症、不安症などのノイローゼに。	大阪地裁昭57（ワ）9654号（昭和58.11.29）	判例時報1104号、104頁
	4	深夜のカラオケボックス営業の騒音、車指導音、嬌声により睡眠を妨げられたとして、差し止めと慰謝料請求	原告勝訴 ・午前0時から4時までの営業差し止め ・慰謝料30万円 （請求額30万円）	46dB（A） 札幌市公害防止条例（第2種地域）夜間規制値40dB（A）	・第2種住専で地域住民の反対を押し切って午前3時過ぎまで営業を継続。 ・午前0時までは交通騒音があるが、以降はカラオケ騒音が基準値を上回る。	札幌地裁平元（ワ）1923号	判例時報1403号、95頁
	5	9階建て分譲マンション1階のカラオケスタジオの夜間の使用禁止請求	原告勝訴 ・午前0時から4時までのカラオケスタジオとしての使用禁止	騒音レベルの判断なし	・甲州街道に面し、交通騒音が相当大きな地域であるが、建物は居住用の建物である点、 ・風紀、治安の乱れ、車の騒音、客の徘徊やネオン、安眠の妨害などが共同生活の利益に違反と判定。	東京地裁　平3（モ）13838号 平4.1.30原決定変更	判例時報1415号、113頁
上階音	1	絨毯床をフローリングに張り替えたため、子供の走り回り音により生活妨害を受けたと絨毯敷きへの復旧を請求	原告敗訴 ・請求棄却	床衝撃音レベル値の判断なし	・中学2年生がスキップ走行したときで少し気になる程度、 ・子供の飛び跳ね、駆けずり回りは短時間であり、日常生活上やむを得ないと判定。	東京地裁　平2（ワ）13944号（平3.11.12）	判例時報1421号87頁、判例タイムスNo.788、231頁
	2	マンションの下階住人が、上階住人を管理組合総会で上階音の発生者だと発言したことを名誉毀損として慰謝料請求	原告勝訴 ・慰謝料50万。謝罪広告請求は棄却	音源不明で言及なし	・上階からのゴロゴロという騒音ありとの主張で、調査するも原因不明 ・管理組合総会、理事会で名前を挙げて対処するよう被告が要請。	東京地裁　平5（ワ）17961号（平9.4.17）	判例タイムスNo.971、184頁
	3	床にフローリング工事を行ったため、騒音で不眠症、顔面麻痺等になり住居を売却したとして慰謝料および損害賠償請求	原告敗訴 ・請求棄却	L−60で、受忍限度内 （平均人の通常の感覚ないし感受性を基準）	・騒音は通常の生活音に限られ、発生時間も比較的短時間と認定。 ・受忍限度の具体的な判断基準を示した判決。	東京地裁　平3（ワ）10131号（平6.5.9）	判例時報1527号116頁
	4	絨毯床をフローリングに張り替えたため、騒音被害、生活妨害を受けたと慰謝料請求、および絨毯敷きへの復旧の差し止め請求	原告一部勝訴 ・慰謝料は認容、75万円 （請求額300万円） ・差し止め請求は棄却	L−60以下 （早朝深夜の発生も多く、受忍限度を超える）	・管理組合に届出なく、管理組合規約に違反。 ・防音型フローリングでないものを施工、などが不法行為を構成するとされる。	東京地裁八王子支部 平6（ワ）2699号（平8.7.30）控訴＜和解＞	判例時報1600号118頁
	5	上階の子どもの足音がうるさく、不眠、食欲不振、咽喉頭異常感などを生じたと慰謝料240万請求	原告勝訴 ・慰謝料36万円。	裁判ではL−60と認定（実際はL−55程度）	・被告側の不誠実な対応を指摘。 ・夜間、深夜は子どもをしつけるなど住まい方を工夫する必要ありと指摘。	東京地裁 2007年平成19年判決	

公共放送等	1	市役所の放送塔からの広報放送（チャイムや定時放送）により精神的苦痛を受け、絵画制作に支障を生じたと、放送の差し止めと慰謝料を請求	原告敗訴 ・請求棄却 （請求額34万円）	騒音レベル判断なし （公共放送は拡声器規定に該当せず。公害防止条例も適用対象外とする）	・一般人の受忍限度を判断基準とすべきとの判断。 ・迷子放送や「仕事に誇りを持ちましょう」などの放送も、公共性ありと認める。 ・健康被害は証拠不十分。	水戸地裁 （昭60.12.27）	判例時報1187号91頁
冷暖房設備騒音	1	隣家のクーラーの騒音が激しく、情緒的障害を発生させられ、転居を余儀なくされたとして、慰謝料を請求。	原告勝訴 ・慰謝料15万円 （請求額50万円）	54～60dB（A） 東京都公害防止条例（第２種住所地区）夜間規制値45dB（A）、環境基準40dB（A）	・クーラーからの騒音は、規制基準値を超えていることを認定。 ・騒音が、睡眠障害、情緒的影響、生活妨害などのストレスを与える可能性認容。 ・紛争解決についての双方の態度も考慮が必要と指摘。	東京地裁 （昭48.4.20）	判例時報701号31頁
	2	隣家に設置された冷暖房室外機からの騒音被害の差し止め、防音対策の実施、慰謝料を請求	原告勝訴 ・慰謝料50万円、損害賠償55万円。 ・騒音侵入の差し止め、防音設備設置要求も認容。	48～54dB（A） （敷地境界） 東京都公害防止条例（第１種地域）夜間規制値40dB（A）	・原告は心臓病の持病が悪化、知人宅に避難宿泊。 ・40dB（A）で睡眠障害、室内での受忍限度は35dB（A）が実証済みと記述。 ・将来についての騒音侵入の差し止め（抽象的不作為）まで認容。	東京地裁　昭59（ワ）5386 （昭63.4.25）	判例時報1274号48頁
	3	１階で営業のスーパーマーケットの冷暖房室外機の騒音を２階の居住者が差し止め、慰謝料請求	原告勝訴 ・慰謝料23～47万円 （請求額は100～150万円） ・規制値を超える騒音の侵入禁止	60～65dB（A） （居室窓際） 東京都公害防止条例（近隣商業地域）夜間規制値50dB（A）	・慰謝料の算定基準を判断。１日１室当たり100円。 ・窓の開放は生活上当然の行為、２重サッシ等の対策は不十分と指摘。	東京地裁　平10（ワ）19861 （平14.4.24）	判例時報1832号128頁
工場騒音等 （多数につき簡易記載。その他事案も多数。）	1	合成樹脂加工工場	原告一部勝訴（慰謝料40万）	東京都公害防止条例住居地域　夜間45dB（A）を基準		東京地裁 （昭54.2.27）	判例時報918号46頁
	2	コンクリート製造工場	原告一部勝訴（慰謝料50万円、差し止め請求は棄却）	大阪府公害防止条例　第２種住居専用地域　昼間55dB（A）を基準		千葉地裁 （昭54.11.30）	判例時報963号79頁
	3	プラスチック製造工場	原告勝訴（夜間および騒音規制基準をこえる部分の操業差し止め、慰謝料過去分120万円、将来分４万円／月。	大阪府公害防止条例　第２種住居専用地域　夜間45dB（A）を基準		大阪地裁 （昭和62.3.26）	判例時報1246号116頁
	4	プレス工場	原告一部勝訴（慰謝料50万円、差し止め請求は棄却）	大阪府公害防止条例　第２種住居専用地域　昼間55dB（A）を基準		大阪地裁 （昭和63.5.30）	判例時報1306号72頁
	5	生コン製造工場	１審原告敗訴（差し止め請求棄却）、２審原告勝訴、３審原告敗訴	用途地域（商業地域）内建築禁止建物		東京地裁、高裁、最高裁 （昭56.10.7）	判例時報、1325号60頁、1501号96頁
	6	古紙回収業建物	原告敗訴（賃借建物明渡し請求棄却）	近所からの苦情は賃貸借契約上の問題ではないと判断		東京地裁 （平5.1.22）	判報1473号72頁

3　近隣騒音事件の現状と分析

騒音を原因として発生した殺人事件や傷害事件を騒音事件と呼んでいるが、厳密には、これは煩音事件と呼んだ方が正しい。すなわち、騒音トラブルが事件にまで発展する場合には、単に音だけの問題ではなく、対立する当事者の人間関係が深く関わっており、音はトラブルのひとつのきっかけにすぎないという場合がほとんどである。その意味も含めて、ここでは音の事件を中心に扱うが、その他にも、重要と考えられる音以外の近隣トラブルについても論を進めてゆくこととする。

3・1　騒音事件の誕生と変遷

(a)　ピアノ殺人事件と騒音事件

騒音事件の代表格は、第1章で詳細に説明したピアノ殺人事件（昭和49年、1974年）である。これ以前には、ほとんど騒音事件と言えるようなものは発生しておらず、ピアノ殺人事件以後、騒音を原因とした傷害事件や殺人事件が頻繁に発生してくる。

昭和58年（1983年）の警察白書では、第1章・第3節「都市化の進展と犯罪」の中で初めて騒音を原因として発生した事件について言及している。これによれば、「過去3年間に検挙した騒音殺人事件（傷害致死を含む）は57件」であると報告されている。かなり以前のデータであるが、騒音がもとで1年に約20件の殺人事件が発生しており、これが都市化の進展とともに増加傾向にあることを懸念しての報告であった。

また、傷害事件数についての記載はないが、当時の人口10万人当たりの犯罪件数は殺人事件１・５件に対し傷害事件は21・８件であり、14・5倍である。仮にこの倍率をそのまま騒音殺人事件に当てはめれば、騒音によって毎年２７５件の傷害事件が発生している計算となる。殺人事件と合わせれば、毎年３００件の事件件数となる。この他、警察沙汰にまではならなかった事件や、事件の一歩手前のトラブルまで含めると、とんでもない数字になるのではないだろうか。その他、直接の傷害でなくとも、騒音トラブルによるノイローゼ、自律神経失調症、顔面神経痛、不眠による体調不良など、さまざまな生理的障害もある。騒音の影響は極めて大きいのである。

その後、この種の報告は一切行われていない。警察庁資料課へのヒアリングでも、当時の担当者が興味を抱いて行った一時的な調査であったろうとの見解であり、毎年出版されている犯罪統計書（警察庁）にも、これらに関する統計データの記載は全く見られない。しかし、これらが一転減少に転じたとはとても考えられず、間違いなく年々増加の道を辿っていると考えられる。

なお、先の昭和58年の警察白書によれば、騒音殺人事件57件のうち、約半分の25件は騒音に対する異常、過敏な反応を示して殺人に至ったものであるという。驚くべきは、それら異常過敏反応型のうち44％（11件）は幼児の泣き声に対するものであったという。これは、話し声、ドアの開閉音、上階音などのさまざまな日常生活音を合わせたもの（36％・９件）より多い。ピアノ殺人事件から始まった騒音事件は、幼児の泣き声さえ許さないまでになってしまったのである。

（b）騒音事件の統計分析

筆者の研究室でも騒音事件の収集を行っており、これまで収集した事件数は総計（１９６７年～２０１０年）で１３４件となっている。これは主に新聞等により拾ったものであるが、先に述べたように毎年３００件近い殺傷事件（昭和58年警察白書）が発生しているとすれば30年で１万件近くになるため、収集した件数は実数よりははるかに少ないデータでしかないと言える。しかし、騒音事件の正確な数値は警察庁以外に知りようはなく、また、警察庁でも騒音事件の集計は特に行っていないため、その全体像を知ることはできない。

そこで、筆者の収集した騒音事件のデータベースをもとに、騒音事件の大まかな傾向を捉えるための統計分析（集計は１９７０年～２００９年）を行った。件数自体は少ないが、特定のバイアスがかかっていることはないため、ここで得られた結果はおおむね全体的な傾向を表すものにはなっていると考えられる。その意味で、ここでの図の多くは相対的な比率で表示している。

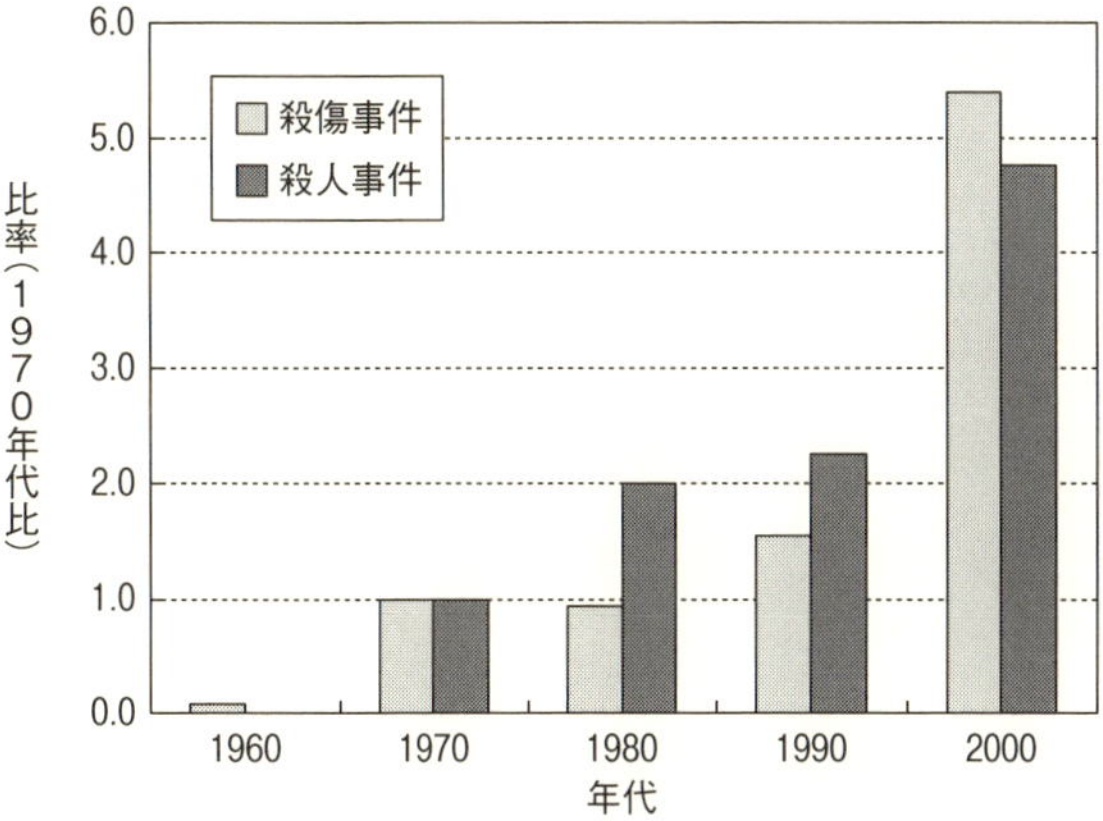

図4・18　騒音事件件数の年代別推移

まず、騒音事件の発生件数の推移を年代別に見ると（図４・18）、２０００年代に入って急激に発生件数が増加していることが分かる。事件の調査方法が新聞記事中心であるため、昔の記事は調べきれていないことも考えられるが、比較的新聞に載りやすい殺人事件のみを取り出して比較した結果でもほぼ同様の傾向であり、また、図４・５で示したように近隣関係の苦情が１９９７年頃から急増していることとも考え合わせれば、この結果はおおむね実態を表していると考えられる。

図４・19は、騒音事件の原因となった音の種別を示したものであるが、上位４つで８割近くとなる。すなわち、生活音・話し声・幼児の鳴き声、上階音、車のエンジン音やクラクション、テレビ・ラジオ・ステレオなどの音である。これら４つも広い意味ではすべて生活音であり、このような些細な音で殺人事件や傷害事件が起こっている。これらは近隣騒音トラブルの解決方法がない現代社会の現実を如実に示

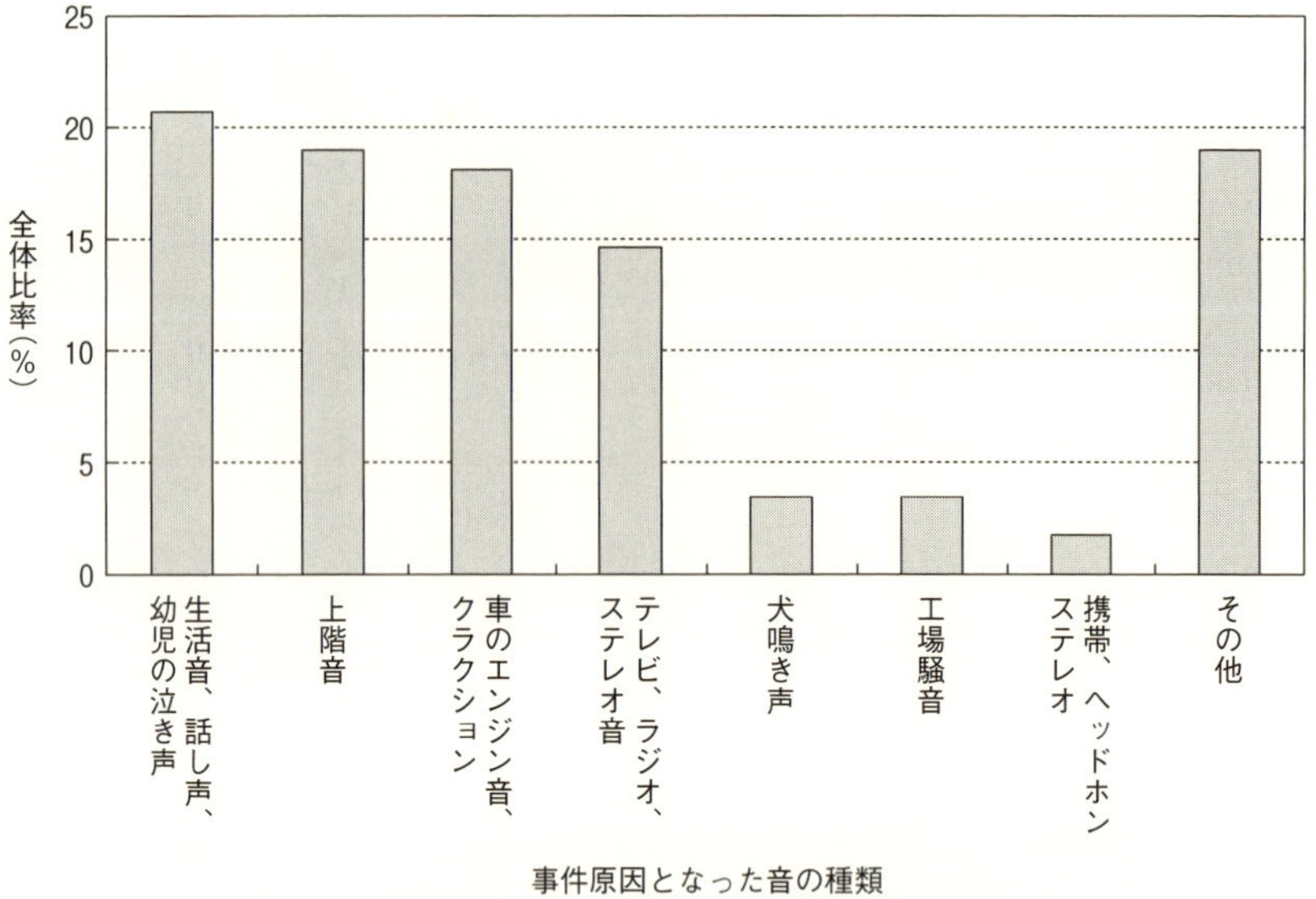

図4・19　騒音事件の原因となった音の種類と比率

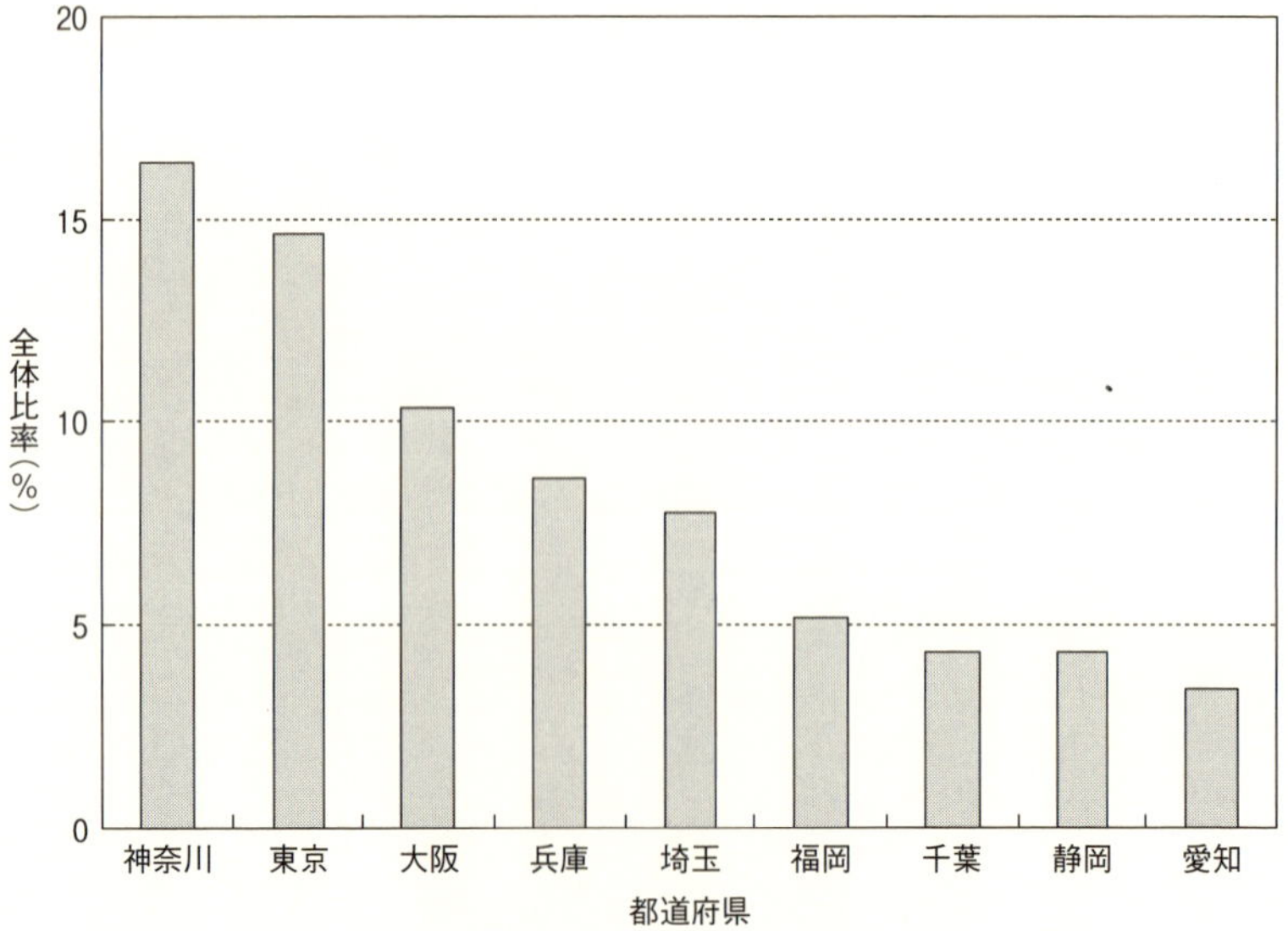

図4・20　騒音事件件数の多い都道府県（件数比較）

している。

騒音事件の件数を都道府県別に見ると（図４・20）、上位には大都会を有する人口の多い都道府県が並ぶが、愛知県（人口約７４０万人）と神奈川県（人口約９００万人）などの件数を比較すれば単に人口数だけの結果ではなく、やはり人間関係の薄い都会的環境で多く発生していると見た方がよいであろう。

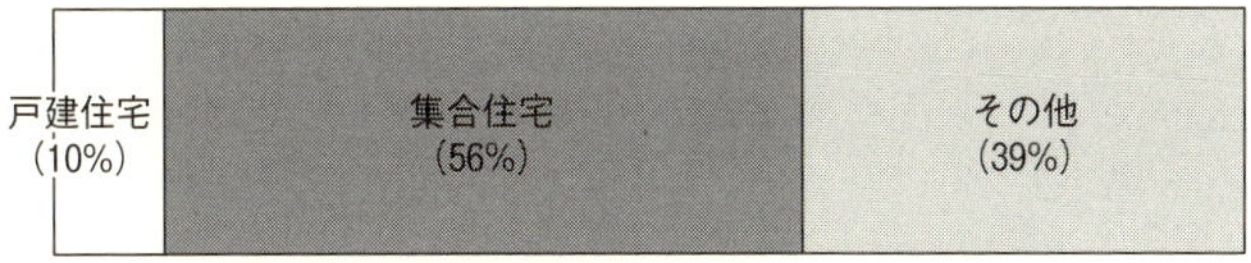

図４・21　騒音事件の発生場所（その他は路上など）

事件の起こった場所を調べると、図４・21に示すように圧倒的に集合住宅が多い。これは壁の遮音性能や、上階音の大きさを決定する床衝撃音性能が不足していることが大きく関わっているとともに、先に騒音苦情の項で述べたように集合住宅の持っている本質的な問題点が影響していると言える。なお、この図のその他というのは主に路上などを指しており、車のクラクションなどを原因として発生している事件などが多い。

先に示したように、警察庁集計によれば１９７０～１９８０年代で１年間に騒音殺傷事件が３００件ぐらいであったが、これに図４・18の結果を合わせて考えれば、現在は年に１０００～１５００件程度の騒音による殺傷事件が発生していると考えられ。膨大な数であるが、都市化の進展や人間関係の希薄化、地域コミュニティの崩壊などを考えると、この増加傾向は今後とも続くと考えられ、早急な対策が求められる所以である。

３・２　騒音事件（近隣事件）の分類と事例分析

物事の本質、特徴を捉えるための手法として、種々の事例をパターン分析することは有効であり、一般事件の分析でも種々試みられている。たとえば、犯行様式に関するドイツのアッシャフェンブルクの分類[15]では、「偶発犯」、「激情犯」、「機会犯」、「予防犯」、「累犯」、「慣習犯」、「職業犯」の7つに類型化されているし、殺人事件の分析では、科学警察研究所が自所の凶悪犯罪データベースをもとに、殺人捜査本部が設置された事件に関する統計分析を行い、事件の類型化を行っている。[16]その結果では、殺人事件は、「激高スタイル」「共犯スタイル」「被害者統制スタイル」「性的暴行スタイル」の4つに分けられると報告している。また、加害者の分類では「秩序型の加害者」「無秩序型の加害者」などの分類もなされ、精神医学的な分類としては、「正常」「精神遅滞」「精神病質（性格異常）」「精神病」などがあり、その他にもさまざまな分類が行われている。

本書でも、主に騒音事件（広くは近隣事件全般）の発生原因に関して類型化を試みた。先に示した警察白書による騒音殺人事件の分類では、騒音に対して過敏に反応して事件に至った「異常反応型」と、騒音をきっかけとした口論や喧嘩を原因として殺人を犯した「激昂型」の2つに分けているが、これまで収集してきた多くの騒音事件を分類すると、このような分類では不十分であり、また分類名称にも問題がある。そこで、ここでは改めて表4・4のような分類を行った。

表4・4　騒音事件の発生原因に関する分類

主分類	細分類	代表的事件
内因系	外向型	市営住宅近隣攻撃事件
	内向型	ピアノ殺人事件
外争系	犯意型	宇都宮猟銃殺傷事件、千葉母子殺傷事件
	突発型	今治上階音事件

まず、騒音事件の発生原因を大きく分けると、内因系と外争系に分けられる。内因系とは、自分の中に精神的あるいは性格的問題があり、その上で、騒音を他者とのつながりの道具とした争いにより事件に至るケースである。さらに、内因系の事件は、その精神的あるいは性格的問題が、他者への攻撃として過激かつ継続的に表面に出てくる外向型と、長く内面に沈潜してあるとき突然に攻撃性となって現れる内向型に分けられる。前者の代表的事件は、表中の市営住宅の事件に見られるような性格的粗暴犯であり、いわゆる近隣攻撃事件と呼ばれるものである。後者は、有名なピアノ殺人事件に代表され、すでに述べたように、加害者は裁判における精神鑑定でパラノイアと診断されている。

一方、外争系とは、相手との（騒音）トラブルの時間的経過の中で、紛争の心理段階としての敵意、攻撃性が徐々に現れ、最終的に事件発生に至るケースである。すなわち、心理学の章で示したＡＨＡの心理過程を経て事件に至るタイプである。これにも2つの型があり、犯行の意思を確信的に持って事件を起こしている場合（犯意型）と、口論などの激情により突発的に事件を引き起こしてしまう場合（突発型）である。前者の犯意型の代表的な例としては宇都宮猟銃殺傷事件が挙げられ、この事件では、殺害実行日の前日には身体不自由な妻を施設に預けるなどの準備をしている。また、同分類となる千葉母子殺傷事件では、相手を刺してやると何度も近所の人に公言していた。

後者の突発型は、騒音事件で大変に多い事例である。表4・4に挙げた今治上階音事件は、5人の子どもを抱えて2階に住んでいた母子家庭の主婦が、いつも下階から騒音の苦情を言われ、当日も団地の集会所で話し合いを行おうとしていたときに包丁で男の胸などを刺した事件である。騒音トラブルの長い時間経過の中で攻撃性が芽生え、口論などが引き金となって事件が突発的に発生するものである。

以上の分類の根拠とした代表的事例について、その事件詳細をトラブルの時間的経過に沿って説明しておこう。同種事件の防止対策を考える上で参考になるものと考える。なお、事件経緯の記述内容は、新聞報道、判例時報などの判決報告、裁判所での裁判記録などにより再構成したものである。ただし、内因系内向型の代表的事例であるピアノ殺人事件に関しては第1章で既述済みであり、ここでは省略する。

（a）市営住宅近隣攻撃事件（内因系外向型）

発生年月日	事件種別	発生場所	加害者（年齢、職業）	被害者（年齢、職業）	騒音種別
1983/11～1984/3（S58～S59）	暴行脅迫	大阪近郊市市営住宅	男（36、無職）	市営住宅居住者	日常生活音

【経緯】

この事例は殺人や傷害の事例ではない。大阪近郊市の市営住宅に入居した夫婦が、同じ入居者から生活音がうるさいなどとさまざまな嫌がらせや脅迫を受け、市営住宅側がこれらの状況を知りながら何ら対処しなかったことについて、市営住宅を管理する市を相手取り、賃貸借契約の債務不履行に当たるとして損害賠償を求めたものである。この裁判は原告側が勝訴し、147万円の損害賠償が認められている。以下の内容は、その裁判の中で示された暴力沙汰や嫌がらせの事例である。

被害者となった立花泰治・香苗の夫婦（仮名）は市営住宅に入居した。市営住宅は鉄筋コンクリート造8階建てであり、立花夫婦の住戸は、2階の一番東側になる階段前の201号室であった。入居してまもなく、深夜就寝中に突然、上階の301号室から大きな物音がして、驚いて目が覚めた。何の音かは分からなかったが、床全体が振動するような凄まじい衝撃音であった。それから数日が過ぎ、妻の香苗が入浴していると、玄関扉を物凄い勢いでバンバン叩く音がし、男の怒鳴り声が聞こえてきた。驚いて急いで身支度して扉を開くと、血相を変えた男が立っており、「風呂の戸を閉める音がうるさい」と、今にも殴りかからんばかりの形相で香苗に罵声を浴びせかけた。

男は村田政一（仮名）、立花夫婦の上階である301号に住む無職の男であった。村田は自室へ戻ると、飛び上がって床を蹴りつけ、四股を踏み、丸太を持ち出して床を叩くなどをして、下の階へ嫌がらせをした。

その後目撃したのは、アパートのどこかで物音がするやいなや村田が飛び出してきて、怒鳴りまわり、ドアを蹴飛ばしながら、音源を探し回る異常な姿であった。周りの住人は、物音を立てないように、まさに息を潜めて暮らしていた。掃除や洗濯をするのも、村田の留守を確かめてからであり、扉の開閉はもちろん、水道の水を流すのにも神経を使う有様であった。

実は、立花夫婦の部屋の以前の住人も、同様の被害を受けて逃げ出していたのである。毎日のように音がうるさいと怒鳴られ、扉を蹴られ、「出てこい。ぶっ殺してやる」と脅され、朝の4時ぐらいまでベランダの鉄パイプを叩く嫌がらせを受け、ベランダに木屑やガラス瓶を投げ入れられ、睡眠不足でノイローゼになって夜逃げ同然に退去したのである。もちろん、市の管理課にも相談に行っているが、全く埒があかなかった。

村田の上の階、401号の金山聡子（仮名）は、市営住宅に入居の日、荷物を解いているときに、「ドアの音がうるさいと」いきなり怒鳴り込まれた。その後は、深夜にドアを足蹴りされたり、換気扇口から泥水を入れられたりの嫌がらせが続き、「ドアの音がうるさい」、「刃傷沙汰にしてやる」などの脅しを連日受けた。怖くなって友人の家に身を寄せていたが、用事で住宅に戻ったところをつかまり、突き飛ばされて暴行を受けるに至り、市営住宅から退去した。金山聡子の上階の501号の磯島富美子（仮名）も入居以来、連日、脅迫と嫌がらせを受け、「くそババー出てこい、顔を切ったろか。」などと脅され退去した。

市営住宅の住人のほとんどが村田からの嫌がらせや脅迫を受け、ノイローゼになったり、神経性の十二指腸潰瘍になったり、あるいは直接暴行を受けたりと、そこはもはや尋常の生活場所ではなくなっていた。村田は、「風呂桶の音がする」、「水の流れる音がする」、「ドアの音がうるさい」と、あちこちのドアを足蹴にし、壁をドンドン叩き、風呂場で金属バケツを叩きまくるなどの行為を昼夜の別なく行った。また、「頭をカチ割ったろか」などの執拗な嫌がらせや脅迫を続けた。この間、一度、村田は住民への暴行や脅迫で逮捕、起訴されたが、結果は懲役8月、執行猶予3年となり、そのまま自宅に戻ってきた。それからは、嫌がらせはさらにエスカレートし、ついには立花香苗や他の住人を小突くなどしたとして、今度は懲役10月の実刑判決を受けて服役した。しかし、刑期を終えて出所後、村田は再び市営住宅に戻ってきた。今度は、香苗が3歳の長女を連れて自宅に帰ってきたところを玄関前で待ち伏せ、いきなり香苗を引き倒し、髪を引っ張り、倒れた香苗の肩や背中を足蹴にして傷害を負わせた。

このようなひどい状況に何ら対策を講じなかったことは、賃貸借契約の債務不履行に当たるとして賠償請求が認められたわけであるが、ここで起こった事件は、典型的な内因系外向型の騒音事件、すなわち音を因縁の材料とした近隣攻撃事件であり、同種の例は他にも多く見られる。たとえば、元厚生事務次官連続襲撃事件の犯人も、近隣攻撃を繰り返していたとの報告がある。

（b）宇都宮猟銃殺傷事件（外争系犯意型）

発生年月日	事件種別	発生場所	加害者（年齢、職業）	被害者（年齢、職業）	騒音種別
2002／7／4（H14）	殺人傷害	栃木県宇都宮市さつき3丁目	男（62）無職	女（60）死亡 女（51）重傷	生活音

【経緯】

発生事件としては、2階ベランダで布団たたきをしていた主婦を、隣家の男が「音がうるさい」と猟銃で射殺、被害者の義理の妹にも発砲して重傷を負わせ、自分も猟銃で自殺したものである。しかし、この事件は単に生活音に関するトラブルというものではなく、そこに至るまでにおよそ20年以上にわたる綿々とした近隣トラブルの経緯が存在している。

加害者・春山和夫（仮名）と被害者・岡田花子（仮名）の家族は、花子の主人と春山が同じ自動車関係の会社に勤務し、昭和53年（１９７８年）には、隣同士の分譲住宅を同時期に購入して住むようになった。この頃は、近所でも仲がよいと評判になった程の近隣関係であった。しかし数年後、春山の妻・光恵が岡田家の手紙を勝手に見たということで花子が憤慨し、これをきっかけに光恵との付き合いを断った。このことを花子が近所に話したため、近所と光恵の関係も疎遠になった。

この頃から、春山が自宅の庭から花子に怒鳴ったり、犬猫の糞やゴミを投げる嫌がらせを始めた。その後、花子の夫の岡田太郎が他所へ単身赴任となり、主に夫の留守中に春山の嫌がらせが続くこととなった。花子はさまざまなところに相談に行ったが状況は改善しなかった。

平成8年になると春山の妻・光恵がくも膜下出血で倒れ右半身不随になり、要介護2の認定を受けた。その後は、光恵のリハビリ通院が続き、和夫がその面倒を見ながら家事を行うこととなった。

この頃から、花子が正午頃に布団をたたくことに対して和夫がうるさいと文句を言うようになる。また、自宅敷地の岡田家のベランダから見える所に棒を立て、ネズミの死骸を糸でつるすなどの嫌がらせを行った。平成10年に岡田家が屋根を瓦に変えたところ、春山が3日間にわたり屋根に石を投げつけ、夜には電話をかけて花子に騒音の苦情を言ったという。また、花子が庭木に消毒薬散布した折、春山家の芝が一部枯れたのを見て、花子に毒物を撒かれたと春山が110番通報して警察官10名が出動したこともあった（毒物事件）。

その他、岡田家で頼んだ大工職人が春山家の前の道路に2、3台駐車していたところ、春山が110番通報してパトカーが来たり、春山が岡田家に回覧板を届けた際、チャイムを鳴らし続け、玄関先や庭で執拗に花子に叫び続けたこともあった。

平成12年には、春山が会社を定年退職したが、再就職はせず妻の介護などのため自宅で過ごすこととなった。この年の7月には、花子が布団を取り込んでいると、「お前は嘘つきだ」、「旦那は俺を馬鹿にしている」などと春山が怒鳴る場面もあった。また、春山が岡田家に回覧板を届けに行った際に大声で怒鳴り始め、春山自ら110番通報して南署警察官2名がパトカーで到着し、その後花子も110番し、近くの交番からも警察官2人が臨場するということもあった。この出来事は、警察官勤務日誌に「隣家とのいざこざを事案処理」と記載された。

10月頃には、春山が塀のそばに脚立を置き、岡田家を度々覗き込むようになる。また、脚立に上って腕を伸ばし剪定鋏で花子を威嚇した。花子の方は、夜中に春山が敷地に侵入しているという不安からカーポートにセンサーつきのライトを設置した。花子は、地方法務局人権擁護課や民生委員に相談したが、話し合いをするようにアドバイスを受けただけだった。春山も民生委員に電話をかけトラブルについて相談したが、その折、「どうしても許せないので何とかしたい。その結果、刑務所に入ってもよい」などと話した。

あるとき、花子がゴミ置き場から自宅へ戻ろうとすると、春山の運転する自動車がセンターを越えて花子に向かい、花子のすぐ脇で急停車した。花子が驚いて叫ぶと、春山はその場を立ち去るという事件も発生した。花子は轢かれそうになったと交番に電話し、交番巡査が春山の家に行き事情聴取を行った。花子は、春山が殺意を持っているとして

讀賣新聞　13版 栃木北　地域ニュ

隣人トラブル 最悪の結末

散弾銃発砲、2人殺傷

「なぜ」住民ら絶句

双方が警察に相談

「パン、パン」と突然響いた発砲音、次々駆けつけるパトカーと救急車。四日午後、宇都宮市さつきで発生した散弾銃を使った殺傷事件は、一瞬にして昼下がりの閑静な住宅街を恐怖と不安に陥れた。死亡した二人は隣同士で再三トラブルになっていたという。住民のコミュニケーションと折り合いで成り立っている地域社会。最悪の結末となった隣人トラブルに「なぜ」と住民の多くは絶句した。

現場検証する捜査員ら（4日午後4時19分）

死亡した[redacted]と、[redacted]さんの義理の妹で重傷の[redacted]は隣同士。

宇都宮南署は、現場の状況から、[redacted]容疑者が[redacted]さん方二階で[redacted]さんを散弾銃で撃った後、二階ベランダから[redacted]さんを撃ったとみている。

近所の住民によると、[redacted]さんと[redacted]容疑者は約二十五年前から現在地に住んでいる。トラブルが起きたのは七、八年前。ごみの捨て方や布団をたたく音がうるさいといったことを発端に溝を深め、感情のもつれは解けなかったらしい。

[redacted]さんの相談に乗っていた主婦は「二年前からは警察に相談し、何度かパトカーも来た。二人ともきちんとした方で信じられない」といい、別の主婦は「ずっともめていたから、いつか何かあると思っていたのだが……」と語った。

銃は先月初旬購入

[redacted]さんは外国から花を取り寄せるほど花好きだった。夫は群馬県に単身赴任しており、一人暮らし。数年前に病気で倒れて、裏に住む[redacted]さんが身の回りの世話や相談に乗ったりしていたらしい。

[redacted]容疑者は妻と長男の三人暮らし。自動車製造会社に勤め、数年前に退職。住民の多くは「紳士的だった」と口をそろえるが、ある主婦は「隣の[redacted]さんのことだけは神経質になっていた」と振り返る。

[redacted]容疑者は先月初旬に散弾銃を購入。四月下旬ごろ、「クレー射撃をやりたいので銃を買いたい」と宇都宮市内の銃砲店を訪れた。

店主によると、県公安委員会から銃所持の許可を受け、上下二連式の散弾銃と散弾二十五発入り一ケースを購入。店主は「とても紳士的な人だった。あの人が銃で人を撃ったなんて信じられない」と話した。

宇都宮南署によると、トラブルをめぐって、[redacted]さんは一昨年十一月から先月まで計六回、「（[redacted]容疑者から）家をのぞかれている」「写真に撮られている」などと通報、相談していた。「車ではねられそうになった」と通報してきた際は、警察官が[redacted]容疑者から事情を聴いた。一方、[redacted]容疑者も昨年十一月、同署に「[redacted]さん方の布団のたたき方がうるさい」などと相談していたという。

写真４・１　事件を伝える読売新聞記事

（読売新聞（13版栃木北・地域ニュース）、2002年7月5日（金）朝刊、32面）

警察の捜査を依頼したが、その後、気分が悪くなり救急車で病院に運ばれ、結局そのままとなった（礫過事件）。

その後もさまざまなトラブルが続いた。春山が脚立に乗って大声で文句を言ってきたため、花子は庭にあった物干し竿を春山に向かって突き出すと、春山がそれを奪い、花子の肩や手を突ついた竿突き事件、花子がうどん粉を2階の窓に置いておいたところ、春山が写真を撮り始めたため、花子が炭素菌だと言って春山の方に粉を撒き、春山が１１０番通報した炭素菌事件など、トラブルが継続的に発生し、そのたびに警察が出動した。

事件の3ヵ月前には、春山は射撃をやりたいと散弾銃の所持を警察に申請し、許可書の交付を受けて猟銃を購入した。事件発生の前日には、春山は、自宅に戻っていた妻光恵を介護施設に預けている。そして事件当日午後1時8分、春山は猟銃を持ち出し、ベランダで布団を取り込んでいた花子に向けて発砲、花子は頭部左側面に被弾して転倒。春山は、その後、岡田家のベランダに行き、助けを求める花子に至近距離から3発打ち込んだ。物音を聞いて出てきた花子の義理の妹にも2発発射。その後、岡田家2階の6畳間で、自ら頭を撃ち自殺。花子は死亡、義理の妹は一命を取り留めるも眼球摘出など重傷を負った。

(c) 千葉市母子殺傷事件（外争系犯意型）

発生年月日	事件種別	発生場所	加害者（年齢、職業）	被害者（年齢、職業）	騒音種別
1993／10／22（H5）	殺人傷害	千葉市稲毛区	男（38、無職）	女（26、主婦）死亡 長男（4）重傷 長女（2）重傷	日常生活音

【経緯】

事件の発生場所は、千葉市から延びるモノレールの駅に近い、比較的古い住宅地である。幹線道路から500mほど道を入り、さらに細い路地を入った奥に、同じ1戸建ての小さな賃貸住宅が狭い間隔で2列に3軒ずつ並んでおり、その手前端の1軒が事件現場となった家である。建物はかなり古いが、小さいながらも自前の庭がついている。道路から奥まっていることもあり、何もなければ大変静かな環境であった。

加害者となった太田（仮名）は、事件の約2年前にこの借家に入居した。その数ヵ月後に、被害者となる岡村聡子（仮名、26歳主婦）の一家が筋向いの家に引っ越してきた。岡村家は夫婦と4歳の長男、2歳の長女の4人家族であった。

犯人の太田の供述によれば、岡村家からは夫婦喧嘩の声や子どもの騒ぎ声が深夜まで響くこともあり、その他に子どもを叱る声やテレビの音がいつもうるさく聞こえてきたという。太田が、自分の家から「静かにしろ」と怒鳴ったことも何回かあったが、騒音には変化はなかった。太田は、普段から小さな音や話し声が耳について離れず、イライラすることがあったと述べているため、実際にどれだけ大きな騒音であったかは分からないが、聡子の家には近所の子どもが遊びに来ることも多く、家の間隔も狭かったため、子どもの声は実際にうるさかったのかもしれない。

事件発生の10日前、朝からのパチンコで大負けした太田は、腹立たしい思いで被害者の聡子の家の裏に通りかかった。立ち止まった太田は、日頃の腹いせに空きビンを手に取り、聡子の家の庭に投げ込んだ。それを見た聡子が顔を出して口論となった。聡子はその口論の中で、「お前なんか、精神病院に行け！」と大声で怒鳴りつけたが、これが事件の発生の大きな要因となった。太田はこの言葉に謝罪を要求し、聡子も一応は謝ったものの、太田はその謝罪の態度が気に入らなかった。

口論となった日以後、太田は、「精神病院に行け」と言われたその言葉が頭から離れず、思い出すたびに次第に聡子に対する怒りを募らせていった。そして、近所の人にも「あれを刺してやるけど殺さない」などと公言していた。

事件の当日、太田は朝から洗濯や料理をして普段と変わらない生活をしていたが、昼過ぎから焼酎を飲み始めるとともに、次第に聡子に対する怒りが噴出してきた。そして夕方になると、太田は台所へ入り、いつも使っている刃渡り20・6㎝の柳刃包丁と小ぶりの包丁の2本を両手に握り締め、そのまま筋向いの家へと向かっていった。聡子の家には近所の子ども2人がいつものように遊びに来ていた。太田は包丁でガラス戸を割って6畳間に侵入したが、聡子の姿を見て興奮し、とっさに殺害を決意したと供述している。太田は聡子に切りかかり、腹部や胸を何度も突き刺した。聡子の刺し傷は胸部や腹部に13ヵ所、背中に5ヵ所、その他、顔面や頸部にも多くの傷があり、いわゆるメッタ刺しであった。その後、長男と長女にも襲い掛かって刺した。

逃げ帰った近所の2人の子どもの話から警察に事件が通報され、聡子は到着した救急車で病院に運ばれたものの、出血多量で1時間後には死亡した。長男も一時重体となり、3ヵ月の重傷を負ったものの一命は取り留めた。長女も重傷を負った。

太田は、返り血を浴びたまま住宅地を歩き、道で出会った隣人に「今、これであのおっかあを殺してきた。もう死んでるよ」と包丁を示して殺害を告げた。その後、近くでトラックを盗んで運転し、途中で乗り捨てて飲食店に入った。血の付いた姿に驚いた店の主人に「やくざと喧嘩をしてきた」と告げて、カラオケで歌を歌った。店の主人は、

母子3人をメッタ刺し 千葉

「子供の声うるさい」隣家の男が包丁で

二十二日夕、千葉市稲毛区の住宅街で、自宅にいた母子三人がいきなり入って来た隣に住む男に包丁でメッタ刺しにされた。母親が間もなく死亡、長男が重体、長女も重傷。男はそのまま逃走、県警捜査一課と千葉中央署では殺人事件として緊急配備を敷き、男の行方を追っていたが、同夜近くをうろついているところを発見され、殺人などの疑いで緊急逮捕された。夕食の買い物時に突然起きた血なまぐさい殺人事件に付近の住民も「まさかこんな静かな住宅街で…」と驚いていた。

一家3人が刺された現場周辺を検証する捜査員＝午後6時半、千葉市稲毛区作草部町

同日午後五時十五分ごろ、千葉市稲毛区作草部町八四八ノ二、新聞外交員、三村政人さん（[illegible]）方で、妻の昌子さん（[illegible]）と長男優希君（[illegible]）、長女愛美ちゃん（[illegible]）が近所の子供二人と一緒に遊んでいたところ、隣に住む男がいきなりガラスを破って侵入してきた。

驚いた近所の子供二人は逃げたが、男は持っていた包丁で昌子さんと優希君をメッタ刺し。さらに愛美ちゃんも背中などを刺された。男はそのまま逃走した。

三村さん方は一戸建ての借家で、逃げ帰った二人のうち大家の家人が子供の話を聞いて一一〇番通報。千葉中央署員が駆けつけ三人を救急車で病院に収容したが、昌子さんは胸部など数カ所を刺されており、出血多量で午後六時二十分過ぎ死亡した。優希君は腹部などを刺され重体、愛美ちゃんも重傷。

緊急配備を敷いていた県警捜査一課と千葉中央署は午後八時五十分、現場近くを歩いていた三人を刺した同じ借家の隣に住む無職、小田[illegible]容疑者（[illegible]）を殺人の疑いで緊急逮捕した。凶器とみられる包丁は現場近くで発見された。

同署で動機などを追及しているが、小田容疑者は一人暮らし。周辺の聞き込みから二－三週間前に男二人の怒鳴り声がしたなど仲が悪く、特に

突然の凶行に驚く住民

現場は国道16号から約五百㍍入った住宅密集地で、千葉都市モノレール作草部駅の近く。殺された三村さんと家族は二、三年前から住んでおり、付近の住民の話では以前からけんかなどが絶えなかったという。

事件の起きた借家の裏に住む主婦は「あの借家の人は町内会に入っていないのでほとんどつきあいがない。うちにも小さい子供がいるのでとても心配」と突然の凶悪事件に表情をこわばらせた。

また別の住民は「三村さんと近所づきあいはないけれど、うちの孫がよく三村さんの子供と一緒に遊んでいたので…」と声を震わせた。

近くの独身寮に住む男性公務員（[illegible]）は、「帰宅して事件を知った。返り血を浴びた人が歩いていたと聞いた。周辺では、怖がって家の外には出ていないようだ」と驚きを隠せない様子だった。

写真４・２　事件を伝える千葉日報新聞の記事

（千葉日報、1993年10月23日（土）日刊、19面）

歌詞もしっかりしていて間違いがなく、普通だったと話している。太田は、3時間半ほどして住宅地に戻ったところを緊急配備していた警察に殺人の容疑で逮捕された。

裁判は千葉地方裁判所第2部で行われ、被告弁護側は、精神鑑定などにより、視線恐怖症を主症状とする対人恐怖症（分裂病に至らず神経症）を有すことや、爆発性人格障害があり、その人格の延長として事件を引き起こしたこと、また飲酒による心神喪失、心神耗弱を主張して情状酌量を求めたが、聡子のみならず子どもにまで切りかかっていること、普段から他人に被害者を刺してやるなどと公言していたことなどが決め手となっ

て、殺人および殺人未遂で懲役16年の刑が言い渡された。太田は控訴することなく、2週間後には刑は自然確定した。

（d）今治上階音事件（外争系突発型）

発生年月日	事件種別	発生場所	加害者（年齢、職業）	被害者（年齢、職業）	騒音種別
2006／2／6（H8）	殺人未遂	愛媛県今治市	女（38、無職）	男（56、瓦職人）重傷	上階音

【経緯】

駐車場を四角に取り囲むように5棟の県営団地が建っている。駐車場の角の位置には建坪10坪ほどの小さな団地の集会所が設けられているが、この建物が事件の発生場所である。しかし、実際の騒音トラブルの現場となったのは、築30年くらいは経とうかという鉄筋コンクリート造5階建ての古びた県営団地であった。団地の建物は階段室タイプと呼ばれる形式で、階段を挟んで両側に住戸があり、5階分で計10戸がひとつの階段室を利用している。階段室タイプの場合には、片廊下タイプとは違って上下間の居住者の顔が見える関係ができやすい特徴があるが、いったんトラブルが発生すると、関係が密な分だけ争いも継続的で激しいものになる。

加害者となった佐野晴美（仮名）は、事件の3年前に県営団地5号棟の2階に入居した。2人の娘と3人の息子の5人の子どもがいる大所帯であり、家の中はいつも戦場のように賑やかだった。案の定、入居直後から下の階の住人である島田武雄（仮名）から苦情が寄せられた。子どもたちが騒ぐ足音がドンドンと響いてうるさいというものであり、直接苦情を言われたり、電話がかかったりしていたが、何時頃からか島田はベランダ側の外壁を棒のようなもので叩き、「ビシ、ビシ」という音で抗議をするようになっていた。通常なら、棒で天井を突つくというのがよく見られる抗議の仕方であるが、ボード張りの天井ではそうもいかず、変わりにベランダの壁を叩くようになったようだ。その鞭打つような物音は、相手の刺すような鋭い敵意を感じさせ、聞くたびに晴美は苛立ちを覚えた。入居して3年近くになるが、ここ1年ほどはこの物音が頻繁に鳴らされ、晴美の相手への嫌悪感も抑えようのないものになっていた。

団地の建物はかなり古く、まだ床衝撃音問題が顕在化しない時代に建てられたものであるため、もともと床構造自体の性能が不十分な建物であった。おそらく床の厚みは120㎜前後で、性能で言えばL-60程度であったと思われる。すなわち、普通に生活していても苦情が発生する程度の建物であったのである。そこへ子ども5人の家族が入居したのであるから、上階音の苦情が発生するのは必然であり、上階の佐野晴美も下階の島田武雄もそして県営住宅公団も、このような状況を的確に理解していれば、おそらく当該事件も発生しなかったのではないかと思える。子どもの多い家庭は1階に入居させるなどの配慮さえもなかったのであるから。

写真4・3　事件現場となった集会所（手前建物）と集合住宅

事件の前夜、晴美は久しぶりに女性同士の飲み会に参加し、2次会、3次会と飲食し、団地の自宅に帰ったのは翌日の午前4時頃となった。子どもたちの面倒は長女が見てくれるようになっていたため、安心して家を空けられるようにはなっていたが、やはり母親の帰りを待っていたのか、晴美が家に帰ると寝ていた子どもたちが一斉に目を覚まして大喜びで家の中をはしゃぎまくった。そのときである、またベランダから例の鞭打つような物音が激しく響き渡った。

相手に対する敵意とこの鞭音に対する嫌悪感は、ここ数年の蓄積を経て晴美の中で限界に達していた。数日前には、喧嘩をして内縁の夫が出て行ってしまったことも精神的な不安定をもたらしていた。そこに飲酒による高揚が手伝って、抑えようのない怒りが湧き起こり、晴美は思わず階段を駆け下りて島田の家のスチールの玄関扉を蹴りながら、大声で怒鳴り続けた。

騒ぎを聞きつけた自治会長が駆けつけ、両者に話し合いで解決するように諭し、取り敢えず10分後に集会所に来るように伝えた。晴美はいったん自宅に戻ったが、今さら、話し合っても解決するわけなどないと思い、怒りを抑えきれずに台所から包丁を取り出した。ちょうどそこへ、島田から110番通報を受けた警察官が訪れたため、包丁を玄関上がり近くに隠して応対したが、警察にまで連絡したことに一層怒りがこみ上げ、思わず家にあった酒を呷った。これを見ていた長女が包丁を手にして島田の家に向かおうとしたのに驚き、こんなことにもなるのもすべて下の島田のせいだとますます怒りがこみ上げ、殺してやりたいと相手に対する確定的殺意を抱き、再び包丁を手に取った。そのまま集会所に向かい、島田を見つけると体当たりするように1回胸部付近を突き刺した。居合わせた自治会長が驚いて制止したが、晴美はそれを振り切って今度は腹部を突き刺した。その後、呆然としていた晴美を駆けつけた警察官が逮捕、島田は救急車で病院に運ばれ、緊急手術を受けて一命を取り留めたが、右肺や横隔膜、および肝臓にまで達する深さ10㎝の傷を負う重傷であった。

裁判では晴美が殺意を認めていたので事実関係の争いはなく、殺人未遂で有罪となった。焦点は実刑か執行猶予かであったが、裁判長は、「日頃から生活音をめぐる根深いトラブルがあったにしても、事件当日の上階音に関しては文句を言われても仕方ないものであり、それにもかかわらず話し合いの場に包丁を持ってゆき一方的に犯行を敢行したのは、未遂とはいえ結果は重大である」と懲役2年6ヵ月（求刑懲役5年）の実刑を言い渡した。

被告側は執行猶予を得ようとさまざまな努力をしたが、裁判長は次のように述べた。「被告人が反省していること、被害者に300万円の被害弁償を行い示談が成立していること、被害者が宥恕していること、被告人の家族は転居して今後トラブルが生じる恐れがないこと、内縁の夫が監督を約束していること、被告に養育すべき子どもがいること、自治会長が情状証人として出廷し減刑を求めていること、多数の団地住民が減刑の嘆願書に署名をしていること、および被告に前科がないことなど被告人に有利な事情を考慮しても、刑の執行を猶予すべき事案とは認められず主文の実刑は免れないと判断する」。被告側はいったん控訴をしたが、結局、控訴を取り下げて実刑が確定した。

被害者が最後には被告を許していることに併せ、自治会長や多数の団地住民が嘆願書に署名していることを見れば、被告人は地域の中で一定の評価を受けていた人間であったのであろう。しかし、トラブルへの対処を一歩間違うと人生や生活が大きく損なわれる結果となるのである。これはあながち本人だけの問題とは言えず、社会にも責任の一端があることを第6章の解決編で理解していただきたい。

以上、表4・4の騒音事件の分類にしたがって、各々の代表的な事件の詳細を紹介した。一概に騒音事件と言っても、上記の事例で分かるようにさまざまな原因や様態がある。一般的に言えば、内因系の事件では、被害者本人や第3者が事件の発生を防止することはかなり困難であるが、外争系の事件の場合には十分に防止は可能である。これらの具体的な方法は第6章の解決学の部分でまとめて述べることにするが、このような分類をもとに事件を捉えてゆけば、より実効的な対処が可能であると言える。

3・3　騒音事件研究の意義

この節の最後に、騒音事件研究の意義についてまとめておこう。騒音トラブル研究として騒音事件を扱うには3つの理由がある。第一は、ゴミの問題や猫の餌やり、敷地境界の争いなど、さまざまな理由で近隣間の傷害事件や殺人事件が多数発生しているが、その発生メカニズムを考える上で騒音事件というのは最も典型的な事例だからである。騒音事件の原因となる近隣騒音は毎日の生活の中で継続的に発生し、それが相手に対する怒りや敵意を煽り続けることになる。そのため、第3章で述べた騒音事件の発生する心理過程としてのＡＨＡ（怒り、敵意、攻撃性）のような継続的分析も可能になる。これら騒音事件の研究は、心理学あるいは人間学として大変興味深いものである。

騒音事件を扱うもうひとつの理由として、情報収集の面がある。一般に、騒音の人間心理や行動への具体的な影響は捉えづらいが、騒音事件の場合には、新聞等で報道される事件内容や裁判の資料などを参照することにより、事件発生までの心理状態や人間関係の状況を把握することができる。特に裁判資料は、当事者の心情や係争の経過まで詳細に記録されているため、騒音トラブル研究における重要な研究資料となる。

最後の点は、もちろん社会への警鐘の意味である。騒音トラブルは激増の傾向にあり、煩音と言われる保育園や公園からの音などにまで拡がっている。トラブルが事件を起こさないために警鐘を鳴らすことは重要であり、そのためには、インパクトの強い現実の騒音事件を紹介することは効果的であると考えている。

4 騒音の規制・基準と関連法

大きな騒音は他人には迷惑であるため、当然、何らかの規制が必要となる。騒音に関してはさまざまな法規制があるが、騒音の種類により規制内容に各々特徴がある。ここでは、各騒音関連法規の内容や意義、自治体の特徴的な条例等に関する解説を行う。

4・1 公害騒音関連の規制基準

公害騒音に関わる規制基準としては、騒音規制法、公害防止条例、環境基準などがある。それぞれの概要を以下に示す。

(a) 騒音規制法

当時の公害対策基本法（昭和42年（1967年）施行、平成5年（1993年）に環境基本法に移行）を基調として制定された規制法（昭和43年施行）であり、対象は工場騒音、建設騒音、自動車騒音である。工場騒音、建設騒音に関しては規制値が、交通騒音では許容限度が示されている。

工場や建設作業についてはすべてのものが規制対象になるということではなく、各々、対象となる工場、建設工事（各々、特定工場、特定建設工事と呼ばれる）の種類が表4・5の特定工場のように決められている。いずれも大きな騒音を発生する工場や建設作業であり、工場騒音については表4・5に示す工場が、建設作業については杭打ち機や大型ブルドーザーでの作業などが対象となる。

騒音規制法で示されている工場騒音に対する規制のための基準値（すなわち、騒音レベルの大きさ）は、表4・6に示すように基準値の一定の範囲、すなわち40～50dBというように決められており、実際の値は、地方自治体がその地域の実情に合わせて騒音規制法の範囲内で基準値、および地域指定を設定することになる。したがって、特定工場を計画する場合には、所在地の自治体で規制値を確認する必要がある。建設騒音の規制値は、特定建設作業場所の敷地境界において85dB以下となっており、地域指定により、住宅地などの第1号区域では午後7時から翌朝7時まで、その他の第2号区域では午後10時から翌朝6時までは作業が禁止されている。

騒音規制法は罰則もある厳しい法律であり、改善命令に従わないときには1年以下の懲役または10万円以下の罰金が科せられる。

(b) 公害防止条例等

上記の3つの公害騒音以外の騒音に関しては、都道府県の公害防止条例で規定されている。騒音規制法は公害騒音が対象であるため、同法第1条で対象とする騒音を、「相当範囲にわたる騒音」としており、これは、次官通達によれば近隣関係に留まる程度の騒音を除くという趣旨である。そこで同法では、法28条において、「飲食店営業に係る

表4・5　騒音規制法の特定工場

別表第１（第１条関係）

1		金属加工機械
	イ	圧延機械（原動機の定格出力の合計が22.5キロワット以上のものに限る。）
	ロ	製管機械
	ハ	ベンディングマシン（ロール式のものであつて、原動機の定格出力が3.75キロワット以上のものに限る。）
	ニ	液圧プレス（矯正プレスを除く。）
	ホ	機械プレス（呼び加圧能力が294キロニュートン以上のものに限る。）
	ヘ	せん断機（原動機の定格出力が3.75キロワット以上のものに限る。）
	ト	鍛造機
	チ	ワイヤーフォーミングマシン
	リ	ブラスト（タンブラスト以外のものであつて、密閉式のものを除く。）
	ヌ	タンブラー
	ル	切断機（といしを用いるものに限る。）
2		空気圧縮機及び送風機（原動機の定格出力が7.5キロワット以上のものに限る。）
3		土石用又は鉱物用の破砕機、摩砕機、ふるい及び分級機（原動機の定格出力が7.5キロワット以上のものに限る。）
4		織機（原動機を用いるものに限る。）
5		建設用資材製造機械
	イ	コンクリートプラント（気ほうコンクリートプラントを除き、混練機の混練容量が0.45立方メートル以上のものに限る。）
	ロ	アスファルトプラント（混練機の混練重量が200キログラム以上のものに限る。）
6		穀物用製粉機（ロール式のものであつて、原動機の定格出力が7.5キロワット以上のものに限る。）
7		木材加工機械
	イ	ドラムバーカー
	ロ	チッパー（原動機の定格出力が2.25キロワット以上のものに限る。）
	ハ	砕木機
	ニ	帯のこ盤（製材用のものにあつては原動機の定格出力が15キロワット以上のもの、木工用のものにあつては原動機の定格出力が2.25キロワット以上のものに限る。）
	ホ	丸のこ盤（製材用のものにあつては原動機の定格出力が15キロワット以上のもの、木工用のものにあつては原動機の定格出力が2.25キロワット以上のものに限る。）
	ヘ	かんな盤（原動機の定格出力が2.25キロワット以上のものに限る。）
8		抄紙機
9		印刷機械（原動機を用いるものに限る。）
10		合成樹脂用射出成形機
11		鋳型造型機（ジョルト式のものに限る。）

表４・６　騒音規制法の規制基準値

時間の区分／区域の区分	昼　間	朝・夕	夜　間
第１種区域	45デシベル以上 50デシベル以下	40デシベル以上 45デシベル以下	40デシベル以上 45デシベル以下
第２種区域	50デシベル以上 60デシベル以下	45デシベル以上 50デシベル以下	40デシベル以上 50デシベル以下
第３種区域	60デシベル以上 65デシベル以下	55デシベル以上 65デシベル以下	50デシベル以上 55デシベル以下
第４種区域	65デシベル以上 70デシベル以下	60デシベル以上 70デシベル以下	55デシベル以上 65デシベル以下

深夜騒音や拡声器を使用する放送などの騒音については、地方公共団体が必要に応じて営業時間を制限するなどの措置を講じなければならない」と規定している。これに基づき、各自治体では公害防止条例を制定し、その中で深夜に音響機器、楽器、人声などにより騒音を発生させ、静穏を害する行為をしてはならないと規定している。深夜とは、一般に午後11時から朝６時までを指す場合が多い。ちなみに、夏のラジオ体操などが通常６時過ぎに行われるのも、この条例が関わっている。

後に公害対策基本法が環境基本法に移行したのに伴い、公害防止条例も多くの自治体で改題されることになり、環境基本条例や環境保全条例など環境を含む名称となった。たとえば、福岡県では「公害防止等生活環境の保全に関する条例」（平成14年（２００２年）改正）となり、東京都では「都民の健康と安全を確保する環境に関する条例（都環境確保条例）」（平成12年（２０００年）改正）と変化しているが、騒音に関する規制内容自体はほとんど変化していない。

（c）環境基準

騒音規制法や公害防止条例以外に、騒音に関わる「環境基準」というものがある。これも公害対策基本法（後に環境基本法に移行）に基づいて昭和46年（１９７１年）に決められたものであり、その第３節、

表４・７　環境基準の基準値

（一般地域）

地域の類型	基準値	
	昼間	夜間
AA	50dB以下	40dB以下
A 及び B	55dB以下	45dB以下
C	60dB以下	50dB以下

昼間：午前６時〜午後10時　　夜間：午後10時〜午前６時

AA：療養施設、社会福祉施設等が集合して設置される地域など特に静穏を要する地域、A：専ら住居の用に供される地域、B：主として住居の用に供される地域、C：相当数の住居と併せて商業、工業等の用に供される地域

第16条に「政府は、大気の汚染、水質の汚濁、土壌の汚染及び騒音に係わる環境上の条件について、それぞれ、人の健康を保護し、及び生活環境を保全する上で望ましい基準を定めるものとする」と謳われており、行政の達成目標値として示されたものである。このうち騒音に関する環境基準値（一般地域、交通騒音）は昭和46年（１９７１年）に、航空機騒音はその２年後の昭和48年（１９７３年）、新幹線騒音はさらに２年後の昭和50年（１９７５年）に制定されている。

その後、平成10年（１９９８年）に改正され、騒音の評価値が等価騒音レベル（第２章の騒音の測定・分析と表示の項を参照）に変更され、併せて基準値、地域類型、時間帯区分なども見直されている（表４・７参照）。

環境基準は、もともと行政施策の達成目標値としての意味合いで定められたものであるが、最近では、この環境基準の基準値が裁判の受忍限度値として採用される場合が多く見られ、その意味でも重要な指標となっている。

(d) 各種規制値・基準値の比較

公害騒音に関しては以上のような規制・基準があるが、これらが具体的にどのような規制値・基準値の関係になっているかは理解しづらいであろう。そこで、一例として各規制・基準の値の一部を比較表として表４・８に示した。表では、東京都の場合を例として、夜間と昼間の時間区分の値を比較表として示したが、この結果から分かるようにそれぞれの値はほとんど同じで

表４・８　騒音に関する規制値・基準値の比較例

時間区分	夜間（深夜）				昼			
区域の区分	第１種	第２種	第３種	第４種	第１種	第２種	第３種	第４種
	AA	A 及び B	C		AA	A 及び B	C	
騒音規制法―特定工場等に係わる騒音の規制基準	40–45	40–50	50–55	55–65	45–50	50–60	60–65	65–70
東京都―騒音規制法の特定工場等に係わる規制基準	40	45	50	55	45	50	60	70
東京都―東京都環境確保条例（日常生活等に適用する規制基準）	40	45	50	55	45	50	60	70
環境基準―（一般地域：道路に面する地域以外）	40	45	50		50	55	60	

（＊区域の区分のうち、AA ～ C の区分は環境基準によるものである）

あり、昼の環境基準の値がやや緩めになっている程度の違いしかない。このように、各規制や基準は、騒音の大きさ自体には大きな差はなく、適用する対象に合わせて体系的に補完していると考えてよい。よく聞かれることに、環境基準は行政の目標値にすぎないのに、なぜ裁判などでこの値が採用されるのかというものがあるが、表４・８を見れば、環境基準が裁判での受忍限度として用いられても不思議でないことが理解できるであろう。

4・2 近隣騒音関連の規制基準

騒音問題と言えばこれまで公害騒音が中心であり、そのため規制基準についても公害問題への規制が主に考えられてきた。しかし、最近では近隣騒音の苦情が増加し、トラブルや事件も多発する状況を迎え、大きな社会問題となっている。そのため、近隣騒音に対し公害騒音のような規制を考えるべきかが議論となっている。

ここでは、近隣騒音に関わる現行の法規制を整理、解説し、併せて、各自治体が制定している近隣騒音関係の特徴的な条例についても紹介する。

(a) カラオケ騒音

カラオケ騒音が問題となり始めたのは昭和50年代初め頃からであるが、これに合わせて上記の公害防止条例により規制基準が設けられた。ただし、それまでの公害防止条例では直接カラオケ騒音を規制することはできなかったため、環境庁（当時）は昭和55年に、カラオケ騒音も含めて公害防止条例で規制するように通達を出した。その中で条例に関するモデルを示し、

①おおむね午前零時から午前六時までの営業の禁止
②おおむね午後十一時から翌日午前六時までの間の音響機器の使用制限
③特定工場（騒音規制法の対象工場）からの騒音規制基準値以下の規制基準値の設定

の3項目を求めた。これを受けて多くの地方自治体で公害防止条例が改正されることになり、それが環境保全条例などに受け継がれている。

具体的な規制内容、規制値の例としては、たとえば東京都の環境確保条例の場合には、音響機器の使用制限の項で、

防音対策などを施していない場合には、午後11時から翌日6時までの間はカラオケ機器を使用してはならないとしている。また、深夜営業の制限の項では、表4・8の日常生活に適用する規制基準の項の夜間区分と同じ値が決められている。また、風営法（風俗営業等の規制および業務の適正化等に関する法律）にも騒音・振動の規制があり、これにより自治体が風営法の施行条例で規制値を定めているが、これもおおむね公害防止条例の値と同じである。東京都の場合にも、時間帯の区分などは多少変化しているが、規制値自体は表4・8の環境確保条例の規制値と同じとなっている。

（b）ペット騒音（犬の鳴き声騒音）

ペット、特に犬は糞尿による悪臭や鳴き声の騒音など、近隣苦情の原因の代表格である。先の1・1節で示した全国市役所騒音担当者アンケートの結果でも、最近増加してきた騒音トラブルは犬の鳴き声が第1位に挙げられており、今後もますます増加するであろうとの予想が示されている。

しかし、わが国には犬の鳴き声による騒音被害を取り締まる法律や条令がない。そのためすでに示したように、騒音被害を受けたときは自ら訴訟を起こして争わなければならない。一般には、民法の中の動物の占有者等の責任に関する第718条（動物の占有者は、その動物が他人に加えた損害を賠償する責任を負う）により損害賠償請求を行うことになる。しかし、騒音訴訟の項で示したように、よほど悪質な状況でない限り実際に損害賠償を得ることはなかなか難しく、また、犬の撤去などは認められないことの方が多いため、実質的な騒音対策とはなりえないのが通常である。

犬の管理に関する法律としては、「動物の愛護および管理に関する法律（動管法）」（平成11年に動物の保護および管理に関する法律より改正）がある。この中でも、周辺の生活環境の保全に関わる措置の項があり、都道府県知事が飼い主等に環境保全のための必要な措置をとるよう勧告することができるとしている。しかし、この条項は多数の動物を飼養している場合を対象としているので、家庭で飼われている犬には適用が難しい。

また自治体には、いわゆる「飼い犬条例」と呼ばれる条例が設けられており、飼い犬等により被害を受けたときは、自治体首長に届けなければならないこと、また必要ならば飼い主に犬の処分を命じることができるなどの条項を設けているが、これも犬が噛んだ場合を想定しており、鳴き声による騒音被害に適用できるとは考えられない。

ただし、頭数が多い場合には条例で規制をかける自治体もあり、たとえば、鳥取県では「鳥取県民に迷惑をかける犬または猫の飼育の規制に関する条例」（平成14年（２００２年）制定）がある。これは、他の自治体で犬を多数飼育し、悪臭や鳴き声で周辺住民とトラブルを起こした県外業者が自分たちの村に移ってくるという話があり、これを阻止するために急遽、県議会に請願して作られた条例である。この条例では、10頭以上の犬または猫の飼育を禁止する地域を指定することができるとしているが、違反した場合には6ヵ月以下の懲役または30万円以下の罰金と、かなり厳しいものになっている。また山梨県でも、「県動物の愛護及び管理に関する条例」（平成14年（２００２年）制定）で犬猫を10匹以上飼育する場合には、10匹に達してから30日以内に県に届け出ることを義務付けている。しかし、これらもまだ一部の自治体にすぎない。

このように、家庭で飼われている犬の鳴き声に関しては、法的な騒音の取り締まりは事実上できないというのがわが国の現状である。しかし外国では、犬の鳴き声を騒音と定義して、これを厳しく規制する迷惑防止条例を設けているところが多い。特にアメリカ合衆国では、多くの都市でかなり厳しい罰則が設けられている。

米国についていくつか紹介する。たとえば、

①メリーランド州ボルチモア：市の騒音条例（Baltimore City noise ordinances）で犬が鳴き続けることは違法であると明記されており、これに違反すると、1度目はアニマル・コントロール・オフィス（Animal Control Office：ACO）の係官がやってきて警告を行う。しかし、2度目の違反になると、１００ドルの罰金、3度目の違反では３００ドルの罰金、4度目の違反では犬を捕獲して敷地内から撤去してしまう。

②ハワイ州ホノルル：ホノルルではさらに厳しい動物迷惑条例（Animal Nuisance Law）が設けられている。昼夜の時間帯を問わず、犬が10分間鳴き続けた場合、または断続的に30分以上鳴いた場合には違法となる。最初の違反、または前の違反から2年以上経っている場合には50ドルの罰金だが、2年以内に同一の違反を犯した場合には100ドルの罰金、さらに、同一の違反を2年以内に2回以上起こした場合には500ドル以上、1000ドル未満の罰金か、または30日以内の懲役刑となる。犬が10分間鳴き続けると、飼い主は懲役刑になるのであるから、実に厳しい条例である。

③カリフォルニア州サンディエゴ：犬が飼われている敷地に接する隣地の2人以上、または近隣の3人以上が苦情を申し立てれば市条例違反で500ドルの罰金である。その他、全米各地で犬の鳴き声を違法とする規制が設けられている。

では、米国以外ではどうであろうか。ドイツは他人の騒音に関して特に厳しい国として知られており、当然犬の鳴き声の規制がある。[17]月曜から金曜までは19時から翌8時（土日祝日は翌9時）までの間、連続して10分間、または断続的にでも時間を合計して30分以上鳴くと違法となる。米国の例とほぼ同じである。この規制対象となる鳴き声の大きさについても判例があり、住宅街の夜間では40dB、日中は55dBまでは適法とされているが、それ以上は違法となる。違反した場合の罰金の例では、飼い主に500マルク（当時・約3万7000円）が科された判決があるとのことである。ドイツで3年間暮らしたことがあるという人の話では、とにかく犬が鳴かないのにびっくりしたという。規制の関係もあり、犬のしつけが厳しく行われているのであろう。「犬と子どもはドイツ人に育てさせろ」と言うそうである。

フランスでも同様で、夜うるさく吠えた犬の飼い主が警察、市長、検事などに訴えられた場合、違法とされると300〜600フラン（当時・7500円〜1万5000円）の罰金が科せられるという。

イギリスも、ランカシャーでは環境保護条例（Environment Protection Act）が1990年に制定され、その中に犬の鳴き声は法的な騒音妨害行為に当たると明記されている。これを放置した場合には裁判所に召換され、違法と判断された場合には、なんと5000ポンド（70万円程度）の罰金である。

日本の場合には、騒音訴訟の項で紹介したように、20年以上も犬の鳴き声で苦しめられ、3年近く裁判で争った結果、ようやく勝訴して慰謝料が30万円であり、外国とのあまりの落差に驚いてしまうであろう。法規制の是非の議論にはさまざまな面があり一概には断じられないが、アメリカやヨーロッパのような法規制の制度があれば、個人が裁判を起こして争う必要がなくなることは間違いない。外国では、もともと犬は無駄吠えする動物ではないということがはっきりと認識されており、これを起こさせるのは飼い主の怠慢、管理放棄だということになる。したがって、飼い主に罰則規定が設けられ、厳しく処罰されるのである。「犬は吠えるものだ」というような感覚はそこにはない。

（c）自動車のエンジン音、アイドリング音など

図4・18の騒音事件の原因となった騒音種別の中でも、自動車のエンジン音、アイドリング音は非常に高い値となっている。その多くは、暴走族がらみであったり、バイクのエンジン音、あるいは空ぶかしの騒音などであり、これらを条例で規制している自治体もある。たとえば、「福島県暴走族等根絶条例」（平成16年（2004年）制定）は、暴走行為等の禁止はもとより、車の空ぶかし自体を禁止し、さらに午後10時から午前6時の深夜早朝の時間帯にこれに違反した場合には20万円以下の罰金とするという厳しい条例である。実際にも、17歳の少年がオートバイの空ぶかし行為で摘発され、送検されるなどしている。

また、自動車のアイドリング騒音が原因となった事件も見られるが、これまでは騒音トラブル防止の観点からアイドリングなどが規制された例はなく、あくまで、地球環境への負荷低減の啓蒙を目的としたアイドリング規制が一般的である。このような「アイドリング・ストップ条例」はいくつかの自治体で制定されているが、兵庫県では全国で初めて違反者に対して10万円以下の罰金を科す条例（環境の保全と創造に関する条例、平成8年7月施行）を制定し、その後、奈良市でも罰金付きの条例（平成12年）が制定されている。

これらの条例も、公害防止から環境保全のための条例に姿を変えており、たとえば、「鳥取県駐車時等エンジン停止の推進に関する条例」（平成17年（2005年）制定）は「鳥取県地球温暖化対策条例」の一部として生まれ変わっており、東京都でも環境確保条例の中に組み込まれている。

（d）日常生活騒音

すでに示したように、騒音トラブルで発生した殺人事件、傷害事件の8割程度が、日常生活の騒音が原因となっている。アパートの隣室から聞こえる話し声や幼児の鳴き声、ステレオ、テレビの音などがうるさい、あるいは、マンション上階からの子どもの足音が響いて朝早くから目が覚める、などの騒音である。これらは、第2章で示したように、住居としての建築物の遮音性能が不足している現状もあるが、それ以上に、近隣の人間関係が希薄化、空疎化していることが大きな要因となっている。

このような日常生活騒音を規制する法律はもちろんない。アパートなどの壁の遮音性能に関しては、建築基準法で一定の遮音性能を確保するよう決められているが、音の大きさ自体を規制する法律はない。上階音に関しても、建築学会の推奨する性能基準や品確法の性能表示制度などがあるが、発生音自体を規制する法律はない。公害防止条例などで夜間の静穏保持などが謳われているが、これは道路や公共の場所での話であり、個人の住宅内で発生する騒音を対象としたものではない。軽犯罪法には、第1条14号に「公務員の制止をきかずに、人声、楽器、ラジオなどの音を異常に大きく出して静穏を害し近隣に迷惑をかけた者は、これを拘留又は科料に処する」との条文がある。ただし、軽犯罪法の場合には刑事訴訟法により住所不定などの場合を除いて逮捕はできず、これは現行犯の場合でも同様である。

一時期、このような法的状況を逆手にとって、トラブル相手の隣人に向けて自宅から騒音を発生させるという嫌がらせ行為が多発した。奈良県平群町の騒音おばさん事件が代表格であるが、その他にも愛知県名古屋市、奈良県奈良市、大阪府吹田市などさまざまなところで同様な事件が起きている。

これらの行為に関しては、当時は騒音防止の面からの法的規制がなかったが、奈良の騒音おばさんの場合にはあまりに悪質で執拗だったため、警察は傷害罪でこれを立件した。騒音おばさん側は最高裁まで争ったが、結局、一審より刑期を増やされ懲役1年8月の実刑となっている。

このような行為が傷害罪と認定される要件としては、①犯様が極めて悪質で、②その期間が長期にわたり、③騒音が環境基準値などをはるかに超える大音量であること、④自治体職員や警察の複数回の制止にも従わず、⑤相手に生理的な障害を与えた場合、に傷害罪に該当すると考えてよい。

奈良県平群町では、この事件への対処の反省から、「平群町安全で安心な町づくりに関する条例」（平成18年（２００６年））を制定した。この条例では、たとえ私的空間であっても故意に環境基準を超える騒音を出してはならないこと、また、その迷惑行為者に対しては、町長が必要な措置をとることができることや、立ち入り調査をすることができることなどを定めている。このように、私的空間をも対象とした騒音の規制は全国でも珍しい。

また、これに関連する条例として、東京都国分寺市が全国で初めて「国分寺市生活音等に係わる隣人トラブルの防止および調整に関する条例」（平成21年（２００９年））を制定している。その内容は、表４・８に示した東京都環境確保条例の「日常生活等に適用する規制基準」を下回るような生活音に対し、乱暴な言動で文句を言うことや、付きまとい、住居への押しかけ、度重なる電話苦情などを迷惑行為と定義して禁止し、これによるトラブルを規制しようというものである（嫌がらせで騒音を発生させる行為も迷惑行為の中に含まれている）。しかし規制と言っても、内容は、市側が迷惑行為者に迷惑行為をやめるよう要請する、あるいは、迷惑行為を受けている人に市が助言を行うと言うものであり、罰則などがあるわけではない。この条例は、実際にマンションでピアノや風呂の音をめぐって近隣トラブルに巻き込まれた人の陳情書がきっかけで、８００人近くの署名を集めて市側に陳情を行い制定されたものである。

この条例における近隣トラブルへの対応は、要請および助言に留まるため、基本的に従来の自治体の近隣トラブルへの対処方法と何ら変わるところはないが、音を出す方ではなく、音に苦情を言う側を規制対象とした条例であるため、全国的に大きな話題を集めた。

興味深い条例であるため、その良否について整理しておく。この条例の評価できる点は、近隣トラブルに対する自治体の従来の対応が、なるべく当事者間で解決してほしいというような後ろ向きの態度が一般的であったのに対し、自治体が積極的に関与する姿勢を明確に示したことであろう。その意味で、一定の近隣トラブル防止の効果を持つことが期待される。また、トラブルが民事訴訟などに発展した場合にも、条例でさまざまな行為を迷惑行為と明文化して禁止しているため、被害者に有利な判決が出やすくなる。さらに、この点を迷惑行為者に告げることにより、迷惑行為を防止する効果も若干は期待できる。

条例の問題点は、この条例の制定が過剰な反応を誘発する懸念があることである。すなわち、近隣からの苦情に対して、条例を盾に突っぱねるというようなことが多くならないかということである。近隣苦情といっても個々にさまざまな状況があるため、本来は、当事者同士が相手の苦情に対して配慮できるところは配慮し合うことが大事であるが、このような意識が薄れて何でもかんでも迷惑行為と感じやすくなる傾向が出てくるのではないかということが懸念される。また、迷惑行為の線引きが明確でないことも問題である。たとえば、迷惑行為を反復して行うことを禁止している項の「反復して」について、条例の逐次解説では、「対象者が不快感を表したにもかかわらず反復して何度も何度も行うこと」としているが、回数もさることながら、苦情を言われれば誰でも不快であり、その不快感自体も多分に主観的なものであるため、実際には判定がなかなか難しいことになるであろう。この条例が実際にどのように運用されるかが大変重要な点であると考えられるが、少なくとも、トラブル当事者の関係修復型の解決策でないことだけは確かである。

（e）その他の騒音の規制関連

公害騒音および近隣騒音の規制基準について示してきたが、その他にも騒音に関わる規制はある。代表的なものが、右翼の宣伝カーなどの拡声器を使った騒音であり、これは通常の騒音と区別して暴騒音と呼ばれている。これは基本的に右翼と警察の問題であり、一般市民には直接的な関係は薄いが、被害を受ける場合もあるので参考までに概要を示しておく。

この暴騒音の規制条例、すなわち「拡声器による暴走音の規制に関する条例」は、昭和59年（1984年）に岡山県で最初に制定された。その前年に、岡山県湯原町で開催された日教組の大会に、2000台近くの右翼の街宣車が押しかけて町が大騒動に陥ったのがきっかけである。この条例の施行から7年後の平成3年（1991年）にも日教組の教育研究全国集会が岡山市内で開かれたが、このときは、この条例を適用して右翼4人を検挙するなど警察による積極的な取り締まりが行われた。これを契機に、全国各地の自治体で暴騒音規制条例制定の動きが相次ぎ、平成4年から5年の間に多くの自治体で条例が制定された。平成23年（2011年）現在では、北海道、沖縄を除く都府県で制定されており、規制の内容は、音源（拡声器）から10mの距離で85dBを超える音を発してはならないというものである。

騒音防止条例にも拡声器の使用、すなわち拡声放送に関する規制があり、10m地点で暗騒音より10dBを超えてはならないという規定がある。一方、暴騒音規制条例では上記したように、拡声器から10m地点で85dBを超えてはならないという規定である。どちらが厳しいかといえば、暗騒音より10dBの方がはるかに厳しい。なぜなら、暗騒音が75dBになることは通常はほとんどないからである。

ではなぜ、暴騒音の規制条例があるかといえば、騒音防止条例の罰則は、拘留または科料であるが、暴騒音規制条例は、6ヵ月以下の懲役または20万円以下の罰金になるのである。暴騒音規制条例の方が罰則がはるかに厳しく、本格的に右翼の活動を取り締まるための法律なのである。

条例制定の当初、これが言論の規制に乱用されるのではないかとの懸念から、弁護士会や宣伝活動を行う団体などから反対の声も上がった。都会の街頭の騒音は70～80dB近くになる場所もあるため、話を伝えるためには85dB以上の音量にならざるをえないことがあるというのが理由である。そこで後発の自治体の条例では、右翼の街宣活動以外の言論の自由を妨げないような条文を加えるなどの配慮を行っている。なお、選挙運動や災害時の放送、運動会などの地域の行事などの場合は、もともと対象から除外されている。

しかし、もっと大きな問題は、右翼の街宣活動を規制するために音量測定をしようと思っても、狭い道などを移動しながら街宣している場合には、実際上10m地点で音の測定ができないことであった。そこで、条例の改正が行われ、10m以内の地点で測った場合でも換算により規制ができるように変更した。たとえば、10mで85dBに相当する音量として、3mの場合には95dB、1mの場合には105dBのように、測定距離によらず規制を行えるようにしたものである。これは、第2章で説明した点音源の距離減衰により換算したものである。この改正により、より実効的に暴騒音の街宣活動を取り締まれるようになった。

暴騒音規制条例の以前からも、国会議事堂付近の特定地域を対象とした拡声器騒音の規制は行われており、「国会議事堂等周辺地域及び外国公館等周辺地域の静穏の保持に関する法律（静穏保持法）」（昭和63年（1988年））により、右翼の検挙などが行われている。

以上のように騒音トラブルに関わる法令や条例を紹介したが、すでに見てきたように条例等は時代に合わせて改廃が行われる。しかし、たとえ廃止された場合においても、設置主旨や廃止主旨などを通して、時代変遷の姿を辿る資料として大変貴重な意味があることを蛇足ながら付記しておく。

4・3　近隣騒音の法規制に関して

犬の鳴き声の項で述べたように、外国では日常的な音でも厳しく規制している例が見られる。ドイツでは、夜間や日曜祝日には芝刈り機など騒音の大きな機械を使わせない騒音防止法の制定とか、集合住宅での夜間の洗濯機や乾燥機の使用禁止はもとより、22時以降は入浴やシャワーでも苦情対象になるなど、日常生活の音でも細かく規制を行っている。

本章1・1で示した日本全国の市役所騒音担当者へのアンケート調査時に、近隣騒音に関しても、公害騒音に対する騒音規制のような新たな規制が必要と思うかどうかを質問してみた。その結果が図4・22であり、「必要だ」と「近隣騒音の種類によっては必要だ」を合わせると50％近くとなった。これは、「特に必要ない」の2倍以上になり、日夜、騒音トラブルを扱っている自治体担当者の目から見ると、近隣騒音の法的な規制もやむなしという実感を持っていることが窺える。

しかし、外国で厳しく規制されている犬の鳴き声について質問したところ、図4・23に示すように「規制すべきでない」が「規制すべき」を上回っており、図4・22の結果とは逆転した形となっている。このような日本と欧米の意識の違いには、やはり外国の個人主義と日本の共同主義という風土的な違いがあるのではないだろうか。外国の場合には、自己と他人との対峙関係の中で、仮に、自己を脅かすもの、侵害しようとするものがあれば規制されて当然と考えるが、日本の場合には、地域の揉め事は、いわば身内の揉め事に近く、これは他人からの侵害とは異なるものである。それゆえ、身内のことを杓子定規に法律で解決することへの抵抗感、あるいは、地域の一員としての責任放棄のような罪悪感が根底にあるように思える。これは近隣騒音訴訟の項で述べたとおりである。地域（身内）のことは地域内（身内）で解決するのが前提という考え方であり、そこで、第三者を交えて近所同士が話し合ったり、長老と

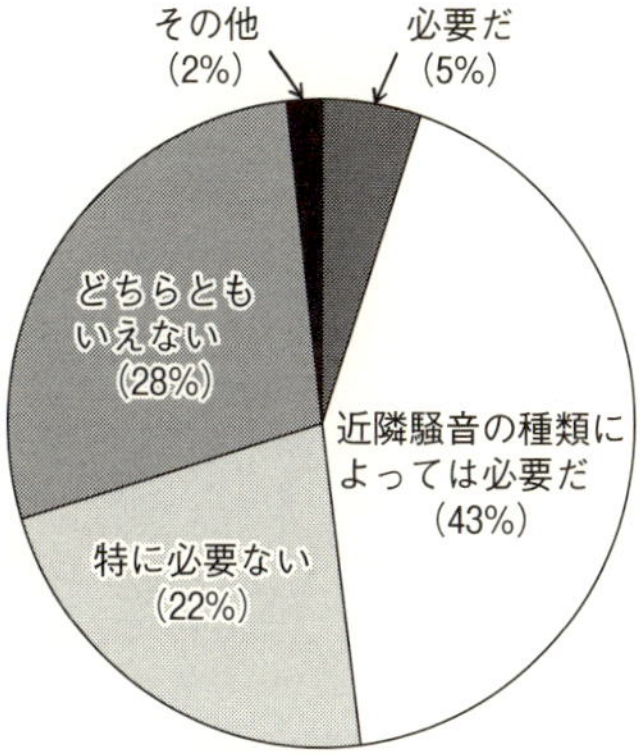

図４・22　近隣騒音は法律により規制が必要か

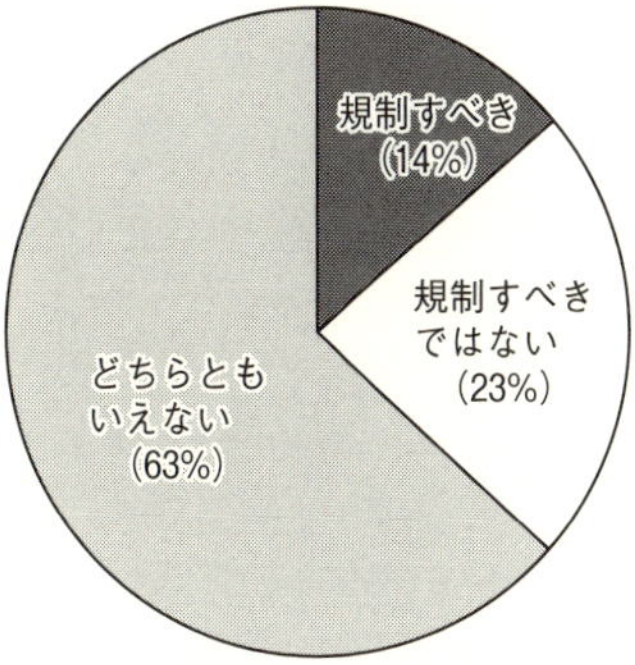

図４・23　犬の鳴き声は法的に規制すべきか

言われる人が仲介して解決を図ってきたのである。

　これらの共同体意識や問題への対処の仕方は、決して非難されるものではなく、近隣トラブルの処理システムとしてむしろ望ましいものであり、それがしっかりと機能していたのがこれまでの日本であった。しかし、今はこのような地域共同体はほとんどの地域で消滅してしまい、隣近所が身内であるというような意識は全くなくなったと言ってよい。それが近隣騒音トラブルの発生を後押ししている。社会学的見地から、騒音トラブルを分析する意義はますます大きくなっている。

第5章　騒音トラブルの歴史学

人類の歴史の中で最初に起こった騒音トラブルはどんな事件で、その音源は何か、あるいはいつの時代なのか。大変興味をそそられるところであるが、それはたとえどれほどの文献を調べて見ても、確定的なことは分かるはずもないであろう。しかし、昔の人が騒音に対してどのような感性を持ち合わせていたのか、その騒音感が時代とともにどのように変遷してきたのかは是非知りたいところである。騒音の歴史を調べることは、人間の生活や感性を辿ることであり、そこから現代に暮らす我々にも新たに見えてくるものが必ずあると思える。

音の歴史の中でも楽器の歴史や建物の音響の歴史に関しては、それぞれに文献や研究資料も多く見られる。たとえば、音響に関しては、劇場建築は古代ギリシャや古代ローマ時代から存在し、理論的ではないにせよそれなりに音響は考えられてきたので、その足跡を資料で辿ることもできる。楽器についても、その発生からの変遷を辿りながら考察を加えることも容易であり、実際にもそのような文献は多く見られる。ところが、騒音に関しては、その歴史を研究した例は、国内はもちろん、海外論文を含めてほとんど見当たらない。では、騒音に関して人々が無関心であったかといえば、決してそうではない。たとえば、古代ローマでは、馬の蹄鉄を作る鍛冶屋の音がうるさいということで、鍛冶屋は街中では許されず、町から一定以上離れた郊外に作るよう規制が設けられていたということである。今で言う騒音規制法のようなものが、すでに古代ローマに存在していたことになる。日本でも、平安時代の京の都では、牛車の夜間通行が禁止されていたという。詳細は分からないが、玉砂利の道を牛車が通るとうるさいということなら、これはまさに交通騒音の規制に他ならない。このように、騒音の問題は現代の社会問題のように思われがちだが、実は昔から人々の関心の対象であったのだ。騒音というのは、人間の生活に密着したものであり、その歴史を調べることは大変興味深いところではあるが、騒音自体が邪魔で付随的な存在であるため、これまでは研究対象としての表舞台に立てなかったものと考えられる。

人類の歴史の中で騒音とはどういう意味があったのか、そして人は騒音とどのように付き合ってきたのか、極めて茫漠とした壮大なテーマではあるが、できる限り騒音の足取りを辿ってみたいと思う。

1 日本での騒音意識の歴史

まず、日本における騒音に対する意識の歴史を辿ってみよう。ここでは、さまざまな時代の著作物を調べながら、当時の人が持っていた騒音感、あるいは音に関する印象を明らかにし、その時代的変容を考察する。

1・1 明治の騒音感

夏目漱石（１８６７–１９１６）の著作に『カーライル博物館』（１９０５年）という小文がある。これは、樋口[1]が着目したように、日本人の騒音感を考える上で大変重要な作品である。本書では、単なる騒音感の問題ではなく、騒音の歴史の観点からまずこの文章を取り上げる。

『カーライル博物館』は、漱石がロンドン留学中にトーマス・カーライル（スコットランドの評論家、１７９５–

1881）の邸宅跡を訪れたときの印象を表したエッセーである。その中に、次のような文章が出てくる。3ヵ所ほど抜き出して紹介する。

①「カーライルは何のためにこの天に近き一室の経営に苦心したか。彼は彼の文章の示すごとく電光的の人であった。彼の癇癖は、彼の身辺を囲繞して無遠慮に起る音響を、無心に聞き流して著作に耽るの余裕を与えなかったと見える。洋琴《ピアノ》の声、犬の声、鶏の声、鸚鵡の声、いっさいの声はことごとく彼の鋭敏なる神経を刺激して懊悩やむ能わざらしめたる極、ついに彼をして天に最も近く、人にもっとも遠ざかれる住居を、この四階の天井裏に求めしめたのである。」

（傍線は著者注、一部読点追加、以下同じ）

②「ショペンハウアは云う。『カントは活力論を著せり、余は反って活力を弔う文を草せんとす。物を打つ音、物を敲く音、物の転がる音はみな活力の濫用にして、余はこれがために日々苦痛を受くればなり。音響を聞きて何らの感も起さざる多数の人、我説をきかば笑うべし。…』」

③「天上に在って、音響を厭いたる彼は、地下に入っても沈黙を愛したるものか。」

これらの文章の内容から分かるように、下線を引いた「音響」という部分は、現在なら「騒音」と置き換えてもよい言葉である。しかし、この小文の中には、騒音という言葉は一切用いられていない。その他、筆者がかなり詳細に調べた範囲において、漱石の著作にはやはり騒音という言葉は出てこないのである。彼の著作の中では、現在の騒音を意味する言葉の部分には、上記した「音響」や「物音」、あるいは「雑音」という言葉が用いられている。

漱石だけではない。明治の文豪たちの作品においても騒音という言葉は出てこない。森鷗外（1862-1922）の『阿部一族』、『ヰタ・セクスアリス』、『舞姫』、その他数々の著作にもなく、『普請中』（1910年、明治43年）という小文でも、騒音ではなく「騒がしい物音がする」と表現されている。幸田露伴（1867-1947）の『五重塔』では、さまざまな多くの音についての記述が出てくるが、ついぞ騒音は出てこない。その他、二葉亭四迷（1864-1909）、樋口一葉（1872-1896）らも同様であり、全く騒音という言葉は見つからない。これらを十分な状況証拠として捉えるなら、この時代には騒音という言葉がまだ存在していなかったのではないかということが考えられる。

漱石は、1900年（明治33年）から2年間イギリスに留学をしており、その折、カーライルが騒音に対して極度に神経質であったことに注目した。田舎からロンドンへ移ったカーライルは、街中を探しに探して現在は博物館となっている居宅を見つける。そして、さまざまな騒音を嫌って4階の天井裏部屋に住まい、そこに2重壁などの防音を施して著作活動を行ったのである（上記①の記述）。漱石はその部屋に実際に入り、窓からロンドンの街を眺めて感慨を深くし『カーライル博物館』を書いた。上記の②の抜き書きは、同じく騒音に悩まされたショーペンハウエルの『騒音と雑音について』の当時の英語版『On noise』の出だし部分の引用であり、時代背景として騒音の苦痛を分かってもらえないつらさを表明した部分である。

これらの文から、イギリスに留学した漱石の中には、すでに騒音というものの概念は存在しており、騒音に悩まされる感覚を理解していたと考えられる。しかし、そのような感性は当時まだ異端であり、その概念を表す騒音という言葉すら存在していなかった。そこで、音響または雑音という言葉でこれを表していたことになる。漱石の騒音に対する概念（これを持ったのは漱石が日本で始めてかも知れない）は、西洋に留学すればこそ持ちえたものと考えられ、騒音の用語もない明治の一般社会を考えれば、現在のような迷惑感を伴った明確な騒音意識は、まだ市井にはなかったのではないかと考えられる。なお、文献[2]によれば、東京の「違《イ》式《シキ》詿《カイ》違《イ》條例《ジョウレイ》」というものにおいて、街中で大声で唱歌することや夜間12時以後に歌舞音曲により安眠を妨げることを詿違罪目に定めた（明治11年）とあるが、これはもともと混浴や男女相撲、立小便の禁止などを定めたものであり、騒音の規制というより風紀の取り締まりの意味合いが強いものであったと考えられる。そして、この中でもやはり騒音という言葉はまだ使われていない。

1・2　江戸時代の音感覚

明治期に漱石のような先駆的なごく一部の人に、ようやく騒音感が芽生え始めたということは、江戸時代の庶民には現代のような騒音感が全くなかったと考えてよいであろう。現在の騒音の定義は、邪魔な音、不快な音、不要な音ということになるが、音自体に対するこのような否定的な意識がなく、ごく自然に、声や音響や物音をあるがままに受け入れていたのではないだろうか。否定的な意識がなければ、音の発生者や発生源に対する怒りや憤りも発生せず、騒音を原因とした争いも起きては来ない。

大きな音がすればうるさいというのが現代人の常識であるが、それは決して普遍的なものではない。日本のある時期、いや、現代の100年弱の期間を除いたほとんどの時代には、たとえ大きな音がしていても、日本人はそれをことさらうるさいとは感じなかったのである。もちろん、全員がそのようであったとは考えられないが、一般庶民はそのような感性を持っていたと考えられる。これは現代から振り返ればまさに驚異的なことであり、当時の外国から見ても特異な国民性に写ったはずである。

昔の宿屋などは、宿泊場所は襖や障子で区切られており、音は筒抜けである。遮音の考えなどはどこにも見当たらない。明治の初めに日本を旅して『日本奥地紀行』[3]を記したイザベラ・バード（1831-1904）も、日光へ向かう途中の栃木という町の宿屋で、隣の部屋で芸者をあげて琴や三味線、太鼓や鼓をかき鳴らして朝方近くまで騒ぐ客たちを、真に悪魔的であると罵っている。しかし、このようなことが日常的に行われていたことから分かるように、日本人はごく当たり前のこととしてこれを受け入れ、誰も怒りを顕わにする者など当時いなかったのである。上記の記述は明治の初めであるが、江戸時代も庶民の感覚は全く同様であったろう。

「日本の住居は木と紙でできている」とはよく言われることであるが、千数百年もの間、このような住居で暮らし

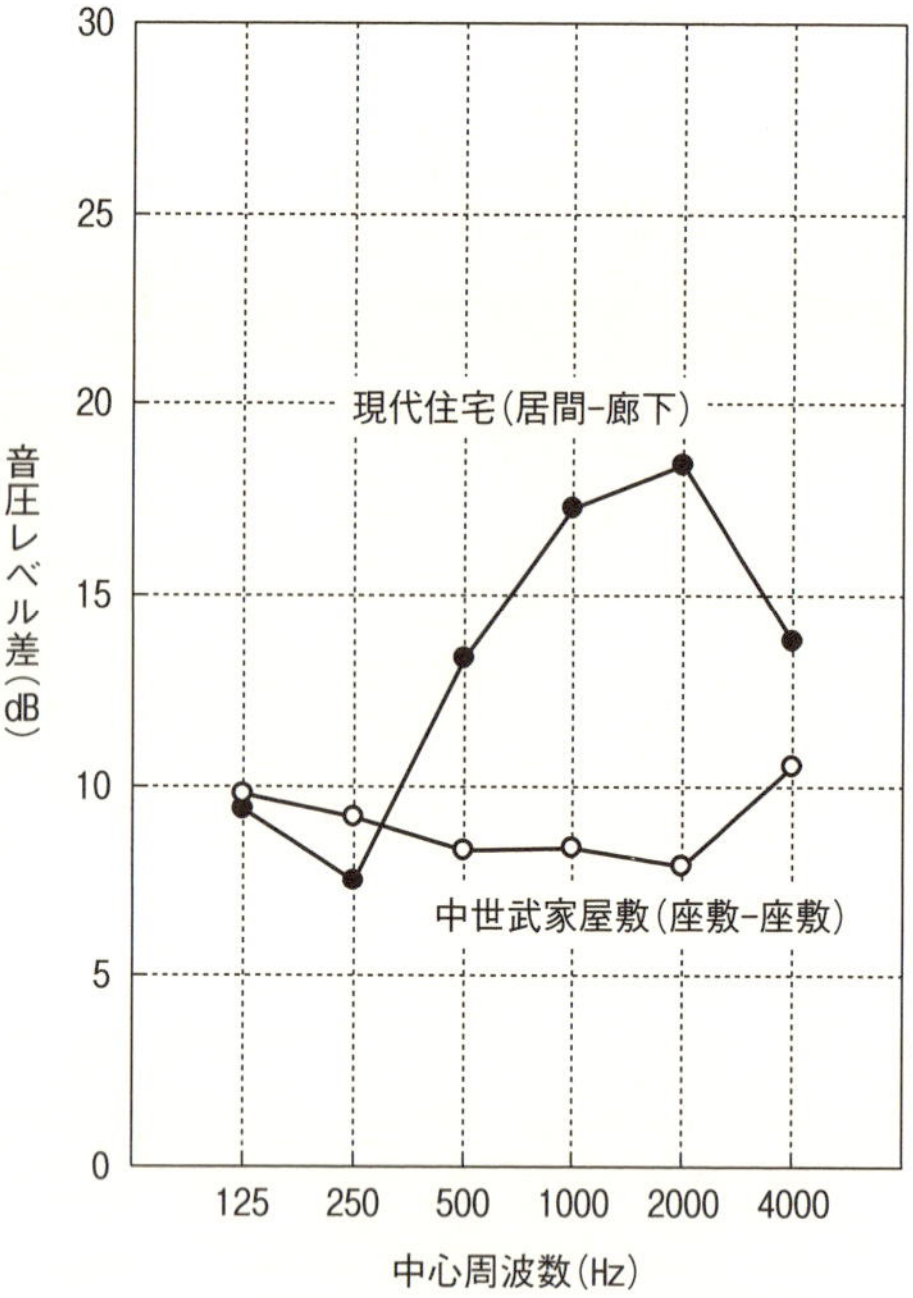

図5・1　歴史的建築物との遮音性能の比較

てきたため、建物の持つ遮音性能などという概念を持ちえなかった。壁といっても薄い板張りか竹小舞に土壁であり、間仕切は襖や障子である。これらは視覚を遮るだけで、聴覚を遮るという概念がないのである。

一例として、筆者の研究室で収集している歴史的建築物の音響性能データを紹介すると、図5・1の中世武家屋敷の座敷間の音圧レベル差は、板戸1枚で仕切られているだけであるため、ほとんど部屋と部屋の距離分の差しか表れず、現代住宅の特性とは全く異なることが分かる。

このように、日本家屋ではどの場所も遮音性に関してはほとんど配慮が見られないが、他からの音を邪魔なうるさい音として苛立つことがないため、特に問題にはならないのである。これは、素晴らしい音環境と言えるのではないだろうか。

江戸の棟割長屋では、3方の壁が隣と接しており、その壁も薄っぺらい板壁か土壁である。隣の生活音や夫婦喧嘩が筒抜けの環境であるが、誰もその音を迷惑とは考えていなかった。音が聞こえるのは当たり前でお互い様だったため、音がうるさいと揉め事になることはなかったのである。落語などでよく聞かれるフレーズであるが、「大家といえば親も同然、店子といえば子も同然」であり、長屋に住まう人たちは各々子ども同士、いわば兄弟のようなものである。生活自体も便所や井戸が共同であり、まさに家族共同体のような暮らしがあった。遮音性のない建物で暮らすことが、共同体の連帯感を高めて揉め事を抑える効果をもたらしていたのである。

片や、西洋では古代から建物の遮音性能は常に確保されてきた。遥かローマ時代にも、「インスラ」と呼ばれる4～6階建ての賃貸集合住宅が存在し、その壁厚は80㎝を越すものもあったという。[4] 壁厚が厚いのは構造的な理由からであり遮音を意図したものではないが、造りは石積み、レンガ積みであり、隣家の音が聞こえることはなかったであろう。このような住居では遮音の問題は自然と解消され、それが当たり前の環境の中で生活してきた歴史がある人々にとっては、他人の騒音に対して大変厳しくなるのは当然であり、その典型的な国民の例がドイツ人ではないかと思う。すでに述べたように、ドイツのアパートでは、時間帯によって洗濯機の使用やシャワーを浴びることも禁止されているし、休日に芝刈りなどの音を出す作業をすることや犬の鳴き声も規制されている。このように他人の騒音を厳しく律するドイツの風潮は今に始まったことではなく、昔からの国民性であると考えられる。その例証として、ドイツの哲学者、カントやショーペンハウエルの逸話がある。彼らは大変に騒音に関心を持っていた、いや、騒音に対して激しい嫌悪感を持っていたという方が正しいであろう。

カント（1724－1804）は几帳面な性格で知られ、散歩のコースや時間も規則正しく守られていたため、散歩の通り道の人がカントの姿を見て時計の遅れを直したというのは有名な逸話である。そのような性格であるから、騒音に敏感になるのも首肯できることではある。そのカントは、生涯のうちに6回家を変えているが、それはほとんど騒音のためであったと言われている。[1] 孟母三遷と言うが、その倍の転居を騒音のために繰り返したのである。最初は、下宿先の教授の家から引っ越し、川沿いの家を借りた。しかし、行き交う船の音や道路の馬車の音に苦しめられ、次に、書店主の家の屋根裏部屋に引っ越した。屋根裏の静かな環境で、思索と読書と著述に専念しようとしたのである。しかし、そこで待っていたのは隣家が中庭で飼う雄鶏のけたたましい鳴き声であった。やむなく、カントはその鶏を家主からすべて買い取るという申し出をするが、足元を見た家主が売値を吊り上げたため交渉は失敗に終わり、また引っ越すことになった。その後、二度ほど引っ越しを繰り返したが満足な環境が得られず、ついに、閑静な住宅街に初めて家を建てることにした。しかし、そこにも思わぬ騒音が待ち構えていた。近くには監獄があったが、なんと、そこの囚人たちが毎日のように歌うのである。その歌声が監獄から自宅にまで届き、哲学的思索どころではなくなってしまった。何とか歌をやめてもらおうと警視総監にまで手紙を送り、監獄の窓を閉めてもらうことにはなったが、それでも敏感になったカントの耳に歌声は届き、生活を悩ませ続けたということである。その後の経過は不明であるが、動物の鳴き声、人の歌声、車の音、まさに近隣騒音に悩まされた人生であった。思索を糧とする哲学者ならではの感性もあるだろうが、ドイツ人の国民性としての要素も大きいと思われる。なぜなら、フランス人哲学者デカルトにはそのような話は残っていないからである。

同じくドイツ人哲学者のショーペンハウエル（1788-1860）も騒音に対して大変過敏であった。彼は『騒音と雑音について』[5]という著述の中で、カント以外にも、ゲーテ、リヒテンブルグ、ジャン・パウエルなどの偉大な作家たちの著述の中に「騒音が思索する人たちに与える苦痛についての愁訴」が見られると述べ、苦痛を感じない者たちを、すべてについて無感覚な連中と切り捨てている。ショーペンハウエルが特に忌み嫌ったのが馬の鞭の音であり、彼はこれを「地獄の物音」と呼んだ。その過激な文章を紹介しておこう。

「わたしは最も無責任かつ破廉恥な雑音として、都会の狭い通りにひびきわたる真に地獄の物音、鞭の音を告発せざるをえない。これは人生からあらゆる静寂と思慮を取り上げる雑音だ。鞭をならすのが天下ごめんであるということほど、人類の愚鈍と無思慮についての明確な概念を私に与えるものはない。」

また、その騒音の影響については、

「思想家の瞑想を断ち切ることは、あたかも斬首の剣が頭と胴体を分かつように、致命的なものがある。いかなる音でも、このいまわしい鞭の音ほど、鋭く頭脳を切断するものはない。」

とまで述べている。いかにも騒音に対する憎しみが溢れ出た文章である。そして、この著作ののち数年たった1858年には、ドイツのニュールンベルグで無用な鞭打ちや余計な騒音を出さないための騒音防止条例が出されたということである。今ならさしずめ車のクラクション音の防止法というところであろうが、当時、日本はまだ江戸時代の末期であり、騒音を取り締まるという発想どころか、騒音という概念さえ全く無かった頃である。西洋の騒音に対する意識と日本人の意識の差に驚かされるが、このような西洋人から見れば、他人の騒音など全く気にしない日本人の国民性はすこぶる奇異に映ったことであろう。

明治の前半以前から江戸時代、およびそれ以前の時代において、日本人が他人からの音に関して極めて寛容であり、それを非難するという概念自体を保持していなかったということは、日本人の特筆すべき国民性であり、日本の長い歴史の中でそのような感性を持ち続けてきたという事実は、理解しておく必要がある。

1・3　大正での騒音の出現

話を明治に戻し、そこから現代に至る変化を辿ってみよう。明治には騒音という言葉は見られなかったが、時代が大正から昭和に移る頃になると、騒音という言葉がいろいろな所に現れてくる。この言葉が本格的に一般に使用されるのは昭和初期からと考えられるが、すぐに定着したわけではない。

大正3年（1914年）の『白樺』に発表された有島武郎の文章には、

「感情の激昂から彼の胸は大波のやうに高低して、喉は笛のやうに鳴るかと思ふ程燥き果て、耳を聾返へらすばかりな内部の噪音に阻まれて、子供の声などは一語も聞こえはしなかつた。」

とあるように、発音は同じであるが、まだ騒音ではなく噪音という言葉が使われている。また、久米正雄が『新思潮』に発表した「父の死」（大正5年、１９１６年）という文章でも、

「葬列は町を出て田圃道にさしか丶つた。行手には大きな寺の屋根が見えた。そしてそこからは噪音の中に、寂びを含んだ鐘の音が静かに流れて来た。私は口の中で『ぢやらんぽうん』と真似をして見た。併し実際はさう鳴つてはゐなかつた。」

と出てくる。さらに、前出のショーペンハウエルの著作も、古い翻訳では『噪音と雑音について』と記されており、これらから、大正時代の一時期には、「騒音」ではなく「噪音」という言葉の過渡期があったようである。噪音という言葉は、この時期以後も人によっては時々文章の中に現れるが、「噪音」以前に「騒音」が使われているのは見当たらないため、「噪音」がいつしか「騒音」という言葉に置き換わってきたものと考えられる。（なお現在、ピッチの明確でない衝撃性の音などを噪音（unpitched sound）と呼ぶ音響技術者もいるようであるが、一般的ではない。）

そして大正時代の終わりになると、「騒音」が現れる。文藝春秋の巻頭を飾った芥川龍之介の『侏儒の言葉』（大正12～13年、１９２３～２４年）の中の「芸術」の項に、

「東禅寺に浪士の襲撃を受けた英吉利の特命全権公使サア・ルサアフォオド・オルコックは、我我日本人の音楽にも騒音を感ずる許りだった。」

との騒音の記述が出てくる。また、宮本百合子の『小景――ふるき市街の回想』（大正12年、１９２３年）や『この夏』（大正14年、１９２５年）にも騒音が出てくる。後者の文章は、

「これは、愚にもつかないふざけだが、やかましさで苦しむ苦しさは持続的で、頭を疲らせた。暑気が加わると、騒音はなおこたえた。私は困ったと思いながら、それなり祖母の埋骨式に旅立ったのであった。」

というものであり、騒音という言葉のこのような使われ方は、現代の場合と全く同じで何ら違いはない。

これらより、騒音という言葉が使われだしたのは、大正6年頃から13年の間ぐらいに狭められる。この時期に何かの書物とか新聞などで「騒音」という言葉が新語として使われ、それが爆発的に流行したというような記録は見当たらないため、当時の何らかの社会的状況をきっかけにして騒音という言葉が自然発生的に現れ、その影響度が増して一般市民の中でも盛んに使われるようになってきたと考えられる。

そこで気がついたのが、大正12年（1923年）9月1日に発生した関東大震災である。東京、横浜を中心にして千葉から静岡近辺までの広範囲にわたる日本中枢部分が壊滅的な打撃を受けた地震であり、死者10万人強、建物の倒壊焼失40万棟以上（いずれも現在定説）と言われる未曾有の大災害である。すぐさま、帝都復興の大事業が被害地各所で始まり、建物の復旧や建て替えはもちろん、道路の拡張や区画整理などのインフラ整備まで、各所でさまざまな建設工事の槌音が鳴り響くことになった。

ここからは推論であるが、この関東大震災のこれまで類を見ないような大規模広範囲な復興工事が騒音という言葉の出現と定着に大きく寄与したのではないだろうか。至る所で工事の物音が洪水のように押し寄せ、東京、横浜などはどこへ行ってもさぞかしうるさかったことであろう。そのような音の環境では、「騒がしい物音」などといった悠長な表現では物足らず、もっと端的な表現である「騒音」という用語の発生に自然とつながっていったのではないだろうか。時期的にも、大正6年から13年ぐらいの間という条件に見事に一致する。誰が最初に使ったのかは分からないが、まだ一般的ではなかった「噪音」という言葉をベースとして、関東大震災の復興の槌音の中で、まさに実態をつぶさに表す「騒音」という用語に生まれ変わったことが推察される。すなわち、関東大震災が日本人に騒音感を植えつけたと言ってよいのではないだろうか。

1・4　昭和での騒音の定着

大正から年号が変わり昭和5、6年くらいになると、騒音という言葉は一般的な用語として、しっかりと社会に定着してくる。この頃になると、騒音を用いた著作や研究報告などが見られ、たとえば、早稲田建築学報の第8号（昭和5年、1930年）には、佐藤武夫により「地下鉄道内の騒音」という論文も発表されている。わが国の騒音研究、音響研究を牽引する早稲田グループの初期の論文であり、ここでの騒音は当然、現在の用語と何ら変わりはない。また、『虚しき騒音』（山野芋樹、早川伝三郎著、昭和6年、1931年）など本のタイトルにも用いられ、文章内でも江戸時代を舞台にした『丹下左膳』（昭和8、9年作）にさえ「巷の騒音」などと用いられるなど、一般化の傾向が明らかとなっている。昭和10年代以降は、この時期の著作の多くにごく普通に現れ、その状況は現在と何ら変わりはないものとなっている。

ただ、昭和の時代の騒音感は、やはり現代に見られるような騒音を過敏に排除しようとする風潮とはやや異なり、まだまだ温和な対応の様子が垣間見られる。そのような文章例を紹介しておこう。

「近頃は警視庁なんかでも、騒音ということを非常に喧ましく取締っているようだが、また事実騒音も聞き方によっては非常に癪に障るものであるが、しかし音の世界に生きる私どもは、波の音を聞く感じを以て電車の音を聞くとき、街の騒音にもそこに一脈の愛しさを覚えずにはいられないのである。

やがては、誰しも騒音も何も聞こえぬ所へ行かねばならぬのだから、せめて生きている間は、騒音でも何でも聞こえることに感謝しなければならぬと思う。

それが、音の世界に生きる私共の——少くとも私の『こころ』である。」（宮城道雄『夢乃姿』より、「音の世界に生きる」、昭和31年、1956年）

「私の隣の家では、朝から夜中まで、ラジオをかけっぱなしで、はなはだ、うるさく、私は、自分の小説の不出来を、そのせいだと思っていたのだが、それは間違いで、此の騒音の障害をこそ私の芸術の名誉ある踏切台としなければならなかったのである。ラジオの騒音は決して文学を毒するものでは無かったのである。」（太宰治『もの思う葦』より「鬱屈禍」、昭和55年、1980年）

このような余裕あるスタンスは、現代の私たちにも必要ではないだろうか。現代人は、騒音に対して少し過敏になりすぎている嫌いがある。

近現代の騒音に関する変遷をまとめると表5・1となる。騒音の変化は、人間の音に対する感覚の変化に他ならず、このように全体を眺めると人間の感覚史としても興味深い。

表5・1　用語としての騒音の変遷

明治時代中期以前	明治時代後期	大正時代	昭和時代
騒音自体の概念なし	騒音の概念を音響、雑音と表現	噪音と呼称	騒音の用語が定着

2　日本の騒音問題の歴史

昭和の始めに日本社会に定着した「騒音」は、戦後になると忌むべき社会問題としての存在に変身してゆくことになる。現代の騒音は典型7公害のひとつとして位置づけられ、ある程度以上の騒音は他者への明らかな迷惑行為となり、規制の対象となる。江戸時代、明治時代においては音の問題は居住環境の中の自然児であったが、現代では、騒音という名をつけられた生まれながらの問題児となってしまったのである。騒音に大小はあっても良し悪しはなく、あくまで人間社会に問題を引き起こす元凶となったのである。

2・1　公害騒音問題の発生

問題児となった騒音の歴史を概観してゆこう。昭和30年代は戦後の高度成長期の始まりであり鉱工業の発展も目覚しかったが、昭和40年代に入るとその付けが一気に回ってくる。すなわち、大気、水質、土壌汚染などの公害訴訟が次々と起こってくるのである。昭和42年（1967年）には第二水俣病と呼ばれる水銀中毒の新潟水俣病裁判、同年に四日市石油コンビナートの大気汚染による集団喘息障害の四日市公害裁判、さらに翌年昭和43年（1968年）には三井金属鉱業からの廃液による富山県神通川のカドミウム汚染が原因のイタイイタイ病訴訟など、熊本水俣病と併せて四大公害訴訟と呼ばれるものが続けて提起される。

騒音問題についても、このような公害問題への関心の高まりと、騒音への社会問題意識の目覚めが相俟って、各地で騒音訴訟が提起されてくる。工場騒音に関しては、麻ロープ製造工場訴訟（第1審昭和39年、判例時報398号）や清水板金製作所訴訟（最高裁昭和43年、判例時報544号）などがあり、工場騒音や建設騒音に対する全国的な規制の動きが現れてくる。自治体は個々に、「騒音防止に関する指導基準」などを制定して対応していたが、国はこれらの統一的な規制体制の必要性を感じ、昭和43年（1967年）に騒音規制法を公布し、工場騒音、建設作業騒音、自動車交通騒音に対する規制基準を設けた。

また大規模な騒音公害訴訟としては、昭和44年（1969年）に大阪空港（伊丹空港）周辺住民28人が国を相手取って飛行機の夜間離発着の禁止と賠償請求を求めて提起した訴訟が端緒となる。この大阪空港公害訴訟は、第1審判決、第2審の控訴審判決で飛行差し止めが認められたが、最高裁判決では住民側原告の敗訴となり、結局、昭和59

年（1984年）になってようやく和解が成立して決着した。その後も、名古屋新幹線公害訴訟や横田基地公害訴訟、国道43号（第二阪神）公害訴訟、厚木基地爆音訴訟、小松基地騒音公害訴訟、などの騒音公害訴訟が次々と起こされたが、その中でも特に注目されるのが、西名阪低周波公害訴訟である。[6] これまでの公害訴訟は通常の騒音が対象であったが、この裁判で対象となったのは、耳には聞こえない超低周波騒音であった。この訴訟は、「犬が血を吐いて倒れた」「音なき騒音、不気味な公害」などというショッキングな報道で大々的に紹介され、超低周波騒音の問題を社会に広く知らしめる結果となった。この問題は8年後に和解が成立したが、これを契機として低周波騒音（あるいは超低周波騒音）が公害問題のひとつとしてクローズアップされ、第2章で示したようなさまざまな低周波騒音問題に目が向けられることとなった。しかし、わが国ではこの問題に関する法的な規制基準がないため、被害者はやむを得ず訴訟を選択しなければならない状況があり、困難を深める結果となっている。

騒音規制法と並んで、騒音行政の中心的存在となっているのが、第4章で説明した環境基準である。この基準については毎年度に達成率が調査され、その結果が行政施策の参考とされてきたため、騒音環境の改善面では大変に大きな役割を果たしてきた。

民間による騒音訴訟と行政による騒音施策を経ながら、平成に入ってくると公害騒音問題は沈静化の時期を迎える。基地騒音などの問題は決して解決しているわけではないが、防音対策なども進み一時期の深刻な状況からは大きく改善している。

2・2　公害騒音から近隣騒音へ

公害騒音問題の沈静化と裏腹に、大きく社会問題化してきたのが近隣騒音問題である。公害騒音問題では傷害事件や殺人事件は起きないが、近隣騒音問題ではこれが日常茶飯に発生する。それだけに近隣騒音は公害騒音とは別の意味で深刻な問題である。近隣騒音に関してはこれまで縷々説明を行ってきたが、騒音問題の歴史的な流れの面から改めて解説を行うことにする。

殺傷事件にもつながる近隣騒音は、いつごろから問題となり始めたのか。近隣騒音という言葉が、環境白書に初めて登場するのは昭和50年（１９７５年）である。これは、近隣騒音事件の幕開けと言われるピアノ殺人事件（下の階の子どもの弾くピアノがうるさいと、男がその母親と子ども2人を刺殺した事件。第1章で詳述）が発生した翌年である。

その環境白書の中で大阪空港訴訟や新幹線訴訟などの騒音公害に触れた後で、「さらに最近では、いわゆる近隣騒音による公害が問題化してきている。」と言及している。ここではまだ、「いわゆる」という言葉が使われており、近隣騒音がそれほど一般的でなかったことを示している。

同じく昭和50年の警察白書では、ピアノ殺人事件と、同時期に起きたペット殺人事件の両事例を挙げて、「現代社会の抱える問題を象徴するような事件が発生し、社会に注目を浴びた」と述べている。

このように、近隣騒音問題の誕生とピアノ殺人事件の発生には、時期的にも状況的にも深いつながりがある。それまでは、騒音による被害とは、航空機騒音や新幹線騒音などの爆音に近いような公害騒音が対象だと誰もが思っていたが、ピアノ音のような身近な騒音でも被害を及ぼすものだと世の中の人が気がついたのである。

しかし、このことが実に皮肉な結果を生み出した。近隣騒音とはそれほど深刻な問題なのだと納得することが、逆に近隣騒音問題の多発をもたらすのである。騒音による殺傷事件、すなわち騒音事件も、第4章で詳述したようにこの事件を契機として大きく増加する。

ピアノ殺人事件を契機に、日本人の騒音に対する意識が大きく変わった。以前の日本人は、騒音意識の項で説明したように、生活騒音などの近隣騒音はお互い様のことで、それが多少大きく聞こえたところで、それを迷惑行為とは思わなかった。ところが、ピアノ殺人事件以来、人は近隣騒音に対する配慮の必要性を実感し、同時に他人にもそれを求めることとなる。また時代変化の必然であろうか、ピアノ殺人事件の4年前（昭和45年、１９７０年）には、佐野芳子らが「騒音被害者の会」を設立し、近隣騒音被害の防止を訴え始めていた。[7] ピアノ殺人事件は、騒音被害者の会にとっては自説を喧伝する千載一遇の事件であり、当然ながら、社会的な活動を活発化させる。このような社会状況の下、日本人は他人の騒音に対して厳しく対処する国民性に徐々に変化してゆくのである。文化騒音と呼ばれるものに対する差し止め訴訟が種々起こされたのもちょうどこの頃である（第4章参照）。

これらの変化に対応し、自治体などでは近隣騒音防止に対する広報や指導要綱の制定（たとえば、松戸市「近隣騒音防止指導要綱」（昭和53年、1978年））などを行い、近隣騒音を問題視する傾向が定着することになる。昭和59年（1984年）には内閣府の「近隣騒音公害に関する世論調査」の結果が発表され、近隣騒音で被害や迷惑を受けたことがあると答えた人が34％、3人に1人の割合にまでなっている。また、集合住宅での上階音のトラブルが発生し始めるのもこの時期からである。

筆者が調べた範囲での近隣騒音訴訟の始まりは、犬の鳴き声の訴訟は昭和54年（1979年）の東京地裁判決（判例時報949号）、カラオケ騒音訴訟は昭和55年（1980年）の横浜地裁判決（判例時報1005号）、マンション騒音訴訟は昭和57年（1982年）の福岡地裁判決（判例タイムス476号）、上階音の訴訟については少し時期がずれて平成2年（1990年）の東京地裁判決（判例時報1421号）などである。このようにほとんどの近隣騒音訴訟が昭和50年の中頃より発生しており、この時期がひとつのターニングポイントとなったことが騒音訴訟の面からも窺える。

以上述べたように、昭和50年代に入って日本人の騒音感が大きく変化した。関東大震災の復興事業を契機として日本人が騒音を意識し始めたことが第1の変革であり、昭和30年代からの公害騒音の発生が第2の変革である。そして、ピアノ殺人事件をエポックメイキングとした近隣騒音に対する意識の変容は、第1の変革や第2の変革に匹敵する、騒音意識の第3の変革であると言える。

2・3　騒音問題から煩音問題へ

時代が昭和から平成に移ると、騒音に関する第4の変革が現れる。その典型的な事例が公園や学校などの地域施設に関する騒音問題である。公園で遊ぶ子どもの声や早朝に行われるラジオ体操、ゲートボールに勤しむ老人の声、学校や保育園での子どもたちの歓声やクラブ活動による楽器や運動の音など、今まで特に問題にもならなかった音に対して苦情が発生するようになったのである。

このような騒音苦情が目立ち始めたのは平成10年（1998年）頃からであり、特に朝日新聞に掲載された「少子の新世紀」という特集記事で[8]、公園の滑り台が騒音苦情により設置場所を転々とさせられるという、いわゆる「さまよう滑り台」が大きな反響を呼んで注目された。その後、第4章の表4・2で示したように、各地で学校、幼稚園、公園などからの騒音に対して苦情が頻発するようになり、社会問題の状況を呈してきた[9]。そして、平成19年（2007年）10月に西東京市いこいの森公園で子どもたちが水遊びをする噴水の差し止め決定が出るに至り、「子どもの声は騒音か」と大きな話題となり、新聞やテレビなどで取り上げられた[10,11]。これらの詳細は第4章ですでに述べたとおりである。

このような音の問題は、近隣騒音問題の延長上に生じたひとつの変異体である。第4章の図4・5に示したように、平成9年を境として家庭生活に関わる苦情が激増に転じている。この変化をもたらした一般市民の近隣意識の変化が、公園や学校からの音にも及んだのがこの結果であり、時期的にもよく対応している。

これらの問題の最大の特徴は、音の大きさ自体は以前と全く変わっていないことである。公園で遊ぶ子どもの声も、学校から聞こえてくるクラブ活動の音も、特にその音量が大きくなっているわけではない。第4章で示した苦情が急増している犬の鳴き声のトラブルも、犬の鳴き声が特に大きくなっているわけではない。それに対して苦情が激増していうことは、音を受け取る人間側が変化したということであり、この点が、これまでの騒音問題とは大きく異なる点である。すなわち、すでに述べているように、これらの苦情は騒音問題ではなく煩音問題である。これは音の問題の大きな変化であり、第4の変革と言えるであろう。

現在の近隣騒音問題と言われるもののほとんどがこの煩音問題であると言ってよい。そして煩音苦情は今後とも増大の一途を辿るであろう。現状は、国分寺市条例（第4章参照）のように、騒音に文句を言うこと自体を規制しなければならないところまで至ってしまったが、このような対処療法で煩音問題を解決できるわけではない。また当然であるが、従来のような騒音問題に対する対策・対応では、この問題の解決はできない。煩音問題の本質を見つめ直した対策が必要な時期に入ったのである。

2・4 騒音問題の変遷のまとめ

これまで述べてきたように、騒音トラブルの歴史を整理すると、表5・2に示すように4つの大きな変革があった。最初の変革は、それまで意識していなかった騒音というものを日本人が意識するようになったことであり、そのきっかけが関東大震災の復興事業（推測）であった。その後、戦後の高度成長期に呼応して公害問題としての騒音がクローズアップされ、それが沈静化し始めると身近な近隣関係の騒音トラブルが社会問題化し始める。近隣騒音問題は、いつしか今までは問題にもならなかったさまざまな音にまで広がり、人間心理やコミュニティのあり方と強い関連を持つ煩音問題に変質してきた。

表5・2　騒音に関する変革の歴史

変化の時期	騒音関連の変革
	騒音の問題意識なし
大正12年頃（関東大震災）	
	騒音の意識
昭和30年頃	
	公害騒音の発生
昭和50年頃	
	近隣騒音の発生
平成10年頃	
	煩音問題の発生

このように、騒音の問題は、ちょうど、約20年から30年毎に大きな変革を迎え、変化の方向は一貫して音の感受性のセンシティブ化に向かってきた。社会が成熟し、環境が整えば、相対的に外乱としての音への態度が厳しくなる。この変化は日本社会および日本人の対人意識の足跡そのものであり、この点からも騒音というものがいかに人間と密接に関わる問題であるかを改めて感じさせる。

3 建築における騒音問題の歴史

騒音トラブルの歴史は、建物の歴史でもある。建築の中で騒音トラブルの主体となるのは集合住宅であるが、そこでの音の問題は、隣家からの騒音（壁の遮音）の問題と、上階からの音（床衝撃音）の問題の2つが挙げられる。その中で特に騒音トラブルに結びつきやすく、かつ建築的にも対応が難しいのが上階音であり、これを中心に集合住宅の音問題の時代的変遷を辿ることにする。個別の技術的内容については、第2章ですでに詳述しているので、ここでは歴史的な観点から論を進めることにする。

3・1 上階音（床衝撃音）問題の歴史

(a) 団地の発生

先に示したように、西洋では古代ローマ時代から数階建ての賃貸集合住宅が存在していたが、わが国に一般庶民のための集合住宅が本格的に導入されたのは太平洋戦争後からと言ってよい。

わが国の集合住宅の歴史[12]としては、大正5年に三菱鉱業の炭鉱住宅としてRC造（鉄筋コンクリート造）の共同住宅が作られており、その他、日本の住宅史で始めて登場した本格的高級集合住宅である「御茶ノ水文化アパート」（大正14年、1925年）など、一般の集合住宅としてもいくつか建設されている。「御茶ノ水文化アパート」は、欧米のアパートメントハウスを手本にして作られたもので、冷暖房、給湯設備、ダストシュートなども備えられた高級住宅であった。

このような西洋式住宅の導入期にあって建築的に特に重要と言えるのが、関東大震災の被災者用住宅として作られた同潤会（当時の内務省社会局の外郭団体）アパートであり、「青山アパート」や「江戸川アパート」など東京に14棟、横浜に2棟建てられた。これらはいずれも建築文化財として価値の高いものと評価されている。また、特徴的な外観デザインのみならずエレベーターや社交室などを設けたものもあり、一部の富裕サラリーマン層を対象とした住居の色合いが強く、まだ一般庶民のアパートと言えるものではなかった。

昭和20年、太平洋戦争が敗戦のうちに終了し、これ以後、日本では戦後復興の槌音が高々と鳴り響く時代を迎える。昭和30年代に入ると、時の政府は「もはや戦後ではない」と新しい時代への転換を高らかに宣言し、それ以後、昭和35年に誕生した池田内閣のもとで高度成長時代へとひた走ることになる。

集合住宅での上階音問題は、実質的には戦後より始まる。昭和30年に時の建設大臣・田中角栄の肝いりで日本住宅公団が設立され、団地と呼ばれる集合住宅が日本各地に次々と建設され始める。これが上階音問題の幕開けである。すなわち、これまで経験したことのない、上下にコンクリートの板一枚で区切られた他人同士の日常生活が始まったわけである。それまでの日本は平屋の長屋住まいであり、これを契機に日本人の居住環境が大きく変化することになる。

団地の名の由来は、当時の日本住宅公団により供給されていたことによるが、その住戸は、図5・2に示すような、いわゆる標準設計と呼ばれた2DKの画一的な住戸である。しかし、2DKとは名ばかりで、その床面積は40数㎡の小住宅であり、外国から後に「ウサギ小屋」と揶揄された代物である［注：ウサギ小屋というのは狭い家を指すのでは

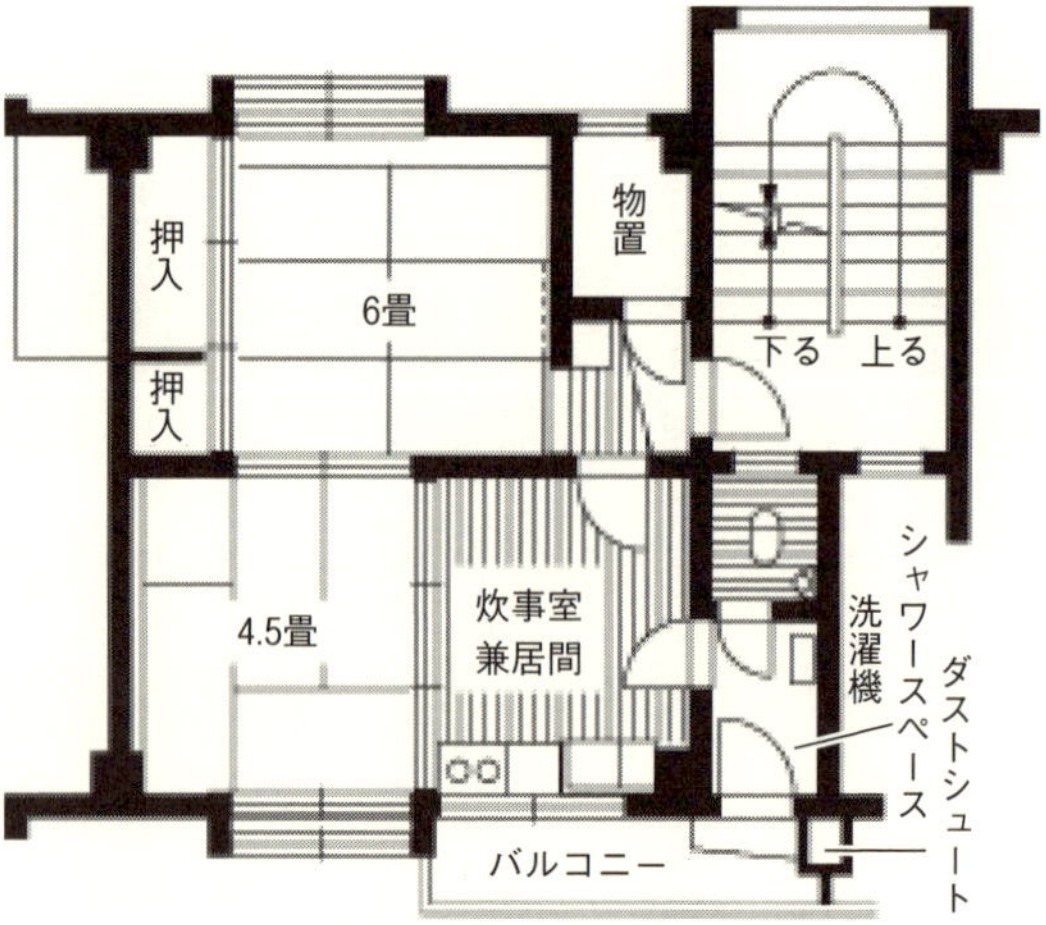

図5・2　初期公営住宅51C型（2DKタイプ）

ないとの意見もある」。しかし、曲がりなりにも食寝分離が果たされ、これにより新しい文化的な生活が始まったのである。

この標準設計の床スラブ厚は、住宅公団によれば昭和30年代では110㎜、昭和40年代でも120㎜であり、当時の施工精度の悪さを考えるとかなりのバラつきもあったのではないかと言われている。この当時、床の厚さは床の荷重を構造的に支えうる最低限の厚みでよいというのが一般的な考え方であり、上階音に関する配慮などは全くなかったのである。そのため、このような薄っぺらな床が作られていたが、これは上階音の観点から見ると極めて不十分な構造であり、上階での人の足音や子どもの飛び跳ねなどの音が下階に大きく響き渡るような性能である。しかし、高度経済成長に向かう時代の流れの中では、上階音が響いても特に大きな問題にはならなかった。なにせ、以前の日本人は騒音に対して文句を言うという習慣自体がなかったわけであり、また団地に住むことは、当時ひとつのステータスシンボルであったため、上階から音が響くことは、むしろ団地生活のステータス確認のひとつであったのかもしれない。音に対して大変寛大な時代であった。

そんな、のんびりとした世相を一変させ、集合住宅における音の問題の重要性を社会に広く認知させるきっかけとなった事件が「ピアノ殺人事件」である。音が原因で人が殺されるという前代未聞の事件に世間は震撼し、新聞などで大きく取り上げられた。これは上階音とは少し異なるが、不特定多数の人間が暮らす集合住宅において、音の問題がいかに重要であるかを社会全体に認識させる結果となった。また、この事件には大変興味深い事実がある。それは、この犯人が下階に足音が響くのを防ぐため、部屋に厚いマットを敷き、忍び足で歩くほど音に注意していたということである。上階音問題についての一般の認識がほとんどなかった時代に、すでに問題意識を持っていたということであり、音に関する意識は現代人の感覚に近いものであったと言える。再三述べているが、これらさまざまな意味で、この事件は日本人の騒音に対する心象風景を変えることになった重要事件なのである。

(b) 床構造の変遷と床衝撃音性能

ピアノ殺人事件発生の数ヵ月前、昭和49年の4月に、(社)日本建築学会の主導により室間音圧レベル差および床衝撃音の測定方法がJISに制定され、その5年後の昭和54年(1979年)には、建築物の遮音等級の制定が行われ、第2章で示した壁の遮音性能と床衝撃音性能の等級表示方法が制定された。すなわち、壁の遮音性能に関してはD等級、床衝撃音性能に関してはL等級と表示され、それぞれ建物の種別毎に特級から3級までの性能評価基準が建築学会により決められたのである。

これは建築物の性能確保の面からは大変大きな役割を果たしたが、他方、他人の騒音に寛大であった日本人を音環境に敏感な国民性に変えてしまった変節幇助の役割も担ってしまった。とはいえ、この変化はいずれ必然であったと思われ、遮音等級だけに責を負わすべきことではない。

これらの制度面の整備に応じて、一般社会でも集合住宅での音環境に対する意識は徐々に高まりを見せ、建築的にもさまざまな技術開発が行われてゆくことになる。

団地からマンションに名称が変わるのに応じて、床構造も床衝撃音性能に配慮したものに変化し、床衝撃音性能も徐々に向上する。昭和50年代になると、住戸面積が70~80㎡程度のマンションが普及し、床構造は中間に2本の小梁が入ったいわゆる日形のスラブが一般的となり、床厚は150㎜程度までに厚くなる。この床構造の重量床衝撃音性能はL-55程度であり、従来の性能よりはかなり改善されたが、それでも住環境として決して満足できるものではなかった。

この頃から上階音に関する重大な社会問題[13]が発生してくる。昭和48年（1973年）頃からボツボツと苦情が目立ち始め、昭和50年代に入ると日本各地で同様な問題が頻発してくることになり、昭和62年（1987年）〜平成元年（1989年）頃になると苦情が急増して、新聞等でも度々取り上げられるようになった[14,15]。すなわちフローリング問題である。当時、子どものアトピー性皮膚炎などが話題になったこともあり、ダニ対策として床の絨毯をフローリングに張り替えることが流行した。また、汚れ掃除などのメンテナンスの面や、仕上げから受ける高級感なども相俟って、全国のマンションでこのリフォームが行われるようになったが、これが思わぬ近隣トラブルを誘発させたのである。

第2章で説明したように、床衝撃音には軽量床衝撃音と重量床衝撃音があり、前者は床の仕上げの柔らかさで性能が決定される。絨毯仕上げの場合には、毛足があり柔らかいために下の階には軽量衝撃音はほとんど響かないが、これを表面が硬いフローリングに張り替えると、スリッパでパタパタ歩く音や椅子を引きずる音、あるいは物を落とした音など比較的高い音が大きく響くことになる。性能で示せば、絨毯敷きのL−45（特級）の性能から、L−70〜75（級外）へ変化するのだから下の階はたまったものではなく、当然、苦情を言いにゆきトラブルとなる。まして、このリフォームが下の階の住民の知らないところで行われるのが通常であったため、ある日突然、上階からうるさい音が響き始めるのであり、これは苦情が発生してもやむを得ないところである。そのため、第4章で示したようにフローリング問題に関する訴訟が発生し、各地で社会問題化したのである。

このフローリング問題は、第2章で示した防音型フローリングの出現で沈静化を迎える。昭和60年代頃から、フローリングの裏にクッション材を張った製品が多数販売されるようになり、マンションでのフローリングはこの防音型の使用が通常となり、軽量床衝撃音に関するフローリング問題は終息することとなった。

一方、重量床衝撃音に関しては、居住環境意識の高まりに呼応して建物の床厚が徐々に厚みを増してゆく。昭和60

表5・3　床スラブと床衝撃音の変遷

年代	床、建物	床スラブ厚	床衝撃音性能
昭和30年代 40年代	住宅公団標準設計	110〜120㎜	L−60〜L−65
昭和50年代	小梁付スラブ（目型）	150㎜	L−55
昭和60年代	大型スラブ	200㎜	L−50
現在	ボイドスラブ	250〜300㎜	L−50〜L−45

年代には小梁をなくして断面に凹凸がないようにした大型スラブというものが多用されるようになり、床厚は構造上２００㎜程度となる。大型スラブは、小梁がないため間取りの計画が自由になる点などが長所として挙げられるが、採用される最も大きな理由は床衝撃音対策である。すなわち、床厚を厚くすることが目的であり、そうすると自然と小梁は必要なくなるのである。この大型スラブの出現は大変象徴的な出来事である。それは、床スラブの仕様の決定要因が、構造から音に移ったことを示しており、建築技術者は、床の構造計算の代わりに床衝撃音の計算をしなければならなくなったのである。

床スラブ厚２００㎜程度の大型スラブの重量床衝撃音性能はL‐50（1級）ぐらいであるが、床衝撃音には床厚以外の要因もあるため、性能はいくらかばらつくことになる。また、第2章でも示したようにL‐50の性能でも子どもが走り回れば音は小さくても下の階で聞こえるため、十分とは言えない。そこで、床厚はさらに厚くなり２５０㎜〜３００㎜のものも登場してくるが、さすがにこの厚さになると床の自重の影響が大きくなるため、昭和50年頃から床の内部を中空にした中空スラブ（ボイドスラブ）というものが利用されるようになり、円形の中空部や四角の中空部などさまざまなボイドスラブが開発されてくる。その後、重量床衝撃音問題への関心の高まりに併せて、ボイドスラブの採用比率は急激に高まり、現在は主要な床構造となっている。これらのスラブの性能はL‐45〜50となり、建築的には床厚としてはこの辺が限界と考えられる。

このような床構造の変遷の中で、平成12年（２０００年）になると品確法が施行され、住宅の性能表示制度が具体的にスタートする。消費者が住宅購入時に、各種の住宅性能を比較検討しながら選択が可能となったわけであり大きな進歩を果たしたが、床衝撃音に関しては選択項目として性能表示が行われないなど、制度普及上の問題も抱えていることはすでに述べたとおりである。

以上述べたように、団地の発生を起点として床構造と床衝撃音の変遷をまとめると表5・3となる。最初に団地ができた頃と比べると、50年程度の歳月をかけて床衝撃音性能は4ランク程度の向上を果たしたことになる。

このような社会的な動きの中で、上階音の問題は解決されてきたのかといえば、とてもそうは言えない。現に、上階音によるトラブルや事件の数は、減るどころかむしろ増加の傾向にある。新築マンションの床の厚みは、確かに200㎜とか300㎜などと厚くはなってきているが、既存のマンションでは性能不足のものが依然として多く存在している。日本の全住戸（戸建て＋集合住宅）のうち、約45％が昭和55年（1980年）以前に建てられた建物と言われており、その数は2000万戸弱にのぼる。マンションに限っても膨大な数であろう。

また、鉄筋コンクリート造以外の建物では、上階音に関する性能が不十分極まりないという状態は全く改善されていない。上階音などの音環境に関して劣悪とも言えるアパートがあちこちに現存し、人間関係は時代の流れの中でますます空疎化している。そのため騒音トラブルおよび騒音事件が多発する時代を迎えているのである。

3・2　界壁遮音問題の歴史

集合住宅で上階音と並んで重要である隣戸からの騒音問題、すなわち界壁の遮音性能の問題に関しては、床の問題ほどの大きな時代的変化はない。団地ができた初期は、コンクリートの壁厚が100～120㎜であったが、時代とともに壁厚が徐々に厚くなり、現在ではおおむね200㎜程度が標準となっている。一部のマンションなどでは、壁厚250㎜や300㎜として遮音性能の良さを謳ったものもあるが、上階音とは異なり、壁の場合には200㎜の厚みがあれば通常の生活ではほとんど支障は出ない。したがって、コンクリートの壁に関しては、これ以上の技術革新の要求も必要性もほとんどないと言える。

壁の遮音性の歴史において大きな転機となったのは、昭和45年（1970年）に建築基準法に導入された界壁の遮音規定である。すでに述べたように、日本の家屋は遮音性能というものをほとんど意識せずに考えられた建物であったが、この界壁規定の導入により最低限の遮音性能の確保が義務付けられたのである。これは、騒音はお互い様という日本人の音に対する考え方を根底から変化させる大きな出来事であったと言える。その後、音圧レベル差の測定方法のＪＩＳ制定や、遮音等級の制定などを通して遮音意識が急激に高まってゆき、いつしか、隣家から聞こえる音は迷惑な音という感じ方が定着してしまう。このように、遮音性能の変容の歴史は、図らずも音響研究者のマッチポンプ的な側面を持つことも否定はできない。

マンションなどのコンクリート壁以外に関しても、大きな技術革新や社会問題化した項目などはほとんど見られない。１９７０年代に、第2章で示したＧＬ工法などによる遮音欠陥が注目されたが、フローリング問題のように社会問題化するまでの大きな問題にはならなかった。

壁同様に、窓や扉、その他の開口部なども遮音性能に関係するが、これらについても、材料や工法の進展は当然見られるが、社会的に重大な意味を持つまでの変化はほとんどないと言ってよいであろう。このように、音環境の歴史の中で遮音性能というのは、比較的扱いやすい工学的要素の強い問題であったと言える。

3・3　歴史が示す騒音トラブル学の必要性

歴史的観点から、騒音トラブルの変容を辿ってみた。日本の騒音トラブルの歴史の中に4つの大きな変革があったと述べたが、その中で最も大きな意味を持つ変化は、他人の音を騒音と認識したことであろう。それは表裏が入れ替わるような瞠目すべき変化であり、その後の変化は、すべてその延長上で必然的に生じてきたものである。

江戸時代の長屋の遮音性能は、現在から見れば劣悪と言ってよい程のものであった。しかし、そのような住環境でも苦情やトラブルはほとんど見られず、豊かなコミュニティが築かれてきた。性能が劣悪な時代にはトラブルはなく、性能が向上してきた現代でトラブルが多発することは真に皮肉な結果であるが、これも当然の帰結である。

騒音に対する感性の醸成に関して住居建築の果たした役割が大変に大きいことはすでに述べたとおりであるが、遮音性の優れた住宅に居住した西洋では他人の音に厳しくなり、遮音性のない住居で暮らした日本人は騒音に寛容となった。現代は、昔と比べてはるかに住居の遮音性能は向上しているが、音の苦情は逆に増加の傾向にある。これは西洋と日本の比較で示される建築物の遮音性能と苦情の関係と全く同じ構図である。

「遮音性能が良くなると苦情が増える」、この逆説的法則を、音響技術は自己矛盾として内包しており、これは音環境工学の限界を示唆する結果である。環境工学は人間を対象とした学問であるが、工学的な技術面や生理学的な側面ばかりに焦点が当てられている限り、この自己矛盾は克服できない。心理学や社会学の視点を取り入れたものに枠組みを変えること、すなわち騒音トラブル学のパラダイムで考えないと、机上の空論になりかねない危惧があることを歴史が示している。

最後に、騒音関連の年表を表5・4にまとめた。社会の動きに併せて、騒音トラブルの歴史を概観するのに利用いただきたい。

表5・4　騒音年表（橋本研究室作成）

年 西暦	年 昭和平成	公害騒音関係	近隣騒音関係	社会一般の情勢
1945〜1954	昭和20年代	・東京都「工場公害防止条例」(1949、S24) ・東京都、横浜市など「騒音防止条例」(1954、S29)		・太平洋戦争終結（1945、S20）
1955〜1964	昭和30年代		・日本住宅公団設立（1955、S30) ・公団2ＤＫ標準設計できる(1957、S32) ・建物区分所有法制定（1962、S37) ・千里ニュータウン入居開始(1962、S37)	・池田内閣発足（1960、S35) ・東海道新幹線開業（1964、S39) ・東京オリンピック（1964、S39)
1965	40			
1966	41			・中国文化大革命始まる
1967	42	・公害対策基本法施行	・泉北ニュータウン入居開始	・「イタイイタイ病」原因判明 ・ミニスカートブーム
1968	43	・騒音規制法公布		・3億円強奪事件発生
1969	44	・大阪空港公害訴訟提起		・東大安田講堂闘争
1970	45		・「騒音被害者の会」結成	・大阪万博開催 ・公害国会開催(公害対策基本法改正等)
1971	46	・環境庁設立 ・環境基準を閣議決定	・建築基準法改正・界壁遮音規定の導入 ・多摩ニュータウン入居開始	・大久保清女性連続殺人事件
1972	47	・新幹線認可取り消し請求訴訟		・第1次田中角栄内閣 ・沖縄本土復帰
1973	48		・動管法制定 ・フローリング問題発生し始める	・第1次オイルショック ・高度経済成長期の終焉
1974	49	・大阪空港公害訴訟判決（時間差し止め認可)	・「ピアノ殺人事件」発生 ・音圧レベル差、床衝撃音測定方法ＪＩＳ制定	・小野田寛郎元少尉帰還
1975	50	・名古屋新幹線公害訴訟提起	・環境白書に「近隣騒音」の言葉が登場	・サイゴン陥落でベトナム戦争終結
1976	51	・横田基地公害訴訟提起 ・厚木基地爆音規制請求訴訟提起	・上階音に関する事件が発生し始める	・ロッキード事件で田中角栄逮捕
1977	52			・日本赤軍が日航機ハイジャック
1978	53		・「近隣騒音防止指導要綱」（松戸市) ・重量床衝撃音発生器 JIS 制定	・新東京国際（成田）空港開港
1979	54		・床衝撃音遮断等級の制定 ・ＥＣ報告書に「日本人はうさぎ小屋に住む」	・三菱銀行猟銃人質事件
1980	55	・西名阪低周波公害裁判提訴	・千里ニュータウンで SI 住宅 ・環境庁がカラオケ騒音基準条例の通達	・金属バット殺人事件
1981	56	・大阪空港公害訴訟最高裁判決（住民請求却下)	・大阪地裁・カラオケ騒音訴訟で損害賠償判決	
1982	57	・厚木基地第1次訴訟判決	・鎌倉簡裁・犬鳴き声訴訟で損害賠償判決	・羽田沖で日航機墜落
1983	58		・暴騒音条例により右翼4人を検挙(岡山) ・改正区分所有法の制定	・ＮＨＫ朝ドラ「おしん」放映で高視聴率 ・ＮＨＫで子どもの孤食問題放映
1984	59	・大阪空港公害訴訟和解成立 ・暴走音規制条例制定（岡山県)	・「近隣騒音公害に関する世論調査」結果発表	・週刊文春「疑惑の銃弾」連載 ・学校で「いじめ問題」深刻化
1985	60	・横浜新貨物線夜間運行差し止め訴訟提起 ・名古屋新幹線減速請求棄却	・大和市保育園騒音訴訟和解	・豊田商事事件発生
1986	61			・伊豆大島三原山噴火
1987	62		・「生活騒音の防止に関する要綱」(川崎市)	・安田生命「ひまわり」を53億円で購入
1988	63	・西名阪低周波公害裁判和解		

（騒音年表つづき）

1989	1			・ベルリンの壁崩壊 ・宮崎勤幼女誘拐殺害事件 ・「一杯のかけそば」話題に
1990	2	・水俣病裁判で和解勧告		・大阪花の万博開催
1991	3		・床衝撃音訴訟で原告敗訴（東京地裁）	・バブル崩壊始まる
1992	4	・国道43号線訴訟高裁判決	・環境庁「近隣騒音について」の調査結果公表	
1993	5	・環境基本法公布 ・厚木基地第1次訴訟最高裁判決	・子どもの声で母子殺傷事件（千葉） ・暴騒音規制条例全国で制定	・細川連立内閣誕生 ・ゼネコン汚職続発
1994	6	・横田基地公害訴訟判決		・村山内閣発足 ・大江健三郎ノーベル文学賞
1995	7			・阪神大震災発生 ・地下鉄サリン事件発生
1996	8			
1997	9	・「環境影響評価法」公布	・近隣苦情激増に変化	・酒鬼薔薇事件発生 ・クローン羊誕生
1998	10	・国道43号線訴訟和解成立 ・「(新)騒音に係る環境基準について」告示		・「キレる」が流行語に ・和歌山毒入りカレー事件
1999	11	・川崎公害訴訟和解成立		・コンピューター2000年問題話題に
2000	12	・超低周波音測定マニュアル(環境省) ・尼崎公害訴訟和解成立	・品確法施行 ・床衝撃音性能予測法「拡散度法」発表	・柏崎市女性長期監禁事件発覚
2001	13			・アメリカ同時多発テロ事件 ・小泉内閣成立
2002	14			・ワールドカップ日韓共同開催
2003	15			
2004	16		・ＡＤＲ法制定	・加古川7人刺殺事件 ・裁判員法成立
2005	17		・奈良・騒音おばさん傷害罪で逮捕 ・新・拡散度法発表	・耐震偽装事件発覚
2006	18	・小田急線訴訟最高裁で原告敗訴		・ライブドア事件発生
2007	19		・西東京市・噴水差し止め保全事件 ・子供の足音騒音訴訟で36万円損害賠償判決	
2008	20			・元厚生省事務次官夫妻刺殺事件
2009	21		・国分寺市・生活音条例制定	・北朝鮮ミサイル発射 ・政権交代で民主党内閣成立
2010	22	・環境省風力発電低周波音アンケート実施 ・小田急線訴訟一部原告勝訴		・小惑星探査機はやぶさ帰還
2011	23	・嘉手納基地2万人超騒音訴訟提訴		・東日本大震災と福島原発事故発生

第6章　騒音トラブルの解決学

騒音トラブルに代表される近隣トラブルの解決はいかにあるべきか、大変に難解なテーマではあるが、本章ではこの解に迫ってみたい。

近隣トラブルは極めて人間的な問題であり、それゆえ、個人の心理的な問題としての解決法、あるいは当事者相互の人間関係についての解決法があるはずである。いわば、人間学としての解決法であり、これについては、第3章において主にトラブル発生の心理について分析した結果に基づいての解決法を探ってゆく。

一方、近隣トラブルが多発し社会問題化している現状を踏まえれば、個人の問題だけに責を負わすのではなく、社会全体としての対応も求められる。すなわち社会制度としての解決システムの整備の問題である。これについては、わが国の関連する社会システムを点検し、現在の体制が内包する問題点を明らかにした上で、新たな解決システムの提案を行う。

また、世相や風潮と呼ばれる社会の在り様、とりわけコミュニティ社会の状況は近隣トラブルの発生と解決に大きな関わりがある。その中で暮らす場合には意識することもないが、コミュニティ豊かな社会は、それ自体が近隣トラブルの潜在的な解決力を持っている。しかし、時代の変化とともにこの潜在力が大きく損なわれてきている。これまで辿ってきた社会全体の来し方の反省を含めて、今後、私たちの社会はどのようにあるべきかについても議論をして

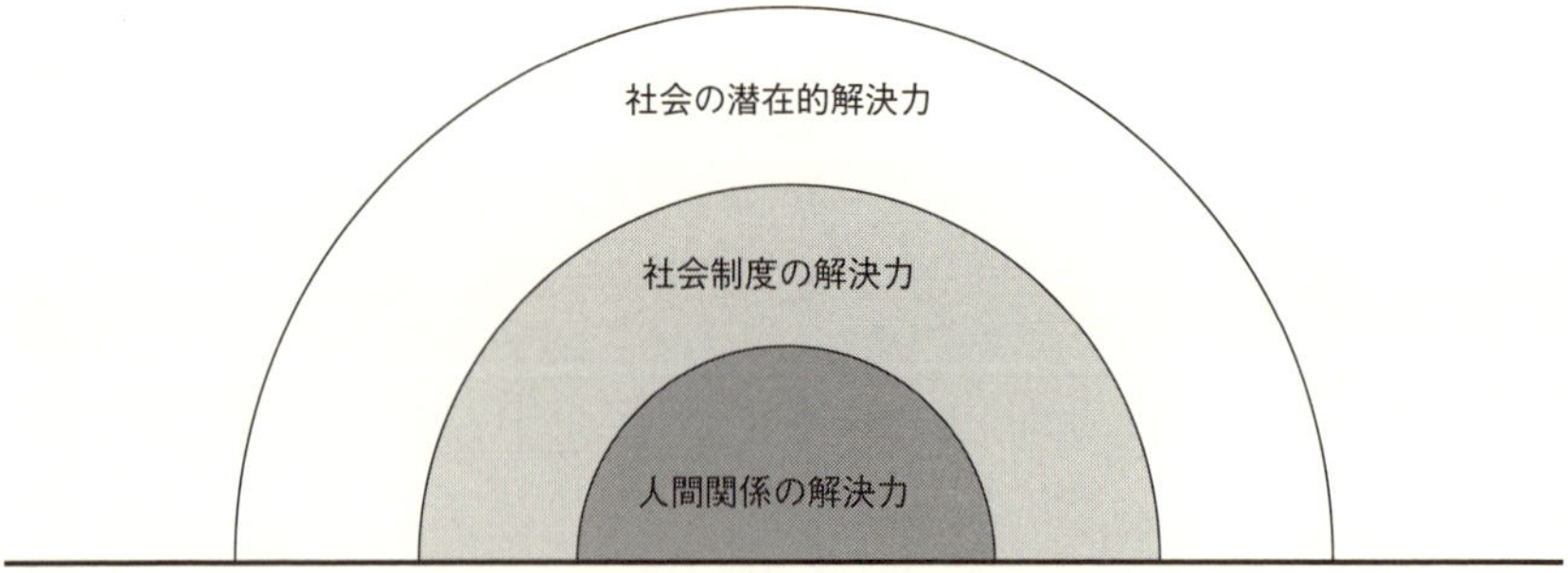

図６・１　トラブル解決力の３層構造

みたい。

これらの関係を模式的に示すと図６・１のようになるが、現在の日本ではこの3つの解決力のすべてが崩壊状態にあり、そのため近隣トラブルが急増する危機的状況を迎えている。

１　解決のための人間関係論

近隣トラブルの防止に関する一番の要点は、トラブルを生まない人間関係づくりであろう。これに関してさまざまな留意点が挙げられるが、それを論じることは本書の目的ではないため、他書を参考にしていただきたい。ここでは、騒音苦情が発生した後の対処に焦点を起き、トラブルが起こってもそれをこじれさせないための、あるいは起こってしまったトラブルを円満に解決するための人間関係論について論じることにする。

１・１　初期対応の重要性

トラブルが発生したとき、人は何をするかといえば、まず戦おうとする。心理学で言われる〝fight or flight response（闘争か逃走かの反応）〟の状況に置かれるわけだが、身の危険を感じるような場合以外のトラブルでは、ほとんどの人がまず戦おうとする。闘争は人間の本能であり、残念ながら、トラブル発生の時点ではそれを解決しようなどとは思わないのである。そう思うのは、トラブルが泥沼までエスカレートして身動きがとれなくなってからであり、そのときになって初めて、穏便に解決しなければならないと思い始めるのである。しかし、そのときにはすでに多くの争いの蓄積がなされており、そう簡単には解決の糸口が見つからない状況に陥っている。

トラブルを解決する最も効率的なやり方は、火災と同じで発生したそのときに消火に努めることである。炎が燃え広がる前の初期消火が原則であり、トラブルでも初期対応が極めて重要となる。

その初期対応を誤らせる要因には、当事者の性格や問題発生時の状況などさまざまなものがあるが、そのひとつに想像力の欠如がある。たとえば、相手がどのような状況であるかの想像力や、トラブルに発展した状況への想像力などであり、これらの想像力があれば自ずと対応は変わってくる。

簡単な例示で説明しよう。秋口になった頃、お隣のご主人（A氏）が尋ねてきて、「お宅の軒先に吊している風鈴の音がうるさいので、早くしまってくれ」と凄い剣幕で文句を言ってきたとしよう。このとき、この状況をどう考え、どう対応するであろうか。多くの人は、少し割り切れない思いでこう言うのではないだろうか。

「そんなにうるさいですか?」

このような言葉を返せば、間違いなしに「うるさいから言いに来てるんだ」と怒鳴り返されて口論に発展する可能性が高い。

苦情者は、風鈴の音が初めて聞こえたそのときにすぐに文句を言いにくるわけではない。何らかの理由で風鈴の音をうるさいと感じるようになり、それを我慢していたがどうにも我慢ができなくなって苦情を言いにくるというのが通常の状況であろう。我慢するというのは相当のストレスであり、それが限界に来て苦情を言いにきているという状況を瞬時に想像できたなら、苦情を受けたときの最初の言葉も少し変わったものになるであろう。我慢を重ねた上での苦情には、よほど対応に配慮しないと怒りが爆発する可能性があり、初期対応で火に油を注ぐことにもなりかねない。

もちろん、文句を言う側の想像力も必要である。通常の騒音発生（嫌がらせでない場合）に関しては当事者なりの事情や状況があるはずであり、それらの存在を思い計るだけでも苦情の形は変わってくる。できれば性善説に則った想像力というものを働かせることが望まれる。

また、トラブルに発展した状況を想像することも重要である。闘うことは交感神経の活動を鋭敏化し、副腎からはアドレナリンの分泌が増して気分を高揚させ、一時的には充実感を伴った快感が得られるであろう。しかし、その後に訪れるのはストレスフルで不毛な争いの日々であり、たとえそれが勝利に終わったとしても、それまでの労苦を贖える程の戦果は決して得られない。このことは十分に認識しておく必要がある。このトラブル状況への想像力を助けるために、筆者は『近所がうるさい！　騒音トラブルの恐怖』[1]という本を出版したが、その中に示されている数々の悲惨な事例を思い浮かべることができれば、初期対応での多少の譲歩の屈辱感は取るに足らないものだと思えるであろう。

トラブル発生時点での〝fight or flight〟の判断を要求される場面で、これらの想像力を瞬時に働かせるためには、普段から初期対応の状況を想定しておくことが必要である。すなわち、相手の性格や状況の分析である。譲歩する必要があるのか、普通に対応してよいのか、あるいは突っぱねてもよいのか、その対応ひとつでその後の状況は大幅に変わる。〝転ばぬ先の杖〟ならぬ〝こじれぬ先の知恵〟を十分に働かせることが肝要である。

1・2　紛争段階の確認

第3章の心理学でトラブルの心理段階のAHAというものを示した。Aは怒り（anger）、Hは敵意（hostility）、そして最後のAが攻撃性（aggresiveness）であり、紛争ではこのステップを一段一段登りながら、最悪の事件に至ると

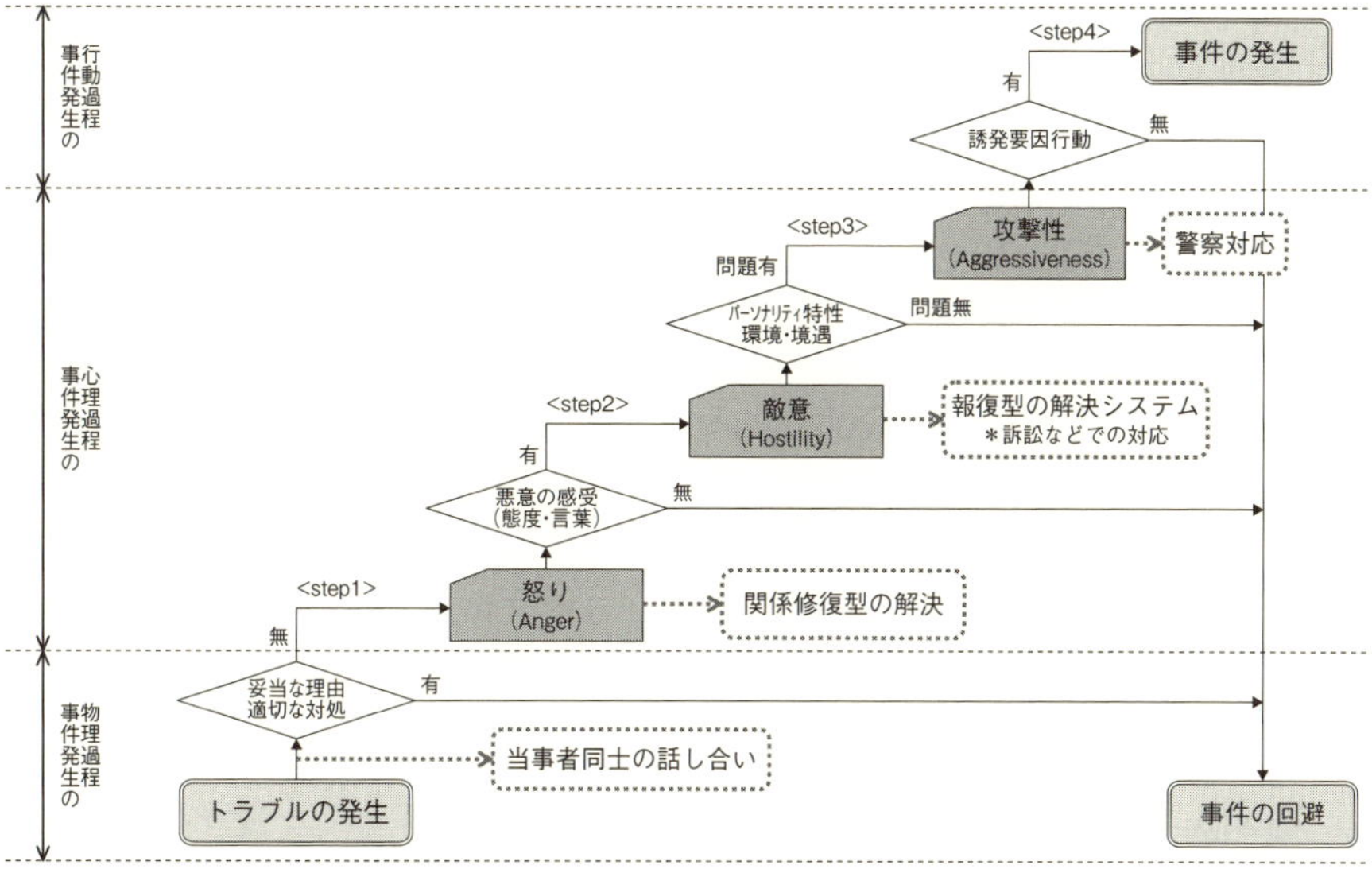

図6・2　トラブルの心理段階と解決法

いう経過を示したものである。トラブルの解決を考える場合に、この心理段階に対応した解決策をとることは非常に重要である。これをまとめたものを図6・2に示したが、各内容を詳しく説明しておこう。

まず、トラブルが発生するとマンションの管理組合や市役所の担当部署などに相談するということがよくあるが、ここで必ず言われることが、「当事者同士でよく話し合ってみてください」である。これは必ずしも間違いではないが、図6・2にあるとおり、当事者同士が直接話し合いを行ってよいのは、トラブル発生の極めて初期の段階、あるいはトラブルになる前の段階に限定されるということである。この段階においては、苦情を言う側も言われる側もまだ相手に対する怒りや敵意は湧いていないため、比較的冷静に話し合いが行われ、問題がこじれることなく双方にとって納得のできる解決策を自ら見つけ出すことが可能である。これは、当事者同士が直接話し合う最も大きなメリットである。なぜなら、何を欲しているかは当事者自身が一番良く知っているからである。

しかし、当事者間に相手に対する怒りや敵意が発生してしまった段階での当事者同士の話し合いは極めて危険である。この段階では、話し合いの中に相手に対する非難や攻撃の要素が必ず含まれてくるため、何の手立てもなくそのまま話し合いを行えば、必ず話し合いは決裂して口論に発展し、反って相手に対する憎しみが増大し状況がさらに悪化するだけに終わる。状況の悪化だけで済めばよいが、時には口論がエスカレートして突発的な殺傷事件などにつながることもあり、現実に発生している騒音事件の多くがこのパターンである。

このような状況の話し合いには、両者の感情をうまくコントロールして冷静に話し合いを進める仲介者の存在が不可欠である。仲介者は公平中立であり、かつ非難や攻撃合戦に流れがちな話し合いを円滑に進めるだけの調停の技法を持ち合わせていることが要求される。これらの詳細な調停の進め方やシステムは、次項の社会制度論で述べる「米国式現代調停技法」と「近隣トラブル解決センター」に相当するものであり、内容はその項で詳述する。この段階の解決の目標は、仲介者による調停によって当事者間の険悪な関係を修復することであり、それが実現すれば自ずと解決策が見つかってくることになる。すなわち、話し合いによる関係修復型の解決が可能な心理段階である。

トラブル心理の第2段階である敵意を感じる状態になると、関係修復型の解決は極めて困難になる。敵意にステップアップする要因は、図にあるように相手の悪意を感じることであり、こうなると解決を求める気持ちより相手を許せない気持ちの方が強くなり、相手に何らかの報復を与えないと気が済まない状態となる。このような状況では、訴訟などの報復型の解決法で対応するより仕方なくなる。何らかの決着をつけなければトラブルは終了しないため、これもやむを得ない方法と言える。

トラブルの心理段階がさらに進み、相手に攻撃性のパーソナリティ特性を感じるようであるなら、これは警察による対応を依頼する必要がある。とはいえ、実際に事件が起きるまでは警察の対応は鈍く、それが結局事件につながるという過去の事例も多いため、自分自身で最大限の防御的対処をすることが肝要である。

以上のように、トラブルに対する対応は、当事者の心理段階に応じてなされるべきものであり、トラブルの前段階、怒りの段階、敵意の段階、攻撃性の現れてきた段階によって各々対処が異なる。これを十分に認識しておかないと、解決はおろか、不慮の事件に巻き込まれる危険性もある。

1・3　トラブルの本質の見極め

第3章で詳述したが、騒音トラブルの本質は煩音問題である場合がほとんどである。たとえ騒音問題の形をとっていても、そこに至る過程で煩音問題が介在しているという場合もある。なお、ここでは音の問題を対象として説明するが、その他の近隣トラブルも本質的には同じ構図である。

学校問題が専門の大阪大学・小野田正利教授がよく用いる言葉のひとつに、「怒りの着火点と爆発点は違う」というのがある。これは大変重要な観点であり、怒りが爆発している時点だけで物事を考えるのではなく、それ以前に怒りの着火点となった出来事があるかもしれないと考えて対処に当たらないと真の解決には至らないということである。この着火点については本人が意識してない場合もあり、また、意識していても敢えて口にしないこともあるため、その見極めは大変に難しい。

この着火点と同意の言葉が、紛争処理の用語として存在する。ニーズ（needs）という言葉であり、イシュー（issue）、ポジション（position）という言葉との比較で用いられることが多い。まず、イシューとは、紛争において実際に争っている事柄や内容であり、トラブルの直接的原因と言えるものである。次に、ポジションとは、イシューに対する当事者が考える解決策のことであり、これは主に相手に対する要求や主張などである。そしてニーズというのが、イシューの裏に隠された紛争の本当の理由または原因である。言葉の意味だけでは分かりにくいため、先の風鈴の苦情を例に挙げて簡単に説明しよう。

「夏の初め、Aさんが自宅に向かって歩いていると隣の夫婦が店で買った風鈴を下げてこちらに歩いてくるところに遭遇した。隣の夫婦とはあまり付き合いはなかったが、声をかけておこうと思い、『風鈴を買われたんですね。いいですね』と話しかけた。ちょうどそこへ他の近所の人が通りがかり、隣の夫婦はその人に用事があったのか、そちらへ駆け寄って返事もなく立ち去ってしまった。

隣の夫婦は何の悪意もなく、たまたま用事があった近所の人に出会ったためにそちらに気をとられてしまっただけだったが、声をかけたAさんは、自分が無視され馬鹿にされたように感じて、強い憤りを覚えた。それ以来、隣の風鈴の音が聞こえるたびに無視された場面を思い出し、相手に対する苛立ちが膨らんでいった。夏も終わり秋口となった頃、Aさんはついに我慢ができなくなり、隣の家に押しかけ、風鈴の音がうるさいので早くしまってくれと血相を変えて怒鳴っていた。」

このトラブルでのイシューは、風鈴が本当にうるさいかどうか、文句を言われたとおりに風鈴を撤去しないといけないかどうかである。ポジションに関しては、Aさんのポジションは、「秋になったのだからさっさと風鈴を片付けろ」であり、隣の夫婦のポジションは、「そんなにうるさくもない音にいちいち文句を言うな」である。しかし、イシューについてもポジションについても、これが問題の本質であるとは誰も思わないであろう。このトラブルのニーズは、Aさんが隣の夫婦に無視され馬鹿にされたと思っていることであるが、そのことはAさんが口にしないために隣の夫婦には本当の理由は分からない。そのため、隣の夫婦にとってはAさんが些細なことで因縁をつける異常な隣人としか写らない。そこで、自分たちはAさんの異常さによる被害者だと思うことになり、お互いが自分を被害者だと思う矛盾の中で、相手に対する他の非難の種を見つけ合って近隣トラブルはエスカレートしてゆくのである。

このトラブルの着火点はAさんが隣の夫婦に会った夏の初めの出来事であり、爆発点は秋口の風鈴の音である。そして、問題のニーズは、着火点のときにAさんが隣の夫婦に無視され馬鹿にされたと思い込んだことである。トラブル解決の前提として、このニーズを明らかにする作業が必要であり、これなくしてトラブルは解決しないであろう。

トラブル解決の過程としては、ニーズを当事者同士が認識して、その上で自ら解決しようという意識を持つことが不可欠である。しかし、当事者だけの話し合いでは、お互いにポジションを要求するだけに終わる可能性が高く、そのために、第三者が話し合いの中でこのニーズを明らかにしてゆく過程が必要になってくるのである。これは当事者双方が持っている被害者意識を取り除くことに他ならない。これができないと、たとえ1つの問題が何らかの決着をみても、必ずまた別のイシューが出てくることになる。この話し合いを通して当事者の関係を改善する作業については、後の「近隣トラブル解決センター」の提案の中で詳しく述べている。

トラブルの渦中において、争いの相手を孤立させ追い込もうとすることもよく見られるが、これも相手の被害者意識を煽るだけであり、決してよい結果にはつながらない。相手を孤立化、閉塞化させることは解決への道を遠ざけ、泥沼のトラブルへ入り込むだけであり、相手の閉塞感が募れば突発的な事件さえ発生する危険性がある。トラブルの根本には被害者意識があり、それは自分だけではなく、相手も被害者意識を持っていることを認識して事に当たらなくてはならない。

一方、近隣トラブルが煩音問題ではなく純粋な騒音問題の場合には、事は簡単である。第2章で詳しく述べた音環境工学の技術的対応を行えばよいだけである。もちろん費用はかかるが、当事者に怒りや敵意もなく冷静に対応できている場合には、トラブルは簡単に決着がつくであろう。

1・4 対応判定と解決の目標

トラブルへの対応として留意すべき点がある。それは、とろうとしている対応行動が報復型か関係修復型かという点の確認である。すでに述べたように、闘争が人間の本能であるため、トラブルの対応はややもすると報復型のものになりがちである。あからさまな報復型でなくても、相手の受け取り方によって報復型と認識される場合もあるので注意が必要である。簡単な例を挙げてみよう。

騒音の問題と並んで近隣トラブルになりやすいのがゴミの問題である。仮に、ある地域のAグループの人たちが、同じ地域のBグループの人たちのゴミ箱の管理やゴミ出しのマナーが悪いと日頃から文句を言い、お互いが険悪な関係になったとしよう。そこでBグループは、その解決策として新たに自分たちだけのゴミ箱を設置して、そちらを使う形に変更したとしよう。こうすれば確かにAグループの人たちからゴミ箱に関して苦情を言われる筋合いもなくなるわけであるが、これは果たして適切な対応と言えるであろうか。

結論を言えば、これは報復型の対応であり、あまり望ましくはない。Aグループに対して露骨な報復措置を行ったわけでは決してないが、Aグループの受ける印象としては、自分たちの意見を無視し、自分たちを嫌って共同体から離脱したと感じるであろう。あからさまな形で自分たちの存在を否定されたと受け取る人もいるかもしれない。Aグループに、自分たちが無視されて否定されたという被害者意識が芽生えれば、間違いなくトラブルはエスカレートする。Bグループも、故ない苦情でゴミ箱の使用を妨げられ、新たなゴミ箱を作らされたという被害者意識があり、両方ともが被害者意識を持ちトラブルが激しくなってゆくのである。お互いが新しいゴミ箱を見るたびに厭な思いが頭を巡り、それがだんだん蓄積されてゆく。地域のつながりはゴミ箱の利用だけには限らず、自治会の各種の役割分担や回覧板のやり取り、地域の共同作業などさまざまなものがある。今度は、それらを材料として新たなトラブルが発生してくることになるのである。

報復型の対応は新たな報復を呼び、トラブルのエスカレートにつながるだけである。報復型までいかなくても、お互いがある程度折り合いをつけるフィフティ・フィフティの解決でも争いの芽は残る。近隣トラブル解決の最終的な目標は、あくまで両者が満足できるウィン・ウィンの解決でなくてはならない。交通事故の賠償問題など一過性のトラブルではフィフティ・フィフティでも許されるが、近隣トラブルは解決後も近隣関係が継続するため、お互いに不満が残る形で決着させると、その後に新たな火種が発生してくる危険性が高いからである。

ウィン・ウィンの解決を得るためには、トラブルの対応策は関係修復型のものでなくてはならない。トラブルへの対処を行う前に、その対策が報復型であるか関係改善型であるかを冷静に考えてみることが不可欠なのである。

表6・1　トラブル解決のための留意点

項目・内容	解決のための留意点
初期対応	想像力をめぐらして、“こじれぬ先の知恵”を働かせる
紛争の本質	騒音問題か煩音問題かを見極める（感情公害か否か）
状況確認	トラブルの段階（ＡＨＡ）に応じた対応を取る
当事者意識	自分だけでなく、相手も被害者意識を持っていることを認識する
解決の基本	相手を孤立化、閉塞化させない
対応判定	取ろうとする対応が報復型か関係修復型かをチェックする
解決の方向	トラブルのニーズ（怒りの着火点）を考えて解決策を探る
解決の目標	fifty − fifty ではなく、あくまで win − win の解決をめざす

1・5　誠意と悪意の問題

今まで述べてきた内容の要点を整理すると、表6・1のようになる。内容自体は特に瞠目するようなものではなく、普通の人が通常の行動の中で考えうるものばかりである。しかし、いざトラブルに巻き込まれると、この普通の対応ができずに逆方向に突っ走ってしまうというのが人間である。それを戒める材料として、この表をチェックリストとして使ってもらえればよいと思う。

さまざまな事例を眺めてくると、詰まるところ、騒音トラブル（近隣トラブル全般も同じ）というのは「悪意と誠意」の問題であるということを強く感じる。トラブルの発生には必ず悪意の感受が存在する。それは、「騒音に対処せずに放置している」「申し入れたのに実行しない」「対策を口にしたのに約束を守らない」「嫌がらせでやっている」などさまざまな状態があるが、何らかの悪意を感じるところから物事がこじれてくる。したがって、これらの解決には、口幅ったい言い方ではあるが、互いに誠意を示し、悪意を払拭する方法を探るより方法はないのである。

悪意を感じればトラブルが発生し、誠意を感じればトラブルは解決する。これが近隣トラブルに関する人間関係論の根本原理である。

2　解決のための社会制度論

前節で述べたような留意点に則って、人間関係の問題として近隣トラブルを解決できればそれに越したことはない。しかし、現実には人間学だけではとても対応ができない状況が存在しており、それらにも適用できる解決策が必要である。特に近年では近隣トラブルが多発し社会問題の様相を呈する状態であり、その対処として社会システムとしての解決策が必要なことは自明である。ここでは、近隣トラブルの解決はいかにあるべきかに重点を置いて、新たな解決組織の具体的提案を行う。

2・1　宇都宮猟銃殺傷事件はなぜ防げなかったのか

平成14年（2002年）に宇都宮市で発生した猟銃殺傷事件の経緯については第4章で詳述した。加害者の男が、トラブルとなっていた隣家の主婦を猟銃で射殺し、被害者の義理の妹にも発砲して重傷を負わせ、自分もその場で猟銃自殺を図ったという悲惨な事件である。

この事件は、その後に警察が加害者に猟銃所持を許可したことの妥当性が裁判で争われ、平成19年に、第1審の宇都宮地裁において猟銃所持の許可を与えたのは違法として国家賠償が認められ、被害者の夫や巻き添えになった主婦に4700万円を支払うよう判決が下された。しかし、警察側がこれを不服として控訴したため東京高裁でさらに争われることになったが、最終的には高裁側の勧告により和解が成立している。

県警が加害者に猟銃の所持許可を与えたことは、結果的に殺傷のための道具を与えたことになり、大きな問題であることは間違いない。しかし、この事件の根本的な問題は、近隣トラブルが20年近くも続いた挙げ句、結局、解決ができないまま最悪の結末に終わったことである。

この間、被害者となった主婦は必死の思いでさまざまな所へ相談に赴き、トラブル解決への助力を懇願している。相談先を挙げると、①宇都宮市役所の市民相談係、②地方法務局の人権擁護係、③市の精神保健相談センター、④被害者の居住地区の自治会会長や副会長、福祉部長にも相談に行っている。警察関係にはもちろん相談しており、⑤交番、⑥地元警察署の生活安全課に相談しただけでなく、⑦県警本部にも電話をしている。その他、加害者と被害者の夫が同じ勤務先であったため、⑧勤務先の総務課、⑨公民館の法律相談、⑩裁判所、⑪弁護士、⑫民生委員、⑬新聞社社会部などである。これらの相談先を見るだけでも、被害者がいかに必至であったか理解できるであろう。また、加害者の男も、近隣トラブルに対して自分の思いを民生委員などに吐露し、助言を受けるなどしている。しかし、長年にわたって発信され続けた両者の救助信号にもかかわらず、最後まで近隣トラブルが解決されることはなく、当事者両方が非業の死を遂げるという最悪の結果に終わってしまったのである。このような日本社会の現状は、果たして健全と言えるのであろうか。これは明らかに社会制度の不備ではないだろうか。

奈良の騒音おばさんの事件も10年近く争いが続いた。こちらは、最高裁まで争われたが、結局、騒音おばさんは懲役1年8月の実刑に処せられた。トラブル相手の夫婦も、精神的および経済的に大きなダメージを受けた。実は、後述する米国のＮＪＣ（近隣トラブル解決のための調停組織）の現地取材調査の折、最初に騒音おばさんの事件のビデオ映像を見せ、これについてどう思うかを担当者に聞いてみた。ビデオを見た担当者は驚き、「米国ではこのような状況は考えられない。なぜ10年もの間、社会がこれを放置しておくのか」という問いが返ってきた。

わが国では、宇都宮の猟銃殺人事件や奈良の騒音おばさんの例の如く、近隣トラブルがエスカレートして泥沼化する事例が非常に多い。そのため、かけがえのない人生や生活が失われることも度々である。なぜ解決できないのか、わが国での近隣トラブル解決のための社会制度を改めて点検してみる。

2・2　日本のトラブル処理制度の点検

現在の日本には多様なトラブル処理体制が用意されている。これらが騒音トラブルや近隣トラブルの解決に有効に機能し、実効を挙げているかどうかを総合的に点検してみよう。

(a)　自治体の対応組織

自治体には苦情や相談を受ける窓口が用意されている。一般的な相談や苦情の窓口として市民相談室などと呼ばれるものが設置されており、そこから各担当部署への紹介や連絡が行われる。公害関係については環境課、風営法に係わる風俗関係については生活安全課、動物関係は保健所、粗暴凶悪な場合や刑事事件に係わる場合には警察などといった部署が担当することになる。

騒音問題に代表されるような近隣トラブルが発生し、それが当人同士での解決が難しいと判断された場合や、トラブルの当事者になりたくないと考える場合などには、市役所の相談窓口に連絡するのが一般的な対応である。最近では特に後者の理由が多く、そのため匿名で苦情を訴える事例が増えている。

市役所での騒音などの問題を扱う部署は、自治体によりさまざまな名前がついている。昔は、公害課や公害対策課などの名称が多かったが、公害対策基本法が環境基本法に移行したのに合わせ、環境保全課、生活環境課、市民生活課、環境衛生課などさまざまな名称が使われるようになった。特徴的な名称としては、大阪府池田市の「環境にやさしい課」や岐阜県瑞穂市の「健康環境課」などもあるが、筆者らが調べたところ一番多かったのは「生活環境課」であり、これからも生活および環境がキーワードになっていることが分かる。

騒音などの公害問題の場合には、公害紛争処理法49条に基づいて置かれている自治体の公害苦情相談員（生活環境課などの職員の兼任が普通）がこれらの処理に当たる。公害苦情相談員は現地に赴いて騒音の測定や状況の調査などを行い、規制値や基準値を超えている場合には行政的指導や関係機関への通知などの対処を行う。騒音の発生源が店舗や工場、あるいは公共施設などの場合には、これらの制度が十分に機能していると考えられるが、近隣苦情、近隣トラブルの場合には必ずしもそのようには言えない。

その理由の第一は、自治体の職員に近隣トラブルの紛争解決能力が十分にあるかどうかということである。まず、騒音トラブルの場合には多少なりとも音に対する専門知識が必要である。仲介をする場合にも、騒音対策の実施内容やその有効性の確認、測定評価の妥当性の判断など、音に関する知識がないと難しい面がある。地域の中核都市の場合には、騒音の測定なども行ってくれるスタッフもいるが、小さな市町村では音に対する技術的対応はなかなか困難である。

何より重要なのは、自治体職員に紛争の調整能力があるかどうかである。後述するように、紛争解決には紛争処理理論の習得と調停技術のトレーニングを受けていることが望ましく、米国などの紛争処理担当者はこれらの訓練を受けている。日本の場合には、このようなトレーニングを受けている人はほとんど皆無であり、個人の資質と経験にもよるが、十分な紛争処理能力があるとは言いがたいのが実態である。さらには、紛争解決に対する意欲があるかどうかも結果に大きく関わってくる。自治体での公害苦情相談員のほとんどが兼務であり、多忙な他の仕事を抱えている人がどこまで熱意を持って紛争の処理に当たれるかは、はなはだ疑問である。

第2には、役所は公的な機関であるため、狭い地域社会の場合には、当事者間の問題を世間に公表した形ともなるため、訴えられた側の心証をかなり悪化させ、悪戯に当事者の関係をこじれさせることにもなりかねないことである。すなわち、「役所なんかに訴えやがって」という意識を持つことが多いのである。自治体への訴えなど行政利用の解決方法は、工場騒音や営業騒音など、基本的に行政が許認可や行政指導などの権限や影響力を保持する対象の場合には有効であるが、個人同士の場合には必ずしも有効ではない。

以上のように、近隣トラブル、特に近隣騒音トラブルの処理に関して自治体の解決力は十分とは言えないだけでなく、むしろ、安易な介入は状況を悪化させる可能性もある。これは奈良の騒音おばさんの状況などからも実証済みである。これらの根本的な問題は、自治体の職員は紛争解決の専門家ではないという点である。

(b) 公害審査会と公害等調整委員会

日本の公害紛争処理の専門機関としては、県毎に公害審査会があり、それらを束ねる中央機関としては総務省の外局である公害等調整委員会がある。これらの機関は、「公害に係る紛争について、あつせん、調停、仲裁及び裁定の制度を設けること等により、その迅速かつ適正な解決を図ることを目的」(公害紛争処理法、昭和45年(1970年)制定)として設置されているものである。

公害等調整委員会(法律上は「中央委員会」と言う)は国に設置されており、公害紛争処理法の定めるところにより、公害に関わる紛争についてあっせん、調停、仲裁及び裁定を行うが、特に大規模な公害紛争や社会的に重大な紛争問題を扱っている。併せて、地方公共団体が行う公害に関する苦情の処理について指導等を行うことにもなっている。また、地方公共団体の長に対し、公害に関する苦情の処理状況について報告を求めることができると法に規定されており、これに基づき公害紛争や苦情処理の全国的な統計の収集と発表を行っている。

公害審査会は各県毎に設置されている紛争解決機関であり、裁判所の民事調停によらずわずかな費用で迅速に公害紛争を解決することを目的として、やはり、あっせん、調停、仲裁の処理を行っている。各々の紛争処理は次のような特徴を持っている。

まず、あっせんは当事者同士の話し合いによる互譲の解決を基本とし、公害審査会のあっせん委員がその解決の援助をするという制度である。これは後述の米国式現代調停と同様の制度のように見えるが、実際は別の制度と言えるものである。調停は、同じく公害審査会の中から選ばれた調停委員が、調停案などを提案して解決に導くシステムである。あっせんは当事者間の自主的解決を重視し、調停は、第3者が積極的に介入する方式と言える。仲裁は前の2つと異なり、当事者双方が裁判所に訴える権利を放棄し、紛争の解決を仲裁委員会に委ねることを約束するものである。したがって、仲裁判断は確定判決と同等の効力を有し、強制執行を行うことも可能となる。このような違いから仲裁が申請されることはまず稀であり、一般的には調停が最も多く利用されることになる。調停申請費用は損害賠償などの金額にもよるが、おおむね数千円であるため、訴訟よりははるかに利用しやすい。

具体的な処理の流れは、申請者から公害審査会に調停申請が出されると、審査会は被申請人に対して、申請書の写しを送付して1ヵ月程度のうちにこれに対する意見書を出すように求める。そして調停委員3名を選任して調停委員会を設置し、当事者双方に調停期日を通知し、1～2ヵ月毎に調停委員会を開催しながら最終的に調停案を提示する形となる。

この調停の解決能力であるが、やはり近隣トラブルに関してはあまり期待できない。その最も大きな理由は、行政利用の場合と同じく、調停の被申請者が公害審査会に訴えられたという心象を強く持ち、それだけでも反発を増長させることになるためである。まして、通知された期日に出頭し調停委員の弁護士や大学教授の前で話をしなければならず、極めて不愉快な状況を強要されるという印象を持つ。そのため、当事者間の関係はますますこじれ、紛争解決どころか、争いをますます助長するという逆効果になる場合も多い。ついには、調停期日に無断で欠席し、調停案が提示されるまでに至らず、調停打ち切りということになったりする。このように、公害審査会というものが裁判所と同様の公式な場であること自体が、問題の解決を難しくする側面を持っていると言える。

また、この制度が実際にどれくらい市民に利用されているかといえば、図6・3に示すように、ここ30年ほどの平均では日本全国で1年に30件程度であり、1つの県で年に1件にも満たないという状況である。その上、全体の約半数近くが調停打ち切りとなっており、件数的に見ても内容的に見ても紛争処理制度として決して十分なものではないことは明白である。ましてや、近隣トラブルの解決力としてはほとんど期待できないと考えた方がよいであろう。

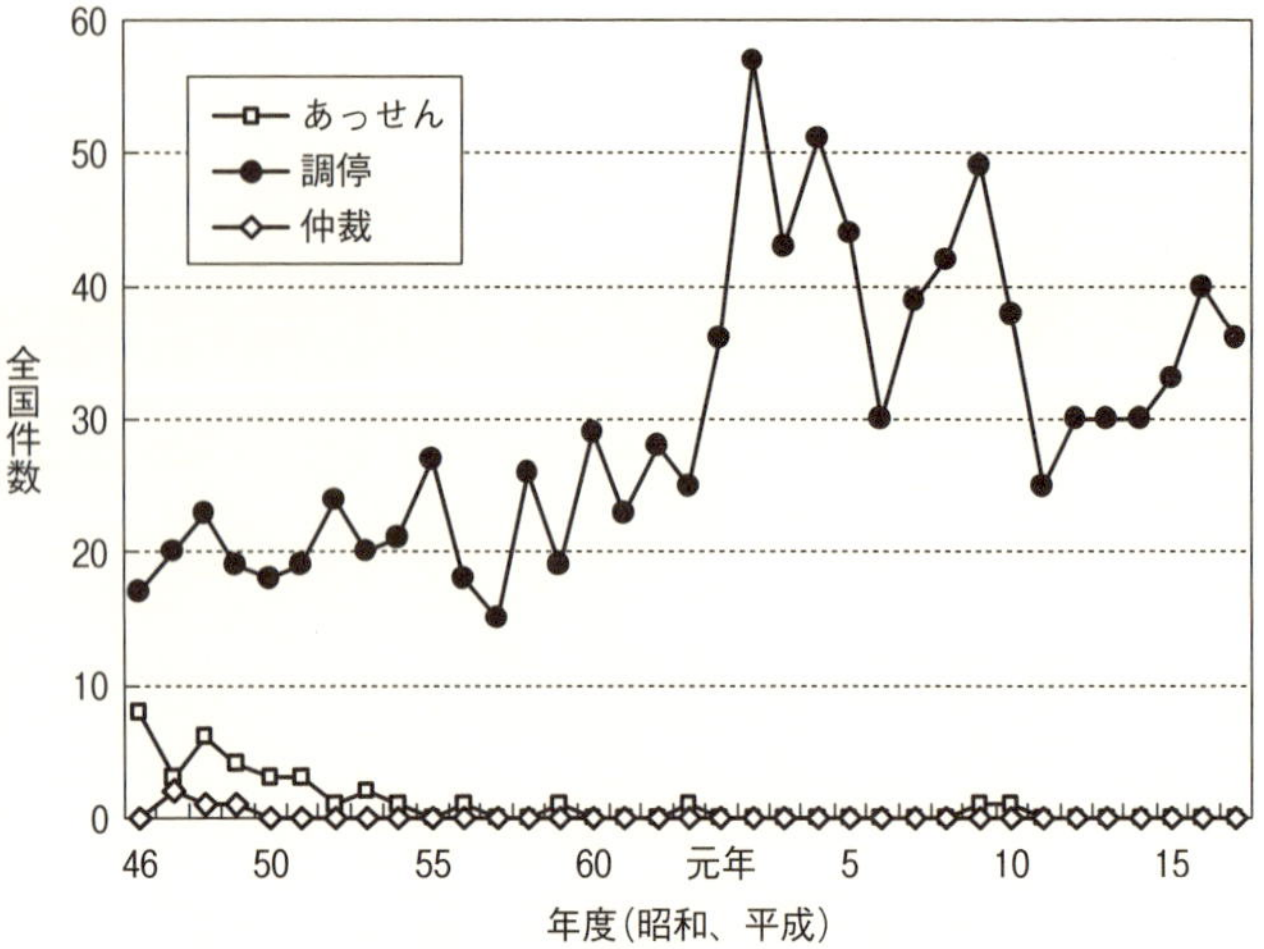

図6・3　全国での公害審査会での受け入れ件数

（c）行政系ADR機関、その他の専門ADR機関

紛争の解決において、訴訟手続きによらず調停などで民事上の紛争を解決することをADR（alternative dispute resolution、裁判外紛争解決手続、または代替的紛争解決手続）と呼び、これを実践している組織をADR機関と呼んでいる。公害等調整委員会や公害審査会もADR機関になるが、これら以外にも行政系の紛争処理機関がさまざま設置されている。これらは専門分野毎に設置されており、代表的なところでは、商品やサービスに関しては消費生活センターや国民生活センター、建築や不動産に関しては住宅紛争処理支援センターや建設工事紛争審査会、労働関係では中央労働委員会などいろいろな分野のADR機関がある。これらの機関では相談業務の他にADRも行っており、仲裁はほとんど行っていないが、あっせんや調停を手がけているところは多い（建設工事紛争審査会や中央労働委員会は仲裁もある）。

また、行政系以外の社団法人でも、交通事故に関する交通事故紛争処理センター、広告や表示についてはJARO（ジャロ）など、専門分野毎に多くの処理機関が設置されている。これらは相談件数や処理件数も多く、民事紛争解決に果たす役割は大変に大きい。どのような紛争であれ、訴訟ではなくADRで解決できることは望ましく、このような機関の充実は重要である。

では、近隣騒音紛争に関してはどうかというと、騒音紛争処理支援センターというものはなく、近隣トラブル解決センターもない。したがって、騒音トラブルや近隣トラブルの場合にはやはり市役所に持ち込まなければ仕方がないのであるが、これについてはすでに述べたとおりである。結局、現在は行政系ＡＤＲ機関による騒音トラブルや近隣トラブルの処理ができる状況にはなっていないということである。

（d）ＡＤＲ法認証の民間紛争解決事業者

司法改革のひとつとして、平成16年（２００４年）に「裁判外紛争解決手続の利用の促進に関する法律（通称ＡＤＲ法）[2]」が制定された。これまでは、弁護士法の第72条に非弁活動禁止条項があり、弁護士以外の者が、報酬を得る目的で仲裁や和解の法律事務、あるいはこれらの周旋を行ってはならないとされてきたが、これを、法務省の認証により民間機関にも開放することを認めたものである。すなわち、全くの民間のＡＤＲ事業者が、報酬を得て民間紛争解決手続（和解の仲介）を行うことができる制度である。事業者の認証や業務運営には詳細な要件があり（ガイドラインが示されている）、事業報告や財務諸表の提出はもちろん、弁護士の助言を受けることができるような措置を講じることなどまで、膨大かつ事細かに規定が設けられている。

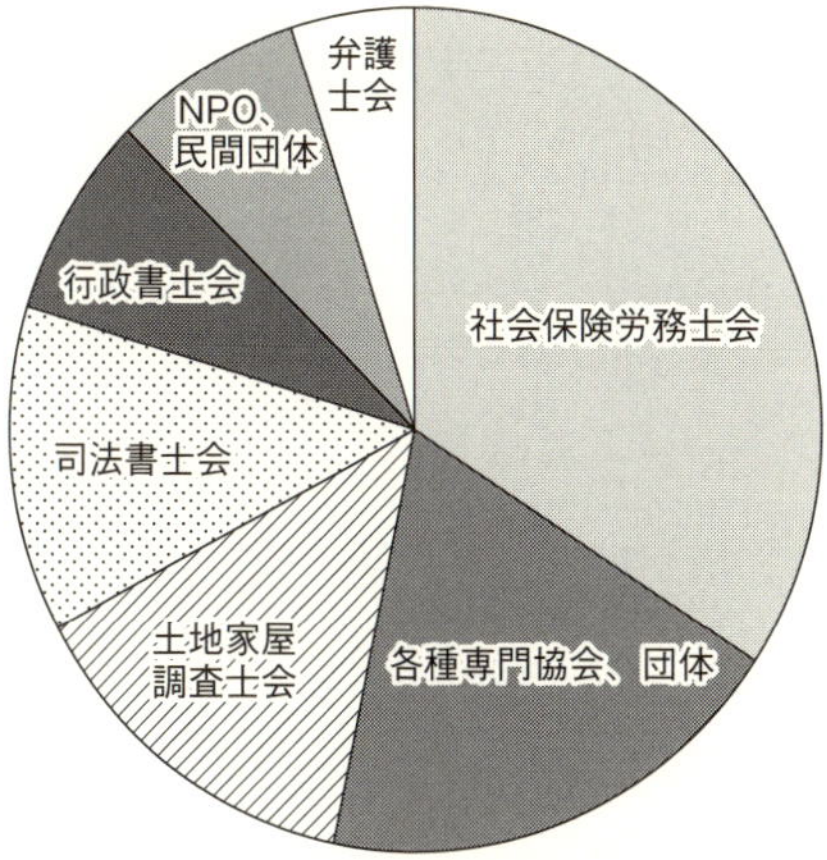

図６・４　ＡＤＲ認証団体の構成（2010年現在）

現在（２０１０年）までに80程度の事業者が認証を受けているが、図６・４に示すように、その多くが全国の社会保険労務士会、土地家屋調査士会、司法書士会、行政書士会などの事業者であり、本来の設置目的に沿った形である各種の専門協会団体や民間事業者、ＮＰＯなどはごくわずかである。従来は弁護士の業務であった司法の一分野を、社会保険労務士や行政書士などに開放しただけの形となっているのが現状である。

この制度の利用者にとって最も重要な関心は費用と効果であるが、

費用については申込金が数万円の他に調停期日毎に調停期日費用がかかり、調停和解成立時には和解金額の数％の費用が徴収されるなど、決して安いものではない。これらの制度は弁護士費用のシステムとほとんど変わらない。また、効果については、実績が全くないところから一定の合意実績のあるところまでさまざまであるが、ＮＰＯや民間の事業者では受付件数０の事業者が散見される。

以上がＡＤＲ法認証事業者の概要であるが、騒音トラブルや近隣トラブルの解決という点から見れば、この制度はほとんど機能しないと考えた方がよい。その最も大きな理由は、騒音などで迷惑をかけられている側が、自分でお金を払って問題を解決しようとは思わないからである。相手に対する損害賠償請求ならば十分に考えられるが、この制度の利用は当事者にとって盗人に追い銭の感覚であり、とても受け入れられるものではない。ちなみに、騒音トラブルを専門に扱うＡＤＲ事業者は未だない。

(e) 法テラス、弁護士会紛争解決センター

紛争処理関連のもうひとつの大きな動きとして「法テラス」の設立がある。正式には総合法律支援制度と言い、平成16年（２００４年）にできた「総合法律支援法」に基づいて設立された「日本司法支援センター」が、弁護士会などと連携協力を図りながら法律サービスを受けやすくすることをめざしたものである。ここでは低所得者向けに一部法律の無料相談も行ってはいるが、主な業務は問題に合わせて弁護士や関連専門機関を紹介する窓口業務である。そして基本的には、「司法をもっと身近なものに」というキャッチフレーズが示すように、紛争解決手段として訴訟を慫慂《しょうよう》するための制度であると見ることができる。米国に比べ、わが国では弁護士の数は必ずしも多いとは言えず、地方では無弁護士地区（司法過疎地域とも呼ばれる）も散在し問題視されている。「法テラス」は、基本的には住民サービスの制度ではあるが、一面では訴訟を増やして弁護士数の拡充を図ろうという、弁護士業界のアンテナショップ的な側面を持つことは否定できないであろう。すなわち、紛争解決に関しては弁護士利用の訴訟制度と何ら変わる

ものではない。

弁護士会が開設している紛争解決センター、あるいは紛争解決支援センターというものもある。これは、弁護士があっせん人や仲裁人となって当事者間の話し合いで紛争を解決するものであり、システム的には民間ＡＤＲ認証事業者とほぼ同様であり、当然ながら費用が発生する。

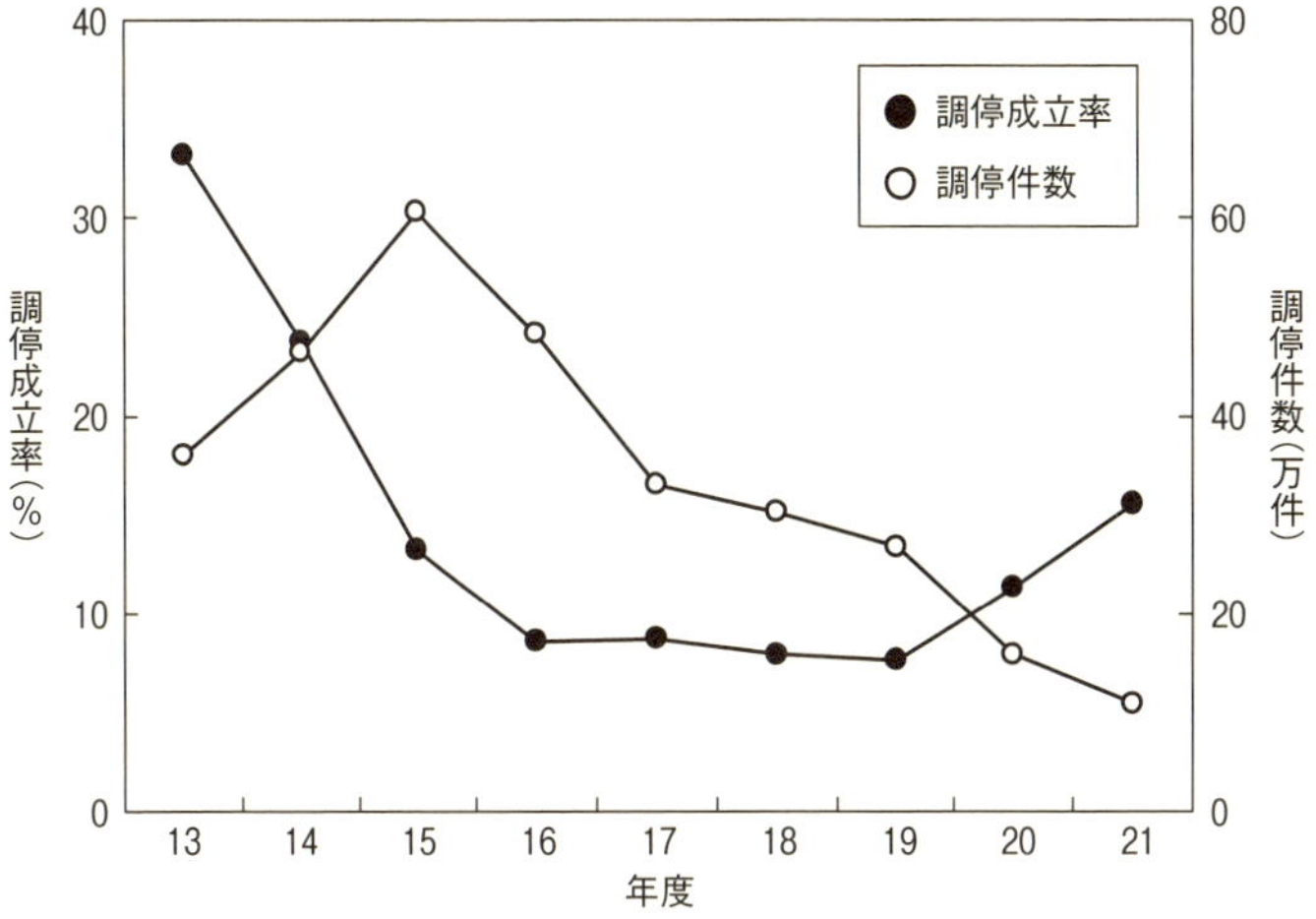

図６・５　全簡易裁判所での調停件数と調停の成立率
（裁判所司法統計より集計）

（f）簡易裁判所の民事調停、および訴訟

裁判所利用によるトラブルの解決には２つの方法がある。ひとつは調停であり、もうひとつが訴訟である。一般には、訴訟を起こす以前に簡易裁判所へ調停の申し立てを行う場合が多く、調停の手続き、制度については、民事調停法および民事調停規則により詳細に定められている。調停の申し立てが行われると、通常は、交互面接方式により調停の具体的な作業が進められる。すなわち、調停委員が、当事者と交互に面談し、両者の意見を聞きながら調停案を提示して和解に導くのである。これは公害審査会の場合と同様である。

では、この調停の解決力としての効果はどれくらいあるのであろう。図６・５は、日本の全簡易裁判所での調停件数と、調停成立の比率の推移を示したものである。簡易裁判所での調停件数自体が減少傾向にあり、これは平成16年度に成立したＡＤＲ法やその他の司法改革の取り組みによるものと推定される。しかし、調停の成立比率については平成13年度ぐらいから低下の一途を辿り、最近では10%~20%弱程度に留まっており、和解率はかなり低いものであることが分かる。また、一般的に、面接は数ヵ月に一度の割合で行われるため大変に時間がかかり、調停の期間も長いものでは5年を超え、調停回数が16回以上に及ぶという事例もあり、決して効率のよいものとは言えない。

さらに、騒音トラブルなどの近隣トラブルに関しては、調停に至るまでに行政に訴えたり、警察に訴えたりしているため、すでにかなり感情的にこじれている場合が多く、調停の場でも双方が一方的に意見を繰り返すだけに終わり、結局、調停が成立せずに訴訟に移行するというケースが大変に多い。

他にも問題は多い。民事調停委員には、地元の大学教授や高校の校長経験者などが任命されるが、調停に関する資料等は渡されるものの特に調停技術のトレーニングなどがあるわけではないため、ひとえに調停委員自身が持っている個人の力量に結果が左右されることになる。そのため、「まあまあ調停」と呼ばれるようなものが行われ、さらに状況を悪化させることも多い。また、民事調停員に選任されたときに渡される最高裁判所資料「家事調停の手引き[3]」にも、「調停が当事者の互譲による解決を目的とするものである以上‥‥」と謳われているように、この調停の目標は「互譲の解決」である。そのため、双方に不満が残る場合も多く、何かの拍子に紛争が再燃する危険性も孕んでいる。

このように書いてくると、裁判所の調停というのが全く無駄な過程のように受け取られるが、優秀な調停委員の場合には、双方の当事者と同時に面接をする三者面談方式を取り入れるなどして、両者の頑なな感情的対立をうまく解きほぐし、解決に導くということも可能である。このような場合には、調停というのはこの種の問題の解決方法としては、本来的な望ましい姿であると言える。なお、裁判所の調停の場合には、県の公害審査会などの調停とは異なり法的な強制力が得られ、これを「債務名義」と言う。

調停が成らずに訴訟になった場合でも、判決に至るまでに和解が成立する場合もある。これは「訴訟上の和解」と呼ばれ、和解内容は調書に記載され強制的な執行力を持つことになるため、判決と同等の効力を持つことになる。和解に至らず判決まで進み、仮に勝訴した場合には、損害賠償や騒音の差し止めなど、当事者が長らく待ち望んだ結果がようやく得られることになる。しかし、これで問題解決かと言えばそうではなく、判決内容の履行という大きな問題が最後に残っている。判決を真摯に受け止め、これまでの謝罪の意味を込めて判決内容を誠実に履行（賠償金の支払いや差し止めの受け入れ）する人が多いとは、誰しも考えられないであろう。騒音トラブルや近隣トラブルが裁判にまでなる場合には、そこまでの間にこじれにこじれた関係がある。たとえ勝訴しても、相手がおいそれと判決に従うことは期待できず、慰謝料も払わず、騒音も流しっぱなしということも稀ではない。そんな場合には強制執行ということになるが、騒音の差し止めや対策というのは「直接強制執行」には馴染まないため、「代替執行」か「間接強制」になるのが一般的である。つまり、判決が出てもその保障は大変に不確実であり、結局は騒音発生者が自発的に騒音の放出を止めるまで待つより仕方がないのである。下手をすると、意地になって騒音を発生し続けられるということもあるのである（第4章の近隣騒音訴訟の現状と分析を参照）。

このように近隣トラブルの法利用による解決は容易ではなく、法曹界の格言で「近隣関係は法に入らず」と言われる所以でもある。まして、訴訟には弁護士費用などの高額な出費がかさみ、時間的にも精神的にも多大な労力が強いられる。弁護士費用に関する弁護士会のアンケート調査によれば、事案によっても異なるが、安い場合で着手金として20～30万、報酬金としてやはり数十万の費用がかかる。村の行事に参加しなかったために、村の有力者たちから村八分にされたとして損害賠償を争った新潟県関川村の村八分訴訟[4]では、世帯毎に月2000円ずつ積み立ててきた集落の積立金200万円を、第1審の裁判費用としてすべて使い果たし、さらに第2審の裁判費用に150万円かかったと言う。近隣トラブルを訴訟で争うべきではないことは、この点からだけでも歴然であろう。

トラブル解決への取り組みは、私的な解決方法から徐々に公的性の強い方法へと変化してゆく。すなわち、当事者への苦情から始まって自治会や管理組合への相談、次が市役所などの自治体で、それがだめだと警察、それでもだめな場合には裁判所での騒音訴訟や隣人訴訟ということになる。一見、解決のための多彩な方法が用意されているように見えるが、これまで個別に点検をしてきたとおり、それぞれ決して十分なものではない。その根本の理由は、これらの解決方法のほとんどが報復的な色合いの強い手法だからである。自治体や警察への訴えでも、公害審査会や裁判所の調停でも、訴えられた側はそれだけで反感を持ってしまう。そのため逆に解決から遠のいてしまうことになる。求められているのは「関係修復型の解決システム」であり、それが隣接居住の当事者にとって唯一の解決方法であると言ってよい。

2・3 米国ＮＪＣ（近隣司法センター）と米国式現代調停

これまで点検してきたように、わが国では近隣トラブルに対して有効に機能する解決システムというものが存在しないに等しい。しかし、米国では近隣トラブルなどの小規模紛争に対する社会的解決システムが用意されており、それがＮＪＣ（Neighborhood Justice Center）である。直訳すれば近隣司法センターであるが、この組織の概要と、現地におけるセンターの視察調査結果について述べる。

(a) 米国におけるＮＪＣの成立と展開

近隣紛争の処理システムに関して米国は先進的である。人種問題に起因する紛争の多発という状況を抱える国として必然の成り行きであったのだろうが、その紛争解決の中心となっているのが全米各地に設置されているＮＪＣである。

１９７０年当時のアメリカの裁判所は、事案数の増加に伴う審議の遅延問題や、手続きの厳格性のために柔軟な対応ができないこと、あるいは訴訟の費用が高額であることや立地的な不便性など多くの問題を抱えており、それらの解決策が模索されていた。また、アメリカではもともと小額裁判所というのが都市型の小規模訴訟の処理機関として設けられていたが、これが一般人に対する取り立て裁判所と化しているという反省も見られた。さらには、以前には牧師や治安判事、保安官、近隣の世話役など地域社会の中核となる人々が、日常的な紛争の処理を行うという社会的統制が機能していたが、この頃になると、こうした非公式な社会統制力が失われてきたため、一層、裁判所への負担が大きくなり問題点が表面化するという状況にあった[5]。

このような紛争処理制度の問題解決を考えるため、1976年4月にミネソタ州セントポールに全米から200人を超える法曹界のリーダーたちが集まり、21世紀に向けての司法制度のビジョンについて議論が行われた。セントポールは、著名な法律学者パウンド（Nathan Roscoe Pound）が「裁判不満論」の講演をした場所であったため、それに因んで、この会議はパウンド会議と呼ばれた。その中で、小規模紛争解決のための全く新しい概念、すなわち調停に基づく裁判外の前置処理システムが模索され、その新機構としてNJCが提案された。NJCという名称も、このパウンド会議において初めて統一的に用いられたものである。

この提案に基づき、翌1977年に司法省によってロサンジェルス、アトランタ、カンザスシティの3ヵ所にNJCが試験的に設置され、裁判所に代わる紛争処理期間として活動を始めた。結果は大変に良好であり、申し込み件数の多さだけでなく合意率も83％に達し、利用者への面接調査の結果でも9割近くが紛争処理の結果に満足し、再び紛争が起こったときはまたNJCを利用したいという人が7割を超えていた。このようにNJCの有効性が実際に認められたため、このシステムが法律化（紛争解決法：The Dispute Resolution Program Act）されて全米各地にNJCが作られることになった。

米国におけるNJCは、州や郡が住民に対して無料で調停サービスを提供するための公的な機関である。一部には、弁護士事務所などが地域貢献として無料で調停サービスを提供している例も見られるが、NJCとして活動している組織のほとんどは公的機関である。運営の費用の大部分を州や郡が負担しており、それゆえ、NJCの活動についても州や郡への報告が義務付けられ、機密保持も徹底している。しかし公的機関とはいっても、訴訟外での話し合いでの紛争解決をめざし、独立した地域活動を行っているため、ＮＪＣはよく「公的な非公式紛争処理機関」と評される。このシステムは、地域社会で信頼され、紛争処理に大変効果を上げ、利用者の満足度も極めて高い。

ＮＪＣが取り扱うのは、近隣での紛争、消費者トラブル、家主と借主間の争議などの他、ルームメート同士や学生と教師間、親子間の争いなどの個人的な争いなどさまざまである。内容は、①損害賠償問題、②騒音問題、③契約不履行問題、④ハラスメント、⑤ペット苦情などであり、これらの紛争を訴訟外で効率的かつ効果的に解決しようというものである。また、調停技法の講習や、学校での生徒自身による調停（school peer mediation program）の指導など、地域活動も積極的に実施している。

（b）米国式現代調停とボランティア調停員

ＮＪＣにおける解決法は、基本的に当事者の自主的な議論を尊重し、これをサポートするというものである。すなわち、報復的な解決システム（retributive system）ではなく、関係修復型のシステム（restorative system）として、当事者間の自由な意見交換により相互理解を深め、敵対（confrontation）から和解（conciliation）への転換をめざしている。ＮＪＣは紛争の調停者として、公平中立的な第三者の立場で解決の場と助言を提供するというスタンスであり、これにより、両者の関係を悪化させることなく円満に問題を処理することをめざすシステムである。このための手法が、いわゆる「米国式現代調停」[6]と呼ばれるものであり、この要点は後述する。なお、この調停技法に関して「自主交渉援助型調停」と呼ぶ向きもあるが、ここでは出所を明確とするため「米国式現代調停」を用いている。

ＮＪＣでの調停の基本は同席調停であり、当事者同士が、何が起こったか、何が問題か、何をしてほしいか、などを対面で徹底的に話し合い、その中から相互に新しい状況認識、すなわち「紛争の構造の再構築」を行うことである。調停者は、そのための場を提供し、話し合いがスムーズに進むように手助けをする。最終的な目標は win-win resolution（本書では、対応する日本語として「相互満足の円満な解決」という言葉を使っている）であり、お互いが問題解決のために譲歩したり、我慢するといったフィフティ・フィフティの決着ではなく、双方が共に満足できる解決策を自らの手で見つけ出すことである。自分自身で見つけ出した解答は他から与えられたものより満足度が高く、また、自分で決めたことは守られやすくなるということが大きなメリットになる。ちなみに日本の場合には、先に述べたとおり最高裁判所の「家事調停の手引き」で当事者の互譲（フィフティ・フィフティ）の解決が謳われているように、米国式現代調停とは根本的な違いがあることが分かる。

米国式現代調停のこれらの処理は mediation、日本語で表せば調停と呼ばれるが、日本の調停のように第三者として調停案を両者に提示するというようなことはほとんどなく、日本とは全く異なるプロセスである（日本のシステムではあっせんがこれに近い）。このようなＮＪＣの処理には、調停トレーニングを受けたスタッフ（調停員）が当たるが、このスタッフは民間ボランティアが中心であり（すべてボランティアという組織もある）、調停の料金は無料である（一部有料のところも存在する）。これはトラブルの早期のピックアップに関して大変重要な条件であり、この点も日本とは大きく異なる点である。

ＮＪＣの解決プロセスは、当事者の話し合いによる状況改善のための相互理解が目標であるため、法律的な処置は全くと言って必要ない。したがって、法律知識を持たない民間のボランティアでも十分に紛争の解決が可能となるのである。すなわち、米国式現代調停という紛争処理プロセスが、ボランティアを活用したＮＪＣの存在を成り立たせているわけであり、これは重要な点である。ちなみに、あるＮＪＣの担当者によれば、米国では、調停に関しては法律家が優れた仕事をするとは考えられていないということである。弁護士などは、こうしなさいというようなアドバイスや指示を行うが、そのような形でない方が紛争はよく解決するという。法律家よりは心理学者の方が紛争解決の潜在能力があるというのが米国での一般認識である。

（c）米国式現代調停の技法

米国式現代調停の手法や実際については、紛争処理の専門家が著した書籍[7~10]が沢山出版されているので、そちらを参照いただければ十分である。ただし、以後の説明にも関連するため、米国式現代調停に関する主要な用語などを以下に記しておく。（なお、各研究者により用語の定義や使い方に若干差異が見られる場合もある。）

【調停関連用語】

以下の用語についてはすでに説明済みであるが、いずれも米国式現代調停の本質に関わる重要な用語であるため再掲した。

イシュー　実際に争っている事柄や内容で複数存在する場合もある。トラブルの直接的原因と言えるもの。

ポジション　イシューに対する当事者が考える解決策で、相手に対する要求や主張 など。

ニーズ　表面に出てきたトラブルの裏に隠された本当の理由。

【調停技法用語】

パラフレージング　調停人の主観を入れずに、当事者が語った言葉を別の表現で言い換えること。

リフレーミング　当事者が語ったことを、調停者の理解をもとに別の表現で言い換えること。

コーカス　調停の途中で行う当事者と調停者との個別の話し合い。コーカスを行う場合には当事者両方について同程度の時間をとることが原則で、別室で行う。

米国式現代調停とは、これらの技法を駆使して、当事者同士の話し合いをスムーズに進めるための全体的なシステムである。パラフレージングやリフレーミングは、対立する当事者の感情的な言葉を、客観的な表現として双方に伝えるための技法である。たとえば、犬の鳴き声のトラブルに関して、パラフレージングとは、

「犬は泥棒よけの番犬として飼ってるんだ。番犬が鳴かなかったらしょうがないだろう。泥棒が入ったら弁償してくれるのかよ」[11]という発言に対し、

「犬を飼っているのは盗難などを予防するための手段なので、この点を理解してほしいとおっしゃっているのですね」、と言い換えることである。

リフレーミングでは、

「番犬だといっても、いつも吠えまくっているじゃないか。1時間も、2時間も吠え続けられたら、聞かされるこっちは、たまったもんじゃないよ」との言葉に、

「飼い犬が長時間鳴き続けるのには、何か理由があるのではないかとおっしゃっているのですね。それで宜しいでしょうか」と言い換える。

このような調停者の仲介がある場合と、当人同士が上記の発言を直接言い合った場合の結果の差については、改めて言うまでもないであろう。

コーカスはいろいろな理由で用いられ、個別に伝えなければならない場合や、個別に意見を聞く必要がある場合だけでなく、当事者の心理状態を冷静にするためのブレイクタイムに使うなど、調停を円滑に進めるための道具として用いられる。この場合にも、当事者双方に同じ時間のコーカスをとるなど、公正中立の原則が守られる。

調停者をめざす人は、このような調停技術を習得するため、後述のように数十時間に及ぶ調停技法のトレーニングを修了することが求められる。

(d) 日本における紛争処理制度との比較

先に述べたように、わが国でもＡＤＲ法の制定により裁判外での紛争解決手続きが導入され、法務省で認証された紛争解決事業者がこれを担うことになった。この制度の米国との最も大きな相違点は、日本の場合は民間機関であり、

表６・２　調停機関の日米比較

内容	ＡＤＲ認証機関（日本）	NJC（Neighborhood Justice Center）（米国）
属性	民間機関	公的機関
設置	ＡＤＲ法に基づき申請者を国が認定	州法により郡に設置義務づけ、など
設置目的（費用）	基本的に営利目的（有料）	地域サービス（基本的に無料）
弁護士の関与	必要	全く必要なし
その他	毎年の法務大臣への事業報告、立ち入り検査、勧告、認証取り消しなどのチェック機構。	毎年、または２年に一度、州への事業報告（主に活動実績）、など

米国ＮＪＣは公的機関であることである。日本のＡＤＲ法は、これまで弁護士活動のひとつであった調停業務を民間に開放することであり、基本的に営利目的で調停が実施されることを意味する。その他も含めて表６・２に日本と米国の比較を示したが、両者にはかなり大きな差が見られる。ＡＤＲ機関としてのチェックなどは日本の方が厳しいようにも見えるが、一部の識者には、このような「社会の根幹である司法を個人の手に委ねる制度」は、長い目で見ると大変に恐い制度であり、将来的に社会的な悪影響をもたらすと指摘する学者もいる。

2・4　米国ＮＪＣ（近隣司法センター）の実例

ＮＪＣの成立過程から組織としての特徴までを簡単に示したが、実際のＮＪＣはどのように運営されているかを詳細に調査するため、米国西海岸にある2つのＮＪＣの現地視察調査を行った。ＮＪＣは全米各地に存在し、それぞれに特徴的な活動をしているものと考えられるが、この2件の調査結果によりＮＪＣの具体的な形がほぼ理解されるものと考える。記載内容は、ＮＪＣの管理責任者へのヒアリング結果であり、ここでは著者の主観を挟まずできるだけそのままの発言の形で記述した。

最初に示したネバダ州クラーク郡のＮＪＣは、本書で最も参考にしている事例であるため、詳細に記述している。

(a) ネバダ州・クラーク郡ＮＪＣ（Clark County Neighborhood Justice Center; CCNJC）[12]

調査年月日：２００６年（平成18年）８月11日
所在地　：1600 Pinto Lane, Las Vegas, NV 89106
取材相手　：Supervisor, Leah Stromberg

(i) 概要

ネバダ州クラーク郡のラスベガスにある Neighborhood Justice Center である。センターはラスベガスの郊外にあり、中心街であるストリップから車で北へ15分ぐらいの所にあり、人通りもあまり見られない静かな場所である。他に訪れたＮＪＣもやはり同様の立地条件であり、街中に作られることはあまりないようである。建物はＲＣ造３階建て、１階は待合いと手続きカウンターのあるスペース、２階は職員の事務スペースになっている。床面積は１階当たり５００～６００㎡程度である。

建物入り口には空港と同じ門型の金属探知機があり、係官が入館のセキュリティ・チェックを行う。ここでは、武器などのチェックはもちろんのこと、録音機などの装置類もすべてスクリーニングされる。

(ii) センターの運営

ネバダ州では、州法により40万人以上の郡にＮＪＣの設置を義務付けている。ネバダ州には10の郡があるが、これに該当する郡は２つあり、人口１５０万人のラスベガスを擁するクラーク郡も、この州法に基づきＮＪＣを設置している。

発足は１９９１年で、州裁判所への提訴費用（filing fee）を郡にあてがい、郡が独自で調停をするという州の法律ができたことによる。裁判所になるべく調停の手間をかけさせないということが目的で、地元の受付事務所

(claiming office) に事案がファイルされると、そこから費用 (fee) をもらう。そのため、募金や寄付を募らなくても運営できるという形になっている。

センターの予算は郡が管理している。上記に示したように、運営費用すなわちセンターの歳入は、郡が州から取ってきてそれで運営をまかなうという形になっているため、実績によって予算が変わることになるが、ラスベガスの場合には人口がドンドン増え、それに従い裁判所にファイルされる件数も増えており、センターの予算も増加しているとのことである。センターの年間予算は約110万ドル (人件費、施設維持費、その他すべてを含んだ総額) であり、職員数はフルタイムのスタッフが11名、ハーフタイムが6名である。

これらの運営形態より、2年に1度、州に対しての報告義務がある。調停実績やどのようなタイプの調停があったか、和解に至った件数や割合などを統計として報告することになっている。

(iii) 調停事案の受け入れ

苦情、トラブルの受け入れに関しては、警察官やアニマル・コントロールなどが4枚綴りのカーボンコピーのカード (調停照会票：mediation referal) を常時持っており、苦情の訴えがあると、苦情当事者に調停照会票を書いてもらい、当事者がその写しを調停事務所へ郵送するかFAXするシステムになっている。当事者が連絡しない場合には、警察から回ってきたカードによりセンターの方から連絡をする形になる。すなわち、当事者2名、警察、センターの誰もがこのカードを共有する形となっている。カードは、はがき半分ぐらいのサイズで、住所や氏名、内容などが記載できる簡単なものである。以前は、トラブルの当事者に警察からカードを渡し、それを調停事務所に提出することにより調停を始めるという方法をとっていたが、当事者がそのカードを破棄してしまうことが多く、うまくいかなかったため、現在のような形になっている。

調停の開始に関して、当事者の一方が話し合いに応じようとしないような場合、たとえば犬の鳴き声の問題の場合などで、飼い主は話し合いを拒否するという事例がよく見られるが、このような場合には、アニマル・コントロール・オフィスの係官から、出頭に応じないと公式紛争処理機関、すなわち裁判所へ回付されることになるので話し合いに応じるよう説得し、調停に持ち込むことになる。警察の場合も同様である。

(ⅳ) 調停の方法と内容

このセンターで実施しているのは、あくまで調停だけであり、仲裁(arbitration)やその他のADRは行っていない。調停の手続きとしては、事例が発生するとケース・マネージャーが当事者双方と連絡をとり、調停を行う意思があるかどうかを確認し、合意すると実際の日程を調整する。その後、センターのディレクターに当たる人が、適当な調停者を人選してセッションを開始するという流れになっている。

調停はチームで行われ、通常は2人で組んで調停を行い(co-mediator)、お互いの意見をフィードバックし相互にチェックする形となる(図6・6のフィードバック・シート参照)。ただし、チームはいつも同じ人と組むのではなく、その都度、相手は変わる。なお、このセンターでは、トラブル当事者が調停者を選ぶというシステムはない。

調停の際は、当事者にはメモをとらないという合意書に最初にサインをもらう。調停者には守秘義務があり、調停室での内容は他では一切公開してはならない。守秘義務に違反した場合の罰則というのは特にないが、調停者の場合には、二度と調停をしないように言い渡す、すなわち、調停者失格の烙印を押されることになる。

セッション(調停)は、双方の調停同意書(図6・7参照)への署名から始まる。実際の調停では、1回のセッションが約2時間から4時間かかり、長時間にわたる。当事者同士が徹底的に話し合うことが米国式現代調停の基本であり、そのため同席調停で行われる。以前は、別々に話を聞く方法(個別調停、シャトル調停とも呼ばれる)もやっていたというが、調停の成否に関わる問題はもちろん、調停者の負担も大きくなることもあり、現在は両者が顔を合わせて話をし、そこに調停者が立ち会うという方式が一般的になっている。ただし、文化的な違いなどがあり、分け

Mediation Feedback

Mediator________________________ Date__________
Mentor__________________________

	Demonstrates competence	Skill to work on
Opening statement		
Congratulated parties for trying mediation	_____	_____
Made introductions	_____	_____
Explained mediation in clear terms	_____	_____
Checked demographic information	_____	_____
Discussed confidentiality	_____	_____
Explained role of mediators	_____	_____
Explained caucus	_____	_____
Read "Consent to Mediate"	_____	_____
Had "Consent to Mediate" signed	_____	_____
Gave evaluation cards to disputants	_____	_____
Checked for questions	_____	_____
Goal______________________________		
Joint statement		
Allowed parties to decide who started	_____	_____
Allowed for uninterrupted statements	_____	_____
Used good listening skills	_____	_____
Treated evidence appropriately	_____	_____
Summarized each parties statements	_____	_____
Goal______________________________		
Caucus		
Reminded party of confidentiality	_____	_____
Used good listening skills	_____	_____
Validated concerns & feelings	_____	_____
Invited elaboration appropriately	_____	_____
Clarified areas of agreement & disagreement	_____	_____
Ensured confidentiality of file	_____	_____
Summarized session	_____	_____
Asked about confidential information	_____	_____
Goal______________________________		

Notes...

図6・6　CCNJC のフィードバック・シートの例

Mediation Feedback

	Demonstrates competence	Skill to work on
Reconvening from caucus		
Acknowledged areas of agreement	______	______
Helped parties recognize accomplishments	______	______
Clarified areas of disagreement	______	______
Used good listening skills	______	______
Encouraged direct communication between parties	______	______
Used impasse breaking strategies appropriately	______	______
Helped parties develop options	______	______
Helped parties reconsider position when necessary	______	______
Checked with parties to see if they are comfortable with decisions	______	______
Goal______________________________		
Agreement		
Used parties full names	______	______
Alternated points of agreement	______	______
Wrote agreement in parties words	______	______
Ensured agreement was specific	______	______
Goal______________________________		
In general		
Allowed sufficient time for initial briefing	______	______
Remained calm & centered	______	______
Remained optimistic & encouraging	______	______
Respected parties & their issues	______	______
Avoided taking sides	______	______
Avoided giving personal views or advice	______	______
Valued small steps as progress	______	______
Recognized & acknowledged emotionality	______	______
Destroyed notes	______	______
Worked effectively with co-mediator	______	______
Allowed sufficient time for feedback	______	______
Goal______________________________		

Notes...

Clark County Neighborhood Justice Center

Consent to Mediate

1. Mediation is a voluntary process and all parties have the right to pursue other legal remedies.

2. The mediators serve as a neutral third party and will not make a decision or render a judgment about this dispute. Let the mediators know if the process does not seem fair.

3. The mediation is confidential and such confidentiality cannot be waived by any party. The only exceptions are reporting of suspected abuse, exploitation, or neglect of a child or senior, or threats to do bodily harm to oneself or another person.

4. The Neighborhood Justice Center does not provide legal advice, but each party has the right to consult with an attorney at any time. If a written agreement is reached, it may be upheld by a court of law.

5. Guidelines are used to have a constructive session. Each party agrees to:
   - Speak one at a time
   - Negotiate honestly and equitably
   - Work in good faith to resolve the issues
   - No tape recorders or weapons in the mediation session

6. FOR PENDING COURT CASES ONLY: The court may receive a copy of the mediated agreement or information on how or if the disputing parties wish to proceed.

We, the undersigned, acknowledge that the mediators have reviewed the above provisions with us and we consent to participate in mediation with the Clark County Neighborhood Justice Center. We acknowledge that we have read, understand, and agree to abide by these provisions.

______________________ Participant Signature	______________________ Participant Signature
______________________ Printed Name	______________________ Printed Name
______________________ Participant Signature	______________________ Participant Signature
______________________ Printed Name	______________________ Printed Name
______________________ Mediator Signature	______________________ Mediator Signature
______________________ Printed Name	______________________ Printed Name

____
Date

図6・7　CCNJCでの調停同意書の書式と内容

て調停を行った方がよいと思われる場合には、シャトルで調停を行う。

当事者が州外に住んでいる場合や身体障害者の場合などでは、電話による調停もやっている。その場合でも、相手方は必ずセンターへ来ないといけないことになっており、そこにスピーカフォンを置いて、話し合いを行う形となる。

取り扱う内容では、基本的に刑事事件（criminal issue）は扱わないが、ごくたまに、少年犯罪に関しては取り扱う場合もある。賠償問題（money issue）も扱うが、お金の問題ではなく、その紛争の元になっている根深い部分の解決が本来の目的である。すなわち、当事者が和解するということが最も重要な点である。

大事なことは、状況が改善されることが必要であることを、お互いに認識してもらうようにもってゆくことであり、それによりお互いの考え方が変化してきて、合意に至ることになる。

調停のサービスは全くの無料で提供される。たとえ、当事者の収入が高くても、それには全く関係なく無料で実施される。ただし、プライベートな組織に調停トレーニングのサービスなどを提供する場合には費用を徴収する。

ＮＪＣの調停管理に関して、弁護士の関与は全く必要ない（日本のＡＤＲ法では必要）。すでに述べたが、米国では、このような調停の仕事で法律家が良い仕事をするとは考えられていない。

調停には、センターの正規職員が立ち会う。それが調停内容や進め方のチェックにもなる。調停内容や和解内容に関する苦情が来た場合には、管理者（supervisor）がその処理に当たる。調停者は、調停のプロセスに関わるだけの仕事となる。また、1年に1度、まとめて調停に関するさまざまなチェックが行われる。

調停の和解率は、毎月集計を出すが、訪問時の直近の月は89％、1年の平均では76％であった。他の事務所では扱っている内容が若干異なるが、同意率（agreement）はほぼ同じぐらいである。

25％ぐらいは和解に至らないという結果になっているが、状況が現状よりさらに悪化しないようにすることには特に注意が払われている。解決の難しいケースは、調停に出された段階で片方が責められたような印象を持ってしまい、話し合いがスムーズに進まないという状況などである。

調停終了後に、調停者およびケース・マネージャーの双方について、調停の進め方や説明の仕方の評価、調停の総合的な満足度などについて当事者にアンケートが行われる。たとえば、ケース・マネージャーに関する項目では、調停に関する説明は十分であったか、意見を述べる時間を十分にとってくれたか、意見の要点を十分に理解していたか、イシューをよく理解していたか、公平であったか、良きリスナーであったかなどである。このアンケート用紙はポストカード形式になっており、当事者が後日投函する形となっている。

(v) 調停ボランティアとトレーニング

調停者はすべてボランティアが行っている。これは全くの無報酬であり、手数料なども全くない。このセンターでは、実際に働いている人(active volunteer)の数は100名ぐらいであり、ほとんどが退職者やコミュニティ・サービスをしたいという人である。一部には、自分でプライベート・ミディエーターを有料でやっている人もいるが、その人も、このセンターで調停をするときは、無報酬で働くことになる。

ボランティアの採用に関しては、特に学歴などのバックグラウンド・チェックは行わないが、前科があるかないかはチェックする。これは、子どもの問題を扱うことがあるので重要である。判断基準としては、コミュニケーション能力があるかどうか、洞察力があるか、人の話を聞く力があるかどうか、調停のために実際に時間を割けるかどうか、などをチェックする。また、ラスベガスには多様な人がいるので、公平性を確保するため、なるべく多様な人をボランティアに募って採用している。

トレーニングは、40時間のトレーニングの他、3時間の調停の見学(observation)と4時間の実地訓練の47時間が義務付けられており、これを通して、的確に調停を行えるように指導してゆく。トレーニングの段階で不合格になった人はほとんどいないが、ほんの少しはいる。トレーニングは無料であり、無料で調停トレーニングを受けられることがボランティアとしてのひとつのメリットである。

調停のトレーニングは、センターが作成した独自のプログラムに則って行っている。紛争解決に関する博士号を持った人が作ったトレーニング・マニュアル（２００ページぐらい。受け入れ方法や調停の方法などが詳細に書かれている）があり、これに基づいて実施している。

調停者の資格は、センターが認定する形となる。他の州では、州が正式に認定するというところもあるが、ネバダ州では、そのようなことはない。

ボランティアとしては、1年の間に最低4回はセッションに出なければならない。また、1年に8時間の自己研鑽のトレーニングを受けなければならないことになっている。

（vi）その他

新聞やパンフレットなどで、ＮＪＣの広報やトラブルを調停で解決することを薦める活動がなされている。センターの案内パンフレットは英語とスペイン語のものが作られており、「私たちはトラブルを探しています」という印象的なキャッチフレーズが載せられている。その他、さまざまなプログラムのパンフレットが用意されており、刑務所に入っている人と家族との特別なフォーラムプログラム、青少年を対象とした和解のプログラム、職場とか近隣の紛争に関してチームを派遣するときのパンフレット、学校の学生に対する調停プログラムのパンフレット、ボランティア調停員向けのニュースレターなど、さまざまなものが用意されている。ボランティア調停員向けのニュースレターの発行目的はもちろん親睦のためであるが、その編集や発行の作業にボランティア調停員の有志に参画してもらうことにより、仮に調停案件がないときでも活動内容が生まれ、ボランティアの足が遠のくことへのひとつの対処方法となっている。

（b）カリフォルニア州・ロサンジェルス郡のＪＣ（Inland Valleys Justice Center; IVJC）[13]

調査年月日：２００６年（平成18年）８月８日
所在地　：300S, Park Avenue, Suite 780, Pomona, CA 91766
取材相手　：Executive director, Meza

（ⅰ）概要

カリフォルニア州のロサンジェルス郡、およびサンベルナルディ郡の住民に調停サービスを提供しているＮＪＣである。センターのあるポモーナはロサンジェルスのダウンタウンから東に50㎞ぐらい行った所にあり、郊外の長閑な町並みの中にある。人通りも少ない静かな通りに面した5階建てビルの4階に設置されていた。入り口には特に受付や守衛もいないが、4階のセンターの扉は頑丈にできており、廊下のトイレも男女共に施錠されていて、治安管理は厳密である。

（ⅱ）センターの運営と予算

センターの運営費用のほとんどを州が出しているが、これは、ＡＤＲで解決すれば裁判で争うより社会的なコストが安く済むという考え方からである。運営資金の内訳は、州の基金が70％、調停収入が15％、一般の寄付が15％ぐらいである。

州への報告は、毎月、実績報告と決算が報告され、それに基づいて費用が支払われる形となっている。先に予算が決まっているわけではない。また、1年に1回、州の監査が入る。トータルの年間運営予算は約65万ドルである。常勤のスタッフは5名である。

（ⅲ）調停の方法、内容

このＮＪＣでは、仲裁（arbitration）やミーダブ（med-arb）、ミニトライアル（mini-trial）、などすべてのＡＤＲを行っているが、調停が最も多い。必要な場合には、調停からそのまま仲裁に移ることもあり、そのときには調停者が仲裁者になることになる。すなわち、行使権を持つことになる。

調停については同席調停で実施している。調停者は１人の場合も、２人の場合もあるが、たとえば当事者が男と女の場合などでは、調停者も男と女の２人になる。どちらかが不利になるという印象を与えないためであり、調停者は公平であるということを明確にすることが最も重要である。ここでは、当事者に調停者を選ばせるシステムになっており、調停者のリストには、調停歴や年齢、専門の分野などを表示している。ただし、国籍や人種は表示していない。

電話調停も実施している。遠くの不動産を扱うなど、当事者が離れている場合などに行われる。最近では、人によってはウェブ調停を行っている例もある。ウェブ上のフォーラムのような専用の書き込み欄を設け、それを用いて、当事者が書き込みをしながら調停を行うというものである。

調停の資料は、和解書など署名のある書類は保存するが、それ以外の調停でのメモやその他の書類は、すべて破棄するのが基本である。セッションに際し、当事者双方に承諾書（Confidentiality agreement）に署名してもらい確認する。

調停の費用は、ボランティア調停員の場合で最初の3時間が25ドル、それ以後は3時間毎に１００ドルの費用が基本である。退職判事などのセッションでは、両当事者に3時間で４５０ドルなどの料金設定がなされている。ただし、当事者に聞いて支払う能力がない（たとえば収入がないなどの申し出）という場合は、無料で実施する。このとき、特に収入証明などの証明は求めず、あくまで自己申告を信用して取り扱う。これは、ＮＪＣの案内などに明記されている。

和解率は、ＩＶＪＣの場合に約60％である。それらの7割弱は調停によるものである。秘密保持に関しては、調停者に同意書にサインをしてもらい遵守させる。違反した場合には、調停者の資格が剥奪されることになる。弁護士の場合には、資格剥奪の場合もある。しかし、一般調停者の場合には、それによって実害が出た場合には損害賠償などの対象となるが、それ以外では特に罰則というのはない。

(iv) 調停者およびトレーニング

調停者は全部で15名であり、そのうち10名がボランティア調停員であり、退職者や法学部の学生である。ボランティアは無給であるが、ディレクターなどが調停を行う場合には報酬が支払われる。これは、調停者が専門的な学位を持っているなど教育レベルが高い場合や弁護士の場合などである。

ボランティアの調停トレーニングは、基礎トレーニングが30時間で、書類の書き方や相手への接触の仕方などの講義が20時間、実際の調停訓練（ロールプレイなど）が10時間ぐらいである。トレーニングで、調停者には不適と思えても決して拒否はせず、書類関係の仕事など、他の仕事をボランティアとして手伝ってもらうなどする。

基礎トレーニングの他に、特定分野のトレーニングもあり、これは離婚問題、不動産問題、子どもが対象の場合、メンタル性が強い場合などの、各々の専門分野に関してトレーニングする。

ボランティア調停員を継続するためには、6ヵ月に60時間以上働けることが条件となる。また、調停を見学して勉強することも必要となる。

(c) ＮＪＣの紛争解決システムの特徴

2つのＮＪＣのヒアリング調査結果を紹介した。それらの組織および解決システムの特徴をまとめると次のようになる。

ＮＪＣは州や郡が設置した公的機関であり、そのため警察や動物管理局などの他の公的機関との連携が密に確保されている。これは、トラブルのピックアップに大変重要であり、争いがエスカレートする前の初期の段階で調停に持ち込むことができる。また、ＮＪＣの調停は地域住民に無料で提供されており、これもトラブルの早期ピックアップに大きく役立っている。紛争がこじれる前の初期の段階の方が、解決が容易であることは言うまでもない。

調停の方法は、同席調停に代表される米国式現代調停により進められる。これは、当事者同士が対面して徹底的に話し合い、当事者同士が自ら解決策を見つけ出す形であり、そのプロセスを通して関係修復型の解決を図るものである。近隣トラブルは、近接居住という大きな枠が嵌められているため、これは大変理に適ったシステムと言える。

紛争当事者だけの直接の話し合いは状況を悪化させる可能性が高いため、話し合いには仲介者が不可欠であり、ＮＪＣがその場と調停員の提供を行う。調停員は当事者の話し合いが順調に進むようにサポートするが、ウィン・ウィンの答えを見つけ出すのはあくまで当事者である。

調停者は主に地域のボランティアが勤めるが、これにより調停サービスを基本的に無料で地域住民に提供することが可能となる。ボランティア調停員には調停トレーニングの修了が求められるが、学歴や経歴の条件もなく極めてオープンである。

調停トレーニングでは、紛争処理理論の学習やパラフレージングやリフレーミングなどの調停技法の習得、ロールプレイや調停見学など40時間程度の研修が行われるが、米国式現代調停の完成された技法の習得は自己研鑽にもつながる内容であり、ボランティアの人はこのトレーニングを無料で受講できることが、ボランティア募集の面でも役立っている。

米国式現代調停技法は、あくまで関係修復型の解決システムであるため弁護士の関与も必要なく、そのため法律的な知識がないボランティアでも調停業務を担うことができる。

以上のように、ＮＪＣの解決システムは全体的に極めて整合がとれたものとなっており、近隣トラブルの解決には現時点で最適の方法であると言える。法曹界のリーダーたちが集まって作り上げた社会制度であるため当然とも言えるが、人間性や社会性が見事に反映された完成されたシステムと言える。

現在のわが国も、米国でＮＪＣのシステムが模索されたときと同様の状況を迎えており、このようなシステムのわが国への導入が是非とも必要であると考える。

(d) その他の国での紛争解決システム

米国以外の紛争処理システムを簡単に紹介する。米国以外では、イギリス、オーストラリア、ニュージーランドなどの英語圏で、ほぼ同様の組織が存在する。たとえば、イギリスの Mediation UK は１９８４年に設立され、各地に２００以上存在する community mediation services を統括サポートしている。これも、１９７０年代後半に米国で成立したＮＪＣのシステムを導入したものであり、近隣トラブルなどを対象に米国式現代調停による解決システムを提供している。組織の性格も公的なもので、公的な資金や各種財団からの援助により運営されている。

オーストラリアにも、これと同様の組織がある。設置目的やシステムはほとんど同じであり、やはり無料で調停や紛争解決のサービス提供を行っている。たとえば、シドニーのＣＪＣ (Community Justice Center) は１９８０年に設立されており、やはりアメリカで発生して定着したシステムが評価され、この地に導入されたものと考えられる。

その他の英語圏各国でもほぼ同様な状況であり、近隣トラブルに対する話し合いによる解決機関が用意されている。

２・５　日本版「近隣トラブル解決センター」の提案

米国では、近隣トラブルのような小規模紛争の解決を目的とした社会システムが存在し、極めて有効に機能している。しかし、わが国にはこのような社会システムが存在せず、そのため、小さな紛争がエスカレートして大きな悲劇につながるケースが多発している。わが国にもさまざまな解決のための制度があるが、すでに点検したように、いずれも近隣トラブルの解決には不十分である。近隣トラブルの解決にはＮＪＣのようなシステムが必要であることは、これまでの資料や議論で明らかであり、わが国にも同様の組織が不可欠と考えられる。しかし、ＮＪＣのシステムを日本に導入するためには、日本の実情に合わせた調整が必要である。

ここでは、ＮＪＣをモデルとした日本版「近隣トラブル解決センター」を提案し、組織の概要、運営の要点、社会的効果、設置のための手続き等について示す。

(a) 近隣紛争解決のための日本型スキーム

米国と日本は同様の社会形態を有しているので、日本版ＮＪＣ「近隣トラブル解決センター」の設立に関して微調整程度の修正で導入が可能である。まず、近隣紛争解決のための日本型のスキームについて説明し、「近隣トラブル解決センター」の詳細を説明する。

(i) 苦情、トラブルの分類

近隣とのトラブルが発生し、被害感を持った場合には、通常、役所や警察、あるいは保健所といった公的な機関へ苦情を訴える。苦情を受けた役所の職員たちは、事情の聴取や状況の確認を行ったのち、必要であれば相手方に注意や指導を行うというのが一般的な対応である。しかし、苦情の内容はさまざまであり、その内容に応じた適切な対処というものがあるはずである。この分類を図６・８に示した。

まず、典型７公害に分類される公害苦情や廃棄物などの苦情に関しては、公害等の発生者に対する行政的な指導や改善命令、改善勧告といった対応が有効な対処となる。法的にも、各種の公害関係の規制法や環境条例等に違反することが考えられ、直接的な被害者を生み出す可能性もあるので、強制的な手法も含めて速やかに解決を図らなければならない。したがって、これらの苦情処理には自治体が当たることが望ましいと言える。

さらに、苦情により指摘される内容が極めて悪質な場合や暴力的な要素を持つ場合には、警告や場合によっては検

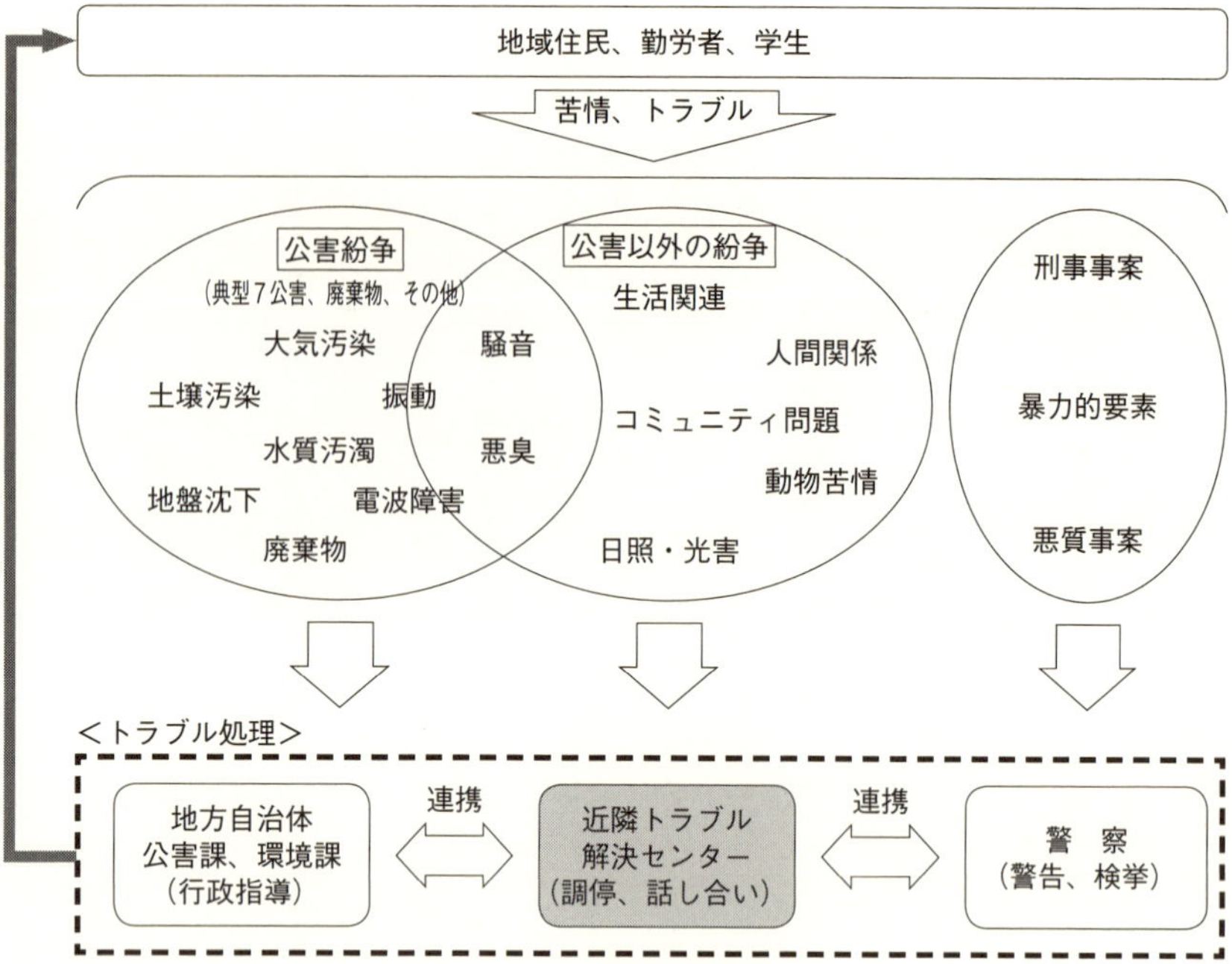

図6・8　苦情、トラブル処理の分担スキーム

挙という処置を行うことも前提として、警察によるトラブル処理が望ましい。

　これらに属さないさまざまな苦情やトラブルが存在するが、地方自治体等へのヒアリングによれば、そのほとんどは近隣関係によるものである。また、この件数が現在では最も多いということである。

　このような近隣関係のトラブルを、本書で提案する近隣トラブル解決センターで解決しようというものである。生活関連のトラブルや人間関係、ペットの苦情、コミュニティに関わる問題や、近隣が対象となる一部の騒音、悪臭などの苦情・トラブルなど、地域住民や勤労者、学生を対象としたトラブルの処理である。これらのトラブルは、基本的に当事者の話し合いで解決されるのが望ましいものであり、自治体の職員や警察が安易に介在すると、逆に状況がこじれて悪化する可能性が高いことは、すでに述べたとおりである。自治体や警察では十分に対応ができない近隣トラブルを、話し合いで解決するためのシステムが必要なので

表6・3　日本版「近隣トラブル解決センター」の要点

1）　公的紛争解決機関 近隣トラブル解決センターは、地域の自治体が設置し運営する。 2）近隣トラブルを処理対象 解決センターは、公害苦情以外の近隣トラブルや人間関係に関わるトラブル全般の解決を担う。 3）米国式現代調停による解決 解決手段は、win-win resolution を目指す米国式現代調停による。 4）ボランティア調停員の活用 調停は市民ボランティアが担当し、所定のトレーニング（調停技法）を受けてこれにあたる。 5）無料の住民サービス 解決のための調停プロセスは、地域住民に無料で提供される。

ある。

この日本版「近隣トラブル解決センター」の要点をまとめて表6・3に示した。主なところは米国NJCと同様のシステムとなっている。

米国型の紛争解決システムを日本に導入してうまくゆくのかとの懸念は杞憂と考える。訴訟数や弁護士数などの違いはあるが、基本的に米国とわが国での状況に大きな違いはないため、十分に成立すると考えられる。日本人には、アメリカ人のように面と向かって議論するような土壌がないため、調停が有効に機能するか疑問であるとの意見もあるが、これはあくまで調停員のスキルの問題であり、十分にトレーニングを受けた有能な調停員が事に当たれば何も問題はないと言える。

このような近隣トラブルの無料の解決センターなどができると、苦情を誘引して、逆に苦情件数が増えることも懸念されるが、しかし、近隣トラブルでは、初期の段階の対応が特に重要であり、紛争がエスカレートする前の些細な段階で話が持ち込まれることは、解決も容易になり、むしろ好ましいことである。したがって、苦情を誘引するということではなく、今まで埋もれていた苦情（さまざまな弊害をもたらす）を処理できるということであり、決してマイナスの効果ではない。

(ⅱ)　苦情の受付と照会票による連携

図6・8に示すように、苦情の受け皿となる自治体、警察、および解決

センターは相互に連携することが不可欠である。近隣トラブルの苦情が解決センターへ寄せられるとは限らず、警察や市役所などに来る場合もあるであろう。このような折、特に重要なことは、事案を単に他所へたらい回しにしないことである。何の状況の確認もなしに、他所へ連絡するように伝えることは、事案の埋没化を招くことになる。

ここで用いられるのがセンター照会票（米国事例で紹介済み）である。苦情を受けた市役所や警察は、その事案が解決センターの担当が適当と判断された場合には、苦情者の氏名、住所、相手の氏名、住所、および苦情の内容などを聞き取り、それを照会票に記入する。当事者には、解決センターの方から連絡がゆく旨を伝える。

この照会票はカーボンコピーになっており、照会票の写しを解決センターへ転送する。照会票を受け取った解決センターの事案管理者（ケース・マネージャー）は、改めて当事者に連絡し、解決のための話し合いのプロセスについて説明する。了解が得られた場合に、相手方にも連絡し手続きを進めることになる。このように、事案の受け入れに関して、どこかに統一的な窓口を設ける必要はなく、相互に情報が連絡共有できる体制があればよい。もちろん解決センターの方に寄せられた事案は、センターの該当事案についてはそのまま担当し、自治体や警察の担当が妥当と考えられる事案については、内容を聴取したのち、照会票を回して連絡することになる。これら照会票による連絡と対応結果は、年に1、2度程度全体を集約すれば、苦情に関する貴重な統計データとなる。

（iii）公的機関としての解決センター

上記したように、解決センターで事案を受け入れ、解決プロセスに乗せるためには、自治体の担当部署や警察、あるいは保健所などとの連携が不可欠であり、これがないと解決センターは十分に機能しない。これらのことからも、解決センターは公的機関でなくてはならず、ADR認定機関やNPOなどの民間機関では成立しない。また、公的機関であり、自治体や警察との連携が成立しているということが、トラブル当事者にセンターでの解決の期待を持たせることにもなり、トラブル処理の入り口での対応として大変重要である。自治体の担当部署や警察などとの連携を確保しつつ、トラブル苦情の内容に応じた対処の住み分けにより、トラブル事案を有効に解決に結びつけることが可能となり、地域住民の満足度を向上することができる。すなわち、近隣トラブル解決センターは、自治体が管理運営する公的機関であることが必要である。

具体的には、行政組織上の設置権限等により、県および政令指定都市を設置対象とする。米国ネバダ州では、すでに述べたように40万人以上の郡にＮＪＣの設置を義務付けている。わが国では、米国ほどの訴訟社会ではないため、この2倍の80万人程度をひとつの目安と考えてセンターの設置を考えればよいと思われる。県および政令指定都市が対象というのは、この数値による。

(ⅳ) 設置条例と調停努力義務

自治体に解決センターを設置するには設置条例の制定が必要になる。住民が利用するための公共的な施設（公の施設）を地方公共団体が設ける場合には、地方自治法・第二百四十四条により、設置および管理に関する条項を条例で定めなければならない。近隣トラブル解決センターの場合も公の施設に該当するため、設置のための条例が必要となる。一般的な公の施設の設置条例は、単なる施設の利用規定程度のものであるが、このようなものではなく、米国式現代調停による紛争解決の理念を具現した条例とすることが必要である。また、この設置条例において、地域住民はトラブルの処理において話し合いで解決することに努力すること、という努力条項を追加しておくことは重要である。これは、調停に参加したがらない人へ参加を促す手段として利用できる。すなわち、条文に「調停への参加に努めなければならない」などの条文を加えておけば、調停に参加せず裁判になった場合には、この条例に反する形となり裁判では不利に働くため、強制力のような意味合いがついてくることになる。解決センター設置に関する条例の中の条文の形でもよいが、調停の話し合いによる紛争解決を促す独立した条例として制定することも意義がある。このような条例で、地域コミュニティの問題を、地域住民自らの話し合いで解決するという社会風土を醸成することは、自治体の施策的にも重要である。

現在の公害防止条例などにもこのような努力条項は多く見られ、たとえば、同条例の「静穏の保持に努めなければならない」などの項目は、強制力はないものの、行政による指導などに重要な役割を果たしている。

(v) センターの組織と解決プロセスの全体構成

近隣トラブル解決センターのトラブル処理プロセスのための全体の流れを再確認すると図6・9となる。トラブルが発生すると、当事者は市役所や警察等に連絡することになるが、この連絡を受け入れた窓口が事案の分類を行い、近隣トラブルなど話し合いでの解決が望ましいと判断された場合には、調停照会票により解決センターへ連絡を行う。その後、センターのケース・マネージャーが、当事者への連絡、意思確認・説得、日時の調整などの入り口業務を行い、調停事案を管理する立場のスーパーバイザーが登録された調停員の中から適任者を選任し、同席調停による話し合いが行われることになる。

調停は市民ボランティアが担当する。センターのトレーニング担当者により実施される所定のトレーニングを修了し、センターより調停員として認定・登録されたものが調停員を勤める。スーパーバイザーも、事案処理の責任者として必要に応じて調停に参加するが、あくまでオブザーバーの立場である。

なお、わが国の現在のトラブル処理体制というものを図化すると図6・10のとおりとなる。これは図6・9のほんの一部でしかなく、これらの比較においても現状の体制の不十分さが認識できるであろう。

(b) ボランティア調停員の確保

高齢社会となった日本には大量の退職者が存在する。これらの世代は、経験豊かで自己研鑽意識の高い人々であり、気力体力的にも充実している。これらの世代にボランティア調停員の役を担ってもらうことが最も妥当である。

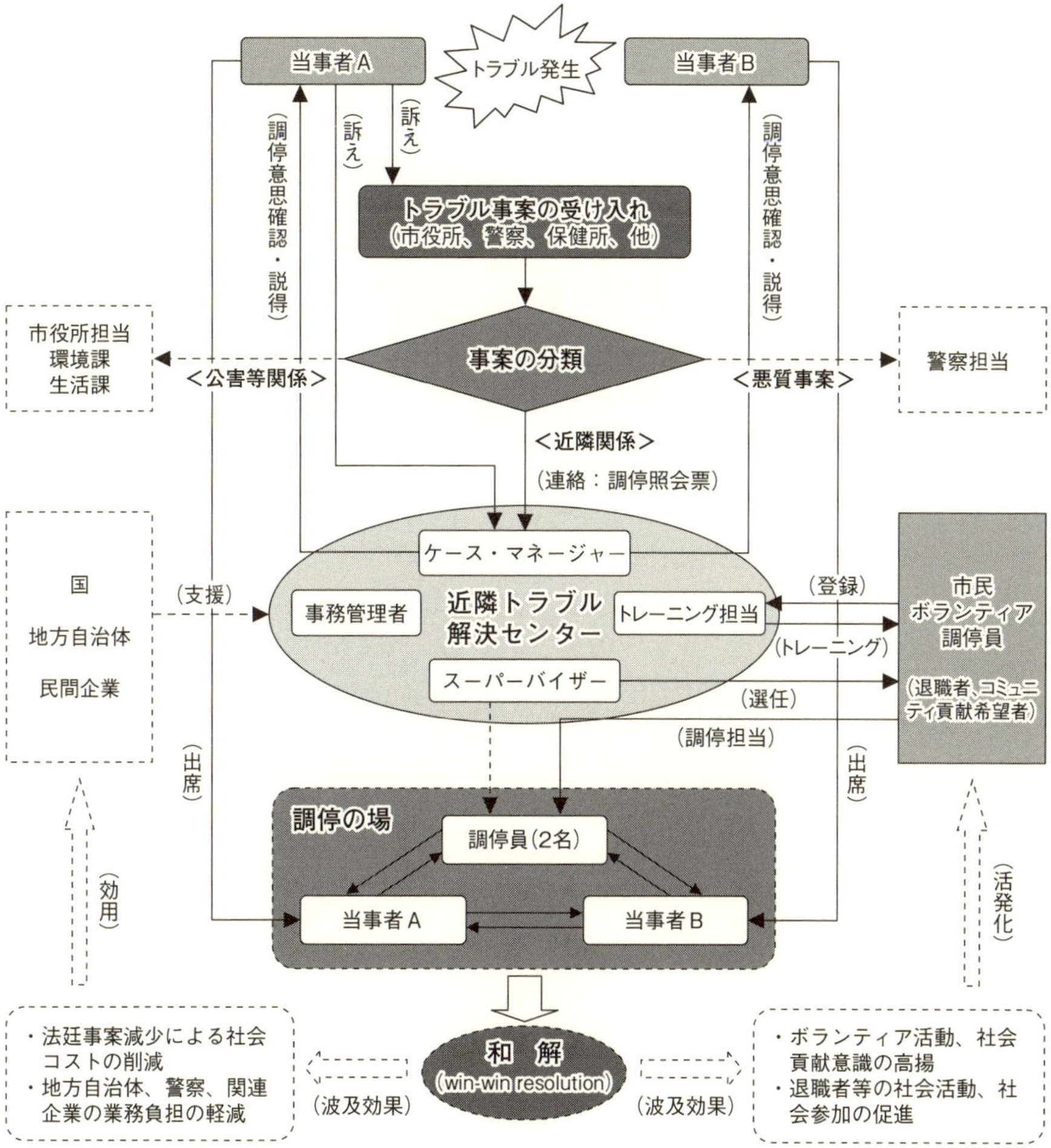

図6・9　近隣トラブル解決センターの処理システム

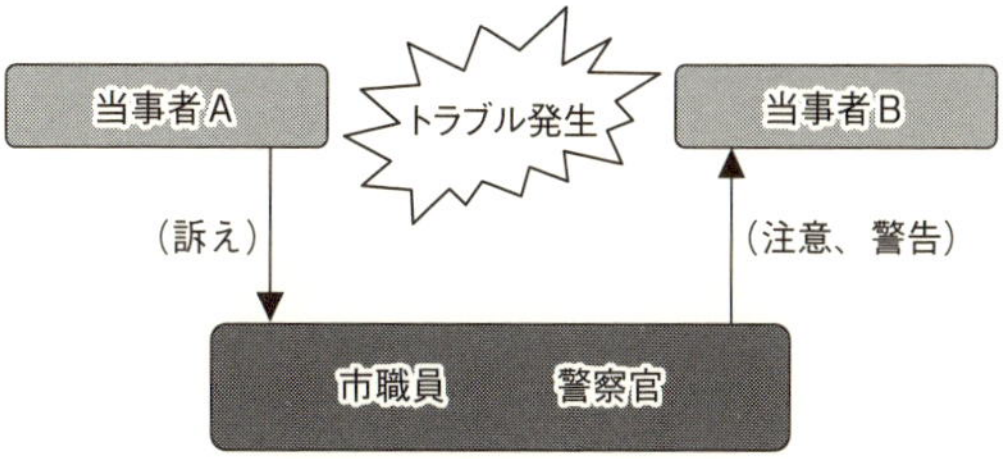

図6・10　我が国でのトラブルへの対応

ＮＪＣの項で説明したように、調停員になることは簡単なことではない。〝苦しい仕事に責任をもって従事してくれる、誠意あるボランティア調停員の確保が最も重要な課題である（阪大名誉教授・難波精一郎（公害審査会調停歴9年））〟ことは事実であり、そのため、要点を抑えた募集活動と十分な広報が必要である。しかし、米国では退職者を中心としたボランティア調停員のシステムが十分に機能しており、日本だけできないというような理由はどこにも見当たらない。

ボランティア調停員確保のための広報の要点として以下のことが挙げられる。最初はもちろん社会の役に立つことの広報である。言うまでもないことであるが、解決センターの社会的意義と、調停員としての社会貢献の重要性を広報することは最も大切である。

次に、ボランティア調停員としての活動が社会のためだけではなく、自分のためにも役に立つことを広報することが必要であり、この点は他のボランティアと異なり、調停員を募集する場合に特に重要である。

まずひとつは、調停のトレーニングが無料で受けられるという点である。解決センターでは、調停トレーニングの講習も業務として実施するが、ボランティア調停員を希望する者は、この講習が無料で受けられることとする。これは大きなメリットであり、これは上手に宣伝すべき点である。

さらに重要な点は、調停員としてのトレーニングは、単に調停員になるための講習ということではなく、自分自身を成長させるための講習であること、自分の人間性を高めることになることを強くアピールするべきである。米国式現代調停のスキルは、そのまま、社会で生きてゆくための重要なスキルにつながる。これを身につけることができること、すなわち、調停というものを通して自分を成長させることができること、そのような大きな経験ができることの広報が必要である。

第3の要点は、ボランティア調停員を社会的に評価される制度とすることである。ボランティア調停員としての仕事は、言うまでもなく社会的に大変重要な仕事であり、その点を実感できるような制度にすることが重要である。たとえば、民生委員は知事や政令指定都市の市長が推薦し、厚生労働大臣が委嘱する形となっている。これと同様に、解決センターの調停員はセンターが認定・推薦し、自治体の長が任命する形とする。自治体の各種審議会や委員会と同様に名誉職的な形とし、これにより単なるボランティアとは異なる、調停員としての権威づけを行うことは重要である。

わが国でボランティア調停員を募集する場合に、一番、難しいと考えられるのは女性ボランティア調停員の確保である。調停の公平性を確保するためには、女性のボランティア調停員の存在は不可欠であり、これが順調に進むかどうかは運営上も大変重要である。このためには、ボランティア組織に一種のサークル的な性格を持たせることが重要と考えられる。これにより単なる登録制度ではなく、組織への帰属意識や仲間との交流が生まれ、ボランティアの募集や継続に良い効果が得られるものと考えられる。サークル的な性格を持たせる方法のひとつとして、広報誌の発行や会員番号の付与、定期的な会合や調停員同士の催しなどが考えられる。被害者支援センターやその他においてボランティアの確保に苦心している点や、最近の都会での民生委員不足の背景のひとつには、このような活動がないがしろにされていることも原因であると思われる。本業とはやや外れるが、このような地道な活動は不可欠である。

(c) 解決センターの組織および法的位置づけ

(i) 調停トレーナーの確保と技術基準

解決センターの運営に関する大きな問題として、ボランティアに対して調停トレーニングを実施する調停トレーナーの人材確保の問題がある。わが国においては、九州大学大学院・法学研究院・紛争管理センターのレビン小林久子研究室などで、調停トレーニングを担当できるスタッフの養成もなされており、トレーナーの確保は十分に可能である。

先の米国での実例で示したネバダ州のクラーク郡ＮＪＣでは、紛争管理の博士号を持った人が作成したトレーニング・マニュアルが準備されており、それに基づいてトレーニングが行われている。また、mediation UK の例では、各地のコミュニティ調停機関に調停トレーナーを派遣しているが、そのトレーナーの登録基準は、調停員としての実務経験が2年以上、かつ調停トレーニングプログラムの実施経験が2年以上となっている。調停トレーニングの社会的な重要性を考えれば、調停トレーナーの資格基準（採用基準）は必要であり、これは専門家の意見をもとに、今後検討を行う必要がある。

(ii) 解決センターの法的位置づけ

解決センター設立のためには法的な整備が必要であり、関連する内容について確認する。近隣トラブル解決センターはADR機関である。ADR機関には、司法型、行政型、民間型などの分類があり、2007年4月に試行されたADR法は、民間型を対象にした裁判外紛争解決手続き、すなわち「民間紛争解決手続き」に関する認証制度である。一方、行政型のADRとしては、公害審査会、建築工事紛争審査会、国民生活センター、消費生活センター（名称は地方により異なる）などがあり、本企画書で提案する近隣トラブル解決センターも、この行政型ADR機関のひとつと位置づけられる。すなわち、ADR法の対象外であると言える。

また、弁護士法第72条の非弁活動禁止条項との関係についても、本センターの提供サービスは無料であり、何ら問題はない。プロセスに関しては米国式現代調停という用語を用いているが、これも訴訟上の調停ではなく、自治体などが実施している各種相談窓口や法律相談などと同様の位置づけとなる。

(d) 近隣トラブル解決センター設置の効果、効用

解決センターの設置には多くの効果、効用が期待できる。解決センターを利用する地域の人々が享受する効用は、無料で近隣トラブルの解決サービスを受けられることであるが、ここではそれ以外の効用、すなわち解決センター設

置による社会全体への波及効果、および設置する自治体の業務負担の軽減効果や経済効果、その他の分野での効果について述べる。

（ⅰ）社会全体に対する効果、効用

まず第1は法廷事案減少による社会コストの削減である。裁判事例の増加に悩む米国でＡＤＲが発展したように、訴訟以前に調停等でトラブルが解決し、法廷事案が減少することは大きな社会的コストの削減につながる。すでに述べたが、米国では、裁判所への提訴費用を州が郡におろし、それによりＮＪＣの運営がまかなわれている点からも、これが理解できる。このような社会コストの削減による経済効果がどれくらいになるかは具体的に試算できないが、解決センターのシステムが米国のように全国的に展開されて有効に機能した場合には、極めて大きな金額になることは間違いない。また外国では、裁判の初期段階に調停を強制的に入れる「強制調停プログラム」（Mandatory Mediation Program）を実施しているところもあり、このような点からも、調停による紛争解決の社会的意義、効用が確認される。

次に挙げられるのは、退職者等の社会活動の促進に対する効果である。高齢社会の到来により、退職者等の社会参加が重要な課題となっている。調停は、経験豊かで自制の利く高齢者に適した活動プログラムであり、ボランティア調停員としての有意義な社会活動は、高齢者に生きがいを与え、地域ボランティアが活躍する活力ある社会の実現につながる。米国でも、調停ボランティアの多くは退職者が担っており、わが国でも、退職者の社会貢献活動の公的受け皿として有用な存在となりうる。

調停は通常、1セッションに2～4時間程度もかかり、体力的、気力的に退職者には厳しいとの意見もあるが、現在のわが国の退職者は米国に負けず劣らず元気であり、特に問題はないと言える。

第3の効用は市民の行政依存意識からの脱却であり、この点は特に重要である。現在は、近隣トラブルが発生すると自治体や警察に訴えるというのが一般的であり、その多くが匿名で対処を要求するという。このような行政依存型の意識から脱却し、市民自らが自分たちのコミュニティの問題を解決するという、自立型社会の定着に貢献できる。

解決センターが提供する調停の場は、紛争の当事者同士、すなわち自分たちが徹底的に話し合って解決を図るためのものであり、これまでのような単に行政に解決を依頼する形とは全く異なるものである。行政依存型の意識から脱却し、市民自らが市民の問題を解決するというシステムが社会的に定着することは、単にトラブル処理の問題ではなく、社会全体として自己解決意識の基盤を構築することにつながり、将来的に大きな社会的福音をもたらすことになる。

（ⅱ）自治体における効果、効用

解決センターを設置する自治体の効果、効用には大きく分けて2つ考えられる。ひとつは、住民満足度の向上であり、もうひとつは、設置による具体的な経済効果である。

まず、行政負担の軽減と住民満足度の向上についてであるが、すでに示したように、近隣トラブルは年々増加の一途を辿り、この対応に当たる市の職員や警察などの負担も増大している。市民ボランティアの働きにより、近隣トラブルの解決が図られれば、地方自治体職員、警察などのトラブル処理に関する業務負担が大きく改善され、本来の行政サービスに注力できることになる。ボランティア調停員の活用により、職員数を増やすことなく増加する多くのトラブル事例に対処することができるようになり、組織的にも弾力性のあるものとなる。

また、トラブル処理に関する専門的なトレーニングを受けた調停員が解決に当たるため、自治体職員や警察官より効率的で実効的な対処が可能となる。米国式現代調停のシステムにあるように、トラブルの処理には技術が必要であるが、兼務で多くの仕事を抱える自治体職員や警察官などには、そのような技術の習得に要する時間的な余裕がない場合が多い。民間ボランティアを活用し、トレーニングを行い、トラブルを処理するというシステムが構築できれば、将来に向けての大きな行政改善、住民サービスの向上につながることになる。

新しい組織を公的につくることになると、自治体の財政負担が増えることになると見えるが、筆者が経済試算を行ってみた結果では社会的コストが数割削減された。センターの運営スタッフは常任で整備することになるが、基本的に、それ以上の数のボランティアを確保できて、活動が継続的に行えれば、トータルとして社会コストの削減は実現できる。

（ⅲ）その他の効果、効用

マンションや住宅の場合、たとえ住民同士のトラブルであっても、苦情の矛先は分譲デベロッパーや不動産会社、管理運営会社などに寄せられることが多く、企業は面倒なトラブル処理に対処を強いられる。調停センターが有効に機能すれば、関連民間企業においても、これらの販売、管理に伴う業務から開放されることになり、企業側のメリットも大変に大きい。

このようなマンション等のトラブル処理業務からの解放というメリットを享受できることを喧伝し、その分を企業より寄付として協力をしてもらい、運営費用の一部に当てることも考えられる。米国では、訴訟にかからずに解決した分の費用をＮＪＣに支払うという制度が導入されているが、これを寄付という形で民間企業にお願いすることは妥当なことと考えられる。

最後に、改めてトラブル当事者にとっての効果効用を述べておく。トラブルが発生したとき、裁判などでは、多額の弁護士費用や解決までの長期化が懸念される。解決センターの調停利用により、当事者らは迅速かつ満足度の高い解決を無料で得ることができる。これは、自治体による住民満足度の向上、住民サービスの拡大に他ならない。

また、近隣トラブルは、傷害事件や殺人事件などの重大な事件につながりやすい面を持っている。トラブルの初期の段階において、米国式現代調停という交渉手段を用いることにより、当事者双方の人生を破壊してしまう重大事件の発生を未然に防止し、解決に導くことができれば、これは大変に大きな意義のあることである。

(e) トラブル心理から見た近隣トラブル解決センターの意義

1・2節のトラブル解決のための人間関係論で触れた「紛争段階の確認」の図をもう一度見ていただきたい。日本社会における近隣トラブルの解決システムで決定的に不足しているのが、「怒り」の段階の関係修復型の解決システムである。それ以外の社会システムは十分すぎるぐらいに整備されているが、近隣トラブルにおいて最も重要な解決法が、実はすっぽりと欠落しているのである。それがわが国の現状なのである。そのため、いったんトラブルが発生すると、泥沼の結末に至るまで紛争はエスカレートしてしまう。この空白部分を近隣トラブル解決センターで補完しなければならないというのが本書の提案である。

心理学や社会学の章で縷々述べてきたように、わが国の近隣トラブルに関する土壌は年々悪化の一途を辿っている。もはや個人の問題として看過することはできず、社会的な対応が不可欠な状況となっている。近隣トラブル解決センターは米国のNJCがモデルであるが、イギリスやオーストラリアなどの英語圏の国々がNJCをモデルとして自国への導入を図ったように、わが国でもこのような制度の設立は急務である。良いもので必要なものは、模倣追従のそしりなど気にせず、臆することなく導入すべきである。

3 解決のための社会論

ロバート・D・パットナムが『孤独なボウリング』によってソーシャル・キャピタル(社会関係資本)という概念を提唱して以来、この言葉は地域コミュニティ再生のための重要なキーワードとなってきた。すなわち、人のつながり、社会の信頼感というものが、物的資本、人的資本と同等にひとつの社会資本たりえるとの主張である。このような考え方自体は以前から存在していたが、「ソーシャル・キャピタルの豊かな地域ではボランティアの参加率が高い」などの各種の社会データとの相関性を詳細かつ実証的に提示したことによりその価値が再認識され、大きな注目を集めることとなった。

このソーシャル・キャピタルが近隣トラブルの発生と密接に関係するということは、第4章の社会学の中で多くの統計データにより証明したとおりである。ソーシャル・キャピタル論自体は他書に譲ることとして、ここでは近隣トラブルや騒音トラブルの解決および防止という観点から、人のつながりや社会の信頼の意義、および私たちがめざすべき社会の姿について考えてみたい。

3・1　つながりを求める人々

現代のキーワードを問われ、「つながり」、あるいは「コミュニティ」を挙げる人は少なくないのではないか。世の中には人のつながりを求めたさまざまな仕掛けや活動が溢れている[14]。人のつながりが希薄になったと言われる現代だが、意識してつながりを確保しようと活動する人々の数は間違いなく昔より多い。それにもかかわらず、やはり人のつながりは薄れているのである。この理由はなぜであろうか、まずこの点を考えてみよう。

地域コミュニティに人のつながりを取り戻そうという試みは、いくつかの種類に分けられる。まず、最も直接的なつながりの確保法として「共同して暮らす」という方法がある。従来の集合住宅やワンルームマンションという単なる住居の集合ではなく、さまざまな形で居住者間のつながりを持たせようとする居住形態である。たとえば、比較的感性の共通した人たちで自分たちの住居や居住環境をデザインして建築し、コミュニティを形成しながら生活するコーポラティブ・ハウス、居間や食堂などの共同の空間で生活の一部を共有して過ごすというシェアハウスや、集合住宅内に共同スペース（たとえば子育て世代のために保育士のいる遊び場など）を設けたコミュニティハウス、食事などを共にするコレクティブハウスや、高齢者向けのグループリビングなどと呼ばれるものなどもある。

これらは、通常の高齢者養護施設などのように必要に迫られて成立している形態ではなく、住み手自らが人とのつながりを希望して選んだ居住形態であることに特徴がある。それゆえ、これらが居住形態の中心的存在として社会の中で定着してゆくことは、あまり期待できない。

次に、住宅から範囲を少し広げて「地域でのつながり」を活発化しようとする試みも種々見られる。地域住民が社会問題の解決や地域の活性化に取り組む活動であるコミュニティ・オーガナイジングや、地域の人が学校教育に参加するコミュニティ・スクール、あるいは沖縄県国頭村の奥共同店などが有名な地域全体で店舗経営を担うコミュニティ・ビジネスによるつながり、その他、地域での共同作業や祭り、イベントの開催などもこの種のものである。また、地域の人が相互に助け合いを行う住民参加型相互有償サービス活動や松江の生協が行っている「お互い様活動」なども、地域のつながりの確保を主眼としたものである。

3つめは、「街に人が集まる場所」を整備し、それを拠点に地域のつながりを回復しようという試みである。外国ではシティーリペアー（街の修繕）活動などと呼ばれ、日本ではコミュニティ・ガーデン、ポケットパーク、街角広場、コミュニティ・カフェ、コミュニティ・レストラン、オープン・カフェ（道端など公共空間利用）、あるいは、日本家屋の縁側の効用を街づくりに生かそうという「まちの縁側育み隊[15]」の活動など、さまざまな試みが行われている。フランスから輸入されて都会で定着しつつある「隣人祭り[16]」も、つながりのためのテンポラリー・スポットを提供しようというものであり、場の整備という意味では同じ種類の活動と言える。

その他、本来の趣旨とは若干外れるかもしれないが、メディアをベースとしたつながりとしてＳＮＳ（ソーシャル・ネットワーキング・システム）や、専門技術を持った人がＮＰＯなどの支援を行うプロボノという活動なども、人のつながりという面から注目されているし、従来からの地縁型つながりと言える自治会や地域サークルといったものも今も残っている。

このように人々はつながりを希求し、さまざまな活動を発案し実行している。個々の活動についてはどれも意義深いものばかりであるが、これらの活動だけでつながりのある社会を実現するための総体的な手法となりえるかと言えば、そうではない。ジグソーパズルのように個々のピースをつなぎ合わせていけば、いつか全体の形ができ上がってゆくというものではないのである。なぜなら、一番の課題は、問題意識を共有していない人たちの存在だからである。このような人たちを対象とする場合、個々の努力とは別に社会全体での取り組みが必要であり、そのためにはめざすべき社会の目標と実現のための手法が明確化されなければならない。現在はこの視点が不足しているため、個々の多くの努力にもかかわらず、人のつながりの希薄化が止まらないという状況を迎えている。

3・2　めざすべき社会の姿

では、日本は社会全体として何をめざすべきか。日本がめざすべき最終的な姿は、やや古めかしい語感はあるが、「節度と寛容の社会」である。すなわち、他人に無用な不利益を与えない自省的な「節度ある行動」と、たとえ多少の不快・不愉快な刺激を他人から受けてもお互い様と甘受できる「寛容の精神」、この2つが社会生活の規範として広く根付いた世の中、それが「節度と寛容の社会」である。

節度と寛容、この2つは日本人がもともと家庭教育や社会教育の中で国民性として培ってきた特性であったが、昭和から平成にかけての政治経済、教育、環境、文化、技術などさまざまな社会状況の変容の中で、いつしか喪失してしまったものである。この変化は、その価値が陳腐化し誰も評価しなくなったために消失したという積極的な理由によるものではなく、その価値を特段意識しなかったゆえに、時間経過とともに自然消滅していったというのが実情である。したがって、これを社会生活の規範として再び呼び戻すことは十分に可能であり、そのためには、その価値を強く意識することが必要である。

騒音トラブルに関して述べれば、騒音を許す社会、音がうるさいのはお互い様、という社会を作ることである。これは決して騒音を野放図に出してもよいということではなく、騒音をむやみに咎めるという風潮をなくすということである。騒音を野放図に出さないという節度ある行動と、他人の騒音を必要以上に咎めないという寛容の精神が、今後の社会のために必要である。逆に、騒音を許さない社会をめざせば、必ず騒音に関する苦情は増大し、騒音事件も増加の一途を辿るであろう。騒音を完全に消去してしまうことはできないし、騒音のない社会もありえない以上、節度と寛容のもとで騒音を許す社会を作らなければ、騒音トラブルは解決しない。なぜなら、騒音トラブルのほとんどは煩音問題だからである。第5章の歴史学で述べたように、もともと、日本人は騒音に寛容な民族であった。その価値を再び認識しないと、隣の風鈴に苛立って人を殺すなどという馬鹿げたことが、本当に起こりうる社会が出現してくることになる。現在は、もうその入り口に立っている。

「節度と寛容の社会」は「人のつながりと社会の信頼感」の上に成り立つものである。すなわち、「節度と寛容の社会」をつくるための土台として、ソーシャル・キャピタルの充実を図ることは不可欠である。また、節度と寛容の社会が実現できれば、自然と人のつながりや社会の信頼も生まれてくる。すなわち、「節度と寛容の社会」とソーシャル・キャピタルはまさに同義一体のものであり、日本的な代替的表現と考えてよい。それゆえ、ソーシャル・キャピタルの意義が高く評価されていることと同様に、節度と寛容の価値も見直されなければならない。

現在行われているさまざまな試みは価値あるものであるが、その上に、「節度と寛容の社会」の実現という明確な設定目標に沿った社会的な環境整備と意識形成を図る必要がある。

3・3 耐煩力の養成

節度と寛容を取り戻すためには、具体的に何を行えばよいかを考えてみよう。節度と寛容さを培うためには、その根本として性善説に立脚することが必要である。幸いにもわが国では、人の善意を信じると答えた人の割合が未だ90％を占める状況（図4・17）であるから、この前提は十分に満足する。その上で要求されるのは第3章で示した耐煩力、すなわち、煩わしさに耐える力を鍛えることである。節度とは欲求との闘いであり、これを制して自己コントロールを可能とするためには耐煩力が不可欠である。また、相手や社会への寛容の精神も、耐煩力に裏付けられて初めて成立する性質のものである。

現代人は生活を営む上で多くのストレスや不安に日々晒されている。それは昭和の高度成長期時代の生活人の比ではないであろう。その自己防衛的な反動として、現代人は自分の利害に関わらない煩わしさを極度に忌避しようとする傾向が強い。この30数年で、近所付き合いのある世帯の比率が5分の1に激減（図4・6）したのも、その証左のひとつである。このような見返りのない煩わしさを拒否する人に節度や寛容を期待することはできない。他人からもたらされる煩事を鈍感なくらい鷹揚に受け止められる力が必要であり、その力が不足すると、トラブルにつながる可能性の高い過敏な反応を示すことになる。

では、どのように耐煩力を鍛えればよいのか。それは子どもの頃から煩わしい環境に馴染ませることが最も肝要である。その意味では、現在の学校教育のあり方は根本的に間違っていると言わざるをえない。今の学校教育は、学習以外で学童生徒に精神的な負担を極力かけないことを旨としているが、これを改めて、さまざまな煩わしい刺激下に子どもたちを置くことが必要である。学校現場では、教師によるトラブルはもちろん、生徒同士のわずかなトラブルもご法度であるが、何事にも免疫力がなければ将来の刺激には耐えられない。積極的に煩わしい状況を作り、子どもたちに精神的な負荷をかけることにより耐煩力をつけるという、ワクチンのようなストレス教育を経験させるべきである。ストレスへの耐煩力を身につけながらトラブルへの対応力を鍛えるという教育が必要である。１９９８年の中教審答申（中間報告）「新しい時代を拓く心を育てるために」の中では、青少年教育に対する数十項目にわたる提案を行い、そのまとめとして「ゆとりある学校生活で子どもたちの自己実現を図ろう」と結んでいるが、実は「ストレスある学校生活で子どもたちの自己実現を図ろう」という方が正しいのである。一時期は流行語にもなり、今は死語に近くなった「スパルタ教育」という言葉があるが、今はまさにスパルタ教育が求められる時代になっている。肉体的な面ではなく精神的な面でのスパルタ教育の意義を、改めて認識し直す時期に来ているのである。

しかし、現実には多少のストレスやトラブルも許されない。なぜなら、自分たち自身に耐煩力のないＤＥＣ世代の親たちが、それを許さないからである。当然ながら、自分たちが価値を認ないものを子どもたちに許すわけはなく、それが学校への圧力や行動となって現れるため、学校側も事なかれ主義で子どもへの耐煩力教育を放棄している。

学校教育のあり方を一朝一夕に変えることができず、学校教育が耐煩力養成に期待できないなら、他の場所での教育を探らなければならない。その第一の候補は地域社会での教育であるが、これも現実には難しい。昔は集団的な地域の遊び仲間や子ども会などの組織があり、その中には年齢による階層や体力・体格などの格差が存在し、そこでの共同行動により自然と耐煩力が鍛えられるということもあった。しかし、今は地域社会における子どもの組織はほとんど消滅し、子どもたちは室内でテレビゲームに熱中するだけである。

したがって、このような教育は結局、個々の家庭で担わなければならないが、そこにはやはりＤＥＣ世代の親がいる。これらの状況を総合すれば、一番重要な課題は現在のＤＥＣ世代への社会啓蒙であり、彼らの意識の変革を促すことである。耐煩力の重要性、ひいては節度と寛容の価値を再認識できるよう社会的な取り組みを進めることである。当座は広報活動から始めることになろう。その取り組みが少しでも成就できれば、彼ら自身だけでなく、彼らの子どもたちの教育にも波及してゆくことであろう。もともと節度や寛容の情操教育は家庭教育が担っていかなければならないものである。

現代の社会は、ソーシャル・キャピタルが収縮過程にあり、節度と寛容などという古めかしい観念は敬遠されがちである。その理由のひとつとなっている社会全体の耐煩力の低下は、育児放棄、虐待、自殺、引きこもり、学級崩壊、いじめ問題、無縁社会と無制限に波及してゆく。その流れのひとつに騒音トラブル、近隣トラブルの増加もある。騒音トラブルは、歴史的にみれば日本人の変化を示す象徴的な事象である。それゆえ、これを解決するための方策は、日本人のあるべき姿を考える大きな指針となる。

3・4 共同体の煩わしさを受け入れる社会づくりを！

最初に述べたように、現在、人々のつながりを取り戻そうと試みるさまざまな活動が実践されている。これらの中で、比較的に社会性の強い活動と言える地域コミュニティ復活の取り組みについても、やはり耐煩力の問題がある。コミュニティを構成する要素として最も重要なのがコミュニティ意識（sense of community）であると言われている。すなわち、地域の中に属し、地域とつながっているという帰属意識と考えてよいであろう。このコミュニティ意識の構成要素としては、コミュニティ認識、コミュニティ感情、コミュニティでの役割と依存などがあると言われているが[17]、このような分類では、現在の社会のありようを説明することは困難である。むしろ、以下に示すような、つながりの形による分類の方が合目的的であると言える。

コミュニティでのつながりに関しては3つの段階がある。すなわち、「外形的つながり」、「協調的つながり」、そして「同調的つながり」の3つである。この比較をまとめたものを表6・4に示したが、その内容について説明しよう。

まず、外形的つながりとは、コミュニティ意識を伴わないつながりの形であり、置かれている状況に形式的に対応しているだけの、単なる接触の状態である。図4・6に示したように、近年の日本の地域社会はこの外形的つながりが主流となっており、挨拶や回覧板のやり取り程度の付き合いに限定されたつながりである。

一方、協調的つながりと同調的つながりは、各々コミュニティ意識を持ったつながりであるが、その意味合いは、第4章で示したように、協調と同調の定義により対比される。

まず協調とは、立場や利害は相互に異なる者が、自己の利害に影響を及ぼさない範疇で他と協力することである。一方、同調の定義については、通常、他人に煽られて深い考えもなく賛同してしまうことと考えられがちであるが、ここでの同調とは、あるものの価値に賛同して、自分の利害を抑えて他に合わせるという自己抑制的な協力行動のことである。

現代日本における問題は、地域のつながりといった場合に、ごく当然の認識として協調的つながりが想定されていることである。本節3・1で示したような、現在行われているさまざまな活動も、基本的にこの認識の範囲内で行われているが、現状を変えるためには、協調的つながりではなく、同調的つながりを基本に据えた取り組みが必要である。

たとえば、フランスから輸入された「隣人祭り」と、今はほとんど消滅した日本古来の「寄り合い」を比較してみよう。隣人祭りは、近くの人が何か飲み物や食べ物を公園などに持ち寄って集まり、特にテーマなど決めずに楽しく会話をするという催しである。一方、寄り合いは、農事や地域の運営に関する相談や近隣相互の親睦のために定期的にどこかの家に集まって酒や食事をする会合である。寄り合いの場合には、当然、集まった家の人が食事や酒の用意をしなければならず、持ち回りとはいえ、当番者の煩雑さは隣人祭りの比ではない。

現在の地域社会では、この寄り合いのような付き合いはとても容認されないであろう。付き合いの必要性は認識していても、それはあくまで自己に負担がかからない範囲での話であり、あくまで「隣人祭り」的な協調的つながりの価値を評価するだけである。しかし、ソーシャル・キャピタルの充実に必要なのは「寄り合い」的な同調的つながり

表6・4　地域コミュニティにおけるつながりの分類

種別	コミュニティ意識	自己抑制意識
外形的つながり	無	無
協調的つながり	有	無
同調的つながり	有	有

である。なぜなら、協調的つながりでは仮に利害が対立した場合にはコミュニティは成立せず、争いにつながるからである。

寄り合いの話は単なる例示に過ぎず、これが日本社会に不可欠だというつもりも、隣人祭りの意義を否定するわけでもないが、今の日本に求められているのは、節度と寛容の価値を認識し、耐煩力に裏打ちされた同調的つながりであると言いたい。これを視座として、今後の新しいつながりのための取り組みを進めなければならないと強く感じている。

以前のテレビ番組で、「無尽」を兼ねて寄り合いを続けている集落のレポートが放映されていたが、60歳代ぐらいの主婦が、「若いときは、準備等が面倒でこの集まりが厭で厭でしょうがなかったが、今はその価値が理解でき、続けていて良かったと思っている」とコメントしていた。耐煩力があればこその意見であろうが、共同体の煩わしさを受け入れなければ豊かなつながりは生まれない。家族や職場、近所など世の中にはさまざまな共同体があるが、「共同体とはもともと煩わしいものだと理解して、それを素直に受け入れられる社会」、これをつくることが豊かなつながりのあるコミュニティを築く礎となる。騒音トラブルに関して言えば、すでに述べた「騒音を許す社会」に他ならない。道は遥かに遠いが、目標を見据えて歩き出さなければならない時を迎えている。

参考文献

（注）章ごとに記載しているので、他の章と重複している文献もある。

第1章　騒音トラブル学概論

［1］上前淳一郎『狂気――ピアノ殺人事件』文春文庫、1982年10月
［2］佐木隆三『白昼凶刃』小学館文庫、2000年1月
［3］判例タイムズ「ピアノ音がうるさいと同じ団地の1階下に住む母子3人を刺殺した事件において死刑が言い渡された事例」No.329, pp.117-120.
［4］朝日新聞、昭和49年（1974年）8月28日（水）夕刊
［5］読売新聞、昭和49年8月28日（水）夕刊
［6］朝日新聞、昭和49年8月31日（土）夕刊
［7］S. Fildel et. al., Predicting annoyance from detectability of low-level sounds, JOURNAL OF THE ACOUSTICAL SOCIETY OF AMERICA, Vol.66, 1427-1434, 1979.
［8］佐野芳子『近隣騒音とのたたかい十七年の軌跡』ぎょうせい、1989年6月
［9］林道夫・佐野芳子編『近隣騒音』公害出版シリーズ、日報、1974年
［10］内閣府大臣官房「近隣騒音公害・自動車公害に関する世論調査」昭和59年（1984年）1月
［11］環境庁長官官房総務課環境調査官『平成3年度環境モニター・アンケート「近隣騒音について」の調査結果』平成4年（1992年）7月
［12］東京弁護士会『近隣騒音問題報告書』昭和59年（1984年）11月
［13］大井　紘 他「大都市における自治体に申し立てられた公害苦情の調査と分析」国立環境研究所研究報告、第132号、55-106頁、1994年
［14］難波精一郎「近隣騒音問題に関するアンケート調査」日本音響学会誌、34巻、10号、592-599頁、1978年
［15］橋本典久「全国市役所騒音担当者への近隣騒音トラブルに関するアンケート調査」日本建築学会技術報告集、第25号、2007年6月

第2章　騒音トラブルの音響工学

［1］日本建築学会編『騒音の評価法』彰国社、1981年1月
［2］P・H・リンゼイ、D・A・ノーマン／中溝幸夫 他訳『情報処理心理学入門Ⅰ――感覚と知覚』サイエンス社、1983年9月
［3］平原達也「音を聴く聴覚の仕組み」日本音響学会誌、Vol.66, No.9, pp.458-465, 2010.
［4］B・C・J・ムーア／大串健吾監訳『聴覚心理学概論』誠信書房、1994年4月
［5］イエンス・ブラウエルト 他『空間音響』鹿島出版会、1986年7月
［6］理化学研究所「脳科学総合センター分子精神科学研究チーム吉川武男研究室資料」
［7］前川純一 他『建築・環境音響学』共立出版、1990年10月
［8］日本建築学会編『建築設計資料集成1　環境』丸善、1996年5月
［9］日本建築学会編『建築物の遮音性能基準と設計指針』技報堂出版、1979年12月
［10］橋本典久『新・拡散度法による床衝撃音予測計算法』八戸工業大学、2007年2月
［11］日本音響材料協会編『騒音・振動対策ハンドブック』技報堂出版、1996年4月
［12］平川哲久「住宅街に計画された音楽練習室の遮音対策例」音響技術、No.135, 2006.
［13］永田穂『建築の音響設計』オーム社、1991年
［14］橋本典久『騒音防止のための音響放射の理論と実際』工文社、2002年9月
［15］辰橋浩二 他「頭首工部における低周波音対策について」日本音響学会騒音振動研究会資料、N-2010-41.
［16］西名阪低周波公害裁判弁護団編『低周波公害裁判の記録――西名阪自動車道路』清風堂書店出版部、1989年4月
［17］環境省環境管理局大気生活環境室『低周波音問題対応の手引き書』2004年6月
［18］平岩米吉『犬の行動と心理』築地書館、1991年11月

第3章　騒音トラブルの心理学

［1］日本音響学会編『音響用語辞典』コロナ社、1988年4月
［2］山本和郎『コミュニティ心理学――地域臨床の理論と実践』東京大学出版会、1986年7月
［3］田村明弘「近隣騒音における責任の帰属について」日本建築学会学術講演梗概集、25-26頁、1983年9月、および127-130頁、1984年10月

［4］中島義道『騒音文化論』講談社、２００１年４月
［5］中島義明 他『心理学辞典』有斐閣、２０１０年３月
［6］難波精一郎「近隣騒音問題に関するアンケート調査」日本音響学会誌、34巻、10号、５９２–５９９頁、１９７８年
［7］橋本典久 他「ＰＦスタディによる騒音苦情反応に関する基礎調査」日本建築学会技術報告集、22号、２００５年12月
［8］中村陽吉『対人関係の心理』大日本図書、１９９８年７月
［9］樋口幸吉『犯罪の心理』大日本図書、２０００年５月
［10］R. A. Page, Noise and helping behavior, ENVIRONMENT AND BEHAVIOR, Vol.9, No.3, pp.311–334, 1977.
［11］L. M. Ward, P. Suedfeld, Human responses to highway noise, ENVIRONMENT RESEARCH, Vol.6, pp.306–326, 1973.
［12］A. C. North, The effects of music on helping behavior : A field study, ENVIRONMENT AND BEHAVIOR, Vol.36, No.2, March 2004.
［13］岸川洋紀 他「騒音暴露により生じる心循環器系疾患のリスク評価」日本音響学会、騒音・振動研究委員会資料、N–2008–10、2008. 2.
［14］P. Lercher, Ambient noise and cognitive processies among primary school children, ENVIRONMENT AND BEHAVIOR, Vol.35, No.6, Nobember 2003.
［15］岩田　紀編『現代社会の環境ストレス』ナカニシヤ出版、２００５年２月
［16］N. D. Weinstein, Individual differences in reastions to Noise : A longitudinal study in a college domitory, JOURNAL OF APPLIED PSYCHOLOGY, Vol.63, No.4, pp.458–466, 1978.
［17］岩田　紀「騒音感受性と性および音響関連反応の関係」徳島大学学芸紀要、30巻、41–45頁、１９８１年
［18］山本和郎編『講座・生活ストレスを考える２、生活環境とストレス』垣内出版、１９９５年８月
［19］高梨　明『日本人はロバの耳 ── 身近な拡声器騒音を考える』青峰社、１９９１年７月
［20］藤原智美『暴走老人！』文藝春秋、２００７年８月
［21］角田忠信『日本人の脳 ── 脳の働きと東西の文化』大修館書店、２００１年９月

【その他、参照文献】

［22］難波精一郎 他「騒音問題に関するクロスカルチュラル研究 ── 日本・西ドイツ・アメリカ・中国・トルコの比較」日本音響学会講演論文集、pp.577–578, 1989. 10.
［23］難波精一郎「騒音の影響の心理学的評価について」心理学評論、Vol.22, No.2, pp.182–199, 1979.

［24］福島　章『犯罪心理学入門』中公新書、２０００年４月
［25］吉田富二雄編『心理測定尺度集Ⅱ』サイエンス社、２００１年６月
［26］クリスチャン・ザジック／眞田孝昭・加藤長訳『すぐカッとなる人びと —— 日常生活のなかの攻撃性』大月書店、２００２年３月
［27］レッドフォード・ウィリアムズ他／岩坂彰訳『怒りのセルフコントロール』創元社、１９９５年５月
［28］ジョン・ラスカン／菅靖彦訳『自分の感情とどうつきあうか —— 怒りや憂鬱に襲われた時』河出書房新社、１９９８年９月
［29］難波精一郎「騒音の影響の心理学的評価について」心理学評論、Vol.22, No.2, pp.182-199, 1979.
［30］コンラート・ローレンツ／日高敏隆 他訳『攻撃 —— 悪の自然誌』みすず書房、１９８５年４月
［31］海保博之他『心理学総合事典』朝倉書店、２００８年３月
［32］渡辺昭一編『捜査心理学』北大路書房、２００４年２月
［33］影山任佐『テキストブック殺人学 —— プロファイリングの基礎』日本評論社、１９９９年４月
［34］樋口幸吉『犯罪の心理』大日本図書、２０００年５月
［35］福田　洋『図説現代殺人事件史』河出書房新社、２００２年３月
［36］野田正彰『犯罪と精神医療』岩波現代文庫、２００２年１月
［37］町沢静夫『あなたの隣の「狂気」』大和書房、１９９７年２月

第４章　騒音トラブルの社会学

［１］橋本典久「全国市役所騒音担当者への近隣騒音トラブルに関するアンケート調査」日本建築学会技術報告集、第25号、２００７年６月
［２］内閣府大臣官房「近隣騒音公害・自動車公害に関する世論調査」昭和59年（１９８４年）１月
［３］巽　和夫他「高層住宅の計画に関する調査研究」京都大学工学部巽研究室、１９８２年
［４］大森峰輝「高層居住に対する批判の論拠」デザイン学研究、Vol.48, No.4, 73-80, 2001.
［５］岩田　紀編『快適環境の社会心理学』ナカニシヤ出版、90-１１６頁、２００１年６月
［６］早坂　隆『世界の日本人ジョーク集』中公新書ラクレ、２００６年１月
［７］イザヤ・ベンダサン『日本人とユダヤ人』角川ソフィア文庫、１９７１年９月
［８］内田樹『日本辺境論』新潮新書、２００９年11月

[9] 森川嘉一郎『Q&A（恩田陸）』解説、幻冬舎、2007年4月
[10] 総合研究大学院大学・基礎生物学研究所脳生物学研究部門・山森研究室ホームページ資料
[11] ロバート・D・パットナム／柴内康文訳『孤独なボウリング ― 米国コミュニティの崩壊と再生』柏書房、2006年4月
[12] 外山紀子『発達としての共食 ― 社会的な食の始まり』新曜社、2008年2月
[13] 山口 創「着席行動及び座席配置に関する研究の動向」心理学評論、Vo.39, No.3, pp.361-383, 1996.
[14] 井上繁規編『受忍限度の理論と実務』新日本法規出版、2004年10月
[15] 影山任佐『テキストブック殺人学 ― プロファイリングの基礎』日本評論社、1999年4月
[16] 渡辺昭一編『捜査心理学』北大路書房、2004年2月
[17] グレーフェ彧子『ドイツの犬はなぜ幸せか』中公文庫、中央公論新社、2000年8月

【その他、参照文献】

[18] 野口瑠美子「高層集合住宅におけるコミュニケーション構造についての住居学的一考察」東海大学教養学部紀要、No.2, 33-50, 1972. 9.
[19] 野口瑠美子「高層集合住宅における近隣関係研究に関する建築計画的一考察」東海大学教養学部紀要、No.4, 43-59, 1973. 10.
[20] 橋本典久『近所がうるさい！ ― 騒音トラブルの恐怖』ベスト新書116、ベストセラーズ、2006年7月
[21] 福田 洋『図説現代殺人事件史』河出書房新社、1999年6月

第5章　騒音トラブルの歴史学

[1] 樋口 覚『雑音考 ― 思想としての転居』人文書院、2001年12月
[2] （社）日本騒音制御工学会編『騒音規制の手引き』技報堂出版、2002年10月
[3] イザベラ・バード／高梨健吉訳『日本奥地紀行』平凡社、東洋文庫、1973年10月
[4] 後藤 久『都市型住宅の文化史』NHKブックス、1986年3月
[5] ショペンハウアー『ショペンハウアー全集14』白水社、新装復刊、2004年10月
[6] 西名阪低周波公害裁判弁護団編『低周波公害裁判の記録 ― 西名阪自動車道路』清風堂書店出版部、1989年4月
[7] 佐野芳子『近隣騒音とのたたかい十七年の軌跡』ぎょうせい、1989年6月
[8] 朝日新聞「ぼく、だれのもの」滑り台の嘆き（小径）、1998年11月15日朝刊（神奈川版）
[9] 朝日新聞「大人の都合（少子の新世紀5）」、2000年1月7日朝刊

[10] 日経新聞「子どもの声は騒音か」2008年7月30日夕刊
[11] 読売新聞 生活Wide「子どもの声うるさい？」、2009年8月4日朝刊
[12] 植田実『集合住宅物語』みすず書房、2004年3月
[13] 山崎古都子「フローリングと近隣関係」GBRC、No.60, pp.4-11, 1990. 10.
[14] 朝日新聞「響き板張りの床 脱カーペット派に悩み 階下とのトラブル急増」1988年5月20日朝刊
[15] 朝日新聞「床の板張り、ダニ防除で人気 階下の騒音被害は深刻」、1989年7月7日朝刊

【その他、参照文献】
[16] 飯島伸子『環境問題の社会史』有斐閣アルマ、2000年7月
[17] 森嶋昭夫・淡路剛久編『公害・環境判例百選』別冊ジュリスト、No.126, 1994.

第6章 騒音トラブルの解決学

[1] 橋本典久『近所がうるさい！——騒音トラブルの恐怖』ベスト新書116、ベストセラーズ、2006年7月
[2] 法務省大臣官房司法法制部「裁判外紛争解決手続きの利用の促進に関する法律関係法令集」、2006年
[3] 最高裁判所『家事調停の手引き』2004年5月
[4] 朝日新聞「『村八分』訴訟で一石 モノ言えぬ雰囲気壊したい」、2007年10月18日朝刊
[5] 和田安弘「多元的紛争処理の試み——アメリカにみるひとつの動き」、都立大学法学会雑誌、Vol.22, No.1, pp.1-74, 1982.
[6] レビン久子『ブルックリンの調停者』信山社出版、2006年5月
[7] レビン小林久子『調停ガイドブック——アメリカのADR事情』信山社出版、1999年9月
[8] レビン小林久子『調停者ハンドブック——調停の理念と技法』信山社出版、2004年3月
[9] (社) 日本商事仲裁協会、(社) 日本仲裁人協会『調停人養成教材・基礎編』『調停人養成教材・中級編』
[10] レビン小林久子訳編『紛争管理論』日本加除出版、2003年10月
[11] 橋本典久『2階で子どもを走らせるなっ！——近隣トラブルは「感情公害」』光文社新書、2008年7月
[12] Clark County Neighborhood Justice Center. パンフレット資料等
[13] Inland Valleys Justice Center. パンフレット資料等
[14] 読売新聞生活情報部『つながる——信頼でつくる地域コミュニティ』筒井書房、2008年9月
[15] 延藤安弘とまちづくり大楽『私からはじまるまち育て』風媒社、2006年6月

[16] アタナーズ・ペリファン／南谷桂子『隣人祭り――「つながり」を取り戻す大切な一歩』ソトコト新書、木楽舎、2008年6月
[17] 船津衛・浅川達人『現代コミュニティ論』放送大学教育振興会、2006年3月

【その他、参照文献】

[18] 尾崎一郎『近隣騒音紛争の処理過程――法の拡大と限界をめぐって』国家学会雑誌104巻、9、10号、1991年
[19] 内堀宏達『ADR認証制度Q&A』商事法務、2006年9月
[20] 小島武司編『ADRの実際と理論（I）、（II）』中央大学出版部、2005年3月
[21] 小島武司『ADR・仲裁法教室』有斐閣、2001年8月
[22] 内堀宏達『ADR認証制度Q&A』商事法務、2006年9月
[23] 廣田尚久『紛争解決の最先端』信山社出版、1999年9月
[24] 橋本典久「弾力的な調停システムを」、朝日新聞・私の視点（ウイークエンド）、2006年10月14日（朝刊）

索　引

著者紹介

橋本　典久（はしもと　のりひさ）
八戸工業大学・大学院教授・工学博士・騒音ジャーナリスト。一級建築士、環境計量士の資格も有す。専門は音環境工学、特に騒音トラブル。建築音響、騒音・振動などの論文多数。日本音響学会技術開発賞、日本建築学会賞などを受賞。著作に『近所がうるさい！　騒音トラブルの恐怖』（ベスト新書）、『２階で子どもを走らせるなっ！　近隣トラブルは「感情公害」』（光文社新書）など。

苦情社会の騒音トラブル学
解決のための処方箋、騒音対策から煩音対応まで

初版第１刷発行　2012年５月25日

著　者　橋本典久
発行者　塩浦　暲
発行所　株式会社 新曜社
〒101-0051　東京都千代田区神田神保町2-10
電話(03)3264-4973(代)・Fax(03)3239-2958
E-mail:info@shin-yo-sha.co.jp
URL http://www.shin-yo-sha.co.jp/

印刷所　三協印刷株式会社
製本所　イマキ製本所

ISBN978-4-7885-1292-4 C1000